머 리 말

열역학의 중요성은 기계 공학을 비롯한 산업 전반에 걸쳐 아무리 강조해도 지나침이 없으리라 생각됩니다. 열역학을 공부하는 입장에서 눈에 보이지 않는 열이라는 추상적인 대상을 이해하는 데 도움이 되었으면 바램으로 오픈 열역학을 출판한 적이 있으나, 여러 가지 부족한 점을 깨닫고 다시 개정하고자 하였습니다. 이전의 책에서 많이 부족한 내용으로 지적받았던 열전달 내용과 열역학 및 열전달이 적용되는 열교환기의 기본적인 내용만을 보충하고자 하였습니다. 특히, 열역학 및 열전달을 적용시키는 여러 가지 열교환기의 설계, 평가 등에 대한 내용 첨가에 대해 고민하였으나, 열역학 입문서로서의 색깔이 희석될 것으로 판단되어 다음 기회에 정리하고자 합니다.

이번 개정판에 있어서도 실생활에서 열이 이용되는 여러 가지 현상을 서술하고자 하였으며, 또한 이론적인 바탕을 다지기 위해 반드시 필요한 공식이나 수식을 정리·설명하고, 이러한 공식이나 수식들이 어떻게 적용될 수 있는가에 대한 충분한 예제와 연습 문제를 준비하였습니다.

경력이 일천한 저자가 감히 열역학에 대한 도서를 출판하는 데 있어서 많은 저서나 문헌을 참고로 하였으며, 이에 여러 저자들에게 깊은 감사의 말씀을 드립니다.

한편으로는 시간이 흐른 뒤에 이번 개정판에 대해서도 여러 가지 부족한 점이 눈에 띄지 않을까하는 우려가 있습니다만, 지속적인 수정 보안을 약속드립니다.

본 교재가 출판될 수 있도록 아낌없는 도움을 주신 교수님들과 태훈출판사 김정승 사장님께 감사를 드립니다.

아무쪼록 본 교재가 단 한 분에게라도 열역학을 이해하는 데 도움이 되었으면 하는 바람입니다.

2012년 연구실에서

목 차

예제 문제 해설 319

연습 문제 해설 347

부 록 A. SI 단위 371

1. 열역학 이해

1.1 열역학 정의

열역학(thermodynamic)이란 어떤 물질이 열에 의하여 일정 상태에서 다른 상태로 변화되는 과정이나 변화 결과에 대한 상호 관계를 연구하는 학문이다. 즉, 어떤 물체에 열을 가하거나 제거하게 되면 대상 물체는 물체가 가진 고유의 열물성치(thermal property)와 관련되어 다양한 변화를 일으키게 된다. 그 변화는 열에 의한 체적 팽창이나 체적 축소, 혹은 증발이나 응축과 같은 물리적 변화이거나 연소 등과 같은 화학적 변화일 수도 있다. 즉, 표준 대기압에서 상온 상태의 물에 계속적으로 열을 가하게 되면 온도가 상승되어 100 ℃에서는 증발되고, 이와 반대로 계속적으로 열을 빼앗으면 0 ℃에서 얼음이 된다는 것은 경험적으로 알고 있다.

기계공학과 관련된 열역학에서는 열에 의한 물리적 변화만을 다루게 되며, 열적 성질이나 작용 등에 관한 즉 공업적 응용과 관계된 것만을 취급하는 것을 공업 열역학(engineering thermodynamic)이라 한다. 공업 열역학의 대표적인 응용 기계로서는 보일러(boiler), 내연기관 등을 비롯한 열기관(heat engine), 냉동기(refrigerator), 송풍기(blower) 등이 있다. 이에 비해 열에 의한 화학적 변화 특성을 다루는 것은 열화학(thermo chemistry)라 하여 화학 관련 분야에서 다루게 된다.

열역학의 정의에 대해서는 적용 분야에 따라 다양하게 정의될 수 있으나, 앞으로 이 책에서는 물질의 상태 변화 과정 중에서의 에너지를 이해하고 유용하게 이용하기 위해 사용되는 하나의 도구로서 열역학을 정의하고자 한다. 즉, 열역학은 에너지(energy)를 유효하게 이용하기 위한 이론과 관련된 학문으로 정의될 수 있고, 에너지는 물질이나 시스템에 작용하여 어떠한 변화를 일으킬 수 있는 능력이라고 할 수 있다.

열역학의 분야에 대해서는 고전 열역학(classical thermodynamics)와 통계 열역학(statistical thermodynamics)로 크게 구분된다. 즉, 대상 물질의 상태량을 파악하기 위해 과정에서 물질 상태량을 결정하는 물질 분자의 개별적인 거동에 대한 내용보다는 거시적인 접근법의 열역학을 고전 열역학, 이에 비해 물질 분자들의 평균 거동에 기초한 자세한 접근법을 통계 열역학이라고 정의할 수 있다. 앞으로 다루게 되는 열역학은 고전 열역학에 관한 내용으로서 고전 열역학은 공학문제 해결에 직접적이고 쉬운 방법을 제공하기 때문이다.

1.1.1 열역학의 적용 분야

인간을 둘러싼 환경에서의 모든 공학적인 활동은 에너지와 물질 사이의 상호 작용을 수반하게 된다. 따라서, 이러한 모든 과정은 열역학과 깊은 관계를 유지하고 있으며, 공학적인 활동을 잘 이해하고 응용할 수 있도록 하기 위해 열역학은 공학 분야의 필수적인 분야로 자리매김하고 있다. 따라서, 오늘날의 열역학은 기존의 물질 상태량 사이의 관계 해석뿐만 아니라 동력 생산, 냉동 및 공기조화 등을 포함한 에너지 변환과 에너지의 모든 형태를 포함한 거의 모든 분야에 적용되고 있다. 이와 같이 열역학이 적용되는 분야에 있어 가장 기본적으로 이해해야 하는 법칙 중의 하나가 에너지보존 법칙(conservation of energy principle)이라 할 수 있다. 에너지보존 법칙은 자연계에서 일어나는 모든 상호작용 중에서 에너지는 한 형태에서 다른 형태로 변화될 수는 있으나, 에너지 총량은 항상 일정한 것으로 정의된다. 즉, 에너지는 생성되거나 소멸되지 않고 단지 조건에 따라 다른 형태로 표현된다는 의미이다.

예를 들면 그림 1.1에서와 같이 인간이 섭취하는 음식의 에너지가 인간 활동에 의해 소비되는 에너지보다 많으면 지방 형태로 에너지로 저장되면서 체중이 증가하게 되고, 반대로 음식에 의해 섭취하는 에너지보다 소비되는 에너지의 양이 많으면 체중이 감소하게 된다는 의미이다.

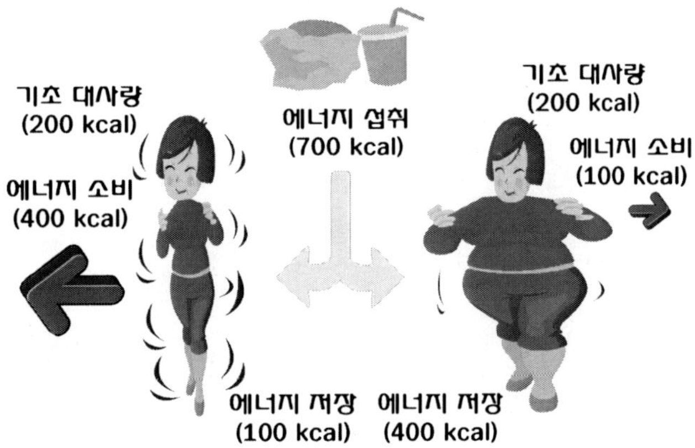

그림 1.1 인체의 대사 평형(에너지보존 법칙)

1.1.2 열역학 법칙

열역학에서는 이와 같은 에너지 생성, 변환 등에 관한 분야를 다루게 되므로 에너지보존 법칙은 열역학 제 1 법칙(first law of thermodynamics)으로 단순하게 표현될 수 있다. 또한, 열역학에서는 에너지보존 법칙에서의 에너지 양적인 측면뿐만 아니라 질적인 측면을 다루게 되며, 이는 열역학 제 2 법칙(second law of thermodynamics)으로 표현되며, 에너지의 질적인 증감 방향에 대해 정의하고 있다. 예를 들면 차가운 쟁반에 있는 뜨거운 물을 담은 컵은 시간이 경과함에 따라 온도가 저하되면서 차가워지지만, 동일 쟁반에 놓인 차가운 물을 담은 컵은 시간이 아무리 지나도 저절로 뜨거워지지 않는 것은 충분히 이해될 수 있을 것이다. 즉, 열역학 제 2 법칙에서는 뜨거운 물이 가진 고온 에너지가 낮은 온도의 상대적으로 유용한 형태의 에너지로 변환되면서 에너지의 질이 저하되는 것을 표현하고 있다.

1.2 열역학적 계와 상태량

1.2.1 계의 구분

열역학에서 해석 혹은 규명하고자 하는 대상의 집합체를 다른 부분으로부터 독립시켜 고려한 집합체를 열역학적 계 혹은 단순히 계(system)라고 한다. 계는 명확하게 정의된 경계(boundary)에 의해 계의 외부인 주위(surrounding)와 구별되고, 특정 계나 경계는 문제 해결을 위해 가장 합리적으로 선택할 수 있다. 계의 종류에는 개방계(open system)와 밀폐계(closed system)가 있다.

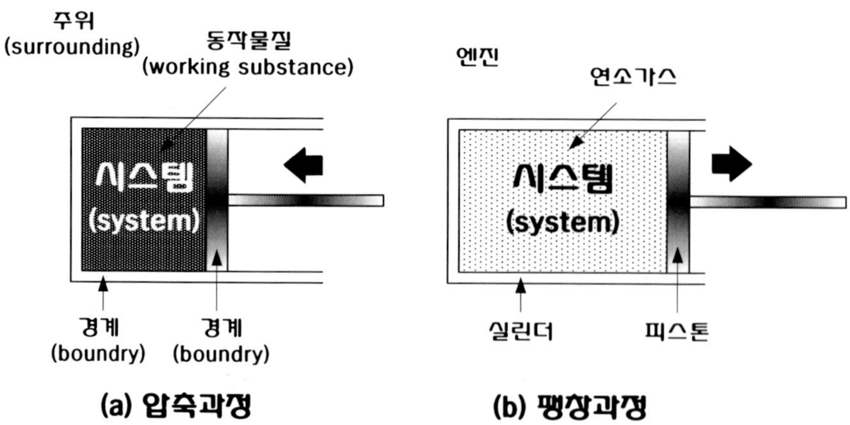

그림 1.2 계 ~ 경계 ~ 주위

그림 1.2는 자동차 엔진에서 사용되는 실린더를 가정하여 계, 경계, 주위에 대한 내용을 나타낸 것이다. 그림에서 실린더는 열을 일로 전화시키는 역할을 하고 있으며, 이 때 열을 일로 전환시키기 위해 사용되는 연소 가스는 매개 물질로서 동작 물질(working substance) 혹은 작동 물질이라 한다. 동작 물질은 열에 의해 압력이나 체적이 쉽게 변화되거나 혹은 상변화 과정인 증발이나 응축이 쉽게 이루어지는 물질로서 작업 유체 혹은 동작 유체(working fluid)라고도 한다. 그림 1.2에서 실린더 내부의 연소 가스가 동작 물질, 실린더 벽과 피스톤 헤드가 시스템의 경계, 실린더가 놓여 있는 대기가 주위로 정의할 수 있기 때문에 계와 주위는 경계를 통하여 열이나 일을 주고 받고 있음을 알 수 있다.

이러한 과정에서 동작 물질이 열 및 일을 받으면서 계와 주위 사이를 유동하는 계를 개방계(open system), 열이나 일은 전달되나 동작 물질이 전달되지 않는 계를 밀폐계(closed system)라 정의할 수 있다. 또한 이와 달리 계와 주위 사이에 어떠한 상호작용이 없는 즉, 에너지조차 경계를 통과할 수 없는 계를 절연계(isolated system)이라 하고, 경계를 통한 열 출입이 없는 계를 단열계(adiabatic system)이라고 한다.

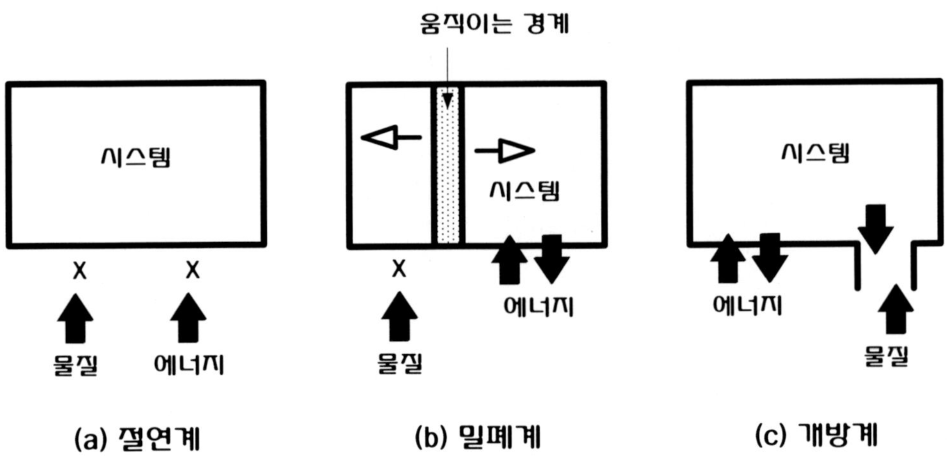

그림 1.3 절연계, 밀폐계, 개방계

(1) 절연계

절연계는 고립계라고도 한다. 절연계는 질량이나 에너지가 출입할 수 없는 계를 의미하는 것으로, 가정에서 사용하는 '완전 밀폐된 보온병'을 절연계로 취급할 수 있다. 실제 보온병은 열의 손실이 있으므로 절연계로 취급하기는 어려우나, 이해를 돕기 위해 열손실이나 열 취득이 전혀 없는 완전히 밀폐된 보온병을 예로 든다.

보온병에 뜨거운 물과 얼음을 넣고, 완전 밀폐시킨 상태에서 일정 시간이 지나가면 얼음이 녹기 시작하여 미지근한 물의 상태로 변하게 될 것이다. 즉, 보온병 내의 물과 얼음이 가진 총 에너지량은 항상 일정하지만, 시간이 지날수록 뜨거운 물은 얼음에 의해 온도가 올라가고, 얼음은 뜨거운 물에 의해 녹게 되는 에너지 교환이 일어나게 된다. 결국에는 뜨거운 물과 얼음의 상태는 에너지 교환에 의해 에너지 평형(energy balance)를 이루게 된다. 에너지 평형이 형성된 이후에는 시간이 흘러가도 미지근한 물은 절대로 뜨거운 물과 얼음으로 되돌아가지 않는 비가역 과정이다.

이와 같은 뜨거운 물과 얼음이 혼합되는 과정은 보온병 내부에서만 이루어지고, 보온병 외부로는 어떠한 영향을 미치지 않게 된다. 이와 같은 계를 절연계(isolated system)이라고 한다.

(2) 밀폐계

밀폐계란 경계를 통하여 계와 주위 사이에 에너지 교환은 가능하여도 질량 교환은 불가능한 계를 의미한다. 즉, 계와 주위 사이의 경계는 계와 주위의 에너지 평형을 위하여 에너지 교환은 가능하다. 이와 관련된 이론으로 Gibbs의 자유 에너지(Gibbs free energy)가 있다. Gibbs의 자유 에너지는 시스템의 엔트로피만을 파악하여 반응 여부 및 평형을 파악할 수 있는 근거를 제시하고 있다.

$$G = U + P \cdot V - T \cdot S = H - T \cdot S \tag{1.1}$$

U : 내부 에너지 (J)

P : 압력 에너지 (Pa)

V : 체적 (m^3)

T : 온도 (K)

S : 엔트로피 (J/K)

$$G = \sum_{i=1}^{k} (\mu_i \cdot N_i) \tag{1.2}$$

μ_i : 화학적 에너지 (J/mol)

N_i : 몰 수 (mol)

식 (1.1)은 Gibbs의 자유 에너지에 관한 식으로 Gibbs의 자유 에너지는 밀폐계에서 얻을 수 있는 최대한의 유용한 에너지(useful work)를 의미한다. 식 (1.1)에서 G의 값이 0일 경우, 시스템은 평형 상태, G의 값이 0보다 작을 경우에는 자발적 반응, 0보다 클 경우에는 비자발적 반응이 일어나고 있는 것으로 해석할 수 있다. 즉, 계의 분자가 경계를 통해 계의 다른 영역으로 자발적으로 흐르는 것을 자발적 과정이라 정의하고 있다.

(3) 개방계

개방계란 계의 경계를 통해 에너지와 질량이 자유로이 교환될 수 있는 계를 의미한다. 개방계는 검사 체적(control volume)이라고도 하며, 적절한 기준으로 선택된 공간내의 영역을 의미하기도 한다. 즉, 내연 기관을 예를 들면, 동작 유체인 석유와 산소가 계인 내연 기관 내부에서 연소되면서 탄산가스와 열을 방출하게 되고, 방출된 열을 이용하여 자동차가 움직이게 된다. 이와 같은 과정을 해석하는 데 있어서 열역학에서는 실제 문제를 해결하기 위해서 실제계(real system) 대신에 이상계(ideal system)를 대상으로 하는 경우가 많은 데, 이는 이상계가 실제계와 유사하면서도 단순하여 해석하는 과정이 복잡하지 않기 때문이다.

또한 밀폐계와 개방계에 적용할 수 있는 열역학 관계식은 서로 다르기 때문에 해석을 하기 이전에 시스템의 형태를 파악하는 것은 대단히 중요하다. 모든 열역학 해석에 있어 시스템 정의는 매우 신중하게 이루어져야 한다. 대부분의 경우에 있어 대상 시스템은 매우 간단하고 명확해야 하며 시스템을 정의하는 것이 불필요한 과정으로 생각될 수 있으나, 경우에 따라서는 시스템의 정확한 선택이 해석 과정을 매우 단순화 시킬 수 있다.

1.2.2 상태량 및 상태 변화

(1) 상태량

계를 관측할 때 계측이 가능하면서 계의 상태를 규정하는 물리량을 상태량(property)이라 한다. 상태량은 계의 상태에 의해서만 규정되기 때문에 그 상태가 되기까지의 과정이나 경로에는 무관하다. 과정이란 상태 변화가 이어지는 연속된 과정을 의미하는 용어로서 변화와 같은 의미로 사용되는 경우가 많다.

열역학에서 많이 다루게 되는 온도, 압력, 체적, 내부 에너지, 엔탈피 등의 상태량은 어떤 순간에 결정될 뿐, 결정 순간까지의 계의 상태 변화나 과정과는 관계가 없다. 그러나, 일이나 열량은 계의 변화나 과정에 의존하기 때문에 상태량이라 할 수 없다. 또한, 상태량 중에서 물질의 질량과 무관한 온도, 압력, 전압과 같은 상태량은 강도성 상태량(intensive property), 물질의 질량에 따라 변화되는 체적, 내부 에너지, 엔탈피, 엔트로피, 전기 저항 등을 종량성 상태량(extensive property)라고 한다.

계의 단위 질량(kg) 또는 단위 중량당(kgf)의 상태량을 비상태량이라 한다.

(2) 가역 과정과 비가역 과정

계의 상태량을 정의하는 데 있어서 계의 동작 물질이 상태 변화를 거치면서 최초의 상태로 되돌아가는 과정을 사이클(cycle)이라고 한다. 상태 변화에는 가역 과정과 비가격 과정으로 구분되며, 임의의 과정을 거쳐 한 상태로부터 다른 상태로 변화되고, 다시 그 변화의 반대 방향으로 아무런 변화를 일으키지 않고 원래 처음 상태로 되돌아 갈 수 있을 때의 과정을 가역 과정(reversible process)라 한다. 이상의 조건을 만족시키지 못해 처음 상태로 되돌아가지 못하거나 최초 상태로 되돌아간다 하더라도 변화 전의 상태와 조건이 다른 경우에도 비가역 과정(irreversible process)이라 정의된다.

그림 1.4는 가역 과정과 비가역 과정을 비교하기 위해 일정 진폭으로 단진동 운동을 하는 경우이다. 그림 1.4에서 추의 운동 과정은 왕복 운동을 하는 단진동 운동에서 공기의 저항이나 마찰을 무시하면 에너지가 보존되므로 한 주기가 끝난 다음에도 진폭이나 주기 변화 없이 동일한 운동을 계속하고 있으며, 이러한 운동 과정에서 움직이는 단진자의 추는 위치 에너지와 운동 에너지를 교환하고 있는 상태이다.

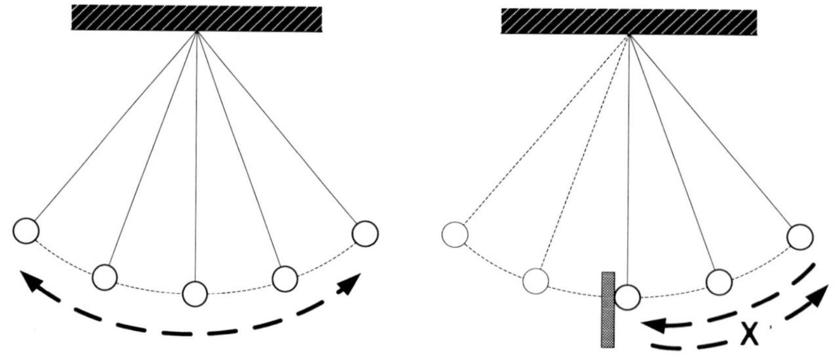

(a) 가역 과정 (b) 비가역 과정

그림 1.4 가역 과정과 비가역 과정

그림 1.4 (a)의 단진동 운동에서는 위치 에너지와 운동 에너지가 서로 번갈아 가면서 에너지 교환만이 일어나고 있을 뿐, 외부에 대해 어떠한 변화를 남기지 않고 있는 가역 과정의 운동을 유지하고 있다. 이에 비해 그림 1.4 (b)의 단진동 운동 경로에 어떠한 방해물을 설치하게 되면 진자와 방해물이 서로 충돌을 하면서 진자의 운동이 지속되지 않는다. 즉, 충돌할 때의 운동 에너지가 열에너지로 전환되었고, 전환된 열에너지가 방해물과 추에 전달되었다고 하면 이 때 생긴 열에너지는 아무런 장치 없이 진자를 움직이게 할 수 있는 운동 에너지로 전환될 수 없다. 이와 같이 어떠한 현상이 한 방향으로 일어나지만, 그 반대 방향으로 저절로 이루어지지 않는 현상을 비가역 현상이라고 한다. 그러나 비가역 과정에서도 에너지는 보존되며, 이러한 비가역 에너지는 계가 평형 상태가 될 때까지 진행된다.

(3) 평형

시간 변화에 상관없이 일정한 상태를 유지하고 있는 시스템에서는 모든 상태량을 측정하거나 계산되어 질 수 있으며, 이와 같이 측정되거나 계산된 값은 시스템의 조건 또는 상태를 완벽하게 나타내는 것으로 생각할 수 있다. 만약 한 개의 상태량이라도 변한다면 시스템의 상태는 다른 상태로 변화되게 된다. 따라서, 열역학에서는 평형 상태(equilibrium state)를 대상으로 한다. 평형이란 균형 상태를 의미하는 것으로 평형 상태에서는 시스템 내부에 불균형 잠재력 혹은 불균형 구동력이 없다. 평형 상태에 있는 시스템은 주위와 분리될 때 변화를 일으키지 않는다. 평형 상태에 대해서는 여러 가지 형태로 구분될 수 있으며, 열유동의 구동력인 온도차와 관련된 열적 평형(thermal equilibrium), 압력과 관련된 역학적 평형(mechanical equilibrium), 화학적 반응에 의한 화학적 평형(chemical equilibrium) 등으로 구분될 수 있다. 중요한 것은 이러한 평형 상태는 시간 변화에 상관없이 항상 일정하게 유지되어야 한다.

1.3 열역학 법칙

열역학을 다루게 되면서 항상 고려되어야 할 열역학과 관련된 법칙을 정리하면 다음과 같다.

1.3.1 열역학 제 0 법칙

열역학 제 0 법칙은 열적 평형의 법칙이라고도 한다. 일상생활에서 뜨거운 물과 차가운 물을 섞은 후, 일정 시간이 경과하면 뜨거운 물의 온도는 내려가고 차가운 물의 온도는 올라가게 되면서 결국 미지근한 물이 되는 경험이 있을 것이다. 즉, 일정 온도의 물체가 온도가 다른 물체와 접촉되면 열은 양쪽 물체의 온도가 동일해질 때까지 상대적으로 높은 온도의 물체로부터 열은 낮은 온도의 물체로 지속적으로 전달된다. 양쪽 물체의 온도가 동일해진 상태, 즉 상태를 열적 평형 상태 즉, 열평형(thermal equilibrium)을 이루었다고 한다. 이상의 경우는 단순한 평형 상태를 가정하였기 때문에 성립되는 것으로, 실제 자연계에서는 물을 혼합하는 환경 조건이나 시간에 따라 열평형의 온도는 달라질 수 있다.

① 물체 A와 물체 B가 각각 독립적으로 물체 C와 열적으로 평형 상태에 있을 때, 물질 A와 물질 B를 접촉시켜도 양자는 이미 열적 평형 상태에 도달해 있는 상태를 의미하는 법칙이다. 여기서 물체 C를 온도계로 가정하면 물체 A와 물체 B는 접촉되어 있지 않아도 두 물체의 온도가 동일하면 두 물체는 열적 평형에 있다고 할 수 있다. 즉, 열역학 제 0 법칙은 온도 측정의 기초를 이루는 중요한 개념으로서 어떤 물체의 온도를 측정할 경우, 시간이 지나면서 온도계와 대상 물체가 서로 열평형이 이루어졌을 때(즉, 온도계의 눈금 변화가 없을 때), 온도계의 눈금을 읽으면 대상 물체의 온도를 알 수 있다.

② 물은 높은 곳에서 낮은 곳으로 흐르듯이, 열도 고온에서 저온으로 흘러 열적 평형 상태를 이루게 된다. 즉, 100 ℃ 물 1 kg과 0 ℃ 물 1 kg을 섞으면 열역학적으로 2 kg의 50 ℃ 물이 된다. 그러나 이는 단순한 수학적 계산에 의한 결과로서, 실제로는 주위 환경에 따라 50 ℃가 되지 않을 수 있으며, 이에 관한 자세한 내용은 2장에서 설명한다.

자연계에서는 온도뿐만 아니라 압력 등도 외부 혹은 내부적 요인에 의해 평형 상태가 무너졌을 때, 평형을 이루기 위해 움직이는 성질을 가지고 있다.

우리가 빨대를 이용하여 물을 마시는 경우를 생각하면 다음과 같은 순서로 물을 마시게 된다. 우선, 입술로 빨대를 물고, 숨을 들이키면 컵에 있는 물이 빨려오게 된다. 그러나, 이러한 과정을 좀 더 세밀하게 구분하면 숨을 들이마시면서 물을 빨아 당기면서 마시는 것이 아니라 주위의 대기압이 우리에게 물을 밀어주는 형식이다. 즉, 우리가 숨을 들어 마시면 입안의 압력이 주위(입 밖)의 압력보다 낮아지게 되고(그림 1.5 (b)), 이 때 입안 ~ 빨대 내부 ~ 주위 대기압 사이의 압력 평형을 이루기 위해 주위 대기압이 물의 수면에 작용하게 되어 물이 입으로 밀려오게 된다(그림 1.5 (c)).

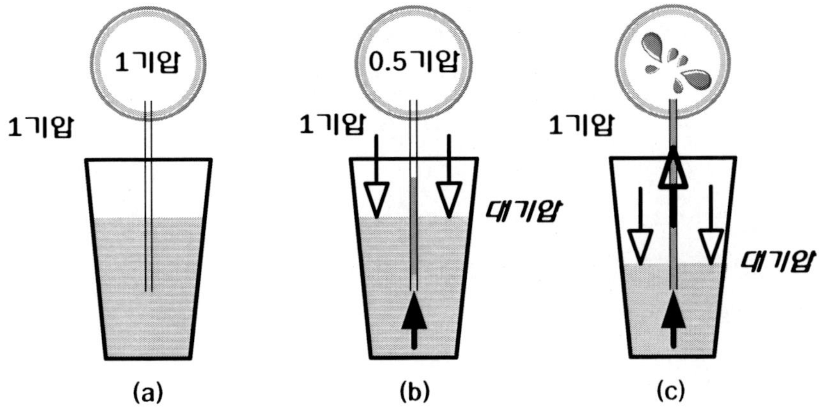

그림 1.5 압력 평형

이 때, 중요한 것은 의식적이던 무의식적이던 우리는 빨대를 입술로 완전히 감싸 입안과 주위로 공기가 전혀 통하지 않도록 한 상태에서 물을 마신다는 것이다. 이를 확인하기 위해서 입술이 아니라 이빨로만 빨대를 고정시키고 물을 마시고자 한다면 대기압이 물을 통해 압력평형을 이루기 전에 가벼운 주위 공기가 이미 입안으로 밀려 들어와 압력 평형이 되기 때문에 물을 마실 수 없게 된다.

1.3.2 열역학 제 1 법칙

열역학 제 1 법칙은 독립된 계에서 에너지 총합은 일정하고, 에너지가 소멸되거나 창조되지 않으며 단지 외부와 에너지 교환에 의한 양만큼 증가되거나 감소되는 에너지 보존의 법칙 혹은 에너지 불감의 법칙이다. 이는 일정 시스템 혹은 사이클에서의 에너지 불변 원리를 일과

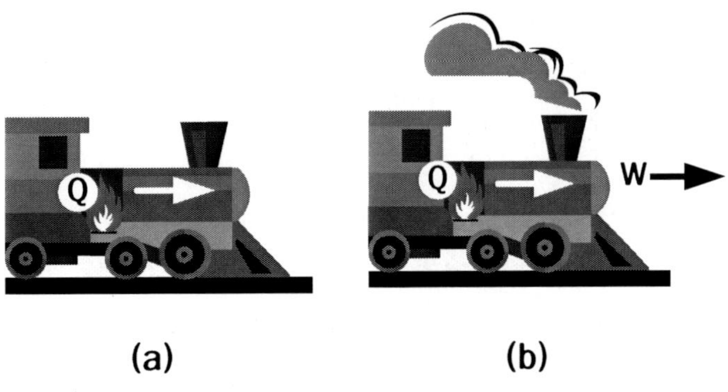

그림 1.6 열역학 제 1 법칙(에너지 보존의 법칙)

열 사이에 적용하여 일로 열로 변할 때, 혹은 그 반대로 열이 일로 변할 때의 에너지는 양적으로 변하지 않는다는 것을 의미하는 법칙이다.

열역학 제 1 법칙을 그림 1.6의 증기 기관차에 적용시켜 설명하면 다음과 같다. 증기 기관차의 원리는 물탱크의 물을 가열시켜 증기를 만들고, 생성된 증기를 증기 기관을 통과시키면서 기계적 일로 변환시켜 기차가 달리게 하는 것이다. 이러한 과정에서 증기 기관차에 한정하여 열역학 제 1 법칙을 적용시키면, 물을 가열시키기 위해 소비된 에너지(그림 1.6 (a)의 Q)는 소멸되는 것이 아니라 물이 증기 형태로 변환되는 과정에서 증기로 Q만큼의 열에너지가 전달되고, 증기가 가진 열에너지는 증기 기관에서 일 에너지 W로 변환되어 피스톤을 움직이게 하여 기차가 달릴 수 있게 된다. 이러한 과정에서 총에너지는 소멸되거나 생성되지 않고 항상 일정하며, 단지 열에너지의 형태에서 운동 에너지로 변환되었다는 것을 알 수 있다.

① 에너지 불변의 원리를 일과 열 사이에 적용한 것으로, 일이 열로 변할 때 또는 그 역으로 전환될 때의 양적인 관계를 나타낸 것이다. 즉, 열과 일은 에너지의 측면에서 본질상 동일한 것으로, 단지 표현 형태가 다를 뿐, 일과 열 사이의 변환 전후의 에너지 총량은 변하지 않는다. 열을 Q, 일을 W라 정의하면 다음과 같은 관계가 성립된다.

$$Q = W \quad [J] \tag{1.3}$$

② 열역학 제 1 법칙에 의해 외부로부터 에너지를 보충 받지 않고 끊임없이 일을 할 수 있는 제 1 종 영구기관은 불가능하다는 것이 증명된다.

1.3.3 열역학 제 2 법칙

열역학 제 2 법칙은 가역과 비가역에 대한 법칙으로서, 일과 열의 변환 관계에 있어 열역학 제 1 법칙에서는 에너지 총량의 측면에서는 변화가 없는 것으로 정의되었으나, 열역학 제 2 법칙에서는 열의 이동이나 변환 과정에 있어 방향성, 혹은 변환 과정에 대해 정의를 내리고 있다. 즉, 열의 이동이나 변환 과정에 있어서 일은 열로 쉽게 변하지만 열을 일로 변환시키는 경우에는 특수한 기구가 필요하다. 즉, 자연계에서 열은 고온에서 저온의 물질로 흐르지만 그 반대의 경우, 즉 저온에서 고온으로 열을 이동시키기 위해서는 냉동기와 같은 특수한 기구가 필요하다. 이와 같이 열과 기계적 일 사이의 방향성을 제시하여 비가역성을 정의하고 있다. 또 다른 정의로 일은 쉽게 전부 열로 변하지만 역으로 열이 일로 변화하는 것은 어렵고, 그 일부 밖에 변화되지 않는다.

이상과 같이 열역학 제 2 법칙에서는 열역학 제 1 법칙에서 정의된 에너지 양 뿐만 아니라 에너지의 질적인 측면도 포함하고 있다. 예를 들면, 고온의 물체에서 저온의 물체로 10 J의 에너지가 열의 형태로 전달된다고 가정하면, 전달 과정이 끝나면 에너지는 10 J로 보존되고 있으나 낮은 온도와 낮은 질의 에너지를 가지고 있게 된다. 즉, 에너지의 양에는 변함이 없으나 변환 과정이 끝난 후의 에너지 질적인 문제도 포함하여 열역학 제 2 법칙에서는 다루게 된다.

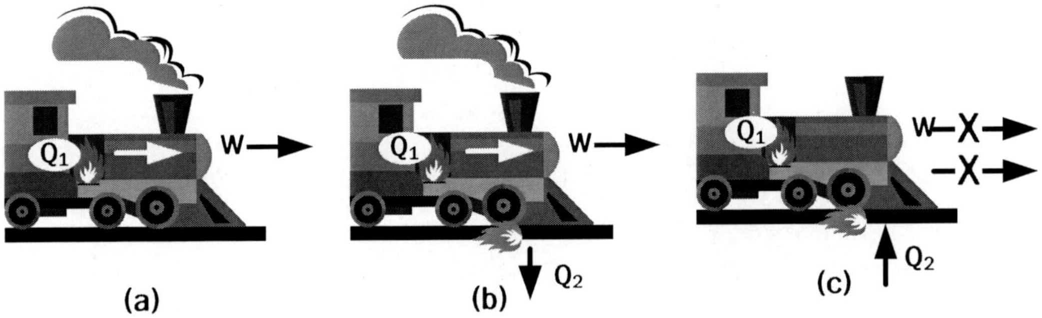

그림 1.7 열역학 제 2 법칙(가역 비가역 법칙)

그림 1.7은 그림 1.6의 증기 기관차가 계속해서 Q_1 의 열에너지를 공급받으면서 W 만큼의 운동 에너지를 하고 있을 때, 증기 기관차의 바퀴와 선로 사이에는 마찰에 의한 마찰열 Q_2 가 생기고 있다. 이 때, 어떠한 장치를 통해서 바퀴와 선로 사이에 마찰열 Q_2 를 되돌려 전달하여도, 기차는 움직일 수 없다는 에너지 방향성 및 에너지 질적인 문제에 대한 정의를 내릴 수 있는 것도 열역학 제 2 법칙에서 다루고 있다.

열역학 제 2 법칙과 관련된 여러 연구자들의 정의를 정리하면 다음과 같다.

① Kelvin-Planck의 정의 : 열원으로부터 받은 열을 일로 변화시키는 사이클에서 순 일을 생산하는 것을 불가능하다. 즉, 어떠한 열기관도 100 %의 열효율을 가질 수 없다.

② Kelvin & Thomsom의 정의 : 동작 유체가 사이클에 의해 연속적으로 일을 발생하기 위해서는 고온 물체와 저온 물체가 필요하다.

③ Clausius의 정의 : 열은 그 자체만으로 저온에서 고온으로 이동할 수가 없

다. 저열원의 열은 스스로 고열원으로 이동할 수 없으나, 작동 매체에 일을 가해 저온에서 고온으로 열을 이동시킬 수 있다.

④ 열역학 제 2 법칙에 의해 입력과 출력이 같게 되어 영구 운동을 하는 제 2 종 영구기관 불가능하다는 것이 증명된다.

⑤ 엔트로피 증대의 법칙 : 고립계의 엔트로피 총합은 그 계 내에 가역변화가 일어나도 불변이고, 불가역 변화가 일어난다면 증가하기 때문에 항상 엔트로피는 감소하지 않고 증대하게 된다. 즉, 고립계라는 것은 외부와 물질·에너지 교환을 전혀 하지 않는 계로서, 예를 들면 완전 단열되어 있는 밀폐 용기나 우주 전체 등이다. 엔트로피에 대한 자세한 설명은 5장을 참고로 하기 바란다.

1.3.4 열역학 제 3 법칙

열역학 제 3 법칙에서는 순수 결정 물질을 제외한 물질의 엔트로피는 0이 될 수 없으며, 또한 절대 온도 0 K가 될 수 없다는 법칙이다.

① 이상 기체의 체적은 온도 1 K가 내려가면 (1 / 273.16) 만큼 축소되게 된다. 따라서, 절대 온도 0 K(−273.16 ℃)가 되면 체적이 0이 되어야 하므로, 절대온도 0 K에는 도달할 수 없다. 따라서, 엔트로피도 0이 될 수 없다.

② 화학 변화를 수반하는 계 혹은 자장의 영향을 받는 계 등에서 일과 관련된 모든 계산에 있어서 엔트로피의 절대치를 알아야 할 필요가 있고, 이를 위해 열역학 제 3 법칙이 정립되었다. 즉, 절대 영도 0 K 부근에서는 내부적으로 평형 상태에 있는 모든 물질의 엔트로피는 일정 값을 가지게 되고, 절대 영도 0 K에서는 다음과 같이 엔트로피가 0이 되는 사실을 열역학 제 3 법칙에서는 증명된다.

$$\lim_{T\to 0} \Delta S = 0 \tag{1.4}$$

순수 결정 물질을 제외한 물질은 절대 온도 0도에서도 엔트로피의 값은 0이 아니다. 즉, 물질을 구성하는 분자의 구조가 한 가지 이상이기 때문에 미시적인 상태에서의 불확실성이 존재하기 때문이다.

1.4 온도

물질 구성 분자는 끊임없이 운동하고 있으며, 이와 같은 물질 구성 분자의 운동 에너지 활동 정도를 수치적으로 표시한 것을 온도(temperature)라 정의하고 있다. 즉, 분자 운동이 활발하면 따뜻하게, 활발하지 못하면 차갑게 느껴지며, 이와 같은 온냉의 정도를 나타내는 척도를 온도라 정의하고 있으며, 온도를 수량적으로 측정하는 기구를 온도계라 한다. 온도에는 섭씨온도, 화씨온도, 절대 온도가 있다,

1.4.1 섭씨온도

표준 대기압(1 atm) 하에서 순수하게 물이 어는 빙점을 0 ℃, 물이 끓는 비점을 100 ℃, 이 두 표준 온도 사이를 100등분한 온도이다. 섭씨온도(degree-Centigrade / Celsius)는 주로 MKS(meter-kilogram-second) 단위계를 쓰는 지역에서 사용된다.

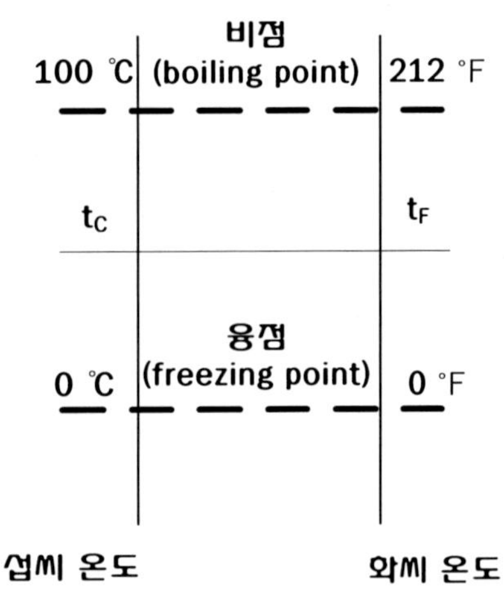

그림 1.8 섭씨온도와 화씨온도

1.4.2 화씨온도

표준 대기압(1 atm) 하에서 빙점을 32 °F, 비점을 212 °F로 하여, 두 표준 온도 사이를 180 등분한온도이다. 화씨온도(degree-Fahrenheit)는 주로 구미 지역에서 사용하고 있으며, 섭씨온도와의 관계는 다음과 같다.

$$℃ = \frac{5}{9}(°F - 32) \tag{1.5}$$

$$°F = \frac{9}{5}℃ + 32 \tag{1.6}$$

1.4.3 절대 온도

−273.16 ℃에서는 기체의 분자 운동이 정지하는 열역학적 최저 온도가 되고, 이

때의 온도를 0으로 하는 온도를 절대 온도(absolute temperature)라 하고, SI 단위에서는 K(Kelvin)를 사용한다.

섭씨온도 ℃의 눈금 기준과 절대 온도 K와의 관계는 식 (1.7)와 같으며, 또한 화씨 온도 °F의 절대 온도는 R(Rankine)로서 이들 온도의 관계는 식 (1.8)과 같다.

$$K = ℃ + 273.15 \quad ; \quad T(K) = t + 273.15(℃) \tag{1.7}$$

$$R = °F + 459.67 \tag{1.8}$$

이상과 같이 절대 온도를 결정하는 데 있어서 사용되는 온도계는 일반적으로 온도계의 종류에 따라 그 눈금이 일치하지 않으나 수소나 산소와 같이 완전 가스(perfect gas)로 취급되는 실제 기체의 체적은 일정 압력 하에서 온도 변화에 따라 거의 일정하게 변화되는 것으로 취급된다. 따라서, 이러한 성질을 이용하여 이론적으로는 물질에 무관한 열역학적 절대 온도 또는 Kelvin 절대 온도로 정의되고 있다.

즉, 열역학적 최저 온도 -273.16 ℃에서는 압력이 0이 되며, 이는 -273.16 ℃에서 가스의 분자 운동이 정지하기 때문에 가스 분자가 용기 벽에 충돌하지 않으므로 용기 벽면에 압력을 주지 않게 되기 때문이라 고려된다. 따라서, 이 때의 온도를 최저 극한 온도인 절대 영도(absolute zero point)라 하고, 이것을 기점으로 측정한 온도를 절대 온도라 한다.

[예제 1.1] 15 ℃는 몇 °F, 몇 K인가?

[예제 1.2] 섭씨온도와 화씨온도의 눈금이 같을 때의 온도는?

1.4.4 열역학적 온도의 SI 단위

제 10차 국제도량형총회에서 물의 삼중점을 기본 고정점으로 선정하고, 이 고정점의 온도를 273.16 ° K(켈빈도)로 정의한 후, 제 13차 국제도량형총회에서 켈빈도 대신에 K(켈빈, Kelvin)이라는 명칭을 사용하기 시작하였다. 온도 눈금을 정의해 오던 종래의 방법 때문에 기호 T로 표시되는 열역학적 온도를 물의 어는점인 빙점 온도 273.15 K과의 차이로 나타내는 것이 일반적인 관례로 남아 있다. 이러한 온도 차이를 섭씨온도라 하며, 기호는 t로 표시되며, 관계식은 식 (1.7)과 같다. 온도차는 켈빈이나 섭씨도로 표현할 수 있다.

켈빈과 섭씨온도는 모두 1989년 CIPM 권고사항 5에서 채택된 “국제온도눈금 1990“(ITS-90)의 단위로서, 여기서 주목할 것은 물의 삼중점 온도와 섭씨온도의 기준점이다.

섭씨온도의 정의는 얼음의 녹는 온도가 기준점이었으나, 물의 삼중점을 더 정확하게 표시할 수 있기 때문에 기준점으로 삼은 것이다. 따라서, 물의 삼중점은 273.16 K, 섭씨온도의 기준점은 273.15 K이기 때문에 섭씨온도의 기준점은 물의 삼중점보다 0.01 ℃ (또는 0.01 K) 낮다는 것을 알 수 있다.

1.5 압력

1.5.1 압력의 종류

물질 상호간의 접촉면 혹은 물질 내에 가정한 임의 평면의 단위 면적 A에 수직으로 작용하는 힘 F을 압력 P(pressure)로 정의하고 있다.

$$P = \frac{F}{A} \tag{1.9}$$

F : 힘 (N)

A : 면적 (m^2)

압력의 SI 단위는 1 m^2 당 1 N(Newton)의 힘이 작용하는 1 Pa(Pascal)을 사용하고 있으며, 1 Pa = 1 N/㎡ = 1 kg/m · s^2 = 1 J/㎥의 값을 가지고 있다.

(1) 절대 압력

완전 진공을 기준으로 계측한 압력을 절대 압력(absolute pressure)이라 한다.

절대 압력(abs)는 대기압 이상인 정압인 경우에는 대기압(atm, ata)과 게이지 압력(g)을 더하게 되고, 대기압 미만인 부압인 경우에는 대기압에서 게이지 압력을 빼면 절대 압력이 계산된다.

$$P_{abs} = P_{atm}(\text{혹은 } P_{ata}) + P_g \quad : \text{ 대기압 이상일 경우} \tag{1.10}$$

$$P_{abs} = P_{atm}(\text{혹은 } P_{ata}) - P_g \quad : \text{ 대기압 이하일 경우}$$

압력을 나타내는 기호 P나 압력 단위 뒤에 붙는 첨자로 사용되는 abs는 절대(absolute) 압력, atm 및 ata는 대기압(atmosphere), g는 게이지(gauge) 압력을 의미한다.

(2) 게이지 압력

대기압을 기준으로 압력계로 측정한 압력을 게이지 압력(gauge pressure) 혹은 계기압이라 한다.

그림 1.9에서와 같이 용기에 설치된 압력계의 게이지 압력이 0이라고 하여도, 대기압 101.32 kPa를 기준으로 하였기 때문에 용기 내의 가스는 실제로 그 주위의 대기압만큼 압력을 받고 있다.

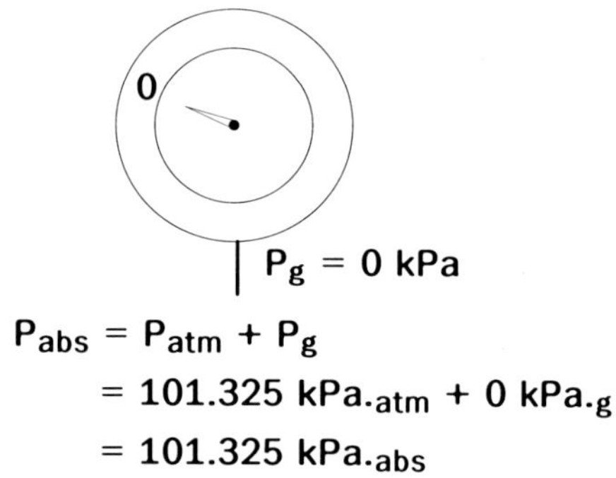

그림 1.9 게이지 압력

(3) 대기압

일반적인 주위 대기의 압력을 대기압(atmosphere pressure)이라 한다. 대기압은 장소 및 시간에 따라 달라지나, 일반적으로 표준 대기압은 101.325 kPa(SI 단위), 1.03323 kg/㎠(MKS 단위)이다.

대기압은 그림 1.10에서와 같이 지구를 둘러싼 대기권에서부터 압력을 측정하는 위치까지 일정 부피에 들어 있는 공기가 중력에 의해 당겨지는 힘만큼 작용하는 크기 및 일정 부피 내에서의 공기 운동에 의해 발생되는 힘의 합으로 고려하면 이해하기가 쉬울 것으로 판단된다.

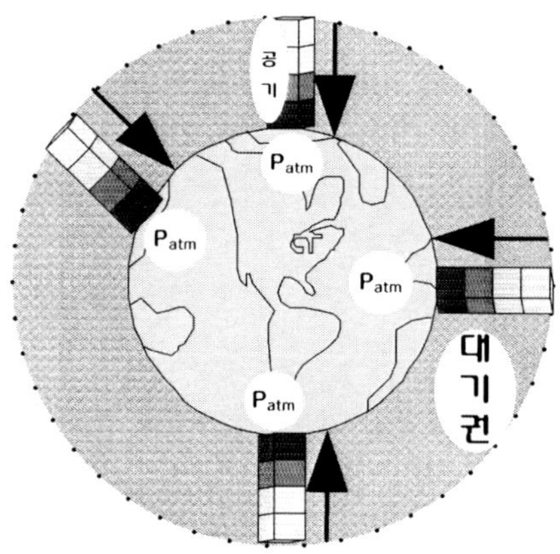

그림 1.10 대기압

① 표준 대기압(atm)

$$1\ \text{atm} = 1.033\ \text{kg/cm}^2 = 760\ \text{mmHg} = 10.33\ \text{mAq} \\ = 1013.25\ \text{mbar} = 101.32\ \text{kN/m}^2 = 101.32\ \text{kPa} \tag{1.11}$$

② 공학 기압(ata)

$$1\,\text{ata} \equiv 1.0\ \text{kg/cm}^2 = 735.6\ \text{mmHg} = 10\ \text{mmAq} \\ = 980.7\ \text{mbar} = 98.07\ \text{kN/m}^2 = 98.07\ \text{kPa} \tag{1.12}$$

(4) 진공 압력

대기압 이하의 압력 즉, 부압을 진공 압력(vacuum pressure)이라 하며, 진공의 게이지 압력을 진공도라 한다. 따라서 진공도는 대기압과 그 상태에서의 절대 압력과의 차이와 같다. 완전히 압력이 없을 때를 완전 진공이라 하며, 이 때의 절대 압력은 0이다. 대기압 1.033 kg/㎠에서 압력계가 진공 h cm를 지시하고 있을 때의 절대 압력은 식 (1.13)과 같다.

$$\text{절대압력} = 1.033 - \frac{1.033}{76} \times h = 1.033\left(1 - \frac{h}{76}\right) \tag{1.13}$$

진공 압력을 측정하는 압력계의 눈금은 일반적으로 빨간색으로 숫자와 mmHg로 표시하며, 대기압 이상의 압력계를 측정하는 압력계의 눈금은 검은색으로 표시하고 있다. 대기압과 진공 압력을 동시에 측정하는 압력계도 있다.

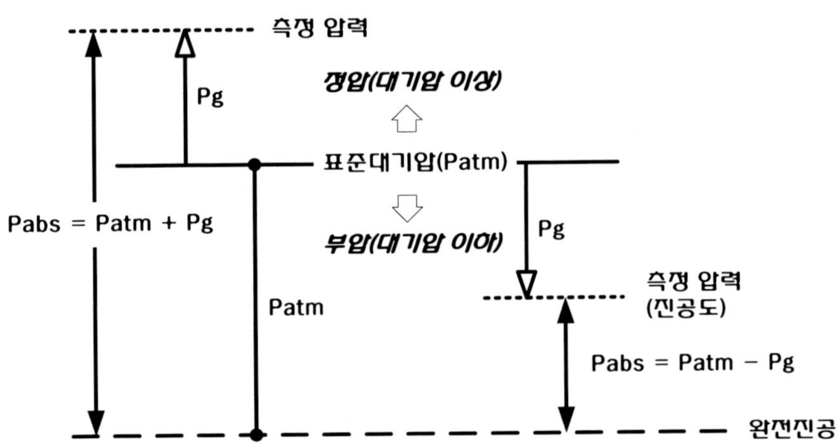

그림 1.11 압력의 관계

그림 1.11은 이상에서 서술한 압력들의 관계를 나타낸 것이다.

[예제 1.3] 멕시코 지역의 기압이 600 mmHg일 때, 봄베의 진공도가 100 mmHg이면, 봄베의 절대 압력은 몇 kg/㎠인가?

[예제 1.4] 표준 대기압 상태에서 지름 10 cm인 실린더의 피스톤 위에 100 N의 추를 올려놓았다. 이 때, 실린더 내의 가스에 미치는 절대 압력은 몇 MPa인가?

[예제 1.5] 압력계 눈금이 1.0 MPa, 대기압 740 mmHg일 때, 절대 압력은 몇 kPa인가?

1.5.2 유체에서의 압력

유체란 액체와 기체를 통칭하는 말로 고체와는 달리 그 형태가 쉽게 변형되며, 모양이 바뀔 때는 변형에 대응하는 전단응력(shear stress)이 생기게 된다. 따라서, 아무리 작은 전단응력이 작용하여도 항상 변형되는 물질을 유체(fluid)라 할 수 있다. 전단응력은 유체가 미끄러지는 속도나 정도에 따라 크기가 달라지지만 일정한 모양을 형성하게 되면 없어지게 된다.

(1) 유체의 정의

유체에는 유동을 방해하고자 하는 저항력이 있으며, 이는 분자간의 인력에 의해 유체 상호간에 작용한다. 이러한 성질을 유체의 점성(viscosity)이라 한다.

점성과 관련되어 그림 1.12와 같이 관벽을 따라 흐르는 유체의 점성을 고려하면, 벽면은 유체에 의해 흐름 방향에 전단응력(shearing force) τ_F를 받고 있다. 즉, 그림에서와 같이 평행한 두 평판 사이에 점성유체가 있을 경우, 아래 평판은 고정시키고 윗 평판을 일정한 속도 u로 운동시키는 데 필요한 힘 F는 윗 평판의 넓이 A와 속도 u에 비례하고, 두 평판사이의 수직거리에 반비례한다. 이를 Newton의 점성법칙이라고 하고, 식 (1.14)와 같이 정리된다.

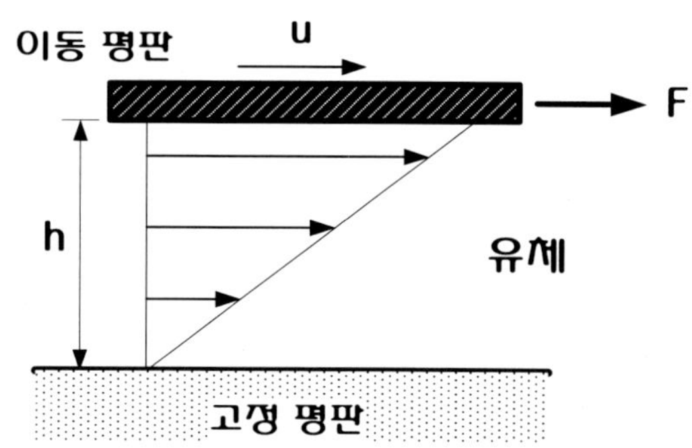

그림 1.12 Newton의 점성 법칙

$$F \propto A\frac{u}{h} \quad \text{or} \quad \tau = \frac{F}{A} = \mu\frac{u}{h} \tag{1.14}$$

식 (1.14)를 미분형으로 나타내면 다음과 같다.

$$\tau = \mu\frac{du}{dy} \tag{1.15}$$

τ : 전단응력 (kgf/m²)

μ : 점성계수 (Pa·s)

du/dy : 속도 구배(velocity gradient) 혹은 각변형율(rate of angular deformation)

점성의 단위는 1 Poise = 1 dyne·s/cm² = 1 g/cm·s = 0.1 N·s/m² 이다.

이것이 유체 마찰(fluid friction)로서 점성을 의미하지만, 크기는 유체에 따라 다르다. 일반적으로 기체의 점성은 온도와 비례하는 성질이 있고, 액체의 점성은 온도와 반비례한다. 기체 분자간의 응집력은 무시할 수 있을 정도로 작으나, 온도가 상승하여 기체 분자간의 운동이 활발해지므로 점성은 상승하는 경향을 나타내지만, 액체의 경우에는 액체 분자간의 응집력이 감소되면서 점성이 감소하는 경향을 나타내게 된다.

(2) 유체 내의 압력 특성

유체가 벽면 또는 가상면의 단위 면적에 수직으로 작용하는 힘을 유체의 압력이라 하고, 면 전체에 작용하는 힘을 전압력(total pressure)이라 한다.

$$p = \lim_{\Delta A \to 0} \frac{\Delta F}{\Delta A} = \frac{dF}{dA} \qquad (1.16)$$

p : 압력 (Pa, N/m², kgf/m²)

F : 힘 (N)

A : 면적 (m²)

정지 유체 내에서는 유체 입자간에 상대 운동이 없기 때문에 점성에 의한 전단응력은 나타나지 않는다. 이러한 정지 유체에서의 압력은 그림 1.13에서 다음과 같은 성질을 가지고 있다.

① 그림 1.13 (a) 유체의 압력은 임의의 단면에 수직으로 작용한다.

② 그림 1.13 (b) 유체 내부의 임의의 한 점에서 압력은 모든 방향으로 동일하게 작용

③ 그림 1.13 (c) 파스칼의 원리(principle of Pascal) : 밀폐된 용기의 유체에 가한 압력은 같은 세기로 모든 방향으로 전달

파스칼의 원리란 밀폐된 용기에서 전달되는 압력은 $p_1 = p_2$ 이므로 식 (1.17)과 같이 정리된다. 따라서, 압력의 단위로 SI 단위는 파스칼을 기리기 위하여 Pa(pascal)이라는 단위를 사용하고 있다.

$$p_1 = p_2 = \frac{W_1}{A_1} = \frac{W_2}{A_2} \tag{1.17}$$

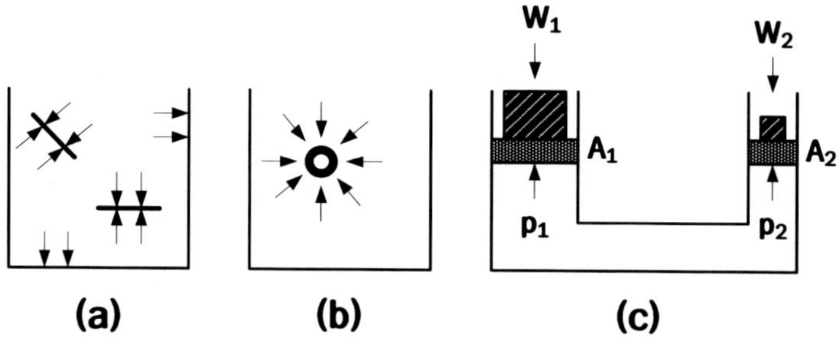

그림 1.13 정지 유체 내의 압력

(3) 유체내의 압력 변화

압력은 단위 면적당 유체에 의해 가해지는 힘으로 정의할 수 있다. 압력은 일반적으로 유체 즉 기체와 액체를 취급하는 경우에 사용되고, 고체인 경우에는 압력에 해당되는 것으로 응력(stress)를 사용한다. 정지된 유체에서는 대기압의 경우와 마찬가지로 유체 내에서의 압력은 유체 중량 때문에 깊어질수록 증가한다. 이것은 자유 표면으로부터 아래에 있는 유체는 위 수면에 있는 유체보다 더 많은 중량을 받치고 있기 때문이다. 압력은 중력 효과로 수직 방향으로 변화되지만, 수평 방향으로는 변화되지 않는다. 기체인 경우에는 기체의 중량이 너무 작아 압력 변화에 영향을 주지 않으므로 균일한 것으로 생각할 수 있다.

1.6 밀도, 비중량, 비체적

1.6.1 밀도 및 비중량

물질의 단위 체적당 질량(mass)을 밀도(density), 단위 체적당 중량(weight)을 비중량(specific weight)이라 정의하고 있다. 밀도는 식(1.18)과 같이 kg/㎥의 단위로 계산되며, 비중량은 식(1.19)와 같이 kgf/㎥의 단위로 계산된다.

$$\rho = \frac{m}{V} = \frac{\gamma}{g} \tag{1.18}$$

$$\gamma = \frac{W}{V} = \frac{m \times g}{V} = \rho \times g \tag{1.19}$$

g : 중력가속도 (지구의 중력가속도 = 9.80655 m/s^2)

ρ : 밀도 (kg/m^3)

γ : 비중량 (SI - N/m^3 , MKS - kgf/m^3)

m : 질량 (kg)

V : 체적 (m^3)

W : 중량 (kgf)

밀도와 비중량의 의미는 동일하지만, 밀도는 질량의 단위, 비중량은 중량의 단위를 사용한다는 것에 차이가 있다. 따라서, 식 (1.18)과 식 (1.19)에서 W = m × g이므로 밀도와 비중량의 관계는 다음과 같다.

$$\rho = \gamma \times g, \quad \gamma = \frac{\rho}{g} \tag{1.20}$$

식 (1.18) ~ 식 (1.20)에서 g는 지구 중력 가속도로 현재 국제적으로 정한 표준 값은 9.80665 m/s^2 이나, 이 책에서는 지구 중력 가속도를 9.8 m/s^2 로 사용하고자 한다.

1.6.2 비체적

물질의 단위 질량당 체적을 비체적(specific volume)이라 하고, 단위는 m^3/kg 혹은 m^3/kgf이다.

$$\nu = \frac{V}{m} = \frac{1}{\rho} \tag{1.21}$$

1.6.3 질량의 SI 단위

압력 단위 계산을 비롯한 질량과 관련된 SI 단위계에서는 킬로그램(kilogram)을 사용하도록 권장하고 있으며, “킬로그램은 질량(mass)의 단위이며 국제킬로그램원기의 질량과 같다” 라고 정의되어 있다. SI 단위계에서 질량의 단위라고 강조한 것은 흔히 무게(weight)의 뜻과 혼동되어 사용되어 왔기 때문이다. 무게라는 단어의 의미가 경우에 따라 질량 혹은 역학적 힘을 나타내는데 사용되므로 이러한 모호함을 없애고 질량을 뜻함을 명백히 하기 위한 것이다.

무게는 우리가 어느 물체를 들 때 느끼는 것, 즉 힘과 같은 성질의 양을 나타내는 것으로 한 물체의 무게는 그 질량과 중력가속도를 곱한 것과 같다. 이 때, 중력 가속도는 지구상에서도 위치에 따라 다르므로 무게도 위치에 따라 달라진다. 편의상 표준 무게를 정의하여 사용할 수 있는데, 한 물체의 표준 무게는 그 질량과 표준 중력가속도의 곱의 결과이다.

[예제 1.6] 체적 5.5 m^3인 어느 기름의 무게가 4500 kgf일 때, 이 기름의 비중량, 밀도는 얼마인가?

[예제 1.7] 체적 3 m^3인 어느 기름의 무게가 24000 N일 때, 이 기름의 비중량, 밀도는 얼마인가?

[예제 1.8] 비중량이 880 kg/m^3인 기름 150 l 의 질량은 얼마인가?

1.7 일, 동력

1.7.1 일

1 kg의 물질에 지구 중력가속도이 작용할 때 느끼는 무게를 1 N의 힘(force)이라 정의한다. 어떤 물질에 힘 F가 작용하고, 힘이 작용하는 방향으로 물질이 일정 거리 S 만큼 움직이게 되면 힘은 W만큼의 일(work)을 한 것이고, 일의 양은 식 (1.22)와 같이 정리할 수 있다.

$$W = F \times S \tag{1.22}$$

일의 SI 단위는 J(Joule)로서 1 N의 힘을 작용하여 힘의 방향으로 1 m 만큼의 변위를 일으킨 양이고, 일의 MKS 단위는 중량 1 kg인 물질을 높이 1 m까지 끌어 올리는 양으로서 kgf · m단위를 사용한다. 지구에서의 평균 중력가속도를 9.8 m/s^2 라 하면, 일에 대한 SI 단위와 MKS 단위의 관계는 다음과 같다.

$$1 \text{ kgf} \cdot \text{m} = 9.8 \text{ N} \cdot \text{m} = 9.8 \text{ J} \tag{1.23}$$

1.7.2 동력

동력(power)은 단위 시간동안의 일량으로, SI 단위는 W, MKS 단위에서는 PS 혹은 HP(horse power)를 사용하고 있다. 1 W는 1 초에 1 J의 일을 하는 경우의 동력이다.

$$\text{동력} = \frac{\text{일}}{\text{시간}} = \frac{(\text{힘} \times \text{거리})}{\text{시간}} = \text{힘} \times \text{속도} \tag{1.24}$$

$$1\ \text{kW} \fallingdotseq 860\ \text{kcal/h} = 102\ \text{kg} \cdot \text{m/s} = 1\ \text{kJ/s} \tag{1.25}$$

$$1\ \text{PS} \fallingdotseq 75\ \text{kg} \cdot \text{m/s} \fallingdotseq 0.7355\ \text{kw} = 632.3\ \text{kcal/h} \tag{1.26}$$

$$1\ \text{HP} \fallingdotseq 76\ \text{kg} \cdot \text{m/s} \fallingdotseq 0.7461\ \text{kw} = 641.6\ \text{kcal/h} \tag{1.27}$$

1.8 에너지

에너지(energy)는 일을 할 수 있는 능력 즉, 어떠한 효과를 발생시킬 수 있는 능력을 의미한다. 즉, 어떤 시스템이나 동작 물질이 가진 에너지의 양은 다른 시스템이나 동작 물질에 대해 작용할 수 있는 일의 양을 의미한다. 에너지는 물체와 달라서 눈으로 보거나 손으로 만질 수 없으며, 또한 에너지의 양은 무게나 부피로 측정될 수 없기 때문에 물체가 가지고 있는 에너지의 양은 그 물체가 할 수 있는 일의 양으로 나타내는 경우가 일반적이다. 즉, 운동을 방해하는 힘이 없다면 물체에 가해진 일은 전부 에너지로 변하기 때문에 에너지는 가해진 일의 양만큼 증가하고, 물체가 외부에 대해 일을 한 만큼 감소된다.

에너지에는 운동 에너지, 위치 에너지, 열에너지, 전기 에너지, 원자력 에너지 등의 수많은 종류의 에너지로 분류할 수 있으며, 단위는 에너지 종류에 따라 kcal, eV 등을 사용하기도 한다. E를 표현하는 단위로 1 kcal는 약 4.2 kJ이고, 1 eV는 1.6×10^{-19} J이다. 이 책에서는 기본적으로 에너지의 단위로 일의 단위인 J 혹은 kgf・m를 사용하도록 한다.

열역학을 배우는 목적 중의 하나가 열을 효율적으로 사용하여 최대한의 일을 얻기 위한 방법을 습득하는 것이기 때문에 이 책에서는 기계 에너지(mechanical energy)와 열에너지(heat energy)를 대상으로 하고자 한다. 기계적 에너지에는 물체 운동에 의해 발생되는 운동 에너지(kinetic energy)와 위치에 의해 발생되는 위치 에너지(potential energy)로 구분되고, 열에너지는 물질의 분자 운동이나 배치, 상태 변화 등의 열적 특성에 의해 발생되는 에너지이다.

1.8.1 운동 에너지

그림 1.14에서와 같이 정지해 있는 질량 m의 물체가 외부로부터 힘 F를 받아 일정한 속도 v로 운동하여 거리 d만큼 이동하는 것은 외부로부터의 힘이 정지해있던 물체에 작용하였기 때문이다. 질량 m인 물체가 속도 v로 움직이고 있을 때, 운동 에너지 (kinetic energy) E_K는 다음과 같이 계산된다.

$$\text{SI 단위} \quad : E_K = \frac{1}{2} \cdot m \cdot v^2 \quad (J) \tag{1.28}$$

$$\text{MKS 단위} \quad : E_K = \frac{1}{2g} \cdot G \cdot v^2 \quad (kgf \cdot m)$$

식 (1.28)은 일 - 에너지 정리식이라 할 수 있고, 식 중의 G는 중량을 의미한다.

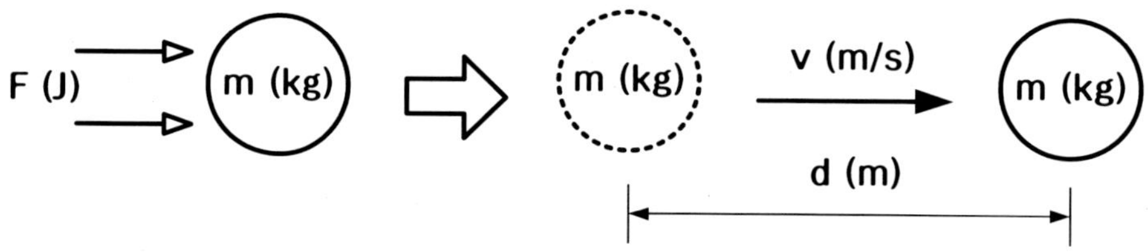

그림 1.14 운동 에너지

1.8.2 위치 에너지

그림 1.15에서와 같이 높은 곳에 있는 물체는 떨어지면서 다른 물체에 대해 일을 할 수 있기 때문에 이와 같이 일정 위치에 있는 물체가 가진 에너지를 위치 에너지 (potential energy)라 한다. 즉, 동일 위치에서 무게가 다른 물체를 바닥 위에 있는 못 위에 떨어뜨린다고 가정하면, 못이 바닥에 박히는 깊이는 무거운 물체를 떨어뜨린 경우가 가벼운 물체를 떨어뜨린 경우보다 깊이 박히는 것은 주지의 사실이다. 또한, 동일한 무게를 떨어뜨릴 경우에는 높이를 높게 할수록 에너지가 크다는 것은 경험적으로 알고 있을 것이다.

그림 1.15 (a)는 질량이 같은 물체를 높이를 달리하여 떨어뜨리는 경우, 그림 1.15 (b)는 같은 위치에서 질량의 무게가 다른 경우에 대해 나타낸 것으로, 위치 혹은 질량에 따라 위치 에너지가 변화되고 있음을 나타내고 있다.

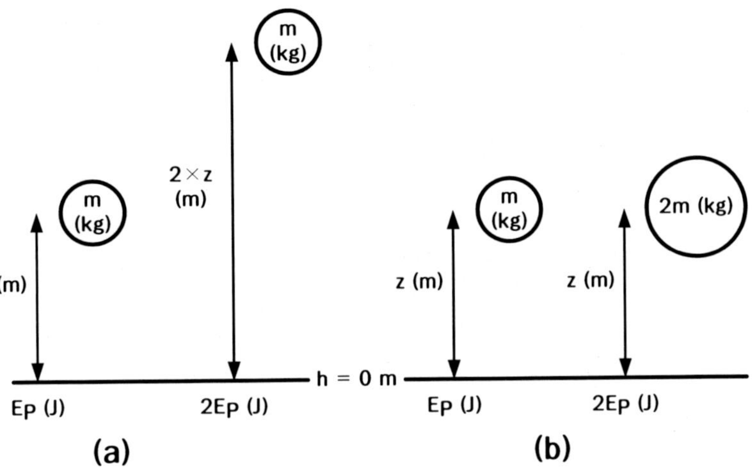

그림 1.15 위치 에너지

질량이 m인 물체가 높이 z에 있을 때, 물체의 위치 에너지 E_P은 다음과 같이 계산된다.

$$\text{SI 단위} \quad : \quad E_P = m \cdot g \cdot z \quad (J) \tag{1.29}$$

$$\text{MKS 단위} \quad : \quad E_P = \frac{1}{2g} \cdot z \quad (kgf \cdot m)$$

즉, 위치 에너지의 표현식 (1.28)는 질량 m인 물체를 높이 z인 곳까지 들어올리기 위하여 중력을 거슬러서 하는 일과 같기 때문에 일정 높이까지 물체를 들어올리기 위하여 한 일의 양만큼의 위치 에너지를 가지고 있다고 할 수 있다. 물체의 위치 에너지는 그 물체의 높이에 따라 정해지는 양이므로 높이의 기준을 어느 곳에 두는가에 따라 그 값이 달라지기 때문에 위치 에너지를 다룰 때에는 높이의 기준을 알아야 한다.

[예제 1.9] 높이 100 m인 위치에 물탱크에 3,000 kg의 물이 저장되어 있다. 물이 갖는 위치 에너지는 몇 J인가?

【연 습 문 제】

1. 표준 대기압 중에 있는 실린더 직경 5 cm인 피스톤 위에 중량 100 kg인 추를 놓았다. 실린더 내 가스의 절대압력은 몇 kg/cm^2인가? 단, 피스톤의 중량은 무시한다.

2. 계기 압력이 0.650 mHg, 대기압이 1.01325 bar일 때, 절대압력은 몇 bar인가?

3. 압력계의 지시눈금 2.1 MPa, 기압계의 지시눈금 98 kPa인 경우의 절대압력은?

4. 진공을 측정하는 데, 사용한 수은압력계의 높이가 700 mm, 대기압이 97 kPa인 경우의 절대 압력은? 단, 수은의 밀도는 13600 kg/m^3, 중력가속도는 9.80655 m/s^2이다.

5. 어떤 피스톤의 면적이 980 mm^2, 실린더 내에 넣어진 가스에 대기압보다 50 kPa 높은 압력을 유지하기 위한 피스톤의 질량은 얼마인가? 단, 중력가속도는 9.80655 m/s^2이다.

6. 대기압이 1 atm, 진공계가 20 cmHg였다. 절대압력은 몇 ata인가?

7. 대기압이 753 mmHg일 때 진공도 90 %의 절대압력은 몇 kg/cm^2인가?

8. 어느 증기 터빈에서 입구의 평균 게이지압력이 25 kg/cm^2, 출구의 평균 압력은 진공계로서 720 mmHg이었다. 대기압이 750 mmHg이라면 터빈의 입구 및 출구의 절대압력은 몇 kg/cm^2인가?

2. 열에 대한 이해

2.1 열 및 열량

2.1.1 열에너지

물질에 열을 가하면 물질은 분자의 운동 에너지가 증가하여 온도가 상승하거나 분자 결합 상태가 변화되면서 상태 변화를 일으키기도 한다. 혹은 물체에 가해진 열은 물체 내부에 저장되거나 혹은 외부에 일을 하게 된다. 이와 같이 물질에 가한 열을 에너지의 한 종류로 고려하여 열에너지(heat energy)라 정의된다. 즉, 물질에 주어진 열에너지의 일부는 물질 내부에 축적됨과 동시에 외부에 대해서 일을 하게 되며, 이 때 전자를 내부 에너지, 후자를 외부 에너지라 한다.

$$\text{열에너지} = \text{내부 에너지} + \text{외부 에너지} \tag{2.1}$$

산업혁명의 원동력이 된 증기기관을 이용하여 기차가 달리는 과정에서의 열에너지, 내부 에너지, 외부 에너지에 대해 간단히 설명하면 다음과 같다. 증기 기관차가 달릴 수 있도록 하기 위해서는 우선 물탱크의 물이 과열증기가 되도록 끓여주어야 한다. 이 때, 물을 끓이기 위해 석탄, 목재 등을 태워서 열에너지를 생산하게 된다. 이 때, 일반적으로 물이 끓는 100 ℃가 되기까지 열에너지는 물탱크 내부의 물 온도만 상승시키는 데 사용되므로, 열에너지는 전부 물의 내부 에너지 형태로 변환되었다고 할 수 있다. 물의 온도가 100 ℃를 초과하게 되면 물이 끓으면서 과열증기 상태로 변화되고, 과열증기는 증기기관 내부에서 일 에너지의 형태로 변화되어 기관차를 달리게 하는 즉, 외부에 대해 일을 하는 외부 에너지 형태로 나타나게 된다. 기차가 계속 달리게 하기 위해서는 계속해서 열에너지를 공급해주어야 하며, 석탄 등에서 공급되는 열에너지는 과열증기가 발생될 수 있도록 물의 온도를 100 ℃까지 상승시키는 내부 에너지와 100 ℃ 이상의 과열증기 발생시켜 증기기관을 통해 기차가 달릴 수 있게 하는 외부 에너지로 구성되어 있는 것으로 간단하게 정리할 수 있다. 과열증기는 증기기관을 거쳐 외부로 배출되므로, 주기적으로 물을 공급해주어 한다.

(1) 내부 에너지

물체가 움직이지 않으면 운동 에너지는 0이다. 그러나 물체를 구성하고 있는 분자들은 끊임없이 열운동을 하고 있기 때문에 물체를 이루고 있는 분자들은 운동 에너지를 갖고 있고, 또한 분자들 사이의 서로 잡아당기는 인력에 의한 위치 에너지가 있다. 이와 같이 물체 구성 분자의 운동 에너지와 분자 상호간의 위치 에너지의 합인 역학적 에너지를 내부 에너지라 정의할 수 있다. 즉, 시스템인 물체의 분자 구조와 분자 운동의 정도와 관련된 에너지로서, 외부 좌표계와 무관한 미시적(microscopic) 형태의 에너지로 정의할 수 있다. 또한 시스템의 전체 에너지에서 역학 에너지를 제외한 에너지로서 과거의 상태와 관계없이 현재 상태에 의해서만 정의되는 상태량으로도 정의된다.

열과 내부 에너지의 관계를 살펴보면 다음과 같은 사실을 알 수 있다.

① 물체의 온도가 올라가면 열운동이 활발해져서 분자의 운동 에너지가 커지므로 물체의 내부 에너지도 증가한다.

② 물체가 외부에서 일이나 열을 받으면 분자들의 열운동이 활발해져서 운동 에너지가 증가함으로 인해 내부 에너지는 증가하고 온도 또한 올라간다. 이에 반해 물체가 외부에 일을 하거나 열이 밖으로 방출되면 내부 에너지는 감소하고 온도는 내려간다.

③ 온도가 높을수록 내부 에너지가 증가한다.

2.1.2 열 및 열량

물질로부터 물질로 이동하는 에너지 중에 온도차에 의해 이동하는 것이 열(heat)이다. 열에 대해서는 우리 생활에서 충분히 활용하고 있다. 아주 뜨거운 차를 마시기 전에 무의식적으로 입김을 불어 차의 온도를 낮추는 행동은 이미 열을 충분히 이해하여 열의 성질을 이용하고 있는 상태라고 할 수 있다. 즉, 뜨거운 차의 온도보다 낮은 차가운 주위 공기를 뜨거운 차와 혼합시켜 뜨거운 차의 온도를 낮추는 행위를 무의식적으로 하고 있는 것이다.

그림 2.1에서와 같이 온도 T_1 인 고온의 물질 A와 온도 T_2 인 저온의 물질 B를 서로 접촉시키면 고온의 물질 A에서 Q의 열량이 저온의 물질 B로 이동하기 때문에 고온의 물질은 차가워지고, 저온의 물질은 따뜻해지면서 결국에는 동일 온도 T_m인 열평형 상태가 된다. 이 때, 고온 물질에서 내려간 열 Q는 저온 물질의 온도를 T_2 에서 T_m으로 상승시키는 데 사용된다.

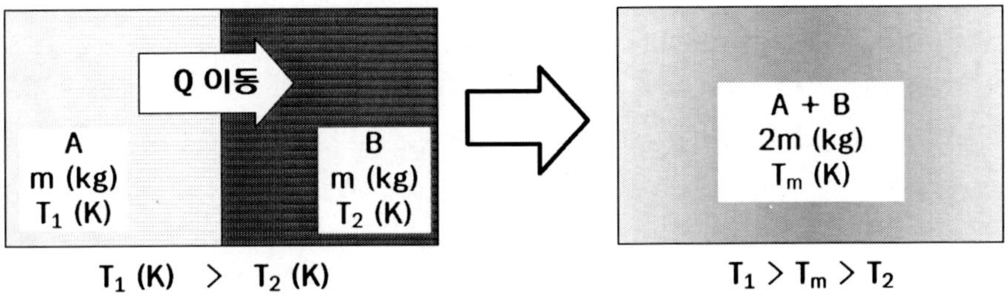

그림 2.1 열 이동에 의한 열평형

이와 같이 열은 온도가 높은 물체에서 온도가 낮은 물체로 이동한다. 모든 물체는 분자나 원자로 구성되어 있으며, 이들 구성 요소들은 끊임없이 운동하고 있기 때문에 운동이 활발할수록 운동 에너지가 크고, 운동 에너지가 클수록 온도도 높다. 이와 같이 온도가 높은 물체와 낮은 물체를 접촉시켜 놓으면 충돌에 의해 에너지가 큰 분자는 에너지가 작은 분자에게 에너지를 전달해주게 되므로 결국 두 물체의 온도가 같아지는 열평형 상태에 도달하게 된다. 또한, 물체의 열을 빼앗으면 물체의 온도는 내려가고 열을 주면 물체의 온도는 올라가게 된다.

이와 같이 물체가 보유하는 열의 양, 즉 열에너지의 열량(quantity of heat)이라 한다.

(1) 열량의 표시

열량 계산에 있어 물체 혹은 계에 주어진 열량을 정(+)로 표시하고, 물체 혹은 계로부터 외부로 방출되는 열량을 부(−)로 표시되며, 이는 물체 혹은 계에 있어서 열에너지기 증가하는 열의 이동은 (+)의 값, 열에너지가 감소하는 열의 이동은 (−)의 값을 가지게 된다. 이에 비해 계에 주어진 일은 부(−), 계로부터 나오는 일은 정(+)으로 표시된다.

SI 단위에서는 열량의 단위로 J(joule) 혹은 W(watt), MKS 단위에서는 cal(caloric)의 단위를 사용하고 있다.

1 J은 질량 1 kg인 물체를 1 m/s^2 의 가속도로 주는 힘 N을 같은 방향으로 1 m 움직이는 데 필요한 에너지로 식 (2.2), 1 kcal는 식 (2.3)의 값으로 정의된다.

$$1\ J = 1\ W/s = 1\ N \cdot m \qquad (2.2)$$

$$1 \quad \text{kcal}_{15} = 4.186 \quad \text{kJ} \tag{2.3}$$

식 (2.3)의 $kcal_{15}$는 표준 대기압 하에서 순수한 물 1 kgf를 14.5 ℃에서 15.5 ℃까지 1 ℃ 높이는 데 필요한 열량이나, 일반적으로 kcal로 표시되어도 큰 차이는 없으므로, 1 kcal는 표준 대기압에서 순수한 물 1 kg의 온도를 1 ℃ 올리는 데 필요한 열량으로 정의된다.

표 2.1 열량의 단위 환산표

Joule	kcal	Btu	kW · h
1	2.388×10^{-4}	9.478×10^{-4}	2.778×10^{-7}
4.187×10^{3}	1	3.968	1.163×10^{-3}
1.056	0.252	1	2.931×10^{-4}
3.600×10^{6}	859.8	3.412	1
2.648×10^{6}	632.5	2.510	0.7355

(2) 열의 인식

열은 우리에게 따뜻한 느낌을 주는 것으로 인식되어 왔으며, 열의 본질에 대해 이해되기 시작한 초기에는 물리적으로 운동 중의 공이 운동에너지를 가지고 있는 것처럼 분자를 공으로 취급한 운동이론에 의해서 열은 원자와 분자의 불규칙한 운동과 관련된 에너지로 정의되었다. 즉, 초기에는 열이 칼로리(caloric)이라는 유체와 비슷한 물질로 취급한 칼로리 이론(caloric theory)에 의해 한 물체에서 다른 물체로 흘러들어갈 수 있는 질량이 없고, 무색, 무취, 무미한 물질로서, 창조되거나 파괴될 수 없는 대상으로 취급되었다. 따라서, 칼로리라는 유체가 물체에 더해지면 물체의 온도가 상승되고, 칼로리가 물체로부터 제거되면 물체 온도가 저하되는 것으로 인식되었다. 그러나, 열은 우리 두 손을 마찰시키면 따뜻해지거나 2개의 나무를 함께 문지르면 불이 발생되는 것과 같이 열은 끝없이 만들어질 수 있다는 인식을 비롯한 다양한 열에 대한 실험 결과로 인해 19세기 중반에 칼로리 이론은 폐기되었으나, 열역학 발전에는 큰 기여를 하게 되었다. 또한 이러한 논쟁 중에 물체가 칼로리를 더 이상 가질 수 없는 상태는 칼로리로 포화되었다는 인식을 바탕으로 오늘날 유체와 관련된 포화 액체, 포화 증기라는 용어가 생기게 되었다.

2.1.3 비열

물이 끓고 있는 그릇에 나무 막대기와 쇠막대기를 넣어 두고 일정한 시간에 지난 후에 손으로 만져 보면 쇠막대기가 나무 막대기에 비해 뜨거운 즉, 온도가 높다는 것은 경험적으로 알고 있다. 즉, 성질이 다른 물질의 온도를 1 ℃ 상승시키기 위해 필요한 에너지양이 다르다는 것을 의미한다. 이와 같이 여러 가지 물질의 에너지 저장 능력을 비교할 수 있는 상태량으로 정의된 것이 비열(specific heat)이다.

즉, 물질은 각각 열을 흡수하는 능력이 다르기 때문에 이러한 능력을 비교하기 위해 어떤 물질이 흡수하는 열량과 그 물질과 동일 질량의 물이 흡수하는 열량과의 비, 즉 비열을 이용한다. 비열의 단위에서 알 수 있는 바와 같이 어떤 물질의 비열은 단위 질량 1 kg의 온도 1 ℃를 상승시키는 데 필요한 에너지 즉 열량으로, 단위에서 알 수 있는 바와 같이 단위 질량당 · 단위 온도당 필요한 열이 비열이기 때문에 비열이 클수록 가열 혹은 냉각하기 어렵다는 사실을 알 수 있다. 또한, 비열의 크기는 물질의 온도나 압력에 따라 달라진다.

표준 상태(4 ℃, 101.325 kPa)에서 순수한 물의 비열은 약 4.2 kJ/kg · K(SI 단위) 혹은 1.0 kcal/kg·℃(MKS 단위)이다.

(1) 필요 열량

비열은 일반적으로 온도의 함수이므로, 어떤 물질 m의 온도를 저온 T_1 에서 고온 T_2 로 가열하는 데 필요한 열량을 Q라 하면 다음과 같다.

$$Q = m\int_{T_1}^{T_2} C\,dT \tag{2.4}$$

비열은 온도에 의존성이 있으므로 온도가 변화되면 그 물질이 가지고 있는 비열도 변화된다. 어떤 물질을 온도 T_1 에서 T_2 까지의 평균 비열을 Cm 이라 하면 다음과 같이 정리된다.

$$Q = m \cdot Cm \cdot (T_2 - T_1) \tag{2.5}$$

식 (2.5)에서의 평균 비열 Cm은 식 (2.6)과 정의 정의된다.

$$C_m = \frac{1}{T_2 - T_1}\int_{T_1}^{T_2} C \quad dT \tag{2.6}$$

비열은 물질에 열이 가해지는 조건 및 상태에 따라 그 값이 달라진다.

기체인 경우에는 열이 가해지는 조건에 따라 절대적인 영향을 받기 때문에 압력이 일정한 상태와 체적이 일정한 상태에 열을 가하게 되면 온도 상승에 큰 차이가 난다. 압력이 일정하게 유지되면서 단위 질량의 물질 온도를 1 ℃ 올리는 데 필요한 에너지에는 정압 비열 Cp가 사용되고, 체적을 일정하게 유지하면서 단위 질량의 물질 온도를 1 ℃ 올리는 데 필요한 에너지에는 정적 비열 Cv가 사용된다.

정압 상태에서의 시스템에 대해서는 팽창 과정이 일어나고, 또한 이러한 팽창 과정에 필요한 에너지가 시스템에 공급되어야 하기 때문에 항상 정압 비열은 정적 비열보다 큰 값을 가지게 된다.

(2) 정적 과정과 정압 과정

외부에서 열이나 압력이 가해져도 압력이 일정한 정압 시스템과 체적이 일정한 정적 시스템에 대한 비교를 하기 위해 그림 2.2를 이용하여 설명하고자 한다. 그림 2.2에서는 외부에서 압력 P가 가해졌을 때, 그림 2.2 (a)의 풍선에서는 체적이 증가되면서 풍선 내부의 압력은 항상 일정하게 유지되고 있다. 이에 비해 그림 2.2 (b)의 유리병에 있어서는 체적은 일정하게 유지되고 있으나, 외부에서 가해진 P만큼 내부 압력이 증가되면서 유리병 내부의 압력은 P → 2P로 증가하고 있음을 알 수 있다. 이와 같이 외부에서의 열이나 압력 변화가 있을 때, 체적은 변화되나 압력은 일정한 경우를 정압 과정, 이와 반대로 압력은 변화되나 체적은 일정한 경우를 정적 과정으로 정의된다.

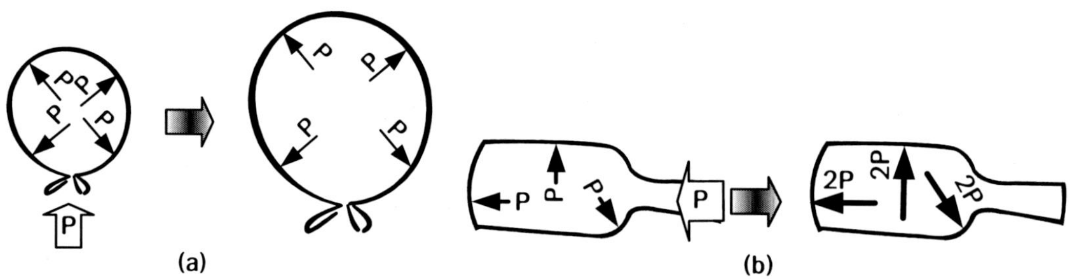

그림 2.3 정압 과정과 정적 과정

(3) 정적 비열

물질이 밀폐계(closed system)에 존재하고 있을 때는 열을 받아도 체적이 팽창하지 않게 된다. 이와 같이 물체의 체적이 일정하게 유지되고 있는 상태에서의 비열을 정적 비열(specific heat at constant volume)이라 한다. 그림 2.3 (a)에서와 같이 외부에서 열을 받아도 계(system)의 체적이 일정하게 유지되고 있고, 외부에 대해서 일을 하지 않기 때문에 가해진 열은 전부 내부 에너지로 변환된다.

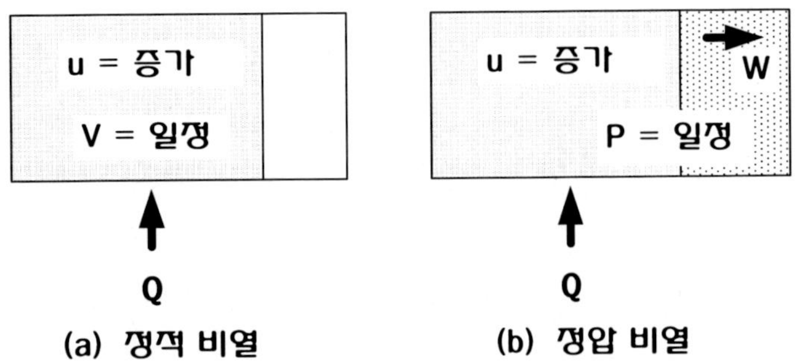

그림 2.3 정적 비열과 정압 비열

(4) 정압 비열

물질이 개방계(open system)에 있을 때, 물질의 압력이 일정하게 유지되는 상태에서의 비열을 정압 비열(specific heat at constant pressure)이라 한다. 그림 2.3 (b)와 같이 외부에서 열을 받으면 계(system)가 팽창되면서 외부에 일을 하게 되고, 또한 내부 에너지도 증가하게 되므로 체적이 일정한 경우보다 더 많은 열량을 필요로 하기 때문에 정적 비열보다 정압 비열의 값이 크다.

(5) 비열비

정압 비열 Cp와 정적 비열 Cv의 비를 비열비(specific heat ratio) κ, 정압 비열과 정적 비열의 차를 일반 가스 정수(gas constant) R_U로 나타내면 다음과 같다.

$$\kappa = \frac{C_p}{C_v} \tag{2.7}$$

$$R_U = C_p - C_v \tag{2.8}$$

[예제 2.1] 공기가 일정 압력하에서 변화될 때, 그 비열이 $c=0.2405+0.000019 \cdot T$의 식으로 주어진다. 이 경우, 3 kg의 공기를 0 ℃에서 300 ℃까지 가열하는 사이의 평균 비열은 몇 kcal/kg·℃인가? 또한, 이 때 필요한 열량은 몇 kcal인가?

[예제 2.2] 1 kg의 공기를 압력이 일정한 상태에서 0 ℃에서 25 ℃로 가열하는데 필요한 열량은 얼마인가? 단, 비열 $C=0.98507+0.00008 \cdot T$ kJ/kg·K이다.

2.1.4 현열과 잠열

그림 2.4는 -20 ℃인 얼음에 열을 가하여 120 ℃인 과열증기가 되는 과정을 간단히 나타낸 것이다. 즉, 표준 대기압에서 -20 ℃의 얼음에 열을 가하면 얼음의 온도가 상승하여 0 ℃에서 얼음으로 융해되어 물이 되고, 지속적으로 열을 가하면 물은 0 ℃의 온도에서 100 ℃까지 상승하여 100 ℃에서 물이 증발하여 증기가 되고, 증기에 열을 가하면 120 ℃의 과열 증기가 되는 과정을 나타낸 것이다.

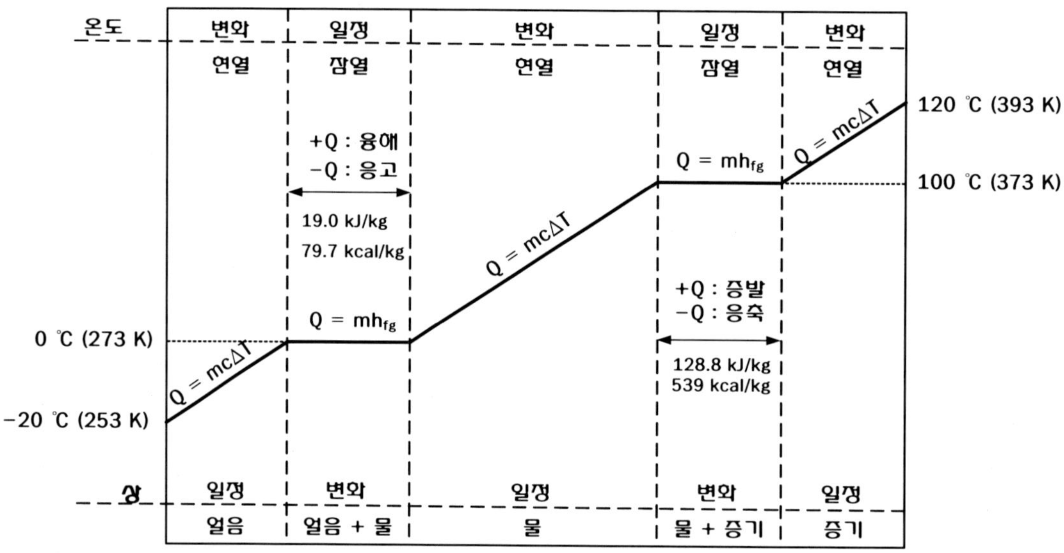

그림 2.4 얼음 ↔ 물 ↔ 증기의 상태 변화

이와 같은 물의 상(phase) 변화 과정에서 가해진 열은 얼음 → 물 → 증기로의 상태 변화에 사용되나 혹은 일정 상태의 온도 변화에만 사용된다. 상태 변화란 물체를 구성하고 있는 분자들이 일정 조건에 의해 운동이 활발해지거나 억제되면서 분자 사이의 인력 변화에 따라 고체, 액체, 기체 상태로 변화되는 경우로 정의된다. 즉, 그림 2.4에서 얼음에 열을 가하게 되면 분자 운동이 활발해지면서 규칙적인 분자 배열 상태인 고체 상태에서 상대적으로 안정된 불규칙적인 배열의 액체 상태, 이어서 분자 배열이 완전히 불규칙적인 기체 상태로 상태 변화를 하게 된다.

이와 같이 물체에 열을 가했을 경우, 물질의 온도가 상승하고, 반대로 열을 빼앗으면 온도가 떨어지는 것처럼 열의 출입이 온도로 나타나는 열을 감열(sensible heat) 혹은 현열이라 하고, 이에 비해 열의 출입이 분자들의 운동 상태를 변화시키는 데 사용되어 액체가 증발되거나 혹은 동결되는 것과 같이 열의 수수가 물체 상태만 변화시키는 데만 사용되는 열이 잠열(latent heat)이다.

(1) 현열량 변화

현열량 Q_S는 물질의 질량 m과 비열 C를 알면 식 (2.9)와 같이 계산된다.

$$Q_S = m \cdot C \cdot (T_2 - T_1) \qquad (2.9)$$

Q_S : 현열량 (kJ - SI, kcal - MKS)

m : 질량 (kg)

C : 비열 (kJ/kg℃ - SI, kcal/kg℃ - MKS)

T_1 , T_2 : 변화 전후의 온도 (℃)

물의 비열은 4.156 kJ/kgK(SI), 1.0 kcal/kg℃(MKS), 얼음의 비열은 2.078 kJ/kgK(SI), 0.5 kcal/kg℃(MKS)이다.

[예제 2.3] 10 kg의 물을 20 ℃에서 80 ℃까지 가열하는 데 필요한 열량은 얼마인가? 단, 물의 비열은 1 kcal/kg·℃이다.

(2) 잠열량 변화

잠열량 Q_H는 물질의 질량 m과 잠열 h_{fg}를 알면 식 (2.10)과 같이 계산된다.

$$Q_H = m \cdot h_{fg} \qquad (2.10)$$

Q_H : 잠열량 (kJ - SI, kcal - MKS)

h_{fg} : 잠열 (kJ/kg - SI, kcal/kg - MKS)

잠열에는 융해 잠열, 응고 잠열, 증발 잠열, 응축 잠열, 승화 잠열 5가지가 있다.

융해 : 고체가 주위로부터 열을 흡수하여 액체로 변화되는 현상

응고 : 액체가 주위로 열을 방출하여 고체로 변화되는 현상

증발 : 액체가 주위로부터 열을 흡수하여 기체로 변화되는 현상

응축 : 기체가 주위로 열을 방출하여 액체로 변화되는 현상

승화 : 고체가 주위로부터 열을 흡수하여 기체로 변화되거나, 혹은 기체가 주위로 열을 방출하여 고체로 되는 현상

즉, 융해와 응고는 고체 ↔ 액체, 증발과 응축은 액체 ↔ 기체로 단지 상태 변화의 방향이 다르기 때문에 열의 흡수 혹은 방출에 필요한 잠열은 동일하다. 물의 응고 혹은 융해 잠열은 333.5 kJ/kg(SI), 79.68 kcal/kg(MKS), 증발 혹은 응축 잠열은 2,256 kJ/kg(SI), 539 kcal/kg(MKS)이다.

[예제 2.4] 10 kg의 0 ℃ 얼음을 0 ℃ 물로 융해시키기 위한 열량은 얼마인가?

[예제 2.5] −10 ℃ 얼음을 녹여서 100 ℃ 증기로 만들기 위해 필요한 열량은 얼마인가?

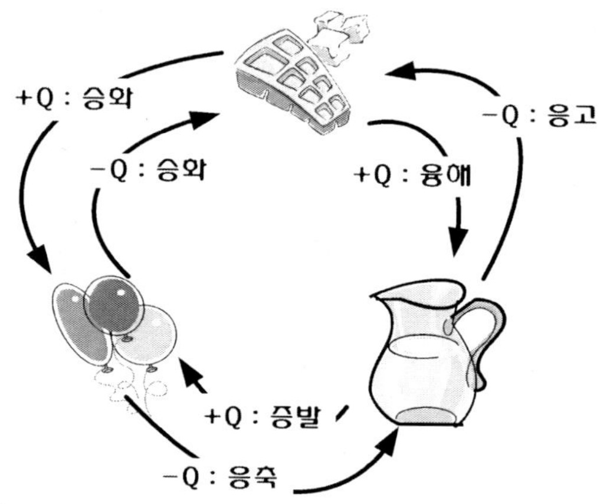

그림 2.5 상태 변화

2.2 열의 이동

열역학 제 0 법칙에서는 온도가 다른 두 물체를 접촉시켰을 때, 고온의 물질에서 저온의 물질로 열이 이동하면서 열평형을 이루게 되는 것으로 정의하고 있다. 이 때, 열평형을 이루기 위해는 열이 임의의 단면을 통과해서 이동해야 하며, 이러한 이동을 열전달(heat transfer) 혹은 전열이라고 한다. 이와 같이 열은 부피나 무게가 없이 단지 온도 차이에 의하여 이동되게 된다.

열전달의 형태는 크게 전도, 대류, 복사 등이 구분되나, 열이 이동하는 형태는 한 가지 형식으로 전달되거나 이상의 열전달이 복합적으로 이루어지기도 한다.

2.2.1 전도 열전달

전도(conduction)는 고체나 정지된 유체 내부의 온도 차이에 의한 열이동 현상이다. 즉, 금속 등의 고체나, 정지하고 있는 액체, 기체 등에서 내부에 온도차가 있을 경우, 분자 운동이 활발한 물질의 입자로부터 주변의 활동이 적은 입자로의 분자 상호간의 작용에 의한 에너지 전달이다. 전도는 기체와 액체 등의 유체에서는 분자들의 불규칙적인 운동 및 충돌에 의해 열이 전달되고, 고체에서는 격자 내의 분자 진동과 자유 전자에 의한 에너지 수송에 의해 물체 내부의 고온측에서 저온측으로 열이 이동된다.

그림 2.6과 같이 x축 방향은 물체 내부의 수평 거리, y축 방향이 온도차일 때, 어느 미소 구간에서의 온도 구배는 (dT / dx), 고온측 T_1 에서 저온측 T_2 로 단위 시간 동안 전달되는 열량 Q_{CD}와 서로 비례하고 있다는 것을 알 수 있다. 또한, 열이 통과되는 단면을 A라 하면, 전열면적 A도 전열량 Q_{CD}와 비례하고 있음을 알 수 있다. 따라서, 이를 정리하면 다음과 같다.

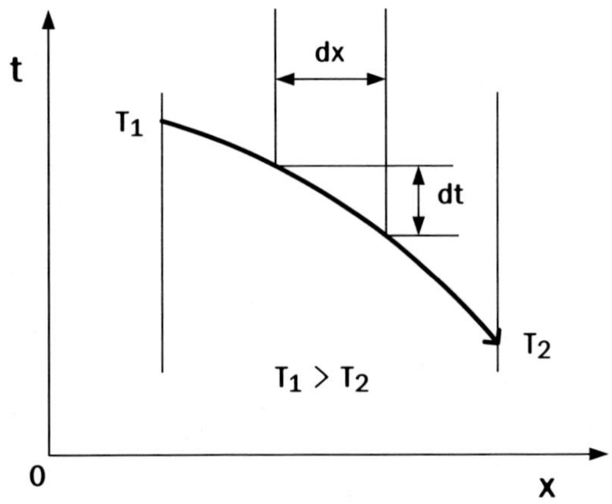

그림 2.6 온도 곡선과 온도 구배

$$Q_{CD} \propto A \cdot \frac{dT}{dx} \tag{2.11}$$

식 (2.11)에서 단위 시간동안의 전도에 의한 전열량 Q_{CD}는 두께층의 온도 dT와 열전달 방향에 수직인 면적 A에 비례하고, 평판층 두께 dx에 반비례한다는 것을 알 수 있다. 또한, 열의 이동은 열이 이동하는 재질의 특성에 따라 크게 좌우되므로 이러한 조건을 고려하기 위해 재료에 따라 결정되는 실험값인 열전도계수(thermal conductivity)를 사용하여 전도에 의한 열전달량을 계산한다. 일반적으로 기체의 열전도계수는 액체나 고체에 비해 적다.

① 유체에서의 열전도율

온도는 분자 운동 에너지의 척도이다. 액체나 기체 등의 유체에서 분자 운동 에너지는 진동 및 회전뿐만 아니라 분자들의 불규칙적인 운동에 의해서도 전달된다. 서로 다른 운동에너지를 가지고 있는 2개의 분자들이 충돌할 때, 온도가 높은 활동적인 분자의 운동에너지는 상대적으로 온도가 낮은 분자로 전달된다. 이는 질량이 같고 속도가 다른 2개의 물체가 충돌할 때, 속도가 빠른 쪽의 물체의 운동에너지가 상대적으로 느린 물체로 전달되는 것과 같은 의미이다.

② 고체에서의 열전도 특성

고체에서의 열전도는 격자 내에서 상대적으로 고정된 위치에 있는 분자들의 진동 운동으로 발생한 격자 진동파와 고체 내의 자유 전자를 통한 에너지 수송의 두 가지 결과 때문에 발생된다. 고체의 열전도율은 격자 성분과 전자 성분의 합이다. 순수 금속의 열전도율은 주로 전자 성분이고, 비금속의 열전도율은 주로 격자 성분에 의한 것으로, 격자 성분의 열전도율은 분자 배열 상태에 따라 크게 좌우된다. 예를 들면 상당히 규칙적인 결정체인 다이아몬드의 열전도율은 순수 금속의 열전도율보다 훨씬 높다. 이상과 같이 기체나 액체 등과 같은 유체 및 고체에서의 열전도 특성에서 기체의 열전도계수가 액체나 고체의 열전도계수에 비해 낮은 것을 일상생활에서 다양하게 이용하고 있다.

여름철에는 우리 인체의 온도가 일반적으로 주위 온도보다 낮기 때문에 주위로부터의 높은 온도의 열이 인체에 전달되면 인체 온도가 상승되면서 더위를 느끼게 된다. 따라서, 인체 온도를 낮추게 하기 위해 즉, 인체 열평형 유지 과정에서 땀을 흘리고, 땀이 증발되기 위해서 필요한 열은 우리 인체에서 빼앗으므로 우리가 시원하게 느끼면서 인체 온도도 저하된다. 이러한 과정에서 열전도 및 2.2.2항 및 2.2.3항에서 설명되는 대류 및 복사 열전달이 잘 이루어지도록 얇은 옷을 입게 된다. 겨울철에는 이와 반대로 인체 온도가 주위 온도보다 높기 때문에 열을 빼앗기지 않도록 하기 위하여 두꺼운 옷을 입게 된다. 또한, 기체의 열전도계수가 액체나 고체보다 낮은 점을 활용하기 위하여 두꺼운 1벌의 옷을 입는 것보다 열전도계수가 낮은 공기층을 조성하기 위해 얇은 옷을 여러 벌 겹쳐 입는 것이 얇은 옷과 옷 사이에 열전도계수가 낮은 공기층을 형성하게 되어 인체 온도를 효과적으로 유지할 수 있다.

(1) 평판에서의 열전도

그림 2.7에서와 같이 균일한 두께를 가지고 있는 각각 온도가 T_1 , T_2 (단, $T_1 > T_2$)로 유지되고 있는 면적 A, 두께 L인 평판의 평면을 통한 단위 시간당 전도에 의한 전열량 Q_{CD} 는 다음과 같다.

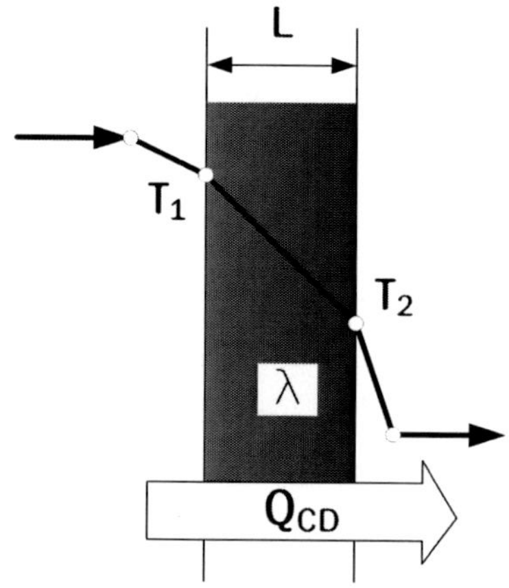

그림 2.7 평판에서 열전도

$$Q_{CD} = -\lambda \frac{A \cdot (T_1 - T_2)}{L} = -\lambda \frac{A \cdot \Delta T}{L} \quad (2.12)$$

Q_{CD} : 전도에 의한 전열량 (kJ/h - SI, kcal/h - MKS)

λ : 열전도율 (kJ/mh℃, kW/m℃ - SI, kcal/mh℃ - MKS)

A : 전열면적 (m^2)

ΔT : 물체 양단의 온도 차이(K, ℃), ($\Delta T = T_1 - T_2$)

L : 물체의 두께 (m)

식 (2.12)는 Fourier의 열전도 법칙이라 하여, 열전도 해석에 큰 공헌을 한 프랑스 물리학자 Joseph Fourier의 이름을 명명하였다. 식 (2.12)에서 음의 부호 (-)는 온도가 높은 곳에서 낮은 곳으로 열이 이동하는 방향을 나타낸다.

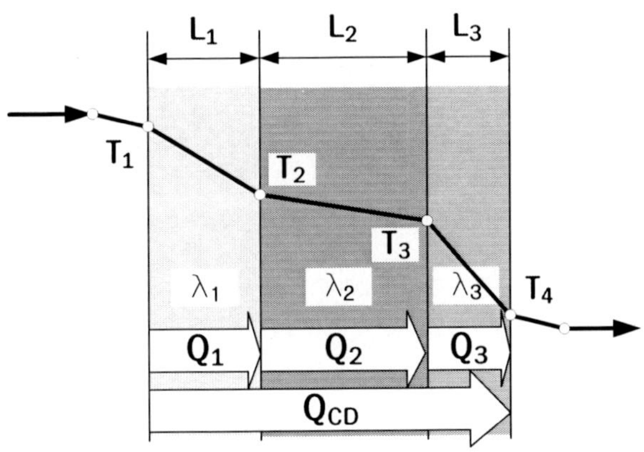

그림 2.8 다중 평판에서의 열전도

그림 2.8은 실제 열전도 현상이 일어나는 면적이 A로 동일한 여러 개의 판이 겹쳐져 있는 경우에 대해 고려한 경우이다. 3가지 종류의 평판이 조합되어 있는 각 판의 두께를 L_1, L_2, L_3, 각 판의 열전도율을 λ_1, λ_2, λ_3, 평판 양 끝의 온도를 T_1, T_4 라 하면, 판을 통과한 총열량 Q_{CD}는 각각의 판을 통과하는 열량 ($Q_1 + Q_2 + Q_3$)의 합과 같다.

$$Q_1 = \frac{\lambda_1}{L_1} \cdot A \cdot (T_1 - T_2) \Rightarrow Q_1 \cdot \frac{L_1}{\lambda_1} = A \cdot (T_1 - T_2) \quad (2.13)$$

$$Q_2 = \frac{\lambda_2}{L_2} \cdot A \cdot (T_2 - T_3) \Rightarrow Q_2 \cdot \frac{L_2}{\lambda_2} = A \cdot (T_2 - T_3) \quad (2.14)$$

$$Q_3 = \frac{\lambda_3}{L_3} \cdot A \cdot (T_3 - T_4) \Rightarrow Q_3 \cdot \frac{L_3}{\lambda_3} = A \cdot (T_3 - T_4) \quad (2.15)$$

$$Q_{CD} = Q_1 + Q_2 + Q_3 \quad (2.16)$$

식 (2.16)을 정리하면 다음과 같다.

$$Q_{CD} \cdot \left(\frac{\lambda_1}{L_1} + \frac{\lambda_2}{L_2} + \frac{\lambda_3}{L_3}\right) = A \cdot (T_1 - T_4) \tag{2.17}$$

$$Q_{CD} = \frac{A \cdot (T_1 - T_4)}{\frac{L_1}{\lambda_1} + \frac{L_2}{\lambda_2} + \frac{L_3}{\lambda_3}} \tag{2.18}$$

식 (2.18)에서와 알 수 있는 바와 같이 전열량 Q_{CD}는 각 판이 결합된 내부의 표면 온도와는 상관없이 다층 평면판의 양끝 온도차에 의해서만 계산되고 있음을 알 수 있고, 따라서 n 개의 평판으로 이루어진 경우, 전도에 의한 열전달량 Q_{CD}는 다음과 같다.

$$Q_{CD} = \frac{A \cdot (T_1 - T_2)}{\sum_{i=1}^{n} \frac{L_i}{\lambda_i}} \tag{2.19}$$

식 (2.19)에서 (Q_{CD} / A)는 열유속(heat flux, kW/m^2)이라고 한다.

[예제 2.6] 두께 0.2 m, 열전도율 λ = 0.04 kcal/m·h·℃인 방열벽의 내외벽 온도가 각각 20 ℃, 60 ℃일 때, 이 방열벽을 통과하는 열전달량은 얼마인가?

[예제 2.7] 두께 10 cm, 면적 10 m^{2}인 벽의 열전도율이 0.5 kcal/mh℃이다. 벽의 외부 온도가 −5 ℃, 내부 온도가 10 ℃로 유지되고 있을 때, 벽을 통한 전열량은 얼마인가?

[예제 2.8] 두께 4 cm인 강철판의 내외벽 온도가 각각 100 ℃, 40 ℃로 유지되고 있다. 이 강철판의 단위 면적당 매분 30 kcal의 열이 이동된다고 하면, 이 강철판의 열전도율은 얼마인가?

[예제 2.9] 온도가 50 ℃인 고체 표면을 10 ℃인 공기로 냉각시키고 있다. 열전달계수를 10 W/m^{2}K일 때, 고체 표면에서의 열유속은 얼마인가?

[예제 2.10] 각 변의 길이가 3 m, 두께 30 cm, 열전도율 0.1 kcal/m·h·℃인 재질로 만들어진 정육면체의 탱크가 있다. 탱크의 내부 벽면 온도가 80 ℃, 외부 벽면 온도가 30 ℃로 유지되고 있을 때, 하루 동안 손실되는 열량은 얼마인가? 또한, 손실되는 열량을 보충하여 내부 벽면 온도가 80 ℃로 유지시키기 위해 전열기를 사용하고자 한다면, 몇 kW의 전열기를 사용해야 하는가? 단, 전열기는 24시간 운전하고, 열량 손실은 없는 것으로 가정한다.

[예제 2.11] 면적이 12 m², 두께 2 cm인 유리창이 있다. 겨울철에 유리창 외부 표면 온도는 −5 ℃, 내부 표면 온도가 2 ℃의 온도로 측정되었다. 이 때, 유리창을 통한 전열량을 측정하였더니 2,000 W였다. 이 유리창의 열전도계수는 얼마인가?

(2) 원형관에서의 열전도

그림 2.9에서와 같이 원형관의 벽을 통해 반경 방향으로 열이 전달될 때, 관 중심으로부터 거리 r인 곳의 미소 구간 dr인 원관면 사이를 단위 시간에 통과하는 열량은 다음과 같다.

$$Q_{CD} = -\lambda \cdot A\frac{dT}{dr} \tag{2.20}$$

또한, 단면적 A는 원형관의 길이를 L이라 하면, 다음과 같이 정리된다.

$$Q_{CD} = -\lambda \cdot A\frac{dT}{dr} = -\lambda \cdot (2\pi \cdot r \cdot L) \cdot \frac{dT}{dr} \tag{2.21}$$

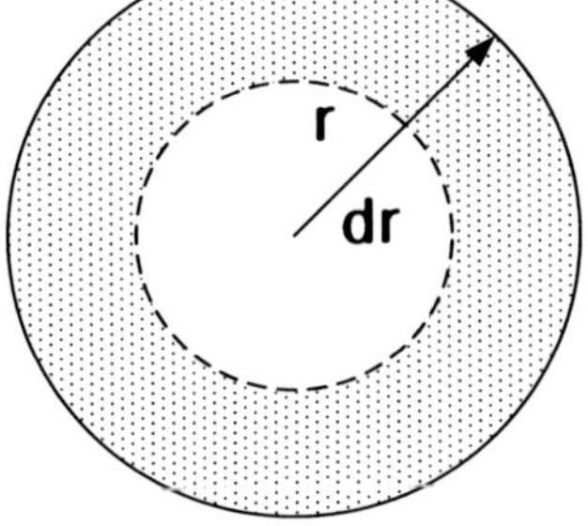

그림 2.9 원형관 열전도

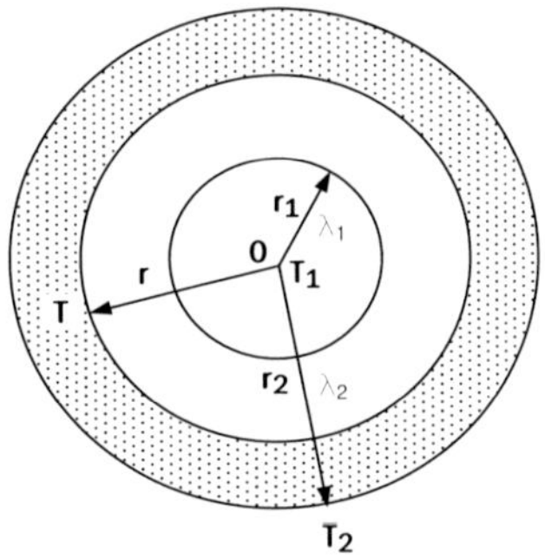

그림 2.10

또한 그림 2.10에서와 같이 원관의 내외측 반경을 각각 r_1, r_2, 내외벽의 온도를 T_1, T_2 (단, $T_1 > T_2$)라 할 때, 원형관의 열전도는 다음과 같다.

$$-dT = \frac{Q_{CD}}{2\pi \cdot L \cdot \lambda} \cdot \frac{dr}{r} \tag{2.22}$$

식 (2.22)를 $r_1 \sim r_2$ 까지 적분하면 다음과 같다.

$$T_2 - T_1 = -\frac{Q_{CD}}{2\pi \cdot L \cdot \lambda} \cdot (\ln r_2 - \ln r_1) + C \qquad (2.23)$$

식 (2.23)에서 $r_1 = r_2$ 일 때, $T_1 = T_2$ 인 경계조건에 따라 C = 0이 됨을 알 수 있으므로, 전열량 Q_{CD}는 다음과 같다.

$$Q_{CD} = \frac{2\pi \cdot L \cdot \lambda \cdot (T_1 - T_2)}{(\ln r_2 - \ln r_1)} = \frac{2\pi \cdot L \cdot (T_1 - T_2)}{\frac{1}{\lambda} \cdot \ln \frac{r_2}{r_1}} \qquad (2.24)$$

식 (2.24)에서 알 수 있는 바와 같이, n 개의 동심원관에서 각층의 반경을 r_1, r_2, r_3, ……, r_n, 각층의 열전도율을 λ_1, λ_2, λ_3,……, λ_n이라 할 때, 관벽을 통과하는 전열량은 다음과 같다.

$$Q_{CD} = \frac{2\pi \cdot L \cdot (T_1 - T_2)}{\sum_{i=1}^{n} \frac{1}{\lambda_i} \cdot \ln \frac{r_{i+1}}{r_i}} \qquad (2.25)$$

식 (2.23) ~ 식 (2.25)에서 벽 내의 온도 변화는 직선이 되지 않고, 대수 곡선적으로 변화되고 있음을 알 수 있다. 또한, 원형관에서 전도에 의한 열전달량은 변화 전후의 온도차에 비례하고, 내외 반경비의 자연 대수에 반비례하고 있음을 알 수 있다.

[예제 2.12] 길이 2 m, 외측 반지름 20 cm, 내측 반지름 5 cm, 열전도율 0.2 kcal/m·h·℃인 원형관의 외부 및 내부 온도가 각각 20 ℃, 300 ℃로 유지되고 있다. 이 원형관의 전도에 의한 열전달량은 얼마인가?

2.2.2 대류 열전달

온도가 서로 다른 고체와 유체가 접촉하고 있거나, 혹은 유체 운동에 의한 열이동 현상을 대류 열전달(convection heat transfer)이라 하며, 유체 운동이 빠를수록 대류 열전달은 크다. 대류 열전달은 자연 대류(natural convection)와 강제 대류(forced convection)로 구분할 수 있다. 예를 들면, 건축물의 벽, 천장, 바닥 등과 같이 주위 공기와의 열이동 현상, 응축기나 증발기 등과 같은 열교환기에서의 냉매와 관벽 사이의 열이동 현상 등이 대류 현상에 포함된다.

(1) 자연 대류

자연 대류는 유체가 열을 받으면 운동이 활발해져 팽창하게 되면서 밀도는 감소하고 부력이 증가하게 되면서 위로 상승하게 되고, 이 때 상승되는 유체가 남긴 빈 공간에는 데워지지 않은 유체가 가라앉으면서 다시 데워지는 과정이 일어나는 대류 현상을 의미한다. 즉, 유체의 온도 차이로 인해 밀도차가 생기며, 이 밀도차로 인한 유체 순환으로 인한 열이동 현상이 자연대류이다.

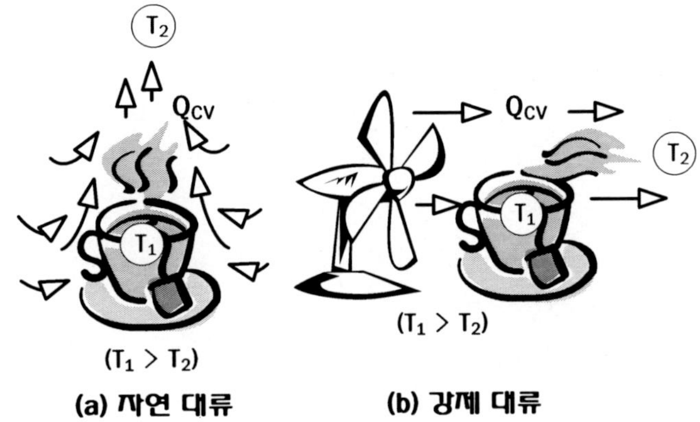

그림 2.11 자연 대류와 강제 대류

만약 유체 사이의 온도차가 유체 저항을 이겨내고 자연 대류 유동을 일으킬 만큼 충분하지 않다면 유체 사이의 열 이동은 대류 열전달이 아닌 전도에 의한 열이동으로 구분할 수 있다.

(2) 강제 대류

자연 대류와 달리 송풍기나 팬, 또는 기계적인 장치를 사용하여 인위적으로 대류를 촉진시키는 대류를 강제 대류라고 한다. 즉, 그림 2.10에서와 같이 뜨거운 차를 빨리 식히기 위해 우리가 입김을 부는 행위도 차의 온도보다 낮은 주위 공기를 뜨거운 차로 전달하여 빨리 식히기 위해서이다.

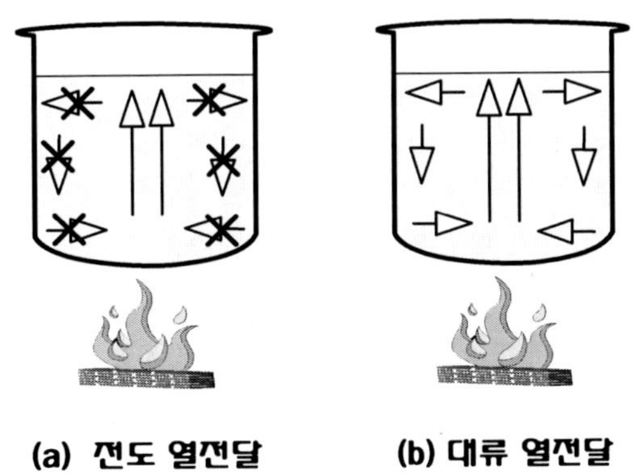

그림 2.12 전도와 대류 열전달

일반적으로 자연 대류에 의한 전열량은 기체인 경우에는 약 2~25 $W/m^2 \cdot K$, 액체인 경우에는 약 50~1,000 $W/m^2 \cdot K$, 강제 대류에 의한 전열량은 기체의 경우에는 약 25~250 $W/m^2 \cdot K$, 액체인 경우에는 약 50~20,000 $W/m^2 \cdot K$이다. 또한, 액체에서 기체 혹은 기체에서 액체로 상(phase)이 변화되는 과정에 대류에 의한 열이 전달되는 경우에는 각각 응축 전열 비등 전열(boiling heat transfer)로서 전열량은 여러 가지 조건에 의해 달라질 수 있으나 일반적으로 약 2,500~100,000 $W/m^2 \cdot K$ 로 취급하고 있다.

(3) 온도 경계층

그림 2.13에서와 같이 고온의 유체 T_1 에서 저온의 벽면 T_3 으로 온도 변화를 고려하면 다음과 같다. 고체 벽면과 충분히 떨어진 곳에서 유체 온도가 일정(T_1 ~ T_2)가 일정하게 유지되고 있으나, 고체와 접하게 되면서 비교적 얇은 층에서 유체 온도는 T_2 에서 T_3 로 온도가 변화되는 것으로 고려할 수 있다. T_2 ~ T_3 사이의 층을 온도 경계층(thermal boundary layer)이라 하며, 고체 표면적 A 를 통해 단위 시간당 유체에서 고체 벽면으로 전해지는 대류 전열량 Q_{CV}는 다음과 같다.

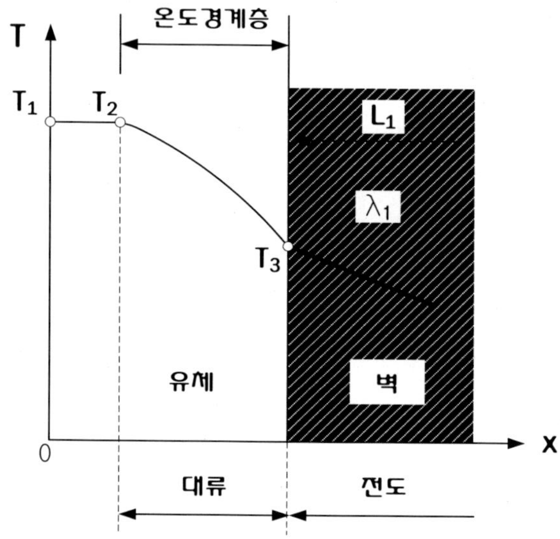

그림 2.12 대류 열전달 및 온도 경계층

$$Q_{CV} = \alpha \cdot A \cdot (T_1 - T_2) \tag{2.26}$$

식 (2.26)은 뉴톤의 냉각법칙(Newton's cooling law)라 하며, α 는 열전달계수 혹은 대류 열전달계수(heat transfer coefficient)라 하며, kJ/(m² ·h·℃)[SI], W/m² ·K[SI], kcal/(m² ·h·℃)[MKS]로 표시된다.

대류 열전달계수는 고체 표면의 면적(m²), 전후의 온도차(℃), 시간(h)에 반비례하고 있음을 알 수 있으며, 열전도계수와 같이 유체의 유속, 성질 및 고체 형상에 따라 달라진다. 특히 대류 열전달계수는 유체의 종류, 유속, 온도차, 유로 형상, 흐름 상태 등에 따라 복잡하게 변하기 때문에 이론적 해석이 곤란하여 실험적 방법으로 그 값을 특정 조건에 대하여 구하고 있다.

[예제 2.13] 면적 50 mm²인 사각형 금속판 양 끝에 통전 가열시켜 2 W의 발열체를 형성하였다. 발열체의 한 면은 완전 단열하였고, 다른 한 면에는 물을 흘려 냉각시키고 있다. 발열면과 물의 온도차가 2 ℃라 하면, 이 때의 대류 열전달 계수는 얼마인가?

2.2.3 열통과

열이 한 유체에서 벽이나 유리창 등과 같은 고체 물체를 통과하여 다른 유체로 전달되는 현상을 열관류(overall heat transfer) 또는 열통과라 한다.

(1) 평판에서의 열통과

그림 2.14와 같이 고체 벽의 한쪽 유체로부터 다른 쪽 유체로의 전열, 즉 열이동의 총합을 의미하고, 고체벽 내의 열전도와 양 벽면에서의 열전달이 공존하고 있다.

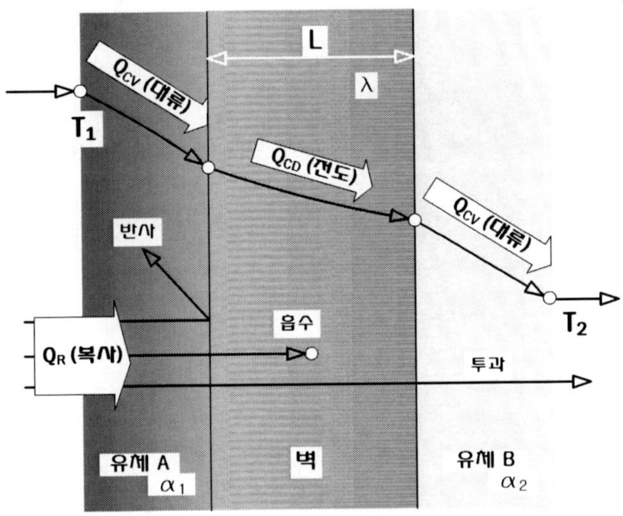

그림 2.14 열통과

그림 2.14에서 벽을 중심으로 온도가 T_1 인 고온 유체 A에서 벽체 면적 A를 통해 온도가 T_2 인 저온 유체로 열이 전달될 때, 통과 열량은 다음과 같다.

$$Q = K \cdot A \cdot (T_1 - T_2) \tag{2.27}$$

K : 열통과계수(heat transfer coefficient), 총괄열전달계수(heat transfer of overall heat transfer), ($W/m^2 K$ - SI, $kcal/m^2 h℃$ - MKS)

$$K = \frac{1}{\left(\frac{1}{\alpha_1}\right)+\left(\frac{L}{\lambda}\right)+\left(\frac{1}{\alpha_2}\right)} \tag{2.28}$$

그림 2.15는 고온측 유체 A에서 각각 다른 성질의 벽 B, C, D를 거쳐 저온측 유체 E로 열이 전달되는 경우를 가정한 것이다. 이러한 경우의 열통과율 K 및 전달 열량은 다음과 같이 계산할 수 있다. 단, 이 때 복사에 의한 전열은 무시하였다.

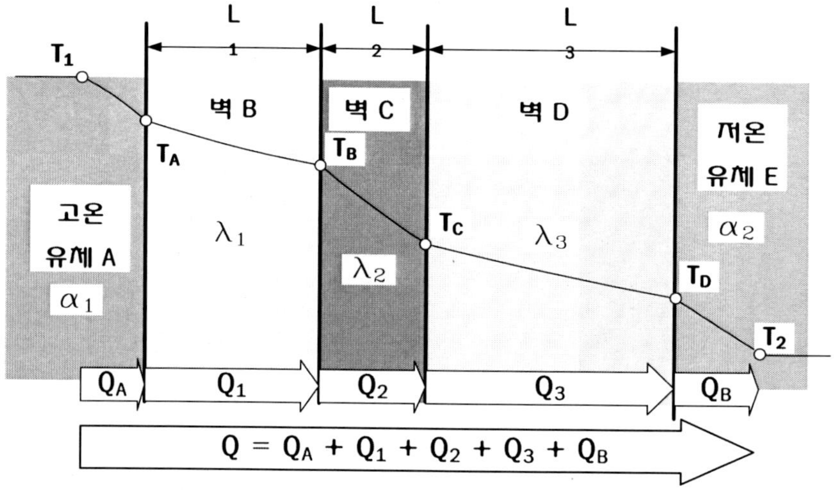

그림 2.14 평판에서의 열통과

고온측 유체 A의 온도 T_1, 대류 열전달계수 α_1, 저온측 유체 B의 온도 T_2, 대류 열전달계수 α_2 라 하고, 칸막이 벽 B, C, D의 열전도 계수를 각각 λ_1, λ_2, λ_3, 두께를 각각 L_1, L_2, L_3 하면, 면적 A인 각각의 매질에서 통과하는 열량은 다음과 같이 정리된다.

고온측 유체 A ⇒ 칸막이 벽 B로의 대류 전열량 : $Q_A = \alpha_1 \cdot A \cdot (T_1 - T_A)$

칸막이 벽 B 내부의 전도 전열량 : $Q_1 = \frac{\lambda_1}{L_1} \cdot A \cdot (T_A - T_B)$

칸막이 벽 C 내부의 전도 전열량 : $Q_2 = \frac{\lambda_2}{L_2} \cdot A \cdot (T_B - T_C)$

칸막이 벽 D 내부의 전도 전열량 : $Q_3 = \frac{\lambda_3}{L_3} \cdot A \cdot (T_C - T_D)$

칸막이 벽 C ⇒ 저온측 유체 E의 대류 전열량 : $Q_B = \alpha_2 \cdot A \cdot (T_D - T_2)$

정상 상태의 열통과로 가정하면 각각의 전열 과정에서의 열유속은 동일하므로 이를 다시 정리하면 식 (2.29)와 같이 정리된다.

고온측 유체 A ⇒ 칸막이 벽 A로의 대류 전열량 : $Q_A \cdot \left(\frac{1}{\alpha_1}\right) = A \cdot (T_1 - T_A)$

칸막이 벽 B 내부의 전도 전열량 : $Q_1 \cdot \left(\frac{L_1}{\lambda_1}\right) = A \cdot (T_A - T_B)$

칸막이 벽 C 내부의 전도 전열량 : $Q_2 \cdot \left(\frac{L_2}{\lambda_2}\right) = A \cdot (T_B - T_C)$

칸막이 벽 D 내부의 전도 전열량 : $Q_3 \cdot \left(\frac{L_3}{\lambda_3}\right) = A \cdot (T_C - T_D)$

칸막이 벽 C ⇒ 저온측 유체 E의 대류 전열량 : $Q_B \cdot \left(\frac{1}{\alpha_2}\right) = A \cdot (T_D - T_2)$

$$Q \cdot \left[\left(\frac{1}{\alpha_1}\right) + \sum_{i=1}^{3}\left(\frac{L_i}{\lambda_i}\right) + \left(\frac{1}{\alpha_2}\right) \right] = A \cdot (T_1 - T_2) \qquad (2.29)$$

식 (2.29)을 정리하여 온도 T_1 인 고온측 유체에서 n개의 평판 내부을 거쳐 온도 T_2 인 저온측 유체로 전달되는 열량은 다음과 같다.

$$Q = K \cdot A \cdot (T_1 - T_2) \qquad (2.30)$$

$$K = \frac{1}{\sum_{i=1}^{n}\left(\frac{1}{\alpha_i}\right) + \sum_{i=1}^{n}\left(\frac{L_i}{\lambda_i}\right)} \qquad (2.31)$$

(2) 원형관에서의 열통과

그림 2.16은 원형관에서의 열통과를 가정한 것으로, 원형관 내부의 온도 T_1 에서 원형관 외부 T_2 (단, $T_1 > T_2$)로의 열전달량은 다음과 같다.

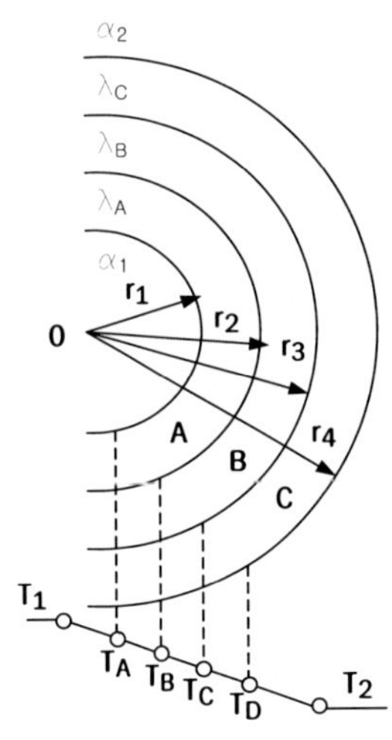

그림 2.16

$$Q = \frac{2\pi \cdot L \cdot (T_1 - T_2)}{\frac{1}{r_1 \cdot \alpha_1} + \ln\frac{(r_2/r_1)}{\lambda_A} + \ln\frac{(r_3/r_2)}{\lambda_B} + \ln\frac{(r_4/r_3)}{\lambda_C} + \frac{1}{r_4 \cdot \alpha_2}} \qquad (2.32)$$

2.2.4 상변화를 동반한 열전달

(1) 비등

비등 열전달(boiling heat transfer)은 전열면 혹은 전열면 부근과 접촉되는 액체의 온도가 증기로 형성되기에 충분한 온도 조건에서 이루어지는 것으로, 전열면에서 액체로 열이 전달되는 것을 의미한다.

비등 현상의 구분에는 비등이 일어나는 액체 온도에 의해 벌크(bulk) 온도가 포화 온도인 포화 비등(saturated boiling 혹은 bulk boiling)과 증기 온도가 포화 온도 이하인 서브쿨 비등(subcooled boiling) 혹은 표면 비등(surface boiling)으로 구분된다. 일반적으로 비등 현상이라고 하는 것은 포화 비등을 의미하는 것으로, 액체의 온도가 포화 온도가 포화 온도와 비슷하거나 조금 높은 경우에 증기 발생이 일어나는 현상이다. 그러나, 전열면이 고온이면 액체 전체의 온도가 포화 온도보다 낮더라도 전열면 표면에서의 비등이 이루어지게 되는 데, 이러한 비등을 표면 비등이라 하고, 포화 온도와 실제 액체 온도와의 온도차를 과냉각도(degree of subcooling)이라고 한다.

또한 비등 현상이 일어나는 액체의 흐름 형식 즉, 유동 양식에 의해 자연 대류에서 비등이 이루어지는 자유 대류 비등(free convection boiling) 혹은 풀비등(pool boiling)과 강제 대류에서 비등이 이루어지는 강제 대류 비등(forced convection boiling)으로 구분된다. 풀 비등은 예를 들면, 액체가 가득찬 큰 용기 내에 잠겨 있는 가열면에서 일어나는 것으로, 액체의 순환은 가열에 의해 생기는 액체의 밀도차 혹은 발생 증기 거품의 부력에 의해 형성되는 것이고, 이에 비해 강제 대류 비등은 펌프 등과 같이 강제적인 수단을 이용해서 액체를 순환시키면서 형성되는 비등 현상이다.

(2) 응축

포화 증기 혹은 과열 증기가 포화 온도보다 낮은 온도의 전열면 혹은 냉각면과 접촉하게 되면, 증기의 잠열이 방출되고, 전열면으로 열이 전달되면서 응축(condensation)이 시작된다. 응축 현상에도 냉각면의 형상 및 응축되는 액의 표면장력에 따라 막상 응축(filmwise condensation)과 액적 응축(dropwise condensation)으로 구분된다.

막상 응축은 증기와 전열면에 불순물이 없으면 응축된 응축액은 연속적으로 액체막을 형성하게 되면서 액체막이 응축 표면 전체를 덮고, 중력 작용에 의해 막의 표면으로 연속적으로 흘러내리는 현상이다.

이에 비해 불순물이 존재하거나 전열면에 균열(crack), 구멍, 공동(cavity) 등이 있으면 증기는 작은 물방울 즉, 액적을 형성하게 되고, 응축을 통하여 성장, 합쳐지면서 액적이 커지게 된다. 커진 액적은 자체 중량에 의해 표면에서 떨어지게 된다. 이에 따라 새로운 액적이 형성될 수 있도록 표면을 깨끗하게 하는 효과도 가지게 된다. 일반적으로 동일한 온도차에서 액상 응축의 열전달은 막상 응축에 비해 약 15 ~ 20배 정도 크다.

2.2.5 복사

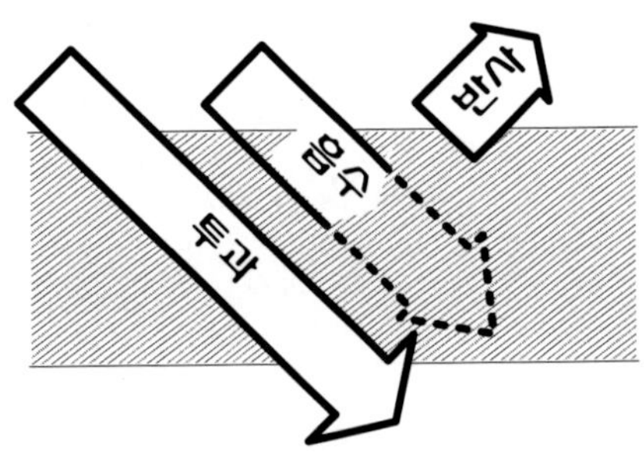

그림 2.17 복사의 형태

복사(radiation)란 원자나 분자의 전자 배열 변화로 인해 전자기파나 광양자의 형태로 물질로부터 방출되는 에너지이다. 전도와 대류와는 달리 복사에 의한 에너지 전달은 매개 물질을 필요로 하지 않는다. 즉, 열에너지가 중간 매개체 없이 적외선이나 가시광선 등의 전자파인 열선의 형태로 전달되어 다른 물체에 도달하게 되면 흡수되면서 열로 변하게 되는 전열 형식을 복사(radiation)라 한다. 고온 물체에서는 온도에 따라 보이지 않는 빛과 비슷한 성질의 열선이 있는 데, 이 열선을 방사한 물체는 온도가 내려가고, 흡수한 물체는 온도가 상승하게 된다. 또한 복사 에너지는 광속으로 전달되며, 진공을 통과할 때 에너지가 감소되지 않는다. 이러한 현상으로 인해 태양 에너지가 거의 진공상태인 우주 공간을 거쳐 지구에 도달하게 된다.

복사된 에너지가 물체에 도달하게 되면 그림 2.17과 같이 일부는 표면에서 빈사되고, 일부는 흡수되고 나머지는 투과된다. 반사율(reflectivity)을 γ, 흡수율(absorptivity)을 α, 투과율(transmissivity)을 ϕ라 하면 다음과 같이 정리된다.

$$\gamma + \alpha + \phi = 1 \tag{2.35}$$

대부분의 고체 물체가 열복사를 투과하지 않는 것으로 가정하면 ϕ = 0이다.

$$\gamma + \alpha = 1 \tag{2.36}$$

특히, 입사 에너지를 모두 흡수하는 물체 즉, γ = 0, α = 1인 물체를 완전 흑체(absolute black body), 입사 에너지를 모두 반사하는 물체 즉, γ = 1, α = 0인 물체

를 완전 백체(absolute white body)라고 한다. 일반적인 물체는 입사 에너지의 일부를 흡수하고, 일부는 반사하므로 이러한 물체를 회색체(gray body)라 한다.

(1) 프랑크(Planck)의 법칙

흑체면에서 방출되는 에너지는 파장과 흑체의 온도에 의해 좌우된다. 물체의 복사력 E는 파장 λ = 0에서 λ = ∞까지의 범위에서 전자파가 단위 시간 및 단위 면적으로 복사하는 에너지 량이다. Planck는 흑체의 단색 복사 에너지 E_λ를 파장 함수로 다음과 같이 정의하였다.

$$E_\lambda = \frac{2\pi \cdot h \cdot C_2}{\lambda^5} \times \frac{1}{\exp^{hc/\lambda\kappa T} - 1} = \frac{C_1 \cdot \lambda^{-5}}{\exp^{C_2/\lambda T} - 1} \quad (2.37)$$

λ : 파장 (μm)

T : 흑체의 절대 온도 (K)

C : 빛의 속도 (cm/s)

h : 프랑크(Planck) 상수

κ : 볼쯔만(Boltzmann) 상수

C_1 : 제1복사 상수 (3.7418 × 10^{-16} W/m²)

C_2 : 제2복사 상수 (1.4388 × 10^{-2} W/m²)

(2) 복사력(emissive power)

완전 흑체 표면에서의 단위 면적, 단위 시간에 방출되는 열에너지 즉 복사력 즉, E_b는 다음과 같다.

$$E_b = \int_0^\infty E_{b\lambda} \quad d\lambda \quad (2.38)$$

$E_{b\lambda}$: 단위 파장당 복사력

λ : 파장 (10^{-6} m)

(3) 복사율

임의의 온도 상태에서 회색체로부터의 복사력 E와 완전 흑체로부터의 복사력 E_b의 비를 복사율 ε라 한다. 복사율은 사출율이라고도 한다.

$$\epsilon = \frac{E}{E_b} \tag{2.39}$$

식 (2.39)에서 알 수 있는 바와 같이 복사력 $E = \varepsilon \cdot E_b$에 상당하는 에너지만 방출한다.

(4) 키르히호프의 법칙

그림 2.18과 같이 벽면의 온도가 T로 균일한 완전 진공의 밀폐 공동(enclosure)에서 벽면에서 방출되는 열복사선은 벽면에 의해 반사되면서 공동 내를 충만시키게 된다. 공동 내에 벽면과 동일 온도 T인 흑체를 놓아두면 이 때 공동 내에 방출되는 에너지와 흑체와는 열평형 상태에 있으므로 흑체 표면에 입사되는 에너지는 흑체로부터 나오는 열복사 에너지 E_b와 같다. 이어서 흑체 대신에 온도가 T인 회색체(흡수율 α)를 넣으면 회색체에 입사되는 에너지도 역시 E_b로서, 입사 에너지 중 회색체는 $\alpha \cdot E_b$에 상당하는 에너지를 흡수하게 된다. 식 (2.38)에서와 같이 회색체로부터의 복사력은 $\varepsilon \cdot E_b$이며, 이러한 두 가지 에너지를 받아서 회색체는 열평형을 유지하게 되므로 다음과 같다.

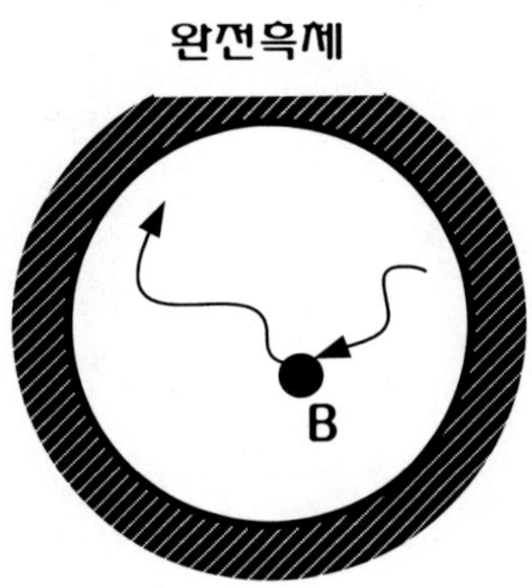

그림 2.17 키르히호프 법칙

$$E = \epsilon \cdot E_b = \alpha \cdot E_b \Rightarrow \therefore \frac{E}{E_b} = \epsilon = \alpha \tag{2.40}$$

이와 같이 물체의 복사율 ε와 흡수율 α가 같아지는 것을 키히르호프 법칙(Kirchhoff's law) 또는 키히르호프 동일성(Kirchhoff's identity)이라 한다.

이상과 같은 관계는 임의의 판장의 단색 복사력 E_λ에 대해서는 성립하므로 파장 λ에 대한 다음 식이 성립된다.

$$\frac{E_\lambda}{E_{b\lambda}} = \epsilon_\lambda = \alpha_\lambda \tag{2.41}$$

복사율 $\varepsilon = 1$이면 흑체, $\varepsilon = 0$이면 백체이다. 이와 같이 ε는 흑색의 정도를 표시하므로 흑색도(degree of blackness)라고도 한다.

(5) 스테판 볼쯔만의 법칙

흑체 복사력 E_b는 흑체 표면의 온도만의 함수로 성립되므로, 스테판(Stefan)은 실험에 의해, 볼쯔만(Boltzmann)은 이론으로 다음의 식을 유도하였다.

$$E_B = \sigma \cdot T^4 = C_b \cdot \left(\frac{T}{100}\right)^4 \tag{2.42}$$

σ : 스테판 볼쯔만 정수 (5.669×10^{-8} $W/m^2 \cdot K^4$)

C_b : 흑체 복사 정수 (5.669 $W/m^2 \cdot K^4$)

T : 흑체 표면의 온도

식 (2.42)는 흑체의 경우에만 작용할 수 있으며, 회색체인 경우에는 온도 T_1 인 전열면이 온도 T_2 인 매우 큰 전열면에 의하여 둘러싸인 공간에 놓여 있을 경우, 전열량 Q_R는 다음과 같다.

$$Q_R = \sigma \cdot A_1 \cdot \epsilon_1 \cdot (T_1^4 - T_2^4) \cdot K \tag{2.43}$$

식 (2.43)에서 A_1 과 ε_1 은 각각 회색체의 표면적과 복사율을 의미한다.

그림 2.19는 전도, 대류, 복사에 의한 열전달의 차이를 비교한 것이다. 막대를 통해 열이 전도되고 있고, 공기를 통해 열은 대류 형식으로 전달되고 있으며, 복사는 열선 형태로 중간 매개체가 없이 열이 전달되고 있다.

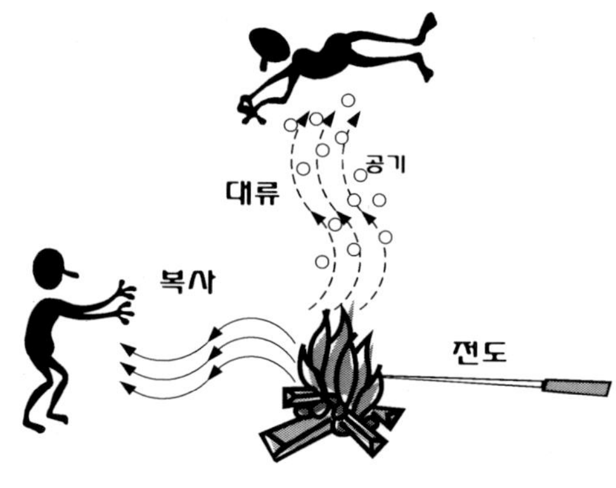

그림 2.19 전열 비교

2.3 열량 계산

열과 관련된 여러 가지 경우에 대한 계산식이 존재하고 있으며, 우선 2장에서 다루어진 현열량(혹은 잠열량) 계산과 열전달에 관한 계산에 대해 간략히 구분하면 다음과 같다.

(1) 에너지 유효 이용

식 (2.9) 및 식 (2.10)을 활용하는 과정을 설명하기 위해 다음과 같은 예를 든다.

라면 하나를 빨리 끓이기 위한 조건을 정리하고자 한다. 라면을 빨리 끓인다는 것은 라면을 끓이기 위해 공급하는 열량을 최대한으로 하는 것이 이상적일 수 있으나, 에너지 유효 이용 측면에서 가장 유리한 경우를 선택해야만 한다. 즉, 라면을 섭취한 후의 인간 활동을 출력인 일 W, 라면을 끓이기 위해 소비된 열을 입력 Q라 가정하면, 경제성의 측면에서 출력이 일정한 경우에는 입력을 최소화시키고, 입력이 일정한 경우에는 출력을 최대한으로 하는 것이 유리하다. 따라서, 인간 활동 W를 일정하다고 가정하면 필요 열량 Q를 최소한으로 유지하는 것이 좋다.

이상과 같은 경우, 필요 열량 Q의 크기를 좌우하는 것에 대해 정리하면 다음과 같다. 일정한 열량이 공급되는 가스렌즈에서의 열량 Q를 최소한으로 사용한다는 것은 가스렌즈 사용 시간을 짧게 사용한다는 것과 의미가 동일하다고 할 수 있으며, 이에 대한 조건을 정리하면 다음과 같다. 단, 물이 100 ℃에서 끓기 시작하여 라면을 넣는 과정까지의 열량만을 고려하도록 한다.

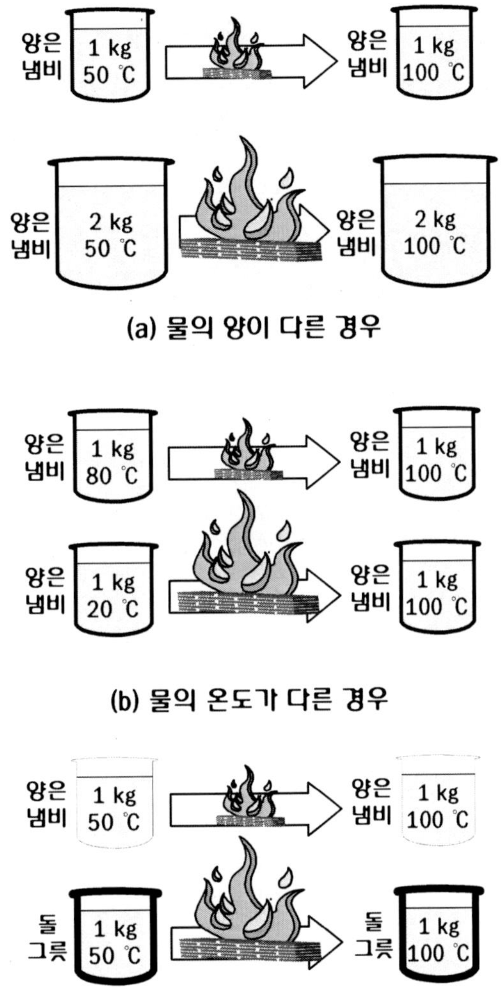

그림 2.20 열에너지 유효 이용

① 물의 온도가 일정하고, 동일한 재질의 냄비를 사용하나, 물의 양이 다를 경우

물의 온도가 일정하고, 동일한 재질의 냄비를 사용하나, 단지 끓이고자 하는 물이 많으면 많을수록 물이 끓기 시작하기까지의 시간이 많이 걸리는 것은 주지의 사실이며, 따라서 필요 열량 Q는 물이 적은 경우보다 많이 필요하다.

② 물의 온도 및 양이 일정하나, 다른 재질의 냄비를 사용하는 경우

물의 온도 및 양이 일정한 경우, 각각 양은 냄비와 질그릇 냄비를 사용하는 경우에는 양은 냄비를 사용하는 경우가 필요 열량 Q의 소비가 적다. 이는 양은 냄비에서 열이 더 빨리 전달되기 때문이다.

③ 물의 양이 일정하고, 동일한 재질의 냄비를 사용하나, 물 온도가 다른 경우

일정한 물이 들어 있는 동일한 재질의 냄비에서 각각 들어 있는 물의 온도가 다를 경우에는 100 ℃에 가까운 뜨거운 물을 끓이는 경우의 필요 열량 Q가 적게 필요하다.

① ~ ③항의 내용을 정리하면 열에너지를 공급(혹은 소비)하는 계 혹은 물질의 질량 및 비열, 온도차에 의해 열량 차이가 좌우된다는 것을 알 수 있다.

【연 습 문 제】

1. 15 ℃의 물 200 L가 들어 있는 그릇에 1000 ℃의 철구 50 kg을 넣었다면, 물의 온도는 몇 ℃ 상승하는가? 단, 철의 비열은 0.113 kcal/kg·℃, 그릇에서의 열손실은 없다고 가정한다.

2. 0.08 m^3의 물속에 700 ℃의 쇠뭉치 3 kg를 넣었더니, 평균온도가 18 ℃로 되었다. 물의 온도 상승은 몇 ℃인가? 단, 쇠의 비열은 0.145 kcal/kg·℃, 물과 용기와의 열교환은 없다.

3. 중량 3 kg의 철제 그릇에 22 ℃의 물이 0.02 m^3들어 있다. 이 물그릇에 200 ℃의 알루미늄 덩어리 4 kg를 넣었더니 열평형에 도달한 후, 29.22 ℃가 되었다. 알루미늄의 비열은 몇 kcal/kg·℃인가? 단, 철의 비열은 0.106 kcal/kg·℃이다.

4. 0.05 m^3인 물속에 500 ℃의 강체 2 kg을 넣었더니 물과 강체의 평형온도 10 ℃가 되었다. 강체의 비열이 0.145 kcal/kg·℃인 경우, 물의 처음 온도는 몇 ℃인가? 단, 물과 용기 사이에 열교환은 무시한다.

5. 50 ℃, 30 ℃, 15 ℃인 A, B, C 3종류의 액체가 있다. A와 B를 동일중량씩 혼합하면 42 ℃가 되고, A와 C를 동일중량씩 혼합하면 25 ℃가 된다. B와 C를 동일 중량으로 혼합하면 그 온도는 몇 ℃가 되겠는가?

6. 600 W의 전열기로 3 kg의 물을 15 ℃에서 100 ℃까지 가열하는 데 몇 분이 소요되겠는가? 단, 전열기에서 열은 전부 온도상승에 사용된다.

7. 500 W의 전열기로 2 L의 물을 10 ℃에서 100 ℃까지 가열하는 경우, 유효열량이 45 %라 할 때 가열에 필요한 시간은 얼마인가?

8. 중량 100 kg인 물체가 시속 100 km로 달리다가 갑자기 급정거하였다. 이때, 급정거에 필요한 에너지가 전부 열로 변환된다고 가정하였을 경우, 몇 kJ의 마찰열이 생기는가?

9. 420 m 높이에 있는 10 kg의 물이 자유 낙하되는 과정에 물의 낙하 에너지가 전부 열로 변환되어 물의 온도를 상승시킨다고 가정할 때, 물의 온도는 몇 ℃ 상승되는가? 단, 자유 낙하 과정에서 주위와의 열교환은 전혀 없으며, 물의 비열은 약 4.2 kJ/kgK로 가정한다.

3. 열역학 제 1 법칙

추운 겨울에 손이 차갑게 느껴지는 경우에는 두 손을 서로 문질러서 따뜻하게 하거나, 망치로 못을 때리면 못의 머리가 따뜻하게 느낀 경험은 있을 것이다. 이는 열역학 제 1 법칙에서 두 손을 문지르는 일 에너지가 온도 상승으로 나타나는 열 에너지로 변환되어 온도 상승으로 표현되는 것이다. 즉, 일과 열은 에너지의 의미로서는 동일하다는 것으로 정의될 수 있으며, 일상생활에서 열역학 제 1 법칙을 경험하고 있는 예라 할 수 있다. 즉, 열역학 제 1 법칙은 에너지 보존에 대한 법칙으로서 일과 열은 서로 에너지로서 동일하며, 그 양은 변하지 않는다는 것으로 정의하고 있다. 따라서 손을 문지르거나 망치로 못을 때리는 행위는 일 에너지의 형태이고, 손이 따뜻해지거나 못의 머리가 따뜻해지는 것은 일 에너지가 열에너지로 변환되었지만, 에너지량은 일정하게 유지되고 있는 것이다.

3.1 일과 열의 상호 관계

열역학 제 1 법칙은 일이 열로 변할 때 또는 그 역으로 변환될 때의 양적인 관계를 나타낸 것이다. SI 단위에서는 열과 일의 단위를 동일하게 식 (1.3)에서와 같이 J(joule)를 사용하고 있다. 이는 줄(Joule)이 처음 열과 일 사이의 관계를 규명하였기 때문이다. 그러나, MKS 단위를 사용하여 열과 일 사이의 변환 관계를 표현하면 식 (3.1)은 일이 열로 변환될 때, 식 (3.2)는 열이 일로 변환되는 경우를 정리한 것이다.

$$Q = A \cdot W \quad (\text{kcal}) \tag{3.1}$$

$$W = J \cdot Q \quad (\text{kg} \cdot \text{m}) \tag{3.2}$$

A : 일의 열당량, $\frac{1}{427}$ $(\text{kcal/kg} \cdot \text{m})$

J : 열의 일당량, 427 $(\text{kg} \cdot \text{m/kcal})$

식 (3.1)에서 A는 일이 열로 변환될 때의 일에 대한 열당량((heat equivalent of mechanical power), 식 (3.2)의 J는 열이 일로 변화될 때의 열에 대한 일당량(mechanical equivalent of heat)이다. 즉, 1 kcal의 열량을 발생시키기 위해서는 427 kg·m의 일을 하여야 하므로 427 kg·m는 1 kcal의 일당량이 된다.

3.1.1 일

일을 하는 방법에는 여러 가지 방식이 있고, 그 중에는 1.7.1항에서 설명한 바와 같이 어떤 물체에 일정한 힘 F가 작용하여 일정 방향으로 거리 S만큼 움직이게 되면 일은 식 (1.22)와 같이 정의된다.

열역학 제 1 법칙에서의 일을 설명하기 위해 피스톤 - 실린더를 고려한다. 실린더 내부에는 이상 기체(ideal gas)가 작동 유체로 사용되고 있다. 이상 기체는 여러 가지로 정의될 수 있으나, 3장에서는 기체 분자간의 인력을 무시할 수 있는 기체로 정의하고, 이상 기체에 대해서는 4장에서 자세히 다루게 된다.

그림 3.1은 실린더 내부에 있는 이상 기체 분자들이 운동을 하는 과정에 피스톤과 충돌하면서 일을 하는 경우를 나타낸 것이다. 실린더 내부의 초기 압력은 P, 전체 체적은 V, 피스톤의 단면적을 A라고 할 때, 피스톤에 작용하는 힘 F는 다음과 같다.

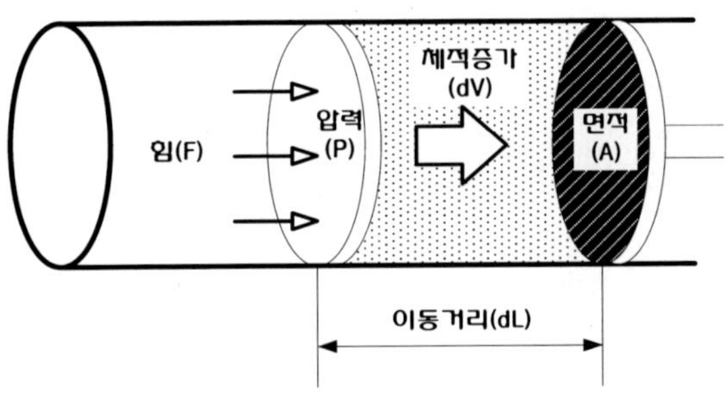

그림 3.1 피스톤에서의 일

$$F = P \cdot A \tag{3.3}$$

식 (3.3)은 1장의 압력에 대한 식 (1.9)와 동일하다는 것을 알 수 있다.

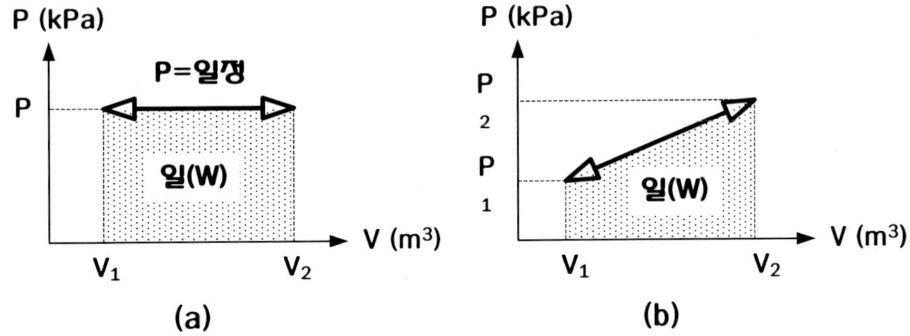

그림 3.2 등압 과정과 등적 과정에서의 일

또한, 그림 3.1에서 시스템이 평형 상태를 유지하면서 피스톤이 거리 dL만큼 이동하였다면, 이 과정에서 행해진 미소 일은 다음과 같다. 즉, 피스톤에 작용하는 힘 F에 의해 피스톤이 dL만큼 밀려갔다고 가정하면, 기체가 피스톤에 대해 한 일은 다음과 같이 정리된다.

$$dW = F \cdot dL = P \cdot A \cdot dL = P \cdot dV \tag{3.4}$$

그림 3.2는 이상 기체가 한 일을 P - V 선도에 나타낸 것으로, 일은 기체의 압력과 체적 변화량의 곱으로 나타낼 수 있다. 체적 변화량 즉, 일의 변화량이 dW > 0이며 기체가 외부에 일을 한 것이고, dW < 0이면 기체가 외부로부터 일을 받은 것이다. 열역학 제 1 법칙에서 독립된 계에서 에너지 총합은 일정하고 에너지가 소멸되거나 창조되지 않으며 외부와 열교환이 있으면 에너지를 주고받는 양만큼 감소 또는 증가되는 것으로 정의되고 있다. 이를 에너지 보존 법칙이라고 하며, 에너지 변환에서 양적인 비례 관계는 일정하다는 것을 알 수 있다.

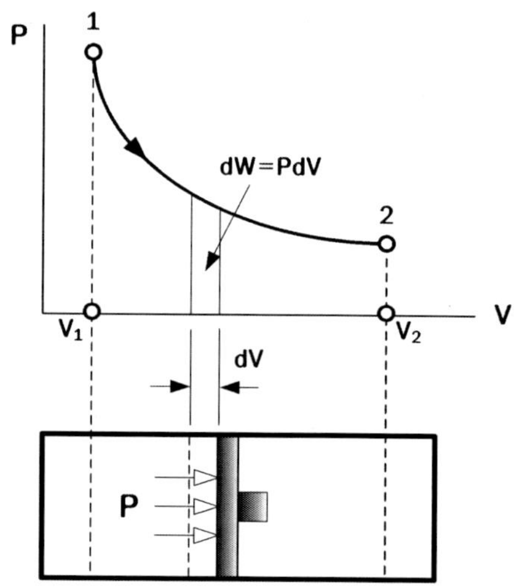

그림 3.3 평형과정의 팽창 일

(1) 제 1 종 영구기관

열역학 제 1 법칙을 동력을 발생시키는 기계에 적용시키면 기계가 동력을 발생시켜 어떠한 목적의 일을 할 때, 이와 동시에 반드시 다른 형태의 에너지를 소비해야만 한다. 즉, 에너지의 소비 없이 계속적인 일을 할 수 있는 기계는 존재할 수 없다. 이와 같이 에너지를 소비하지 않고 영구적인 일을 발생시키는 기계를 제 1 종 영구기관(the perpetual engine of the firs kind)이라 하며, 제 1 종 영구기관은 열역학 제 1 법칙에 위배되기 때문에 존재할 수 없다.

3.1.2 일과 열의 관계

(1) 일과 열의 구분

일은 열과 마찬가지로 시스템과 주위 사이의 에너지 교환이다. 즉, 에너지는 열이나 일의 형태로 시스템의 경계를 통과할 수 있다. 따라서 밀폐 시스템의 경계를 통과하는 에너지가 열이 아니면 반드시 일이어야 한다. 열의 구동력은 시스템과 주위 사이의 온도차이기 때문에 쉽게 알 수 있으며, 시스템과 주위 사이의 온도차 이외의 다른 방법으로 일어나는 에너지 교환 작용을 일이라고 할 수 있다. 좀 더 자세히 정의하면 일이란 어떤 거리를 통하여 작용하는 힘과 관련된 에너지 전달로서, 상승하는 피스톤, 회전축 및 시스템의 경계를 통과하는 전선 등은 모두 일과 관계가 있다.

2장에서 설명된 열전달과 일은 시스템과 주위 사이의 상호작용으로서, 유사한 점을 정리하면 다음과 같다.

① 열과 일은 시스템의 경계를 통과할 때 시스템의 경계에서만 확인된다. 즉, 열과 일은 경계 현상이다.

② 시스템은 에너지를 가질 수 있으나, 열이나 일은 가질 수 없다. 즉, 열과 일은 전달 현상이다.

③ 열과 일은 상태가 아니라 과정과 관계된다. 상태량들과는 달리 열과 일은 한 상태에서는 의미가 없다.

④ 열과 일은 경로 함수이다. 즉, 그 크기는 최종 상태뿐만 아니라 과정 동안의 경로에 따라 달라진다.

(2) 일의 표현

시스템의 일의 생산은 양(positive)의 효과로 나타내며, 일의 소비는 음(negative)의 효과로 나타낸다.

그림 3.4에서와 같인 열과 일의 부호를 표시하는 기준은 시스템이 행한 일은 양(+), 시스템에 가해진 일은 모두 음(—)의 부호로 나타내며, 시스템으로 흡입되는 열은 양(+), 시스템으로부터 방출되는 열은 음(—)의 부호로 나타낸다. 따라서, 자동차의 엔진, 스팀, 가스 터빈 등의 일은 양이며, 시스템에 전해지는 일은 음으로 표시된다. 시스템에서

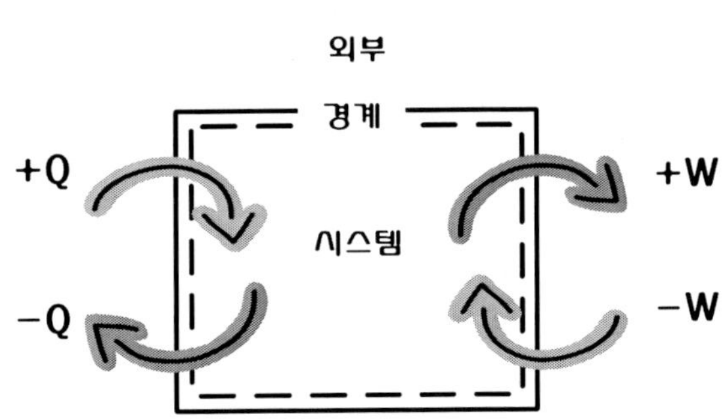

그림 3.4 열과 일의 방향

의 에너지 감소는 일을 하고 있는 것으로 고려할 수 있으며, 시스템에서의 에너지 증가는 일이 종료된 것으로 고려할 수 있다.

3.2 내부 에너지와 엔탈피

3.2.1 내부 에너지

에너지는 열에너지, 기계적 에너지, 운동 에너지, 위치 에너지, 전기 에너지, 자기 에너지, 화학 에너지, 원자력 에너지 등과 같이 여러 가지 형태로 존재할 수 있고, 이들의 합이 총에너지(total energy)이다. 열역학에서는 공학적 시각에서 중요한 총에너지의 변화를 다루는 것으로, 시스템 총에너지는 계산 및 해석 과정에 어떤 기준점의 값을 0으로 잡을 수 있다. 시스템의 총에너지 변화는 선택된 기준점과는 무관하다. 예를 들면, 낙하하는 공의 위치 에너지 감소는 선택된 기준 위치와는 무관하게 단지 낙하된 높이차에 따라 달라지게 된다.

이와 같이 시스템의 총에너지를 구성하는 여러 가지 형태의 에너지를 거시적(macroscope) 형태 에너지, 미시적(microscope) 형태 에너지로 구분하여 해석하는 것도 도움이 된다. 거시적 형태의 에너지는 운동 에너지와 위치 에너지와 같이 어떤 외부 좌표계에 대하여 시스템 전체가 가지고 있는 에너지이고, 미시적 형태의 에너지는 시스템의 분자 구조와 분자 운동의 정도와 관련된 에너지로서 외부 좌표계와는 무관하다. 이와 같이 미시적 형태의 에너지 총합을 내부 에너지(internal energy)라 정의한다.

즉, 어떤 물체 분자의 운동 에너지와 위치 에너지에 의해 내부에 저장되는 에너지가 내부 에너지(internal energy)이다. 물체의 내부 에너지는 과거의 상태와는 상관없이 오로지 현재 상태에 의해서만 정해지는 상태량으로, 온도가 높으면 분자 활동이 활발해져 내부 에너지가 증가하는 성질을 가지고 있다.

이 책에서는 물체가 함유하고 있는 에너지는 내부 에너지와 그 때의 압력과 체적의 곱에 상당하는 에너지만을 고려하기로 한다.

3.2.2 엔탈피

어떤 물체가 함유하고 있는 열량의 총합을 그 물체의 엔탈피(enthalpy)라 정의한다.

단순한 계에 있어서 전장이나 자장, 표면장력이나 모세관 현상이 없는 물질에 대해, 그 물질이 가지고 있는 내부 에너지 U, 압력 P, 체적 V로 가정하면, 그 물체의 엔탈피 H는 다음과 같다.

$$\text{SI 단위} \quad : H = U + P \cdot V \ (\text{kJ}) \qquad (3.5)$$

$$\text{MKS 단위t} \quad : H = U + A \cdot P \cdot V \ (\text{kcal})$$

식 (3.5)의 SI 단위로 표현된 엔탈피를 단위 질량 1 kg에 대해 나타내면 식 (3.6)과 같으며, 이를 비엔탈피(specific enthalpy)라고 한다.

$$h = u + P \cdot v \quad (\text{kJ/kg}) \qquad (3.6)$$

식 (3.5) 및 식 (3.6)에서 엔탈피는 내부 에너지 u와 압력 P, 체적 v에 의해 결정되는 값으로, 내부 에너지, 압력, 체적은 어떠한 상태에 의해 결정되는 값이므로 엔탈피도 상태량이다.

즉, 엔탈피는 유체가 가진 내부 에너지인 열량과 유체가 일정한 압력 P에 의해 체적 v를 차지하기 위하여 행한 시스템 내부의 유체를 밀어내는 데 필요한 일량의 합과 같다. 따라서, 엔탈피는 유체가 갖는 일종의 열역학적 에너지로서, 열과 일이 공존하여 표시되는 열역학 제 1 법칙에 따르는 값이라는 것을 알 수 있다.

(1) 시스템 해석에서의 엔탈피 이용

그림 3.5와 같이 냉동장치나 동력발생 장치와 같이 어떤 형태의 과정을 해석하는 경우에는 상태량의 조합 형태로서 내부 에너지, 압력, 체적 상태량을 조합한 U + PV를 사용하여 엔탈피를 정의하기도 한다.

그림 3.5 시스템 해석

[예제 3.1] 내부 에너지 100 kcal, 압력 4 kg/cm², 체적 2 m³인 계의 엔탈피는 몇 kcal인가?

[예제 3.2] 기체 1 kg이 압력 490 kPa, 비체적 0.02 m³/kg의 상태에 있다. 비내부 에너지를 420 kJ/kg이라고 하면, 비엔탈피는 몇 kJ/kg인가?

[예제 3.3] 기체가 내부 압력 0.05 MPa, 체적 3 m³인 상태 1에서 압력 1 MPa, 체적 0.5 m³인 상태 2로 변화되었다. 변화 과정에서 기체 1 kg당 엔탈피 변화량은 몇 kJ/kg인가? 단, 내부 에너지의 변화량은 일정한 것으로 가정한다.

3.3 밀폐계(비유동계)에 대한 열역학 제 1 법칙

3.3.1 밀폐계에서의 에너지 방정식

밀폐계에 열을 가하게 되면 그 계는 여러 가지 변화가 일어나게 된다. 즉, 밀폐계에 가해진 열은 계의 작동 유체가 상변화(phase change)만을 일으키는 내부 에너지 변화에만 사용될 수 있고, 혹은 내부 에너지가 변화되면서 동시에 외부에 일을 하는 데 사용될 수 있다. 따라서, 밀폐계에서 열역학 제 1 법칙은 단순히 단열 과정 동안의 총 에너지 변화가 정미 일과 같다는 것으로 정의될 수 있고, 이는 에너지 보존으로 요약될 수 있다.

그림 3.6은 열이 전달되는 과정에 일이 없는 단순히 열량을 공급하여 물을 끓이는 과정을 가정한 것이다. 그림 3.6 (a)는 물로 열이 전달되어 물의 에너지는 증가하게 되는 과정으로, 수분 감소와 같은 질량 전달이 없는 것으로 가정하였다.

그림에서와 같이 외부에서 주어진 열량 10 kJ는 물로 완전히 전달된다고 가정하면 수분의 에너지 증가는 외부로부터의 열전달량 10 kJ과 동일하다. 즉, Q = △E이다.

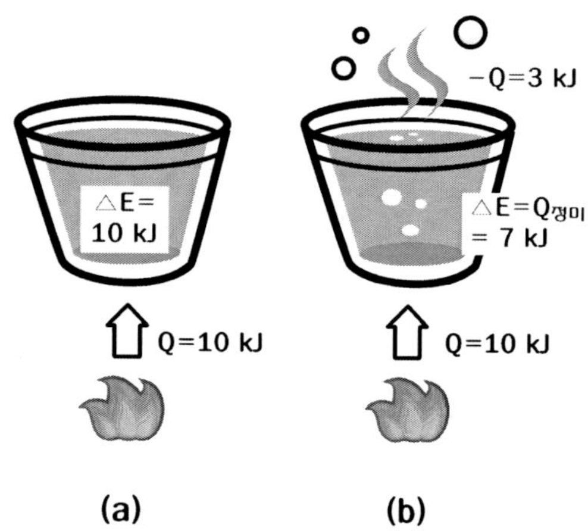

그림 3.6 물의 가열 과정

이에 비해 그림 3.6 (b)와 같이 물이 끓게 되면 외부에서 주어진 10 kJ의 열은 물로 전달되고, 물에서 외부로 3 kJ 만큼의 열이 전달 즉, 손실되면 물의 에너지 증가는 물로 전달된 정미 열전달량과 같은 7 kJ이 될 것이다. 즉, $Q = Q_{정미} = \triangle E$가 된다. 따라서, 계와 주위 사이에 어떠한 일의 작용이 없으면 정미 열전달량은 밀폐계에서의 에너지 변화량과 동일하게 될 것이다.

그림 3.7은 밀폐계에서 이와 같은 열과 일의 상호 관계를 간단하게 나타낸 것이다. 즉, 3.1.2 (2)항에서와 같이 계를 출입하는 열과 일에 대해 외부에서 밀폐계에 가해지는 열은 (+), 밀폐계에서 주위로 방출되는 열은 (−), 또한 계가 외부에 대해 한 일을 (+), 외부로부터 받은 일을 (−)로 규정하고 있다.

그림 3.7과 같은 밀폐계에 dQ의 열이 시스템으로 들어가서 dU만큼 시스템 내의 내부 에너지가 증가되고, dW만큼 외부에 일을 한다고 하면, 열역학 제 1 법칙은 다음과 같다.

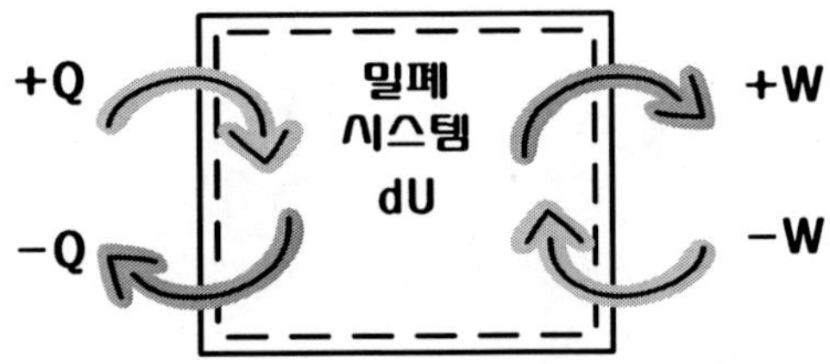

그림 3.7 밀폐계의 에너지 보존

SI 단위 : $dQ = dU + dW$ (kJ) (3.7)

MKS 단위 : $dQ = dU + A \cdot dW$ (kcal)

밀폐계의 한 예로서 그림 3.1에서와 같이 실린더와 피스톤의 관계를 고려하면, 피스톤이 단면적 A에 압력 P를 받으면서 거리 dL만큼 이동한 것으로 가정하면, 이 때 미소 일량 dW = PAdL = PdV이므로 식 (3.7)은 식 (3.8), 식 (3.8)을 적분하면 식 (3.9)와 같다.

$$dQ = dU + P \cdot dV \tag{3.8}$$

$$Q = dU + \int_1^2 P \cdot dV = dU + W_{12} \tag{3.9}$$

식 (3.8), 식 (3.9)를 에너지 기초방정식 또는 열역학 제1법칙식이라고 하며, 단위 질량에 대해 정리하면 다음과 같다.

$$dq = du + p \cdot dv \tag{3.10}$$

또한 식 (3.8)을 미분형으로 나타내면 식 (3.11)과 같고, 식 (3.10)을 식 (3.11)에 대입하면 식 (3.12)와 같다.

$$dh = du + d(pv) = du + p \cdot dv + v \cdot dp \tag{3.11}$$

$$dh = dq + v \cdot dp \quad \text{혹은} \quad dq = dh - v \cdot dp \tag{3.12}$$

식 (3.12)은 식 (3.8) 및 식 (3.10)과 같이 열역학 제1법칙이라고 하며, 열역학에서는 아주 중요한 에너지 식 중의 하나이다. 이상의 내용을 간단히 정리하면, 밀폐계에서 최초 상태에서 최종 상태로 변화하는 사이에 외부로부터 받은 열량을 Q_{12}, 물체가 외부에 대하여 한 일을 W_{12}, 최초의 내부 에너지를 U_1, 최종 내부 에너지를 U_2 라 하면 다음과 같다.

$$Q_{12} = (U_2 - U_1) + W_{12} \tag{3.13}$$

열역학 제 1 법칙 기초식에서 열량, 내부 에너지 및 일에 대한 관계는 표 3-1과 같다.

표 3.1 열역학 제 1 법칙 기초식의 상호 관계

			상 태
dQ	$dU > 0$	$dW < 0$	외부로부터의 일은 전부 내부 에너지로 전환
dQ	$dU < 0$	$dW > 0$	내부 에너지를 소비하여 외부에 대해 일로 전환
dU	$dQ > 0$	$dW > 0$	외부로부터의 열은 전부 외부에 대해 일로 전환
dU	$dQ < 0$	$dW < 0$	외부로부터의 일은 전부 외부로 열량으로 방출
dW	$dQ > 0$	$dU > 0$	외부로부터의 열은 전부 내부 에너지로 전환
dW	$dQ < 0$	$dU < 0$	내부 에너지의 감소만큼 외부로 열량 방출

[예제 3.4] 밀폐계에서 p = 0.3 kg/cm²으로 유지되면서 체적이 1 m³에서 4 m³로 증가하였다. 이 과정에서 내부에너지가 10 kcal 증가하였다면, 이동한 열량은 몇 kcal인가?

[예제 3.5] 어느 계에 30 kJ의 열량을 공급했을 때, 이 계가 외부에 대해 800 N·m의 일을 하였다면, 이 계의 내부 에너지 변화량은 얼마인가?

[예제 3.6] 실린더 내에서 기체를 압축하는 데 있어서 19.6 kJ의 일을 필요로 하고 있다. 이 때, 기체의 내부 에너지 증가가 4.2 kJ이라고 가정하면 외부로 방출된 열량은 몇 kJ인가?

[예제 3.7] 압력 1 atm, 온도 100 ℃인 물 1 kg이 2.2569 MJ의 열을 받아 100

℃ 수증기로 변화되었다. ⓐ 내부 에너지 변화, ⓑ 엔탈피의 변화는 얼마인가? 단, 1 atm, 100 ℃인 물의 비체적 v_1 = 0.0010437 m³/kg, 수증기의 비체적 v_2 = 1.693 m³/kg이다.

[예제 3.8] 압력 3.92 MPa, 체적 0.5 m³인 기체를 압력 일정의 조건에서 팽창시켜 1.471 MJ의 절대일을 얻었다. 내부 에너지의 증가가 3.81 kJ이라고 하면 ⓐ 팽창 후의 기체 체적, ⓑ 가해진 열량은 얼마인가?

[예제 3.9] 어느 계의 내부에너지는 온도 변화에 대해 dU = 2.5 kJ/K의 비율로 증가되고, 또 계는 외부에 대해 0.4 kW의 비율로 일을 하고 있다. 지금 계의 온도가 1 분에 5 K씩 상승된다고 하면 1 시간에 몇 kJ의 열량을 외부로부터 공급받아야 하는가?

3.3.2 밀폐계에서의 일

밀폐계에서의 일은 3.1.1에서 설명한 일과 동일하나, 3.1.1에서는 이상 기체의 압력과 부피 변화에 대한 에너지를 정리한 것인데 비해, 여기서는 실린더 내부에서 피스톤 왕복 운동에 의한 일을 간단히 정리한다.

그림 3.8은 실린더 내부에서 피스톤 운동에 대한 모형 및 P-V 선도를 나타낸 것이다. 그림에서 T.D.C(top dead center)는 피스톤이 실린더 내부에서 가장 높게 도달할 수 있는 상사점, B.D.C(bottom dead center)는 피스톤이 실린더 내부에서 가장 낮게 도달할 수 있는 하사점을 의미한다. 피스톤은 항상 실린더 내부에서 상사점 ~ 하사점 영역에서만 운동을 한다.

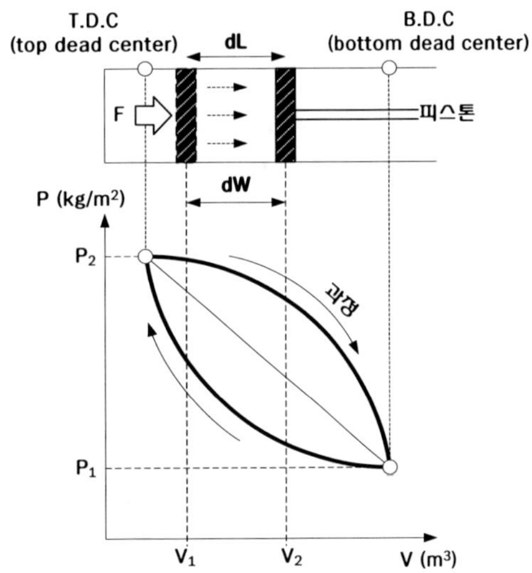

그림 3.8 밀폐계에서의 일

임의의 압력 P인 상태에서 단면적 A인 피스톤이 상사점과 하사점 사이를 왕복 운동하는 과정의 한 임의의 지점에서, 피스톤에 작용하는 힘 F에 의해 피스톤이 dL만큼 밀려갔다고 가정하면, 기체가 피스톤에 대해 한 일은 다음과 같이 정리된다. 일과 관련된 내용을 정리하면 식 (3.3) ~ 식 (3.4)와 같다.

$$dW = \int_{1}^{2} P \cdot dV \tag{3.15}$$

3.4 개방계(정상 유동계)에서의 에너지 방정식

(1) 개방계에서의 고려 사항

개방계에서는 그림 3.9와 같이 에너지 변환에 있어 일과 열의 변환 과정 외에 시스템으로의 질량 유입과 유출에 대한 사항도 고려해야 한다. 개방계로 질량이 유입되면 이와 함께 에너지도 유입되므로 개방계에서의 에너지는 증가하게 되고, 이와 마찬가지로 개방계에서 질량이 유출되면 에너지는 질량과 함께 감소되므로 개방계의 총 에너지도 감소하게 된다. 즉, 온수 가열 탱크에서의 온수를 사용하고 동일한 질량의 냉수를 보충한다고 가정하면 개방계인 온수 가열 탱크에서의 에너지 보유량은 냉온수 출입에 따라 감소하게 된다.

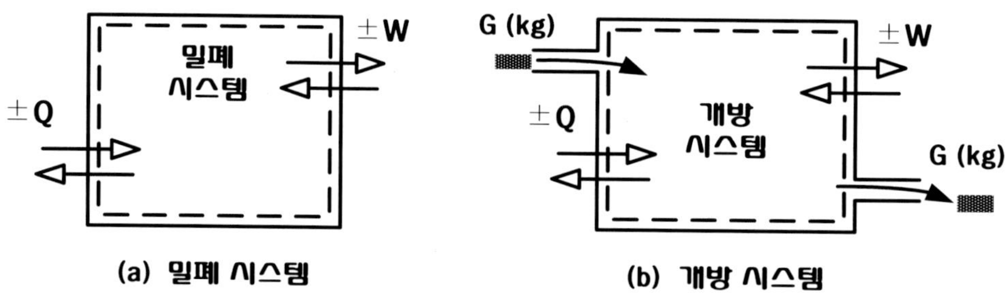

그림 3.9 밀폐계 및 개방계에서의 에너지 변화량

따라서, 상태 변화 과정 동안의 개방계에서의 에너지 보존 방정식은 다음과 같이 간략하게 정리될 수 있다.

$$Q - W + \sum E_{in,MASS} - \sum E_{out,MASS} = \Delta E \tag{3.16}$$

Q : 시스템에서의 열량 변화

W : 시스템에서의 일량 변화

$\sum E_{in,MASS}$: 시스템으로 질량과 함께 유입되는 에너지

$\sum E_{out,MASS}$: 시스템으로 질량과 함께 유출되는 에너지

ΔE : 개방계에서의 총 에너지 변화량

(2) 정상유동계에서의 에너지 방정식

정상 유동계(steady flow system)은 개방계의 하나로서 계로 유입되는 물질의 양과 계에서 유출되는 물질의 양이 같고, 계 내부의 각 점에서 유동 성질이 시간에 상관없이 일정한 계를 의미한다. 즉, 정상 유동 상태가 되기 위해서는 다음 조건을 만족하여야 한다.

㉠ 계의 각 점에서 유체 성질이 일정

㉡ 계를 통과하는 질량 유량이 일정

그림 3.10에서와 같이 질량 m인 유체가 관내를 정상적으로 흘러 갈 때 임의의 단면을 액체와 더불어 단위 시간에 통과하는 에너지 E를 계산하기 위한 조건을 정리하면 다음과 같다.

계의 입구 상태를 ①, 출구 상태를 ②로 가정한다. 기준면에서 높이 z_1 인 입구측에서의 압력 P_1 , 비체적 v_1 , 비내부 에너지 u_1 , 속도 w_1 라 가정하고, 높이 z_2 인 출구측에서의 압력을 P_2 , 비체적 v_2 , 비내부 에너지 u_2 , 속도 w_2 라 하면 계로 유입되는 에너지 E_1 , 계에서 유출되는 E_2 는 각각 식 (3.17), 식 (3.18)과 같고, 또한 정상 유동계에서 $E_1 = E_2$ 이다.

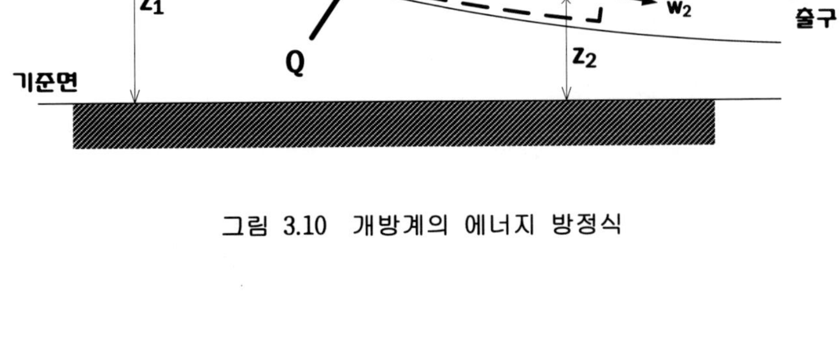

그림 3.10 개방계의 에너지 방정식

$$E_1 = m \cdot \left(u_1 + P_1 v_1 + \frac{1}{2} w_1^2 + g z_1\right) \quad (3.17)$$

$$E_2 = m \cdot \left(u_2 + P_2 v_2 + \frac{1}{2} w_2^2 + g z_2\right) \quad (3.18)$$

식 (3.17) ~ 식 (3.18)에서 $P_1 \cdot v_1$ 은 계의 외부에서 계의 내부로 유체를 밀어 넣기 위한 일, $P_2 \cdot v_2$ 은 계의 내부에서 계의 외부로 유체를 밀어내기 위한 일이고, $(1 / 2) \cdot w_1^2$, $(1 / 2) \cdot w_2^2$ 은 유입, 유출되는 유체가 가진 운동 에너지, $g \cdot z_1$, $g \cdot z_2$ 는 유체의 위치 에너지이다.

그림 3.10에서 상태 ①에서 상태 ②까지 정상 유동 상태인 유체 m이 입구에서 출구로 흘러가는 과정에 있어서 외부로부터 Q의 열량을 받고 동시에 대하여 W의 일을 한다고 하면 열역학 제 1 법칙인 에너지 보존 법칙에 의해 계 내부로 들어오는 총 에너지와 계 밖으로 나가는 총 에너지가 같아야 한다.

$$m \cdot \left(u_1 + P_1 v_1 + \frac{1}{2} w_1^2 + g z_1\right) + Q_{12} \quad (3.19)$$

$$= m \cdot \left(u_2 + P_2 v_2 + \frac{1}{2} w_2^2 + g z_2\right) + W_{12}$$

$$Q_{12} = W_{12} + (H_2 - H_1) + m\left(\frac{w_2^2 - w_1^2}{2}\right) + m(z_2 - z_1) \quad (3.20)$$

그림 3.10에서 계로 출입하는 유체의 속도가 $w_1 = w_2$ 이고, 입구 및 출구의 높이가 기준면에 대해 $z_1 = z_2$ 이라면, 운동 에너지와 위치 에너지를 무시할 수 있으므로, 식 (3.20)를 엔탈피($h=u+P \cdot v$)에 대해 정리한 정상 유동계에서의 에너지 식은 다음과 같다.

$$Q_{12} = m \cdot (h_2 - h_1) + W_{12} \quad (3.21)$$

그림 3.10에서 유체가 흘러가는 과정이 단열($Q = 0$) 과정이라면 이 계에 의해 얻어지는 일은 다음과 같다.

$$W_{12} = m \cdot (h_1 - h_2) = H_1 - H_2 \quad (3.22)$$

정상 유동계에 대한 에너지 방정식은 터빈, 노즐 등에 적용시킬 수 있다.

열역학 제 1 법칙을 개방계에 대해 적용시키기 위해 사용된 그림 3.5는 유체역학에서 가장 기본적으로 사용되고 있는 베르누이 방정식(Bernoulli's equation)에도 적용된다.

3.4.1 가역 과정과 비가역 과정에서의 일

가역 과정이란 상태 변화 중에 마찰 등이 없는 열적으로 평형 상태를 유지하면서 일어나는 과정으로 이상적인 상태 과정을 의미한다. 즉, 가역 과정에서는 상태 변화가 진행되는 동안에 주위에 어떠한 영향도 남기지 않으며, 역방향으로 상태 변화를 하여도 완전히 처음 상태로 되돌아 갈 수 있는 과정을 의미하는 것으로 실제로는 존재할 수 없는 과정이다. 가역 과정은 연속하여 평형 상태를 유지하는 것으로 고려할 수 있다.

그러나, 이러한 조건을 조금이라도 만족시키지 못하면 비가역 변화라 하여, P - V 선도에서는 각각의 상태점으로만 표시된다. 따라서, 자연계에서 일어나는 모든 변화는 비가역 과정이라 할 수 있다.

일반적으로 계가 외부에 대해 한 일 dW는 다음과 같다.

$$\text{가역과정} : dW = P \cdot dV \tag{3.23}$$

$$\text{비가역 과정} : dW < P \cdot dV \tag{3.24}$$

따라서, 가역 과정인 경우 열역학 제 1 법칙 식은 다음과 같이 표시된다.

$$\begin{aligned} \text{SI 단위} : dQ &= dU + P \cdot dV = m \cdot (du + P dv) \\ &= dH - V \cdot dP = m \cdot (dh - vdP) \end{aligned} \tag{3.25}$$

$$\begin{aligned} \text{MKS 단위} : dQ &= dU + A \cdot P \cdot dV = m(du + A \cdot P \cdot dv) \\ &= dH - A \cdot V \cdot dP = G(dh - A \cdot v \cdot dP) \end{aligned} \tag{3.26}$$

3.5 P-v 선도와 일

3.5.1 절대일

밀폐계가 주위와 열역학적 평형을 유지하면서 체적 팽창이 일어날 때, 계와 주위 사이에는 일의 수수가 일어난다. 이와 같은 일을 절대일(absolute work) 혹은 팽창일이라고 한다. 그림 3.11에서와 같이 실린더 내의 가스를 계라 하고, 이 계에 열을 가하게 되면 가스가 팽창되면서 피스톤을 밀게 되면서 외부에 대해 일을 하게 된다.

그림 3.11에서 가스가 1의 상태에서 기체 팽창에 의해 a 과정을 거쳐 2의 상태로 변화되었다고 가정한다. 피스톤에 걸리는 힘 F는 이때의 압력 P와 피스톤의 단면적 A의

곱으로 표시되며, 피스톤에 작용하는 가스가 주위에 대하여 한 일은 다음과 같다.

$$dW = F \cdot dL = P \cdot A \cdot dL \quad (3.27)$$

기체의 체적을 V라 하면 $A \cdot dL = dV$ 이고, 피스톤의 이동으로 기체의 체적이 V_1 에서 V_2 로 변화되었기 때문에 계에 의해서 이루어진 일량 $W_{1\ 2}$ 는 다음 식과 같다.

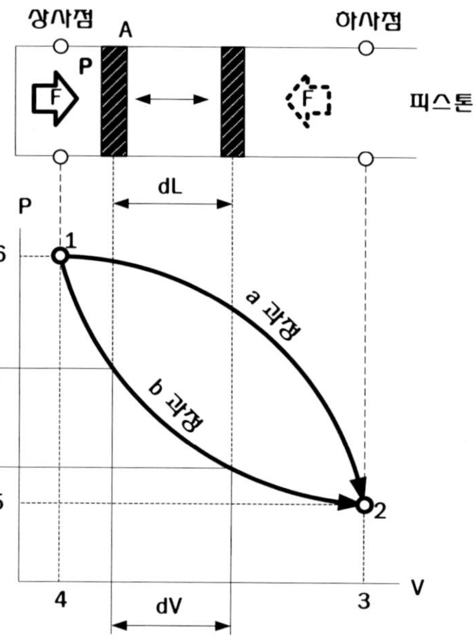

그림 3.11 절대일과 공업일

$$W_{12} = \int_1^2 P \cdot dV = \text{면적 } 1a2341 \quad (3.28)$$

P - V 선도상에서 일의 양은 면적으로 표시되며, 절대일의 경우에는 면적 1-a-2-3-4-1이 된다. 그런데, 1의 상태에서 2의 상태로 상태 변화되는 과정이 B의 경로를 따른다면 이 때의 일의 양은 1-b-2-3-4-1이 되므로 일은 경로에 따라 달라지는 경로 함수(path function)라는 것을 알 수 있다.

3.5.2 공업일

작동 물질이 개방계를 통과하면서 생기는 계에 의한 일을 공업일(technical work), 압축일, 유동일이라고 한다. 그림 3.6에서는 면적 1-a-2-5-6-1이 공업일의 크기를 나타낸다.

$$W_{12} = -\int_1^2 V \cdot dP = \text{면적}(1-a-2-5-6-1) \quad (3.29)$$

식 (3.27)에서 음(-)의 부호는 공업일이 절대일에 대하여 반대 방향의 일이기 때문이다.

$$W_T = \square(1\ 2\ b\ a) + \square(c\ 1\ a\ 0) - \square(d\ 2\ b\ 0) = W_{12} + P_1V_1 - P_2V_2 \qquad (3.30)$$

[예제 3.10] 마찰이 작용하지 않은 일정 밀폐계에서 압력이 P = (100 + 120V) kPa의 비율로 변화되고 있다. 체적이 1.0 m^3에서 3.0 m^3으로 변화되는 동안 계가 한 일은 얼마인가?

【 연 습 문 제 】

1. 실린더 내에 있는 어떤 기체를 압축하기 위해서 25 kJ의 일을 소비하였다. 이 때, 기체의 내부 에너지 증가가 5 kJ이라 가정하면, 외부로 방출된 열량은 몇 kJ인가?

2. 압력 500 kPa, 온도 151.84 ℃인 물 1 kg이 2.107 MJ의 열을 받아 등온의 수증기로 변화되었다. ⓐ 내부 에너지 변화, ⓑ 엔탈피의 변화는 얼마인가? 단, 500 kPa, 151.84 ℃인 물의 비체적 $v' = 0.00109284$ m^3/kg, 수증기의 비체적 $v'' = 0.374676$ m^3/kg이다.

3. 압력 4.5 MPa, 체적 0.8 m^3인 기체를 압력이 일정한 상태에서 팽창시키면서 2 MJ의 절대일을 하였다. 내부 에너지의 증가를 4 kJ이라 가정하면 ⓐ 팽창 후의 체적, ⓑ 가해진 열량은 얼마인가?

4. 가스가 50 kcal의 열량을 흡수하여 8000 kg · m의 일을 하였다. 이 때 가스의 내부 에너지 증가는 얼마인가?

5. 표준 대기압에서 100 ℃을 물 1 kg을 전부 증기로 바꿀 때 체적은 0.001 m^3에서 1673배 팽창한다. 이 때의 내부 에너지 증가는 몇 kcal인가?

6. 압력 5 kg/cm^2, 체적 0.3 m^3의 기체가 압력 일정 하에서 225000 kg · m의 일을 하였다. 체적의 팽창량은 얼마인가?

7. 1 kg의 기체가 압력 0.5 kg/cm^2, 체적 2.5 m^3의 상태에서 압력 12 kg/cm^2, 체적 0.2 m^3의 상태로 변하였다. 만일, 내부에너지의 변화가 없다면 엔탈피의 변화는 얼마인가?

8. 압력 2.5 kg/cm^2, 체적 0.35 m^3의 공기가 일정 압력 하에서 팽창하여 체적이 0.5 m^3가 되었다. 공기가 한 일은 얼마인가?

9. 문제 8에서 내부에너지의 증가가 22 kcal이면 팽창에 필요한 열량은 얼마인가?

10. 공기 1 kg이 압력 0.5 kg/cm^2, 체적 3 m^3의 상태에서 압력 9 kg/cm^2, 체적 0.5 m^3의 상태로 변하였다. 이 때의 내부에너지가 38 kcal 증가하였다면

엔탈피의 증가량은?

11. 압력 8 kg/cm², 체적 1 m³의 공기가 일정한 압력 하에서 12000 kg · m의 일을 하였다. 변화후의 체적은 얼마인가?

12. 정압 비열이 0.248 kcal/kg·℃, 정적 비열이 0.177 kcal/kg·℃인 물체를 일정 압력 하에서 20 ℃에서 80 ℃까지 가열하는 데 44.8 kcal의 열이 필요하다. 이 물체를 일정 체적 하에서 20 ℃에서 80 ℃까지 가열하는 데 필요한 열량은?

13. 일정 체적 하에서 0.4 kg의 가스가 들어 있다. 이것을 압축하기 위하여 2000 kg · m의 일을 소비하고 4 kcal의 열을 주위로 방출하였다. 이 가스 1 kg당 내부에너지의 증가는 얼마인가?

14. 어떤 물질 1 kg이 압력 0.4 kg/cm², 체적 3 m³인 상태에서 압력 18 kg/cm², 체적 0.3 m³로 변화하였다. 이 물질의 내부에너지 감소가 38.4 kcal/kg이라면 엔탈피의 증가는 얼마인가?

15. 어떤 물체가 1의 상태에서 2의 상태로 변화할 때, 15 kcal의 일을 하고 5 kcal의 열량을 받았다. 그리고, 2의 상태에서 처음 1의 상태로 완전히 되돌아 갈 때, 열량이 0이라고 하면 이 과정에서 받은 일량은 얼마인가?

16. 대기압에서 물 1 kg을 전부 증기로 바꿀 때 체적은 0.001 m³에서 0.9018 m³로 팽창하고, 증발잠열은 526.1kcal의 열량이 필요하였다. 이 때의 내부에너지 증가는 얼마인가?

17. 마찰이 없는 밀폐계에서 압력이 P = (100 + 150 · V) kPa인 상태로 변화되고 있다. 체적이 1 m³에서 5 m³로 변화되는 동안 밀폐계가 한 일은 얼마인가?

18. 압력이 1.5 MPa인 보일러 속에서 대기압 0.1 MPa의 물을 펌프로 압송할 때, 소요되는 펌프일은 얼마인가? 단, 물의 비체적은 거의 일정하여 0.001 m³/kg이라 한다.

19. 공기가 노즐을 통해 1 MPa, 150 ℃인 상태에서 압력 0.5 MPa, 75 ℃인 상태로 단열 팽창되고 있다. 이 때, 노즐 출구에서의 공기 속도는 얼마인가? 단, 노즐의 입구 속도는 무시하고, 유동 과정은 정상 상태, 공기의 정압 비열은 1.0 kJ/kgK로 한다.

20. 이상기체가 배관 내에서 정상상태, 정상유동 과정으로 가열되고 있다. 배관 입구에서의 상태는 550 kPa, 50 ℃이고, 출구 상태에서는 400 kPa, 1000 ℃로 이다. 운동 에너지와 위치 에너지 변화를 무시할 때, 이상 기체 1 kg당 요구되는 전열량은 몇 kJ/kg인가? 단, 이상기체의 정압비열은 1.5 kJ/kgK로 가정한다.

4. 이상 기체

기계공학과 관련된 열역학에서 다루고자 하는 에너지 전환 과정에 있어서 핵심적인 역할을 하는 것이 작동 유체이고, 이러한 작동 유체의 대부분은 기체가 담당하고 있다. 기계공학에서 다루는 기체는 일반적으로 가스(gas)와 증기(vapour)로 구분되고 있으며, 공기, 수소(H_2), 산소(Q_2) 등과 같이 액화되기 어려운 기체는 가스, 쉽게 액화되는 기체를 증기로 구분하고 있다.

공업 열역학에서 취급하는 기체는 분자가 존재하는 공간에 비해 체적을 무시할 수 있고, 또한 분자 상호간에 인력이 작용하지 않는 것으로 가정한 이상기체(ideal gas)를 주로 사용하고 있다. 이상기체는 완전가스(perfect gas)라고도 한다.

이상기체는 보일(Boyle) 법칙, 샤를(Charle) 법칙 등을 만족하는 이상적인 기체를 의미한다. 수소, 산소 등은 이상 기체라 가정할 수 있으나, 이산화탄소(CO_2) 등의 실제 기체(real gas)도 온도가 높아질수록, 압력이 낮아질수록 이상 기체의 성질에 근접하는 것으로 고려할 수 있다.

(1) 상태량과 상태방정식

시스템의 특성을 나타내는 것을 상태량(property)이라고 한다. 압력, 온도, 체적, 질량 등을 비롯하여 점도, 열전도율, 열팽창계수, 속도, 높이 등은 시스템의 특성을 나타내는 상태량 중의 하나이다. 그러나, 일반적으로 모든 상태량들이 독립된 상태량이 아니고, 일부 상태량은 다른 상태량에 의해 정의된다. 예를 들면 상태량인 밀도는 단위 체적당의 질량으로 정의된다.

상태량들은 강성적(intensive) 상태량과 종량적(extensive) 상태량으로 구분할 수 있다. 강성적 상태량이란 온도, 압력, 밀도와 같이 시스템의 크기와는 무관한 상태량으로 정의할 수 있고, 종량적 상태량은 시스템의 크기에 따라 값이 변화되는 상태량으로서 예를 들면 질량, 체적, 총에너지 등은 종량적 상태량이라 할 수 있다. 단위 질량당 종량적 상태량을 비상태량(specific property)라 한다.

그림 4.1에서와 같이 시스템의 조건을 변화시켰을 때, 상태량이 변화되지 않는 온도, 압력은 강성적 상태량, 상태량이 변화되는 질량, 체적은 종량적 상태량이라 할 수 있다. 순수 물질에 대한 상태량 자료를 작성하는 방법 중에서 압력, 온도 및 비체적 사이의 관계를 정의하는 상태 방정식이 있다. 또한, 평형 상태에서 물질의 상태량들을

포함하는 상태량 관계식도 상태 방정식이라 할 수 있다. 상태 방정식은 여러 가지가 있으며, 기체 상태의 물질에 대한 가장 간단한 상태 방정식은 이상기체 상태 방정식이다. 이상기체의 상태 방정식은 적절히 선택된 영역 내에서 기체의 압력(P) - 체적(V) - 온도(T) 거동을 아주 정확하게 예측할 수 있다.

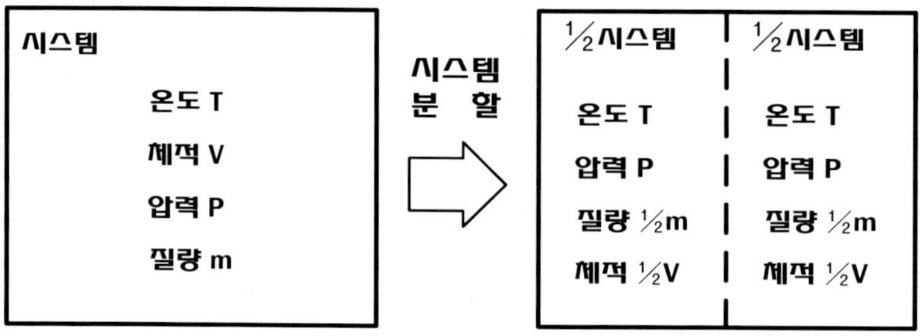

그림 4.1 강성적 상태량과 종량적 상태량

4.1 이상기체의 상태방정식

어떤 물체의 비열이 온도와는 무관한 관계를 가질 때, 그 기체를 이상기체 혹은 완전 가스라 한다. 어떤 기체가 이상기체일 경우 질량 m, 온도 T, 압력 P, 체적 V 사이에는 다음과 같은 관계식이 성립한다.

$$P \cdot V = m \cdot R \cdot T \tag{4.1}$$

이 식을 비체적에 대해 다시 정리하면 다음과 같다.

$$P \cdot v = R \cdot T \tag{4.2}$$

R : 일반 가스 정수 (kJ/kg · T - SI, kgf · m/kgf · K - MKS 단위)

[예제 4.1] 공기 2 kg가 압력 98 kPa, 체적 1.723 m³인 상태 1에서 압력 196 kPa, 온도 100 ℃의 상태 2로 변화되었다. 체적과 온도 변화는 각각 얼마인가? 단, 공기는 이상 기체, 가스 정수는 0.2871 kJ/kg·K이다.

[예제 4.2] 공기가 1 MPa, 0.01 m³, 130 ℃인 상태에서 0.2 MPa, 0.05 m³로 변화였을 때, 공기의 질량은 몇 kg인가?

[예제 4.3] 30 ℃, 1 MPa, 2 m³인 이상기체가 0.4 MPa, 4 m³로 변화되었을 때, 변화 후의 공기 온도는 몇 K인가?

(1) 보일 법칙(Boyle's law)

보일 법칙은 일정 온도에서 이상기체의 (비)체적은 압력에 반비례하는 것으로 식 (4.3)과 같이 정리되며, 보일 법칙은 이상기체의 등온 변화를 설명하기도 한다.

$$v \propto \frac{1}{P} \quad : \quad P_1 \cdot v_1 = P_2 \cdot v_2 \ \Rightarrow \ P \cdot v = \text{일정} \tag{4.3}$$

이상기체가 일정 온도($T_1 = T_2$)에서 압력 P_1, 체적 v_1 인 상태에서 압력 P_2, 체적 v_2 인 상태로 변화를 하였다면, 식 (4.3)은 다음과 같다.

$$P_1 \cdot v_1 = P_2 \cdot v \quad : \quad \frac{v_1}{v_2} = \frac{P_2}{P_1} \tag{4.4}$$

보일 법칙에 의한 이상기체 상태 변화과정은 그림 4.2와 같다.

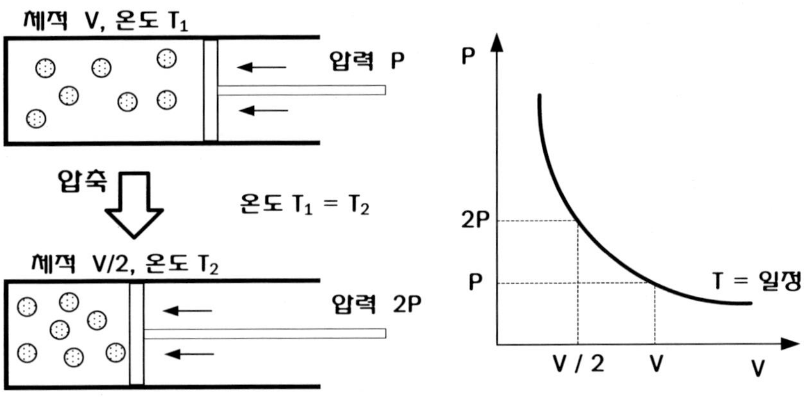

그림 4.2 보일 법칙

(2) 샤를 법칙(Charles' law)

샤를 법칙은 게이-뤼삭 법칙(Gay-Lussac's law)이라고도 하며, 일정 압력에서 이상기체의 (비)체적은 온도에 비례하는 것으로 정의되고 있다. 압력이 일정한 경우, 이상기체를 0 ℃에서 100 ℃까지 가열하면 1 ℃마다 가스의 비체적은 0 ℃ 때의 (1 / 273.15)씩 증가하는 것으로 주장하였다.

즉, 일정 압력 하에서 0 ℃ 때의 비체적을 v_0라 하면, 변화전의 온도와 비체적을 T_1, v_1, 변화후의 온도와 비체적을 T_2, v_2 라 하면 온도와 비체적의 관계는 다음과 같다.

$$v_1 = v_0 + \frac{v_0}{273.15} \cdot T_1 \quad v_2 = v_0 + \frac{v_0}{273.15} \cdot T_2 \tag{4.5}$$

$$\frac{v_1}{v_2} = \frac{T_1 + 273.15}{T_2 + 273.15} \quad : \quad \frac{v_1}{v_2} = \frac{T_1}{T_2} = \text{일정} \tag{4.6}$$

$$v \propto T \quad : \quad \frac{v}{T} = \text{일정} \tag{4.7}$$

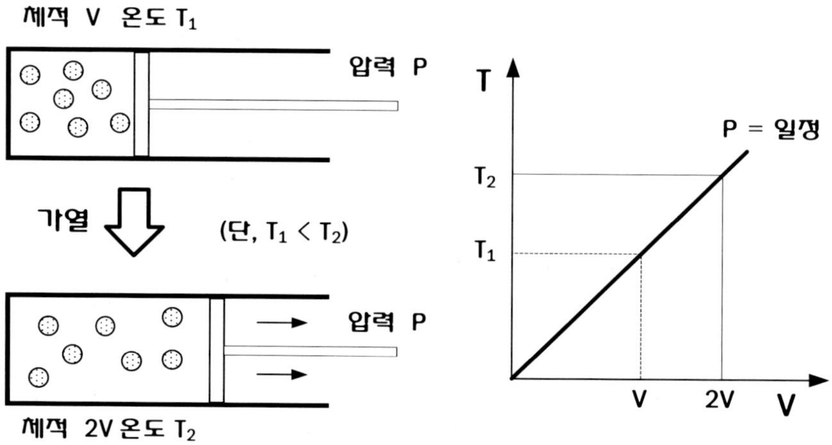

그림 4.3 샤를 법칙

샤를 법칙은 이상기체의 등적 변화와 동일한 의미로서, 그림 4.3과 같이 상태 변화를 한다.

(3) 보일-샤를 법칙(Boyle-Charles' law)

이상기체의 열역학적 상태는 압력 P, 체적 V, 온도 T에 의해 결정되고, 보일 법칙은 이상기체의 압력과 비체적의 관계, 샤를 법칙은 비체적과 온도의 관계를 나타내므로 이들 두 법칙을 이용하면 보일-샤를 법칙의 상태식을 얻을 수 있다.

$$\frac{P_1 \cdot v_1}{T_1} = \frac{P_2 \cdot v_2}{T_2} = \text{일정} \quad : \quad \frac{P \cdot v}{T} = R \ (\text{일정}) \tag{4.8}$$

식 (4.8)에서 기체에 따라 특유의 값을 가지는 가스 정수 R로 정리하면 식 (4.2)의 이상기체 상태 방정식을 얻을 수 있다.

(4) 가스정수(gas constant)

표준 상태(273.15 K, 101.325 kPa)에서 분자량 M인 기체 1 kmol에 대한 이상기체 상태식은 식 (4.9)와 같이 정리될 수 있다.

$$P \cdot V = M \cdot R_U \cdot T \quad : \quad M \cdot R_U = \frac{P \cdot V}{T} \tag{4.9}$$

표준 상태에서 기체 1 kmol의 체적은 22.4 m^3 이므로 일반 가스정수 R_U(universal gas constant)는 다음과 같다.

$$\text{SI 단위} : R_U = \frac{PV}{T} = \frac{101325^{Pa} \times 22.4^{m^3}}{273.15^{K}} = 8.314 \text{ kJ/kmol} \cdot K \tag{4.10}$$

$$\text{MKS 단위} : R_U = \frac{PV}{T} = \frac{1.03^{kg/m^2} \times 10^4 \times 22.4^{m^3}}{273.15^{K}} = 848 \text{ kgf} \cdot m/\text{kmol} \cdot K$$

임의의 가스정수 R은 분자량 M을 적용하여 식 (4.11)과 같이 계산할 수 있다.

$$\text{SI 단위} : R = \frac{\text{일반 가스 정수}}{M} = \frac{8.314}{M} \ (\text{kJ/kg} \cdot K)$$

$$\text{MKS 단위} : R = \frac{\text{일반 가스 정수}}{M} = \frac{848}{M} \ (\text{kgf} \cdot m/\text{kgf} \cdot K)$$

(4.11)

[예제 4.4] 탄산가스의 몰 질량(분자량)은 44.01이다. 기체 정수는 얼마인가?

(5) 아보가드로 법칙(Avogadro's law)

동일 압력 및 동일 온도 조건에서 모든 기체는 단위 체적 중에 동일한 개수의 분자를 가지고 있다.

예를 들면 어떤 2 종류의 기체가 0 ℃, 1 atm의 동일한 상태에 있으면, 체적 1 cm^3 중에 함유된 분자수는 똑같이 2.7 × 10^{19}개이다. 즉, 동일 온도, 동일 압력에서는 동일한 개수의 분자가 차지하는 체적이 같다는 의미이다.

(6) 몰 상태량

단위 분자량 M에 대한 물질의 질량 m를 몰 수 n으로 정의하면 다음 식과 같다.

$$n = \frac{m}{M} \tag{4.12}$$

따라서, 이상기체의 상태식은 다음 식과 같이 정리될 수 있다.

$$P \cdot V = n \cdot R_U \cdot T \tag{4.13}$$

식 (4.13)을 이용하여 표준 상태(273.16 K, 760 mmHg)에서 1 kmol의 이상기체가 차지하는 체적을 계산하면 22.413 Nm^3 /kmol가 되고, 모든 기체에 대해 동일한 값을 가지게 된다. 여기서, Nm^3 은 표준 상태에서 기체의 체적을 m^3 로 표시한 표준입방 미터이다.

4.2 이상기체의 비열·엔탈피

4.2.1 이상기체의 비열

1 kg의 물질이 미소 열량 dQ을 흡수하여 온도가 dT 상승하였다고 하면, 이 때의 비열 C는 다음과 같다. 비열은 온도에 따라 달라지므로 온도의 함수라 할 수 있다.

$$C = \frac{dQ}{dT} \tag{4.14}$$

엔탈피에 관한 식 $h = u + P \cdot v$을 단위 질량에 대해 양변을 미분하면 다음과 같다.

$$dh = du + v \cdot dP + P \cdot dv \tag{4.15}$$

또한, 열역학 제 1 법칙식인 $dQ = dU + dW$를 식 (4.15)에 대입하면 식 (4.16)와 같다.

$$dQ = du + P \cdot dv = dh - v \cdot dP \tag{4.16}$$

정압 변화에서 $dP = 0$이므로, 식 (4.14)를 정압 비열 C_P에 대해 정리하면 $dQ = dh$이므로 다음과 같다.

$$C_P = \frac{dQ}{dT} = \frac{dh}{dT} \tag{4.17}$$

정적 변화에서 $dv = 0$이므로 식 (4.16)을 정리하면 $dQ = du$이므로, 식 (4.16)을 정적 비열 C_V에 대해 정리하면 다음과 같다.

$$C_V = \frac{dQ}{dT} = \frac{du}{dT} \tag{4.18}$$

정압 비열 C_P와 정적 비열 C_V의 관계는 엔탈피의 기초식 h = u + P·v와 기체 상태 방정식 P · v = R · T를 이용하면 식 (4.19)이 얻어진다.

$$h = u + R \cdot T \tag{4.19}$$

식 (4.19)에서 R은 정수이므로 양변을 온도 T로 미분하면 식 (4.20), 식 (4.20)에 식 (4.17) 및 식 (4.18)을 대입하면 식 (4.21)이 얻어진다.

$$\frac{dh}{dT} = \frac{du}{dT} + R \tag{4.20}$$

$$C_P = C_V + R \tag{4.21}$$

식 (4.21)은 식 (2-10)의 R = C_P − C_V에서 R > 0이므로 항상 C_P > C_V임을 알 수 있다.

이상기체의 정압 비열과 정적 비열의 비인 비열비(ration of specific heat), κ = (C_P / C_V)를 식 (4.21)에 대입하면 식 (4.21)과 같다.

$$C_P = R \cdot \frac{\kappa}{\kappa - 1}, \quad C_V = R \cdot \frac{1}{\kappa - 1} \tag{4.22}$$

비열비도 온도에 따라 변화되지만, 그 변화량은 매우 작다. 단원자 기체의 경우, 비열비는 반드시 1.667로 일정한 값을 가지고, 공기 등과 같은 대부분의 이원자 기체의 비열비는 실온에서 약 1.4이다.

식 (4.17) 및 식 (4.18)은 각각 dh = C_P·dT, du = C_V·dT 이므로 일반에너지 식을 다음과 같이 정리할 수 있다.

$$dQ = du + P \cdot dv = dh - v \cdot dP \tag{4.23}$$

$$= C_V \cdot dT + P \cdot dv = C_P \cdot dT - v \cdot dP$$

식 (4.22)에서 정압 과정 및 정적 과정에 대해 정리하면 다음과 같다.

$$dP = 0 \ : \ Q = m \cdot C_P \cdot (T_2 - T_1) \ ; \ \text{등압 과정} \tag{4.24}$$

$$dv = 0 \ : \ Q = m \cdot C_V \cdot (T_2 - T_1) \ ; \ \text{등적 과정} \tag{4.25}$$

[예제 4.5] 분자량이 35인 어느 가스의 정압 비열이 0.5 kJ/kgK라고 가정할 때, 이 가스의 비열비는 얼마인가?

[예제 4.6] 이상기체 10 kg을 250 ℃만큼 온도를 상승시키기 위해 필요한 열량이 정압인 경우와 정적인 경우를 비교하였을 경우, 그 차이가 430 kJ이었다. 이상기체의 기체상수는 몇 kJ/kgK인가?

4.2.2 이상기체의 내부 에너지

기체의 내부 에너지는 온도만의 함수로 단위 질량에 대한 식 (4.17)을 적분하면 식 (4.26)와 같이 정리되고, 식에서 C_0는 절대 영도에서 내부 에너지가 0이 되도록 정해진 적분 정수이다.

$$u = \int C_V \cdot dT + C_0 \tag{4.26}$$

따라서, 이상 기체의 내부 에너지 및 엔탈피 변화는 다음과 같다.

$$u_2 - u_1 = C_V \cdot (T_2 - T_1) \tag{4.27}$$

$$h_2 - h_1 = C_P \cdot (T_2 - T_1) \tag{4.28}$$

[예제 4.7] 이상 기체 1 kg을 체적이 일정한 상태에서 15 ℃에서 40 ℃로 가열하는 데에는 80 kJ의 열이 필요하다. 이 기체의 몰 질량이 4이면, 정압 비열 CP과 정적 비열 CV은 얼마인가?

[예제 4.8] 공기 5 kg을 일정 압력 하에서 20 ℃에서 400 ℃까지 가열하는 경우, ⓐ 필요 열량, ⓑ 엔탈피의 변화, ⓒ 내부 에너지의 변화는 얼마인가? 단, 공기를 이상 기체로 가정하고, 정압 비열 CP=1.005 kJ/kg·K, 비열비 κ=1.402이다.

[예제 4.9] 이상 기체가 1 m^3인 탱크 내에서 압력 245 kPa, 온도 20 ℃의 상태로 유지되고 있다. 이 기체의 압력을 490 kPa까지 상승시키기 위해서는 어느 정도의 열량을 가해야 되는가? 단, 이 기체의 기체 정수는 461.51 kJ/kg·K, 정적 비열은 1.388 kJ/kg·K이다.

4.3 이상기체의 상태 변화

(1) 등온 변화(isothermal change, constant temperature change)

온도가 일정한 상태에서 가스를 압축하거나 팽창시키는 변화 과정에 대한 것으로, 부피나 압력을 변화시키는 과정에서 온도가 일정하므로 내부 에너지의 변화는 없다.

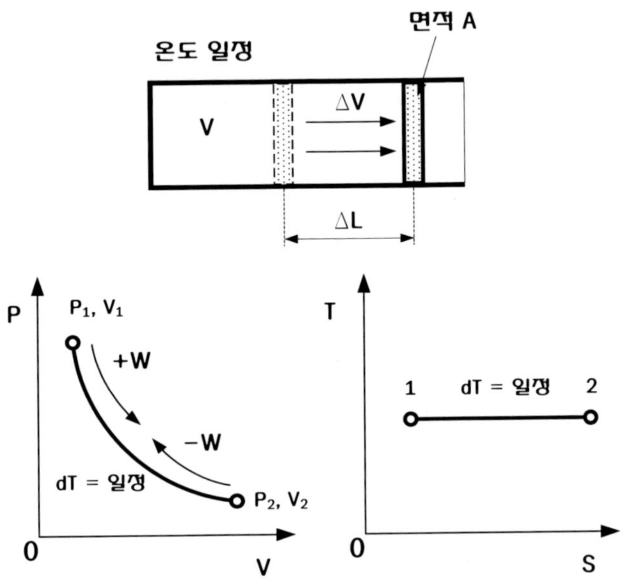

그림 4.4 이상 기체의 등온 변화

① 상대식 : $P_1 \cdot V_1 = P_2 \cdot V_2$

② 절대일 : $W_{12} = P_1V_1\ln\left(\frac{V_2}{V_1}\right) = P_1V_1\ln\left(\frac{P_1}{P_2}\right) = mRT_1\ln\left(\frac{P_1}{P_2}\right)$

③ 공업일 : $W_t = W_{12}$

④ 계에 가해진 열량 : $Q_{12} = AW_{12}$

⑤ 내부 에너지 변화 : $U_2 - U_1 = 0$

⑥ 엔트로피의 변화 : $S_2 - S_1 = Q_{12}/T_1$

⑦ 폴리트로프 지수　　: $n = 1$

[예제 4.10] 압축기에 온도 20 ℃, 절대 압력 101.3 kPa인 공기를 흡입하여 800 kPa까지 등온 압축하고, 매초 1 m³인 공기를 배출한다. 이 때의 이론 등온 압축일은?

[예제 4.11] 압축기에 온도 10 ℃, 절대 압력 101.3 kPa인 공기를 흡입하여 600 kPa까지 등온 압축하고, 매초 2 m³인 공기를 배출한다. 이 때의 이론 등온 압축일은?

[예제 4.12] 실린더 내의 0.1 kg의 공기가 절대 압력 600 kPa에서 101.3 kPa까지 등온 팽창하였다. 또한 등온 팽창 중에 15 kJ의 일을 한 경우, ⓐ 공기의 온도 T, ⓑ 최초 체적 V_1, ⓒ 최종 체적 V_2 는?

[예제 4.13] 압력 100 kPa, 온도 20 ℃인 공기 2 kg을 온도가 일정한 상태에서 압력 2.94 MPa까지 가역적으로 압축하는 데 필요한 절대일은 얼마인가? 단, 공기의 기체 정수는 0.287 kJ/kg·K이다.

[예제 4.14] 압력 1 MPa, 온도 80 ℃인 공기 1 kg을 압력 100 kPa까지 등온 변화시킨 경우에 외부에 대한 절대일과 공기에 가해야 할 열량은 얼마인가? 단, 공기의 기체 정수는 0.287 kJ/kg·K이다.

[예제 4.15] 1 kg의 공기가 온도 20 ℃의 상태에서 등온 변화에 의해 체적은 1 m³, 엔트로피는 0.4 kJ/kg·K 만큼 증가하였다. 최초 압력은 얼마인가?

(2) 등압 변화(constant pressure change)

압력이 일정한 상태에서의 상태 변화로 정압 연소, 가열 등과 같이 외부에서 가해진 열은 내부 에너지를 증가시키거나 부피가 증가되면서 외부에 대해 일을 하게 된다.

① 상태식　　: $\dfrac{V_1}{T_1} = \dfrac{V_2}{T_2}$

② 절대일　　: $W_{12} = P_1(V_2 - V_1) = mR(T_2 - T_1)$

③ 공업일　　: $W_t = 0$

④ 계에 가해진 열량　: $Q_{12} = H_2 - H_1 = mC_p(T_2 - T_1)$

⑤ 내부 에너지 변화　: $U_2 - U_1 = Q_{12}/\kappa$

⑥ 엔트로피의 변화 : $S_2 - S_1 = mC_p \ln\left(\frac{T_2}{T_1}\right)$

⑦ 폴리트로프 지수 : $n = 0$

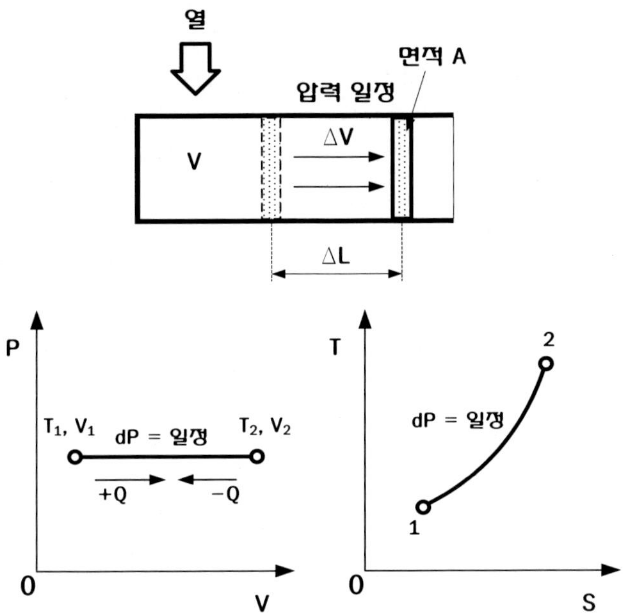

그림 4.5 이상 기체의 등압 변화

[예제 4.16] 실린더 내에서 온도 18 ℃, 절대 압력 101.3 kPa인 공기 0.1 kg을 90 ℃까지 가열하게 되면 가열 후의 체적은? 단, 공기의 기체 성수 R = 0.287 kJ/kg·K이고, 상태 변화는 정압 변화라 한다.

[예제 4.17] 실린더 내에서 온도 25 ℃, 절대 압력 120 kPa인 공기 0.01 kg을 80 ℃까지 가열하게 되면 가열 후의 체적은? 단, 공기의 기체 정수 R = 0.287 kJ/kg·K다.

[예제 4.18] 1 kg의 공기가 일정 압력 390 kPa하에서 온도 30 ℃에서 온도 200 ℃로 변화하였다. ⓐ 가해진 열량, ⓑ 외부에 대한 일, ⓒ 엔탈피의 변화, ⓓ 엔트로피의 변화는 얼마인가? 단, 공기의 정압 비열은 1.005 kJ/kg·K이다.

[예제 4.19] 5 kg의 이상 기체가 일정 압력 하에서 체적이 0.4 m^3에서 2 m^3로

변화하였다. 이상 기체의 CP = 14.245 kJ/kg·K일 때, 엔트로피의 변화는 얼마인가?

(3) 등적 변화(isochoric change, constant volume change)

체적이 일정한 일정 용기 속에 들어 있는 가스의 가열, 냉각 등의 변화 과정으로서, 부피 변화가 없으므로 가해진 열은 전부 내부 에너지 증가에 사용된다.

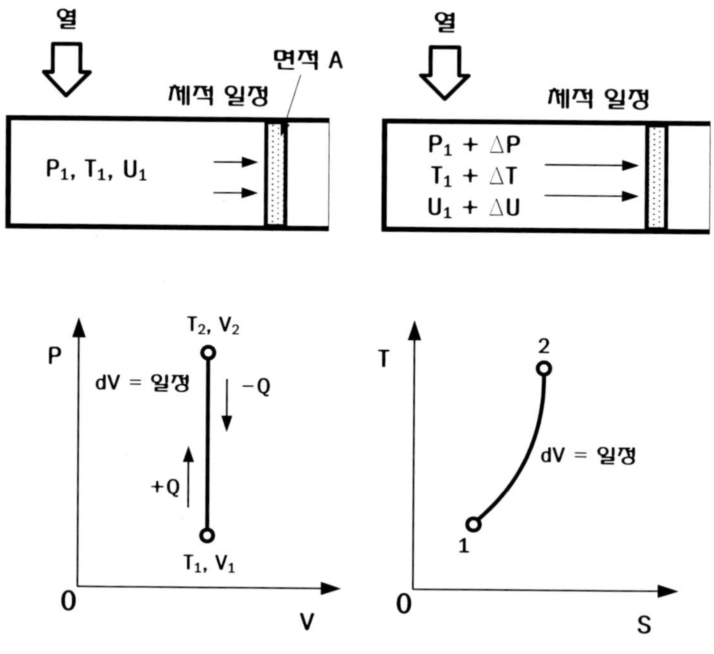

그림 4.6 이상 기체의 등적 변화

① 상태식 : $\frac{P_1}{T_1} = \frac{P_2}{T_2}$

② 절대일 : $W_{12} = 0$

③ 공업일 : $W_t = V_1(P_1 - P_2)$

④ 계에 가해진 열량 : $Q_{12} = U_2 - U_1 = mC_v(T_2 - T_1)$

⑤ 내부 에너지 변화 : $U_2 - U_1 = Q_{12}$

⑥ 엔트로피의 변화 : $S_2 - S_1 = GC_v \ln\left(\frac{T_2}{T_1}\right)$

⑦ 폴리트로프 지수 : $n = \infty$

[예제 4.20] 용량 1000 l 인 탱크에 압력 490 kPa, 온도 20 ℃의 공기가 들어 있다. 이 공기의 질량은 얼마인가? 또한, 이 공기를 40 ℃로 가열하는 경우의 압력 증가 및 가열에 필요한 열량은 얼마인가?

[예제 4.21] 일정한 체적 하에서 온도 25 ℃인 4 kg의 공기가 열을 받아 엔트로피가 2.5 kJ/K 증가하였다. ⓐ 변화 중에 가해진 열량, ⓑ 내부 에너지의 변화량은 얼마인가? 단, 공기의 정적 비열은 0.716 kJ/kg·K이다.

[예제 4.22] 1 kg의 공기가 온도 20 ℃에서 온도 250 ℃까지 일정 체적 하에서 변화하였다. ⓐ 변화 중에 가해진 열량, ⓑ 엔트로피의 변화량은 얼마인가? 단, 공기의 정적 비열은 0.716 kJ/kg·K이다.

(4) 가역 단열 변화(isoentropic change, reversible adiabatic change)

가스와 주위 사이에 열교환이 없고, 마찰 등에 의한 내부 발생열이 없을 때의 변화 과정으로, 고속으로 회전하고 있는 실린더와 피스톤 사이에 들어 있는 가스의 압축 및 팽창 등은 가역 단열 변화 과정으로 생각할 수 있다. 즉, 열의 출입을 차단하고, 기체 부피를 변화시키는 과정으로서, 열출입이 없는 상태에서 기체를 압축시키면 온도가 상승되는 데 이를 단열 압축, 이와 반대로 기체를 팽창시키면 온도가 내려가게 도는 데, 이를 단열 팽창이라고 한다.

단열 변화에서는 열의 출입이 없기 때문에 dQ=0이고, 열열학 제1법칙식은 $\Delta U = -P \cdot \Delta$가 된다. 단열 압축인 경우에는 $\Delta V < 0$이므로 $\Delta U > 0$ 즉, 내부 에너지는 증가하게 되며, 이는 기체 분자 운동이 활발해지면서 온도가 상승하게 된다. 이에 비해 단열 팽창인 경우에는 $\Delta V > 0$이므로 $\Delta U < 0$인 상태로, 온도가 떨어지게 된다.

① 상태식 : $P_1 V_1^{\kappa} = P_2 V_2^{\kappa}$, $T_1 V_1^{\kappa-1} = T_2 V_2^{\kappa-1}$, $\frac{T_1}{P_1^{(\kappa-1)/\kappa}} = \frac{T_2}{P_2^{(\kappa-1)/\kappa}}$

② 절대일 : $W_{12} = \frac{(P_1 V_1 - P_2 V_2)}{(\kappa - 1)} = \frac{(P_1 V_1)}{(\kappa - 1)}\left(1 - \frac{T_2}{T_1}\right)$

③ 공업일 : $W_t = \kappa \cdot W_{12}$

④ 계에 가해진 열량 : $Q_{12} = 0$

⑤ 내부 에너지 변화 : $U_2 - U_1 = GC_v(T_2 - T_1) = \frac{C_v}{R}(P_2V_2 - P_1V_1)$

⑥ 엔트로피의 변화 : $S_2 - S_1 = 0$

⑦ 폴리트로프 지수 : $n = \kappa$

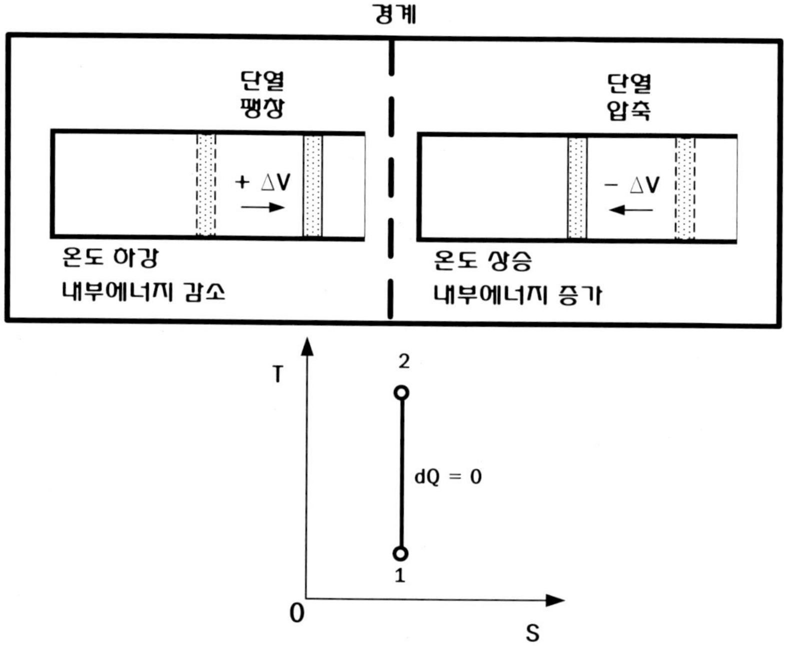

그림 4.7 이상 기체의 단열 변화

[예제 4.23] 실린더 내의 절대 압력 101.3 kPa, 온도 15 ℃인 공기 1 kg을 단열 압축하였을 때, 온도가 200 ℃로 상승하였다. ⓐ 최종 압력, ⓑ 압축기의 일은 얼마인가? 단, $\kappa = 1.4$이다.

[예제 4.24] 압력 98 kPa, 체적 1 m^3인 1 kg의 공기를 가역 단열적으로 압력을 490 kPa까지 압축하는 데 필요한 절대일은?

(5) 폴리트로프 변화(polytropic change)

단열 변화를 좀 더 일반화시켜, 변화 과정 중에 열의 출입이 있는 변화를 폴리트로프 변화라 한다. 이 변화의 식은 가역 단열 변화의 식과 같으나, 그 지수가 일반화된 임의의 값을 가질 수 있다는 점에서 다르다. 즉, 폴리트로프 지수 n은 임의의 값을 가진다.

폴리트로프 변화는 앞선 등온, 등압, 등적, 단열 변화를 하나의 식으로 통합하여 표현하는 것으로, 폴리트로프 변화의 상태식에서 지수 n 대신에 0, 1, k를 대입하면 등압 변화, 등온 변화, 등적 변화임을 알 수 있으며, 이들 관계를 정리한 것이 그림 4.5와 같다.

① 상태식 : $P_1V_1^n = P_2V_2^n$, $T_1V_1^{n-1} = T_2V_2^{n-1}$, $T_1/P_1^{(n-1)/n} = T_2/P_2^{(n-1)/n}$

② 절대일 : $W_{12} = \dfrac{(P_1V_1 - P_2V_2)}{(n-1)} = GC_v\left[\dfrac{(\kappa-1)}{(n-1)}\right](T_1 - T_2)$

③ 공업일 : $W_t = nW_{12}$

④ 계에 가해진 열량 : $Q_{12} = GC_n(T_2 - T_1) = \left[\dfrac{(n-k)}{(n-1)}\right]C_v(T_2 - T_1)$

⑤ 내부 에너지 변화 : $U_2 - U_1 = Q_{12} - AW_{12}$

⑥ 엔트로피의 변화 : $S_2 - S_1 = GC_n\ln\left(\dfrac{T_2}{T_1}\right)$

⑦ 폴리트로프 지수 : $n = n$

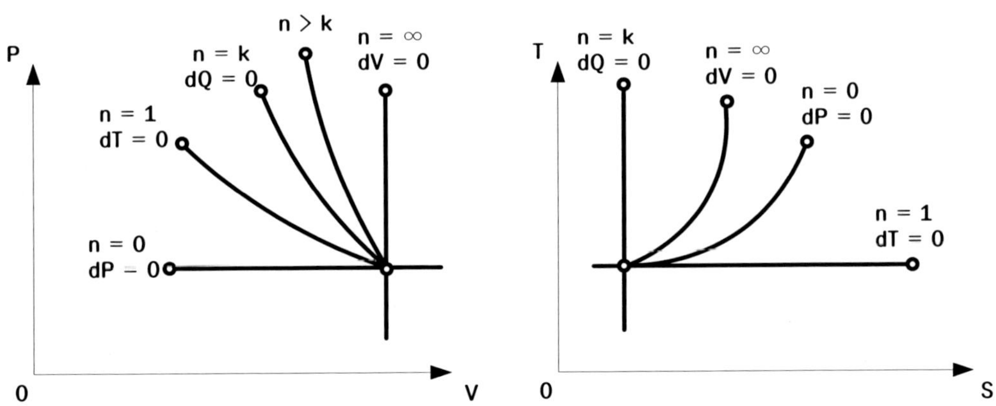

그림 4.8 이상 기체의 폴리트로프 변화

[예제 4.25] 압력 100 kPa, 온도 20 ℃인 공기 1 kg이 폴리트로프 변화에 의해 압력 500 kPa까지 압축되었다. 폴리트로프 지수를 1.3이라 할 때, ⓐ 절대

일, ⓑ 열량의 변화는 각각 얼마인가?

[예제 4.26] 압력 102 kPa, 온도 25 ℃인 공기 1 kg이 $Pv^{1.35}$ = 일정의 폴리트로프 변화에 의해 온도가 400 ℃로 상승하였다. ⓐ 압축비 $\varepsilon = v_1 / v_2$ 의 값, ⓑ 엔트로피의 변화는 얼마인가?

(6) 비가역 단열 변화

이상기체로 고려할 수 있는 기체가 단열 상태로 흐르고 있는 경우, 고속 유동에 의해 마찰이나 난류 발생 등으로 생긴 에너지 손실이 열에너지로 다시 기체에 전달되어 내부적으로 비가역 단열 변화로 되는 경우가 있다. 이러한 변화는 폴리트로피 변화로 고려하여 근사적으로 계산할 수 있으나, 일반적으로 비가역 단열 변화에 대해서도 일반 에너지 식은 성립하고, 엔트로피의 증가가 있다. 따라서, 단면 1, 2 사이에서 유체가 압축되는 경우($P_2 > P_1$)에 폴리트로프 지수 n과 단열비 κ는 $n > \kappa$, 역으로 팽창하는 경우($P_2 < P_1$)에는 $n < \kappa$가 성립된다. 또한, 고속 원심식 압축기 등에서 공기를 압축하는 경우에는 n은 1.4 이상, 이와 반대로 공기 기관 등에서 팽창되는 경우에 n은 1.4 이하가 되기도 한다. 극단적으로 이상기체의 단열 교축 팽창에서 n = 1이다.

(7) 교축 과정

기체가 밸브 혹은 세관 등과 같이 급격하게 좁아지면서 저항이 큰 곳을 통과할 때, 외부에 일을 하지는 않지만 마찰이나 난류 때문에 흐르는 방향으로 압력이 내려가면서 팽창하게 되는 것을 교축(throttling) 과정이라 한다. 교축 과정은 비가역 변화의 대표적인 경우에 해당된다.

즉, 유체는 좁은 장소에서는 속도가 빨라지게 되어 압력이 내려 가고, 좁은 장소를 통과한 후에는 속도가 늦어지지만 속도 에너지의 일부만이 압력으로 변환되기 때문에 교축 후의 압력은 내려간 상태를 유지하게 된다. 교축 작용에서는 외부에 일을 하지 않고, 또한 열 출입이 없기 때문에 엔탈피의 변화는 없다.

교축 과정은 냉동 사이클에서 팽창 과정에서 사용되는 것으로, 교축 과정에 의해 온도가 내려가서 냉동 작용을 얻게 된다.

[예제 4.27] 2 m³인 탱크에 압력 2 MPa, 온도 200 ℃, 기체 정수 0.462 kJ/kg·K, 정적 비열 1.4 kJ/kg·K인 이상 기체가 들어 있다. 이 기체로부터 420 kJ의 열을 제거하면 압력은 얼마로 되는가?

[예제 4.28] 체적 1 m^3, 온도 20 ℃의 기체 1 kg를 정압 변화에서 2 m^3로 팽창 시키기 위해서는 얼마의 열량이 필요한가? 또한, 이 변화 중에 기체가 하는 절대일은 얼마인가? 단, 이 기체의 정압 비열은 1.04 kJ/kg·K, 기체 정수는 0.3 kJ/kg·K이다.

4.4 이상기체의 혼합 성질

(1) 혼합 기체의 몰질량(분자량)

여러 종류의 이상기체가 혼합되어 있는 경우, 혼합 기체의 압력 P, 체적 V, 온도 T, 밀도 ρ, 중력 가속도 g, 각 성분 기체의 질량을 G_1, G_2, …Gn이라 하면

$$G = G_1 + G_2 + \cdots + G_n = \rho \cdot g \cdot V \tag{4.29}$$

각 성분 기체의 혼합전의 압력 P 및 온도 T가 일정하다고 가정하고, 각 체적을 V_1, V_2, …Vn, 밀도를 ρ_1, ρ_2, …ρn이라 하면

$$G_1 + G_2 + \cdots + G_n = \rho_1 g V_1 + \rho_2 g V_2 + \cdots + \rho_n g V_n \tag{4.30}$$

식 (4.29)와 식 (4.30)에서

$$\rho = \rho_1 (V_1/V) + \rho_2 (V_2/V) + \cdots + \rho_n (V_n/V) \tag{4.31}$$

기체의 분자량을 M이라 하면, 아보가드로의 법칙에서

$$M \cdot \rho_1 \cdot g = M_1 \cdot \rho \cdot g, \ M \cdot \rho_2 \cdot g = M_2 \cdot \rho \cdot g, \ \cdots \tag{4.32}$$

$$\therefore \ \rho_1 = \rho (M_1/M), \ \rho_2 = \rho (M_2/M), \ \cdots$$

이상의 식을 정리하면 다음과 같은 식이 성립된다.

$$M = M_1 (V_1/V) + M_2 (V_2/V) + \cdots + M_n (V_n/V) \tag{4.33}$$

식 (4.33)에 보일의 법칙을 대입하면

$$M = M_1 (P_1/P) + M_2 (P_2/P) + \cdots + M_n (P_n/P) \tag{4.34}$$

혼합 기체의 각 성분 기체 분압 P_1, P_2, …, Pn에 대해서는 $P_1 V = G_1 R_1 T_1$, …,

$P_n V = G_n R_n T_n$ 및 $V = GRT / P$로부터

$$P_1 = P(G_1/G) \cdot (R_1/R), \cdots \quad (4.35)$$

$$P_n = P(G_n/G) \cdot (R_n/R)$$

(2) 혼합 기체의 가스 정수

성분 기체는 이상 기체이면서 온도가 일정하다고 가정하고, 각 성분 기체의 가스 정수를 R_1, R_2, $\cdots R_n$, 혼합 기체의 질량을 G, 단위 질량에 대한 가스 정수 R_m은

$$P_1V = G_1R_1T,\ P_2V = G_2R_2T,\ \cdots,\ P_nV = G_nR_nT \quad (4.36)$$

$$\therefore\ (P_1 + P_2 + \cdot\cdot\cdot + P_n)V = (G_1R_1 + G_2R_2 + \cdot\cdot\cdot + G_nR_n)T$$

$$= G \cdot R_m \cdot T$$

$$R_m = \frac{G_1R_1 + G_2R_2 + \cdots + G_nR_n}{G} = \frac{\sum_{i=1}^{n} G_iR_i}{G} \quad (4.37)$$

(3) 혼합 기체의 비열

각 성분 기체의 비열을 C_1, C_2, $\cdots$, C_n, 혼합 기체의 비열을 C라 하면 혼합 기체 G kg을 1 ℃ 올리는 데 필요한 열량은 각 성분 기체를 1 ℃ 올리는 데 필요한 열량과 같으므로 다음과 같은 식이 성립한다.

$$CG = C_1G_1 + C_2G_2 + \cdots + C_nG_n \quad (4.38)$$

$$C = \frac{C_1G_1 + C_2G_2 + \cdots + C_nG_n}{G} = \frac{\sum_{i=1}^{n} C_iG_i}{G} \quad (4.39)$$

(4) 혼합 기체의 온도

각 성분 기체의 압력 P가 일정한 경우, 각 성분 기체의 온도를 T_1, T_2, $\cdots$, T_n, 질량을 G_1, G_2, $\cdots$, G_n, 비열을 C_1, C_2, $\cdots$, C_n이라고 하면, 혼합 전후의 총열량은 변하지 않기 때문에 다음의 식이 성립된다.

$$GCT = G_1C_1T_1 + G_2C_2T_2 + \cdots + G_nC_nT_n \quad (4.40)$$

따라서, 혼합 기체의 온도 T는 다음과 같다.

$$T = \frac{G_1C_1T_1 + G_2C_2T_2 + \cdots + G_nC_nT_n}{G \cdot C} = \frac{\sum_{i=1}^{n} G_iC_iT_i}{GC} \tag{4.41}$$

[예제 4.29] 공기의 질량 조성을 N_2 75.5 %, O_2 23.2 %, Ar 1.3 %로 했을 때, ⓐ 공기의 기체 정수 R, ⓑ 0 ℃ 공기의 정적 비열 CV는? 단, 각각의 기체 정수 ‥ 정적 비열은 다음과 같다. N_2 : 0.2968 ‥ 0.741, O_2 : 0.2598 ‥ 0.653, Ar : 0.2081 ‥ 0.318

[예제 4.30] 공기 20 kg과 수증기 5 kg이 혼합되어 20 m^3인 탱크에 들어 있다. 이 혼합 기체의 온도를 80 ℃라 하면, ⓐ 탱크 내의 압력, ⓑ 외부로부터 2.5 MJ의 열량을 더하면 혼합 기체의 온도는 몇 ℃가 되는가?

[예제 4.31] 1 atm, 20 ℃인 공기 1 kg에 10 g의 수증기가 혼합되어 있다. 수증기의 분압 P_2 는?

【 연 습 문 제 】

1. 공기 1.5 kg이 압력 120 kPa, 체적 1.2 m^3인 상태 1에서 압력 250 kPa, 온도 100 ℃인 상태 2로 변화하였다. 체적과 온도 변화는 얼마인가? 단, 공기를 이상 기체로 가정한다.

2. 공기 4 kg을 압력이 일정한 상태에서 25 ℃에서 200 ℃로 가열할 때, ⓐ 필요 열량, ⓑ 엔탈피의 변화, ⓒ 내부 에너지의 변화는 얼마인가? 단, 공기는 이상 기체로 가정하고, 정압 비열 CP=1.005 kJ/kg·K, 비열비 κ=1.402이다.

3. 공기 15 kg과 수증기 5 kg이 혼합되어 16 m^3의 탱크에 들어 있다. 혼합기체의 온도를 90 ℃로 하면, ⓐ 탱크 내의 압력, ⓑ 외부로부터 2 MJ의 열량이 가해지고 난 후의 온도는 얼마인가? 단, 공기 및 수증기의 기체 상수 및 비열은 각각 다음과 같다. R_1= 0.2871 kJ/kg·K, R_2= 0.4615 kJ/kg·K, CV_1= 0.716 kJ/kg·K, CV_2= 1.398 kJ/kg·K

4. 1 m^3인 탱크에 압력 1 MPa, 온도 80 ℃, 기체 정수 0.1889 kJ/kg·K, 정적 비열 0.745 kJ/kg·K인 이상 기체가 들어 있다. 이 기체로부터 200 kJ의 열을 제거하면 압력은 얼마로 변화되는가?

5. 용적 2 m^3, 온도 30 ℃인 기체 1 kg을 정압 하에서 3 m^3으로 팽창시키기 위해서는 얼마의 열량이 가해져야 하는가? 또한, 이 변화 중에 기체가 하는 절대일은 얼마인가? 단, 이 기체의 기체 정수 0.2 kJ/kg·K, 정압 비열 0.82 kJ/kg·K이다.

6. 공기 1 kg을 압력 1.2 MPa, 온도 90 ℃인 상태에서 압력 100 kPa인 상태로 등온 변화시키는 경우, ⓐ 외부에 대한 절대일, ⓑ 가해지는 열량은 얼마인가? 단, 공기의 기체 정수는 0.2871 kJ/kg·K이다.

7. 0.6 kg의 공기를 압력 101 kPa, 체적 0.5 m^3인 상태에서 가역 단열 변화를 통해 압력 600 kPa인 상태로 압축시키기 위한 절대일은 얼마인가? 단, 공기의 비열비는 1.4이다.

8. 체적 25 m^3, 압력 100 kPa, 온도 30 ℃인 용기 내에 있는 공기의 질량은 몇 kg인가? 단, 공기는 이상기체라 가정하고, R=0.287 kNm/kgK라 가정한다.

9. 질량 0.1 kg, 비체적 0.001 m^3/kg인 물이 압력이 1000 kPa로 일정하게 유

지되고 있는 실린더 내에 들어 있다. 실린더가 가열되어 물이 증발되면서 비체적이 0.2 m^3/kg로 변화되었을 때, 피스톤에 가해진 일은 몇 kJ인가?

10. 체적이 0.1 m^3/kg인 용기 내에 압력 1 MPa, 온도 200 ℃인 공기를 냉각시켜 압력이 0.3 MPa로 변화되었다. 이 때 열량 변화량은 몇 kJ인가? 단, 공기의 정적 비열은 0.7 kJ/kgK이다.

11. 체적 0.3 m^3인 용기 내에 30 ℃, 1 bar의 공기가 들어 있다. 50 kJ의 열량을 공급하면 공기 온도는 몇 ℃로 변화되는가? 단, 공기의 정압비열은 0.7 kJ/kgK이다.

12. 산소 1 kg이 실린더 내에 200 kPa, 30 ℃인 상태로 충진 되어 있다. 이 때, 실린더 내의 산소를 500 kPa까지 온도가 일정한 상태에서 서서히 압축시켰다. 이 과정에서의 일은 몇 kJ인가?

13. 5 kg의 공기가 팽창하여 체적이 3배로 증가하였다. 팽창되는 과정에 온도는 60 ℃로 일정하게 유지되었다고 하면, 이 과정에서 시스템이 한 일은 몇 kJ인가?

14. 30 ℃의 완전가스를 단열 압축하여 체적을 20 %로 압축시켰을 때, 가스 온도는 몇 K인가? 단, 완전가스의 정적비열은 0.7 kJ/kgK, 정압비열은 0.9 kJ/kgK이다.

15. 질량 1 kg인 이상기체가 가역 단열 팽창하는 과정에서 온도가 250 ℃에서 100 ℃로 저하되었다. 이상기체는 이러한 과정에서 100 kJ의 일을 하고 있다. 이상기체의 정적비열은 몇 kJ/kgK인가?

16. 체적 5 m^3, 압력 2 MPa인 이상기체를 체적 2 m^3, 압력 0.9 MPa로 압축하였을 때, 이 시스템이 한 일은 몇 kJ인가? 단, 기체의 상태는 $PV^{1.3}$ = 일정하다.

17. 어떤 가스 10 kg을 574.6 ℃만큼 온도 상승시키는 데 필요열량은 정압 과정인 경우와 정적 과정인 경우의 135 kcal의 열량차이가 있었다. 이 가스의 가스정수 R은 몇 kg · m/kg · ℃인가?

18. 기체 내부 에너지는 단열압축 과정과 등온압축 과정 중에서 어떤 과정이 큰가?

① 단열 압축 과정 ② 등온 압축 과정 ③ 같다 ④ 알 수 없다

19. 단열 팽창 과정과 등온 팽창 과정 중 엔탈피의 감소는 어떤 과정이 큰가?

① 단열 팽창 과정 ② 등온 팽창 과정 ③ 같다 ④ 알 수 없다

20. 단열 압축, 등온 압축, 폴리트로프 압축에 관한 다음 사항중 옳지 않는 것은?

① 압축일량은 단열압축이 제일 크다 ② 압축일량은 등온 압축이 제일 작다

③ 실제 냉동기의 압축방식은 폴리트로피 압축이다

④ 압축일량은 폴리트로피 압축이 제일 작다

21. 이상기체의 엔탈피가 변하지 않는 과정은?

① 가역 단열과정 ② 비가역 단열과정 ③ 단열 교축과정 ④ 등압과정

22. 팽창 과정에서 불변인 것은?

① 건조도 ② 절대압력 ③ 엔탈피 ④ 엔트로피

23. 이상 기체의 내부 에너지에 대한 Joule의 법칙에 맞는 것은?

① 내부 에너지는 체적만의 함수 ② 내부 에너지는 압력만의 함수

③ 내부 에너지는 엔탈피만의 함수 ④ 내부 에너지는 온도만의 함수

24. 다음 중 잘못된 것은?

① 등온 과정에서의 열량은 일에 열의 일당량을 곱한 것과 같다

② 정적 과정에서 일은 0이다

③ 정압 과정에서 이동 열량과 엔탈피의 변화가 같다

④ 정적 과정에서 이동 열량과 내부 에너지의 변화가 같다

25. 이상 기체의 등온 변화를 설명한 것 중 옳은 것은?

① 엔탈피변화가 없다 ② 엔트로피변화가 없다

③ 열 이동이 없다 ④ 동작물질은 외부에 대하여 일을 하지 못한다.

26. 이상 기체의 등온 과정에서 압력이 증가하면 엔탈피는?

① 감소 ② 증가 ③ 불변 ④ 증가 또는 감소

5. 열역학 제 2 법칙

5.1 열역학 제 2 법칙의 정의

열역학 제 1 법칙에서 열과 일은 에너지로서 동일하여 열은 일로, 일은 열로 변환될 수 있다고 하였으나, 양자 간의 변환에 대해서 일정한 제약을 받고 있는 즉, 계의 변화에는 항상 어떤 방향성이 존재하고 있다는 것을 규정한 것이 열역학 제 2 법칙이다.

즉, 열과 일은 에너지 차원에서 동일한 것으로 열역학 제 1 법칙에서 정의되고 있으나, 일은 열로 쉽게 변환될 수 있어도 열은 쉽게 일로 변환되지 못한다는 것이 열역학 제 2 법칙이라 정의할 수 있고, 열역학에서의 다루게 되는 열에 관해서 정리하면 자연 상태에서의 열은 고온의 물질로부터 저온의 물질로 이동할 수 있으나, 저온의 물질에서 고온의 물질로는 어떠한 기관의 힘을 빌리지 않으면 절대 이동될 수 없는 것과 마찬가지로 에너지 방향성에 관한 내용을 정리한 것도 열역학 제 2 법칙이라 할 수 있다. 따라서, 저온의 물질에서 고온의 물질로 열을 이동시키기 위해서는 냉동기 등과 같은 특수한 기구가 필요하게 된다.

5.1.1 열역학 제 2 법칙의 이해

그림 5.1에서와 같이 온도가 다른 두 물체를 접촉시키면 온도 T_1 인 고온 물체로부터 온도 T_2 인 저온의 물체로 Q의 열이 이동하고, 일정 시간이 지나면 고온 물체의 온도는 낮아지고, 저온 물체의 온도는 상승하여 열평형을 이룬다는 것은 열역학 0법칙에서 정리되었다. 그러나, 반대로 외부로부터 어떠한 조작을 하지 않은

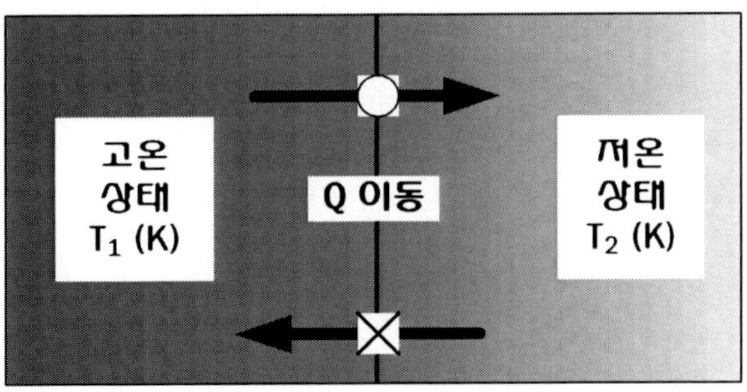

그림 5.1 열이동의 비가역

상태에서는 일정 시간이 흘러도 저온 물체의 열이 고온 물체로 이동하여 저온 물체의 온도가 계속 낮아지고, 열을 받은 고온 물체의 온도가 계속해서 상승되는 현상을 일어나지 않는다.

또한, 그림 5.2에서와 같이 물이 담긴 비커에 파란색 잉크 방울을 떨어뜨리면 잉크 분자들이 확산되어 물의 색이 파랑색으로 변화되지만, 일정 시간이 경과하여도 외부로부터 어떠한 조작을 하지 않으면 물속으로 확산된 잉크 분자들이 스스로 다시 모여 잉크 분자를 형성하지 않는다는 것은 분명한 사실이다.

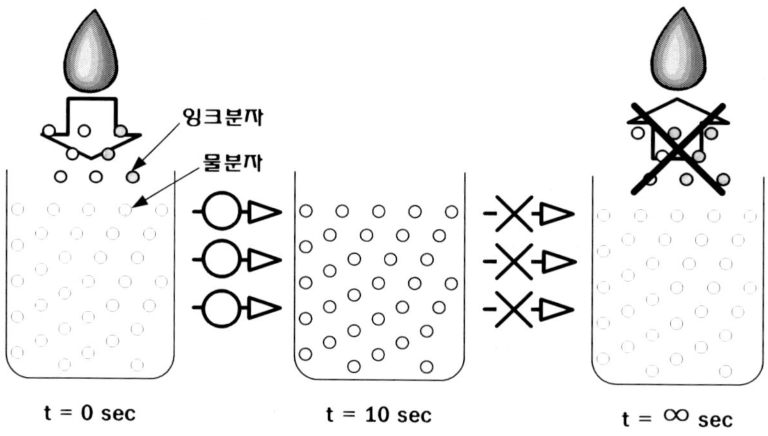

그림 5.2 잉크 확산의 비가역

이와 같이 열역학 제 1 법칙에 자연계의 비가역성을 덧붙인 것이 열역학 제 2 법칙으로서, 열현상은 분자들이 무질서한 운동을 하는 방향으로 진행되며, 그 반대 방향으로 일어나지 않는 것으로 정의될 수 있다.

5.2 열기관

5.2.1 열기관

열에너지에 의한 역학적 에너지의 변화는 열기관(heat engine)을 통하여 알 수 있다. 즉, 열기관이란 열을 공급받아 주기적으로 운동을 하는 과정에서 역학적 일을 발생시키는 기계로서, 기체나 액체 등의 동작 물질의 상태 변화에 의한 사이클을 형성하고 있다. 열기관에 열의 형태로 에너지를 공급하는 저장조를 열원(heat source), 열 형태로 에너지를 흡수하는 것을 열싱크(heat sink)라 한다.

그림 5.3에서와 같이 회전축에 의해 발생되는 기계적 에너지는 물의 내부에너지로 변환되나, 회전축이 정지되어 있는 상태에서 어떠한 수단도 없이 단지 열에너지를 공급한다고 해서 회전축이 움직이지 않는다는 것은 경험적으로 알고 있는 것이다.

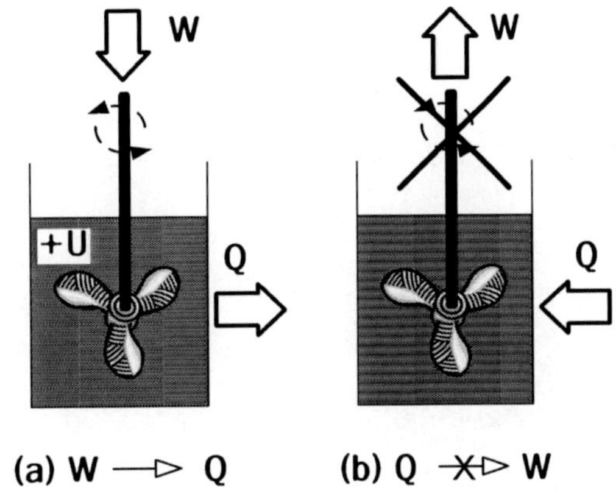

그림 5.3 가역과 비가역

이러한 실험 등을 통해 일은 열로 직접적이고 완전하게 변화될 수 있지만, 열을 일로 변환시키기 위해서는 특별한 장치의 사용이 필요하다는 것으로 결론을 내릴 수 있다. 이와 같은 특별한 장치를 열기관(heat engine)이라고 정의된다.

그림 5.4는 고온 T_1인 고열원에서 Q_1의 열에너지를 받아 W만큼의 일을 하고, Q_2만큼의 열을 저온 T_2인 저열원으로 배열시키는 열기관을 나타낸 것이다. 즉, 열기관에 의해 열에너지의 일부가 일로 바뀌게 된다. 이 때, 고온과 저온의 온도차가 클수록 더 효율적인 기관이다.

이러한 과정에서 고온에서 얻은 열에너지를 전부 일로 바꾸는 것은 불가능한데, 그 이유는 열에너지가 역학적 에너지인 일로 전환되면서 열에너지의 일부가 저온의 물체로 방출되기 때문이다.

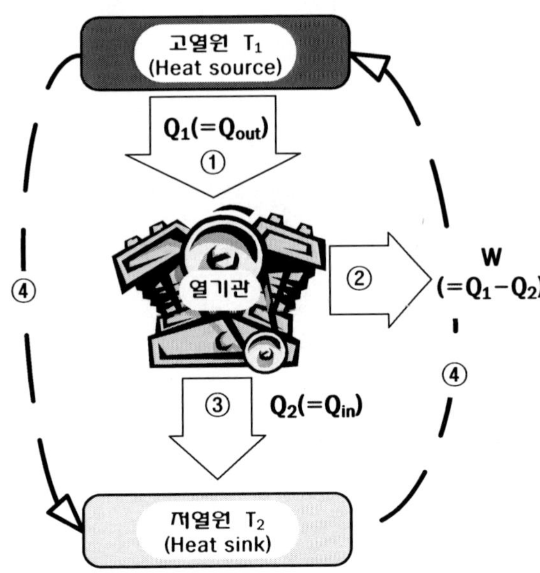

그림 5.4 열기관의 원리

즉, 그림 5.4의 열기관과 관련된 작동 과정을 간단히 구분하여 정리하면 다음과 같다.

① 열기관은 고온인 열원 Q_1으로부터 열을 받는다.

② 열기관은 이 열의 일부를 일 W로 변환시킨다.

③ 열기관에서 남은 폐열 Q_2은 저온 열싱크로 방출한다.

④ 열기관은 이상과 같은 ①~③ 과정의 1사이클을 되풀이한다.

즉, 열기관 내의 실린더 속에 일정량의 기체를 넣고 가열하면 기체가 팽창되면서 압력이 증가하게 되어 기체는 피스톤을 밀고 나가면서 외부에 대해 일을 하게 된다. 이러한 현상은 열에너지가 역학적 에너지인 기계적 일로 변화되었음을 의미한다. 열기관에는 예전에는 증기 기관이 많이 사용되었으나, 오늘날에는 기차나 선박에는 디젤 기관, 승용차에는 가솔린 기관, 비행기에는 제트 기관 등이 주로 쓰이며, 로켓도 일종의 열기관이다.

5.2.2 사이클의 정의

그림 5.5는 열기관의 작동 유체가 여러 가지 상태 변화를 연속적으로 일으키면서 다른 경로를 거쳐 처음의 상태로 되돌아올 때의 과정을 P - V 선도에 나타낸 것이다. 이러한 상태 변화를 반복하는 것을 사이클(cycle)이라 한다. 즉, 열기관, 냉동기, 공기 압축기 등의 기계에는 작동 물질(working substance)이 반복적으로 상태 변화를 하면서 동력을 발생시키거나 혹은 동력을 소비하면서 냉동 작용이나 압축 작용 등과 같은 여러 가지 소정의 목적을 달성하게 된다.

그림 5.5의 열기관의 사이클에서 1 → 2 과정 중에 작동 물질이 고온 열원에서 외부로부터 열에너지 Q_1 을 흡수하고, 외부에 대하여 W만큼의 일을 한 후, 2 → 1 과정에서 나머지 열에너지 Q_2 (단, $Q_1 > Q_2$)를 저온 열원에서 외부로 방열하였다면, 열역학 제 1 법칙식에 의해 다음과 같은 관계가 성립된다.

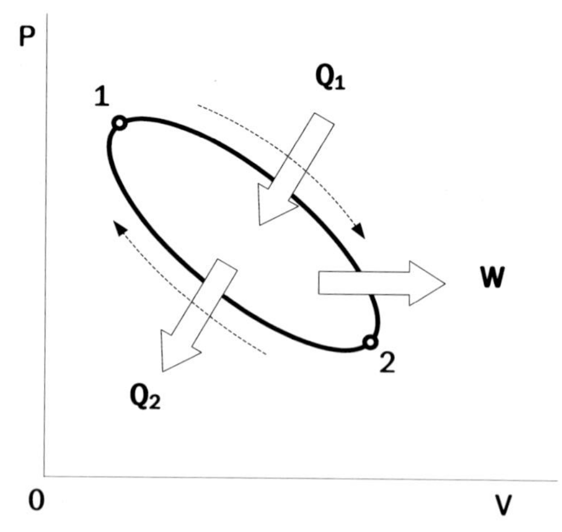

그림 5.5 열기관의 사이클

$$\text{SI 단위} : W = Q_1 - Q_2 \tag{5.1}$$

$$\text{MKS 단위} : AW = Q_1 - Q_2$$

즉, 식 (5.1)에서 알 수 있는 바와 같이 (Q_1 - Q_2)에 상당하는 열에너지를 일로 변환시키게 되므로 흡수 열량 Q_1 에 대해 발생하는 일 W(= Q_1 - Q_2)이 클수록 열기관으로서는 성능이 좋다는 것을 알 수 있다. 이 때, 공급된 열량에 대하여 얻은 일의 비율을 열기관의 열효율(thermal efficiency)이라 하며, 다음과 같이 정리된다.

$$\eta = \frac{W}{Q} = \frac{Q_1 - Q_2}{Q_1} = 1 - \frac{Q_2}{Q_1} \tag{5.2}$$

열효율은 열기관이 외부로부터 받은 열을 얼마나 효율적으로 일로 변환시켰는가에 대한 값이다. 열기관은 열을 일로 변환시키기 위한 목적으로 만들어졌고, 현재 공학과 관련된 많은 분야에서는 이러한 열기관의 효율을 개선시키기 위해 많은 노력을 기울이고 있다. 즉, 열효율의 증가는 연료 소비의 감소 및 연료비의 감소와 직결되기 때문이다. 열효율의 의미는 경제학 관련 분야에서는 경제성의 의미와 동일하다고도 할 수 있다.

열기관과 관련된 열효율은 상당히 낮은 수준이다. 즉, 일반적인 불꽃 점화장치인 자동차 엔진은 약 20 %의 열효율로 약 20 %의 석유 화학 에너지를 기계적 일로 변환시키고 있으며, 디젤 엔진과 대형 가스터빈 발전의 효율은 약 30 %, 대형 증기발전은 약 40 %이다. 따라서, 오늘날 가장 효율적인 열기관일지라도 공급 에너지의 최저 50 % 이상이 대기, 바다 등으로 폐에너지 혹은 불용 에너지로 버려지고 있다.

[예제 5.1] 73.5 kW의 출력을 낼 수 있는 엔진이 매시 20 kg의 연료를 소비하고 있다. 연료의 발열량을 41.9 MJ/kg이라고 하면 열효율은 얼마인가?

5.3 사이클

5.3.1 카르노 사이클

카르노 사이클(Carnot cycle)은 프랑스의 물리학자 카르노(N. L. Sadi Carnot)가 1824년에 제창한 열기관의 이상 사이클로서, 열기관의 모든 과정이 가역 과정으로 이루어진 사이클이다. 가역 사이클(reversible cycle)이란 1.1.2항에서 설명한 바와 같이 사이클의 변화 과정이 가역 과정이면 사이클의 변화 과정을 반대로 수행할 수 있고, 이에 비해 사이클의 변화 과정 중에서 어느 하나라도 비가역 변화가 있으면 그 사이클을 반대 방향으로 수행될 수 없으므로 이러한 사이클을 비가역 사이클(irreversible cycle)이라 한다. 따라서, 손실이 없는 가역 사이클은 열기관 중에서 가장 효율이 높은 사이클이라 할 수 있다.

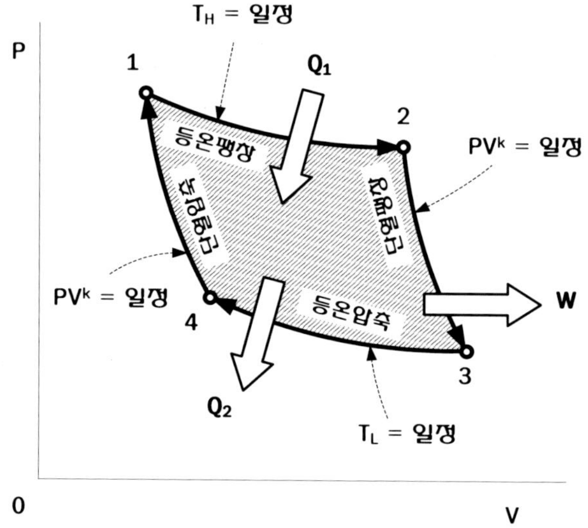

그림 5.6 카르노 사이클(Carnot cycle)

카르노 사이클은 그림 5.6에서와 같이 고온 T_H과 저온 T_L 사이에 작동하는 사이클로서, 등온 팽창 → 단열 팽창 → 등온 압축 → 단열 압축 과정이 가역적으로 이루어져 있고, 외부에 대해서 일을 하는 기관이다. 그림 5.6에서 1 → 2 → 3 아래의 면적이 사이클 팽창 과정에서 가스에 의한 일을 뜻하고, 3 → 4 → 1 아래의 면적은 사이클 압축 과정에서 가스에 가해진 일을 의미한다. 따라서, 사이클 경로에 의해 둘러싸인 면적 (1 ~ 2 ~ 3 ~ 4 ~ 1)은 팽창 과정과 압축 과정에서의 일의 차이로서, 사이클에 의해 진행되는 동안의 일을 의미한다.
카르노 사이클에서는 한 번의 순환 과정이 끝나는 작동 유체 온도가 사이클이 최초 시작되는 과정에서의 온도와 같으므로 내부 에너지의 총 변화량은 0이다. 따라서, 변화 과정에서 고온에서 흡수한 열량과 저온으로 방출한 열량 차이만큼 외부에 대하여 일을 하게 된다.

그림 5.6의 카르노 사이클의 변화 과정은 다음과 같다.

① 1 → 2 과정 : 고온 T_H에서 열량 Q_1을 받아 등온 팽창하여 Q_1의 일정 부분을 일로 변환시킨다.

② 2 → 3 과정 : 상태 1의 작동 유체가 내부 에너지를 이용하여 저온 T_L가 될 때까지 일을 계속한다.

③ 3 → 4 과정 : 작동 유체를 상태 1로 되돌리기 위해 저온 T_L에서 등온 압

축하여 열량 Q_2를 방출한다.

④ 4 → 1 과정 : 단열 압축 과정으로 작동 유체를 1의 상태로 되돌린다.

카르노 사이클은 그림 5.7에서와 같이 고온 열원(heat ource), 단열체, 저온 열원(heat sink)을 실린더 헤드로 차례로 접촉시킴에 따라 이론적으로 얻어지는 사이클로서, 각 과정은 다음과 같다.

(1) 그림 5.7 (a) : 등온팽창과정

실린더 헤드는 온도 T_H인 열원(heat source)와 접촉되어 있는 상태에서 온도 T_H인 가스는 천천히 팽창하여 주위에 대해 일을 한다. 가스가 팽창함에 따라 가스 온도는 아주 작은 dT만큼 떨어지게 되나, 어떠한 열 흐름이 외부로부터 가스에 전달되어 가스 온도는 곧 T_H로 상승하게 되므로, 가스 온도는 항상 T_H를 유지하게 된다. 가스와 외부 사이의 온도차는 미분량인 dT를 절대 초과하지 않기 때문에 가역 열전달 과정이다. 이 과정은 피스톤이 ② 지점에 도달할 때까지 계속된다. 이 과정에서 가스로 전달된 열량은 Q_1 이다.

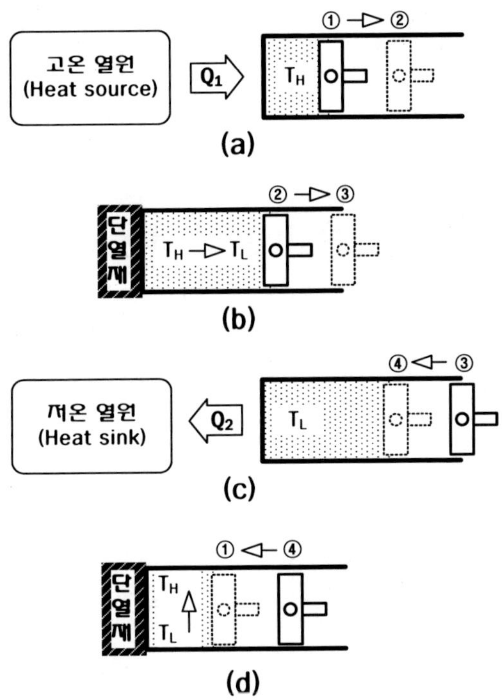

그림 5.7 카르노 사이클의 실현

(2) 그림 5.7 (b) : 단열 팽창과정

상태 2에서 실린더 헤드와 접촉되어 있던 열원이 제거되고, 단열재에 의해 단열 상태가 된다. 가스는 천천히 팽창하여 온도가 T_H에서 T_L로 저하될 때까지 주위에 대해 일을 하기 시작하여 ③의 상태까지 지속한다. 이 때, 피스톤에서는 마찰이 없는 상태이다.

(3) 그림 5.7 (c) : 등온 압축과정

상태 3에서 실린더 헤드에서의 단열은 제거되고, 실린더는 온도 T_L인 열싱크(heat sink)와 접촉된다. 피스톤은 외부의 힘에 의해 실린더 내부로 밀려들어가면서 가스를 압축하게 되어 일을 하게 한다. 가스가 압축될 때, 가스 온도는 dT만큼 상승하게 되나, 온도가 상승하자마자 가스로부터 열 싱크로 열 흐름이 발생하여 가스 온도는 T_L로 저하된다. 따라서, 가스 온도는 T_L로 유지된다. 이러한 과정은 피스톤이 ④의 위치에 도달할 때까지 계속되며, 가스로부터 방출된 총열량은 Q_2 이다.

(4) 그림 5.7 (d) : 단열 압축과정

④의 상태에 도달하게 되면 열 싱크가 제거되고, 단열재가 다시 실린더 헤드에 장착되고, 가스는 압축되면서 처음 상태인 ①의 상태로 되돌아가게 되는 과정이다. 이때, 가스 온도는 T_L에서 T_H로 상승되면서 사이클이 완성된다.

카르노 사이클에서의 일량은 식 (5.1), 열효율은 열기관의 경우와 동일하게 식 (5.2)와 같이 정리된다. 단, 카르노 사이클의 열효율을 계산하는 식 (5.2)에 있어서 흡열량 Q_1 과 방열량 Q_2 는 등온 변화이므로 작동 유체의 단위 질량에 대해 4.3절의 이상기체의 등온 변화에 관한 식으로 정리하면 다음과 같다.

$$Q_1 = R \cdot T_1 \ln\frac{V_2}{V_1} \tag{5.3}$$

$$Q_2 = R \cdot T_2 \ln\frac{V_4}{V_3} \tag{5.4}$$

식 (5.3) 및 식 (5.4)에서 V_1 , V_2 , V_3 , V_4 는 단열 과정이므로

$$\frac{T_2}{T_1} = \left(\frac{V_2}{V_3}\right)^{\kappa-1} = \left(\frac{V_1}{V_4}\right)^{\kappa-1} \tag{5.5}$$

$$T_4 \cdot V_4^{k-1} = T_1 \cdot V_1^{k-1} \quad \text{혹은} \quad T_2 \cdot V_4^{k-1} = T_1 \cdot V_1^{k-1} \tag{5.6}$$

식 (5.5) 및 식 (5.6)에서 식 (5.7) 및 식 (5.8)로 정리할 수 있다.

$$\frac{T_2}{T_1} = \left(\frac{V_2}{V_3}\right)^{k-1} = \left(\frac{V_1}{V_4}\right)^{k-1} \tag{5.7}$$

$$\frac{V_2}{V_1} = \frac{V_3}{V_4} \tag{5.8}$$

식 (5.8)을 식 (5.3) 및 식 (5.4)에 대입하면 카르노 사이클의 열효율은 식 (5.10)과 같이 정리된다.

$$\frac{Q_2}{Q_1} = \frac{G \cdot R \cdot T_2 \ln(V_3/V_4)}{G \cdot R \cdot T_1 \ln(V_3/V_4)} = \frac{T_2}{T_1} \tag{5.9}$$

$$\therefore \ \eta_{Carnot} = 1 - \frac{Q_2}{Q_1} = 1 - \frac{T_2}{T_1} \tag{5.10}$$

식 (5.10)에서 알 수 있는 바와 같이 카르노 사이클의 특징은 다음과 같다.

① 같은 온도의 열원에서 작동되는 기관 중에서 카르노 사이클의 열효율이 가장 좋다

② 임의의 두 개 온도에서 카르노 사이클로 작동되는 기관의 효율은 모두 같다.

③ 같은 두 온도에서 작동되는 카르노 사이클의 열효율은 작동 물질에 상관없이 단지 고·저 열원의 온도에 의해 결정되고 있다.

[예제 5.2] 가역 카르노 사이클인 열기관이 작동 유체로 공기를 사용하고, 고열원의 온도가 700 ℃, 저열원의 온도가 25 ℃일 때, ⓐ 1 사이클 당 수열량을 21 kJ로 하여 얻어지는 일량, ⓑ 저열원으로 방열되는 열량이 1 사이클 당 8.4 kJ일 때, 1 사이클 당 얻어지는 일량을 각각 얼마인가?

[예제 5.3] 1 kg의 공기를 작동 유체로 고열원의 온도 500 ℃와 저열원의 온도 20 ℃ 사이에 매분 60 사이클이 이루어지는 가역 카르노 사이클이 있다. 등온 팽창(1 → 2 과정) 후 및 등온 압축(3 → 4 과정) 후의 압력이 392 kPa로 같다고 할 때, ⓐ 이 사이클에서 발생되는 출력 kW, ⓑ 고열원의 온도를 600 ℃로 한 경우의 열효율은 얼마인가?

[예제 5.4] 공기 1 kg을 작동 유체로, 고열원 온노 600 ℃, 저열원 온도 25 ℃을 이용하는 가역 카르노 사이클에 있어서, 최고 압력은 980 kPa, 등온 팽창에 의해 체적이 2 배로 되었다고 한다. 다음의 값을 계산하시오.

ⓐ 등온 팽창의 최초 상태 1의 P_1 , v_1 , T_1 , ⓑ 등온 팽창의 최종 상태 2의 P_2 , v_2 , T_2 , ⓒ 단열 팽창의 최종 상태 3의 P_3 , v_3 , T_3 , ⓓ 등온 압축의 최종 상태 4의 P_4 , v_4 , T_4 $_3$, ⓔ 수열량 Q_1 및 방열량 Q_2 , ⓕ 일량, ⓖ 열효율, ⓗ 엔트로피 변화

[예제 5.5] 600 ℃의 고열원과 20 ℃의 저열원 사이에서 작동하는 카르노 사이클의 ⓐ 열효율, ⓑ 방열량과 수열량의 비율은 얼마인가?

5.3.2 냉동 사이클

열은 항상 고온 상태에서 저온 상태로 흐른다는 것은 충분히 이해하고 있을 것이다. 이러한 열전달 과정은 어떠한 장치가 없어도 자연적으로 이루어지는 현상이다. 이에 비해 저온 상태에서 고온 상태로 열을 전달시키기 위한 장치를 일반적으로 냉동기라 한다. 냉동기도 열기관처럼 사이클 장치이다.

냉동 사이클은 카르노사이클의 역방향으로 작동하는 역카르노 사이클로 정의된다.

(1) 냉동기

냉동(refrigeration)이란 물체 혹은 일정 공간의 온도를 상온보다도 낮은 온도로 유지하는 행위로서, 이러한 목적을 달성하기 위해 사용되는 것이 냉동기(cooler)이다.

저온의 환경을 조성하거나 어떠한 물체가 가진 열을 빼앗기 위한 냉동의 방법에는 기계적 힘을 이용하지 않는 자연 냉동법과 기계적 힘을 이용하는 기계 냉동법으로 구분할 수 있다.

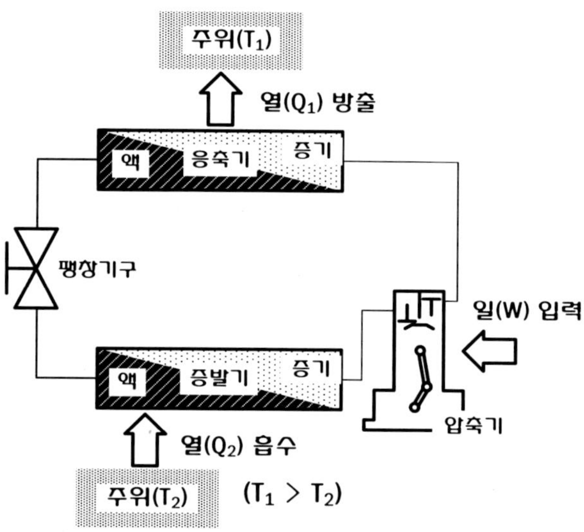

그림 5.8 냉동 장치(증기 압축식)

자연 냉동법에는 물질의 물리·화학적 특성을 직접 이용하는 것으로 융해 잠열, 승화 잠열, 증발 잠열, 기한제 등을 이용하는 방법 등이 있다. ㉠ 증발열을 이용한 냉동법은 액체가 증발하여 기체로 변화되는 데 필요한 증발열을 주위로부터 흡수하는 방법으로서, 알콜의 증발잠열은 0 ℃에서 약 221 kcal/kg, ㉡ 융해열을 이용한 냉동법은 고체가 융해하여 액체로 변화되는 데 필요한 융해열을 주위로부터 흡수하는 방법으로서, 얼음의 융해잠열은 0 ℃에서 약 79.68 kcal/kg, ㉢ 승화열을 이용한 냉동법은 고체가 직접 기체로 변화하는 데 필요한 승화열을 주위로부터 흡수하는 방법으로서, 드라이아이스(dry ice)의 승화잠열은 -78.5 ℃에서 약 137 kcal/kg, ㉣ 기한제를 이용한 냉동법은 2종류의 물질을 혼합함으로서 단일 물질의 경우보다 저온을 얻을 수 있는 방법으로서, 이와 같은 혼합물을 기한제라 한다. 기한제를 이용한 냉동법은 일반적으로 얼음의 온도가 0 ℃로 유지되고 있으나, 중량비율로 얼음과 소금을 2 : 1로 혼합하면 온도는 약 -20 ℃로 유지된다. 기한제를 이용한 방법에는 겨울철 주간에 눈이 내리면 야간이 되기 전에 염화칼슘(얼음 : 염화칼슘의 혼합 중량비 = 4 : 5) 등을 뿌려주면 온도 강하가 약 -40 ℃로 유지되므로, 결빙을 방지할 수 있다.

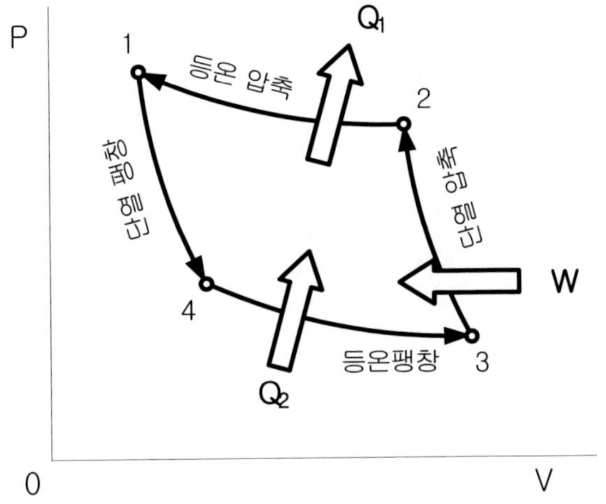

그림 5.9 냉동 사이클

이에 비해 기계 냉동법에는 기계적인 일과 에너지를 소비하여 저온의 물체로부터 열을 뽑아서 열을 주어도 지장이 없는 고온 구역으로 열을 방출시키는 방법으로서 증기 압축식 등의 기계적 힘을 이용하는 방법과, 작동 물질의 화학적 원리를 이용하는 흡수식 및 흡착식, 전기적 성질을 이용하는 열전식 냉동, 기타 초저온 냉동법 등이 있다. 이러한 냉동 방법 중에서 가장 널리 이용되고 있는 방법은 증기 압축식으로, 네 가지 기본 구성 요소인 압축기, 응축기, 팽창밸브, 증발기로 구성되어 있다.

증기 압축식 냉동장치 등을 비롯한 냉동기에서 열의 전달 매개체로서 사용되는 작동 유체를 냉매(refrigerant)라 한다. 냉매는 압축기에서 압축되어 고온 고압인 냉매 과열증기 상태로 응축기로 흡입된다. 과열 상태인 냉매증기는 응축기에서 상대적으로 저온인 주위로 열을 방출하면서 응축된다. 응축된 냉매액은 팽창밸브에 의해 압력과 온도가 급격히 저하되고, 압력과 온도가 저하된 냉매는 증발기로 흡입되어 주위의 물질로부터 열을 흡수하면서 증발된다. 증발기를 나온 냉매는 다시 압축기로 들어가게 됨으로서 1 사이클을 완성하게 된다.

그림 5.9에서 알 수 있는 바와 같이 카르노 사이클과 냉동 사이클의 차이점은 작동 유체의 진행 방향 및 에너지 수수 방향만이 차이가 있음을 알 수 있다.

① 4 → 3 과정 : 저온 T_2에서 등온 팽창(열량 Q_2를 외부로부터 받는 과정)

② 3 → 2 과정 : 단열 압축(열의 출입이 없음)

③ 2 → 1 과정 : 고온 T_1에서 등온 압축(열량 Q_1을 외부로 방출하는 과정)

④ 1 → 4 과정 : 단열 팽창(열의 출입이 없음)

냉동 사이클에서는 그림 5.8 및 그림 5.9에서와 같이 외부로부터 열을 받는 것이 아니고, 일 W를 받아 저온 T_2 의 영역에서 열량 Q_2 를 빼앗아 고온 영역인 T_1 으로 열량 Q_1 을 배출하는 과정으로 구성되어 있다. 따라서, (Q_1 - Q_2)에 상당하는 열량을 소비하게 되므로 이론적인 냉동사이클의 성능계수는 다음과 같다.

$$COP_R = \frac{Q_2}{W} = \frac{Q_2}{Q_1 - Q_2} = \frac{T_2}{T_1 - T_2} \qquad (5.11)$$

냉동 사이클에서 일량 W는 열량 Q_2 를 제거하는 데 사용되는 것으로, W의 일부가 열량 Q_2 로 변환되는 것이 아니다. 따라서, 냉동기에서는 효율이라 하지 않고, 일반적으로 성능계수 COP(coefficient of performance)라는 용어를 사용하고 있다.

특히, 식 (5.11)에서 Q_2 는 냉동능력이라 하며, 냉동능력의 단위는 kJ/h, kW(SI 단위), kcal/h(MKS 단위)를 사용하기도 하지만, 표현되는 냉동능력의 값이 크기 때문에 이를 간단하게 나타내기 위해 RT(Refrigeration Ton : 냉동톤), 혹은 USRT 등이 사용된다. 1 RT는 0 ℃의 물 1 000 kg을 24시간동안 0 ℃의 얼음으로 제빙시킬 수 있는 능력이며, 1 RT 및 1 USRT를 kW 단위로 환산하면 다음과 같다.

$$1\ RT = 3.86\ kW \qquad (5.12)$$

(2) 열펌프

냉동(사이클)이 저온 영역을 활용하는 것이라면, 이에 반해 고온 영역을 활용하는 것으로 열펌프(heat pump)가 있다. 즉, 냉동기의 목적은 일정 공간 혹은 물체로부터 열을 제거함으로서 저온 상태로 유

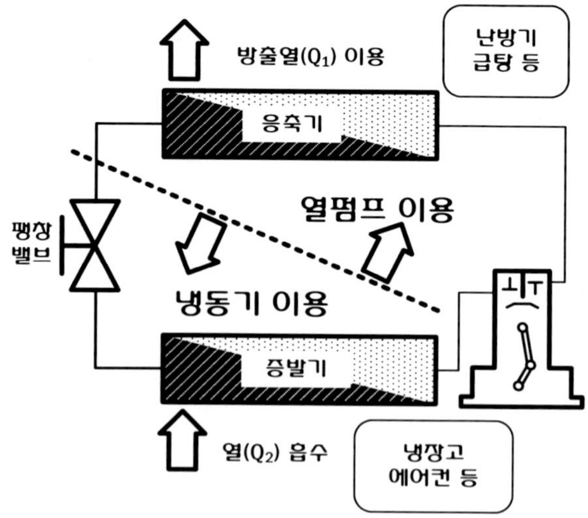

그림 5.10 냉동기 및 열펌프

지하는 것이고, 이러한 사이클 과정에서 저온부에서 제거한 열을 고온부로 방출하는 것은 단지 사이클 작동에 필요한 부분으로 작용하는 것이다. 그러나, 열펌프의 목적은 일정 공간에 열을 공급하여 고온부로 유지하는 것이다.

냉동 사이클에서 응축기에서 배출하는 열량 Q_1 을 이용하여 가열, 혹은 난방에 사용하는 열펌프의 성능계수는 다음과 같다.

$$COP_H = \frac{Q_1}{W} = \frac{Q_1}{Q_1 - Q_2} = \frac{T_1}{T_1 - T_2} \tag{5.13}$$

열펌프에서 배출되는 열량 Q_1 은 저온 영역에서 얻은 열량 Q_2 과 외부로부터의 일 W를 합한 것이다.

$$Q_1 = Q_2 + W \tag{5.14}$$

이와 같이 열펌프를 이용하여 난방이나 온수 등을 만들어 열에너지를 유효하게 이용할 수 있다.

식 (5.11)과 식 (5.13)에서 Q_1 과 Q_2 가 일정한 값이라고 하면 식 (5.15)와 같이 정리될 수 있다.

$$COP_H = COP_R + 1 \tag{5.15}$$

식 (5.15)에서 열펌프의 성능계수가 냉동기의 성능계수보다 항상 1보다 크다는 것을 의미한다. 이는 열펌프는 항상 소비하는 에너지보다 훨씬 많은 에너지를 공급해주고 있는 것으로 정리할 수 있으나, 실제 공급되는 Q_2 의 일부는 배관이나 기타 장치 등에서 손실되는 에너지가 존재하고 있다. 일반적으로 대부분의 열펌프는 사계절 평균적으로 COP가 2 ~ 3 정도이다.

[예제 5.6] 냉동고에서 매시 139 MJ의 열을 흡수하는 냉동능력은 냉동톤으로 얼마에 상당하는가?

[예제 5.7] 제빙기에서 얼음 500 kg을 제조하기 위하여 15 kW·h의 동력을 소비하고 있다. 이 제빙기의 급수 온도를 25 ℃, 제조되는 얼음의 온도를 −8 ℃라 하면 성능계수는 얼마가 되는가? 단, 융해 잠열은 333.5 kJ/kg , 얼음의 비열은 2.05 kJ/kg·K이다.

[예제 5.8] 역카르노 사이클에 응축 온도 30℃, 증발 온도 20℃인 경우의 성능계수 η 를 구하시오

5.4 엔트로피

열역학 제 2 법칙은 자연계의 현상이 변화되는 방향을 제시한 것으로, 엔트로피는 이러한 변화에 대한 양적 개념을 나타내는 중요한 상태량이다.

5.4.1 클라우시스 적분

가역 카르노 사이클에 있어서 식 (5.10)을 정리하면 다음과 같다.

$$\frac{T_2}{T_1} = \frac{Q_2}{Q_1} \tag{5.16}$$

일반적으로 가역 사이클에 대해서 적분형으로 표현하면 식 (5.17)이 성립되고, 이를 클라우시스(Clausis) 적분이라고 한다.

$$\oint \frac{dQ}{T} = 0 \tag{5.17}$$

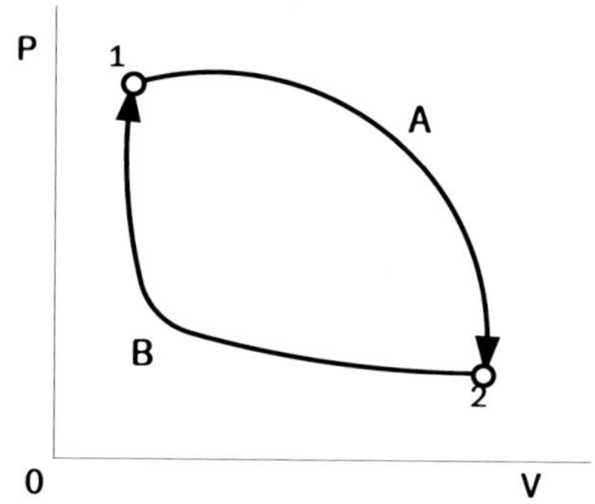

그림 5.11

이를 그림 5.11에 대입하면 다음과 같다.

$$\oint \frac{dQ}{T} = \oint_{1A}^{2} \frac{dQ}{T} - \oint_{1B}^{2} \frac{dQ}{T} = 0 \tag{5.18}$$

식 (5.19)는 1의 상태에서 2의 상태로 이르기까지 변화 경로에 상관없이 단순히 처음과 마지막의 상태에만 관계되고 있으며, 이를 엔트로피(entropy)라 정의하고 있다. 상태 1과 상태 2에서의 엔트로피 상태 변화량 (S_2 - S_1)는 식 (5.20)과 같이 정의된다.

$$dS = \frac{dQ}{T} \tag{5.19}$$

$$S_2 - S_1 = \oint_{1}^{2} \frac{dQ}{T} \tag{5.20}$$

클라우시스 적분은 비가역 사이클에 대해 식 (5.21)과 같고, 따라서 비가역 사이클에 대한 엔트로피 변화량은 식 (5.22)와 같다.

$$\oint \frac{dQ}{T} < 0 \tag{5.21}$$

$$dS > \frac{dQ}{T} \tag{5.22}$$

외계와 열교환이 없는 가역 단열인 경우에 dS = 0이고, 자연계에서 일어나는 변화는 비가역 변화이므로 dQ > 0이므로 dS > 0이 되는 항상 엔트로피가 반드시 증가하게 된다. 또한, 어떠한 영향을 남기지 않고 엔트로피가 감소하는 변화는 일어날 수 없다.

식 (5.18)와 열역학 제 1 법칙식 (3-8) 및 식 (3-12)를 조합하면 가역 변화에 대한 다음 식이 성립된다.

$$\text{SI 단위 : } T \cdot dS = dU + P \cdot dV \tag{5.23}$$

$$\text{MKS 단위 : } T \cdot dS = dU + A \cdot P \cdot dV$$

$$\text{SI 단위 : } T \cdot dS = dH - V \cdot dP \tag{5.24}$$

$$\text{MKS 단위 : } T \cdot dS = dH - A \cdot V \cdot dP$$

이상과 같이 가역 변화에 있어서 엔트로피는 변화 전후의 값이 일정하나, 비가역 변화의 경우에는 엔트로피의 변화는 항상 증가하고 있다. 대표적인 비가역 변화에 대한 엔트로피 변화는 다음과 같다.

(1) 열이동 과정에서의 엔트로피 변화

온도가 서로 다른 2개의 물체를 접촉시키면 열은 고온 물체에서 저온 물체로 흐르게 되어 결국에는 온도 평형 상태에 도달하게 된다. 이러한 온도 평형 상태에 있어서 물체의 질량이 대단히 크고, 열전달에 의해 열의 수수가 있어도 온도가 변화되지 않는 경우를 가정하고, 두 물체의 온도를 각각 T_1 , T_2 (단, $T_1 > T_2$), 고온 물체 A에서 저온 물체 B로 이동된 열량을 Q라 하면 고온 물체의 엔트로피 $\triangle S_1$ 은 감소되고, 저온 물체의 엔트로피 $\triangle S_2$ 는 증가하게 된다.

$$\Delta S_1 = -\frac{Q}{T_1} \quad \Delta S_2 = -\frac{Q}{T_2} \tag{5.25}$$

이와 같은 열 이동 과정에서의 물체 전체에 대한 엔트로피 변화는 다음과 같다.

$$\Delta S = \Delta S_1 + \Delta S_2 = Q \cdot \left(\frac{1}{T_2} - \frac{1}{T_1}\right) > 0 \tag{5.26}$$

식 (5.26)에서 알 수 있는 바와 같이 열 이동의 비가역 과정에서는 전체 엔트로피가 항상 증가되는 것을 알 수 있다.

[예제 5.10] 질량 10 kg의 물의 10 ℃에서 70 ℃까지 가열하면 물의 엔트로피 증가량은 몇 kJ/K인가?

[예제 5.11] 표준 대기압하에서 0 ℃인 물 10 kg을 100 ℃ 건조 포화증기까지 가열할 때, 엔트로피의 변화량은 얼마인가? 단, 물의 증발 잠열은 2,256 kJ/kg으로 가정한다.

[예제 5.12] 실린더 내에서 1 kg의 공기가 압력 800 kPa, 온도 600 K에서 압력 200 kPa, 온도 450 K로 팽창되었다. 이 과정에서의 엔트로피 변화량은 몇 kJ/kgK인가? 단, 공기의 정압비열은 1 kJ/kgK라 가정한다.

5.4.2 T-S 선도

엔트로피는 온도, 압력, 체적, 엔트로피 등과 같이 동작 물질의 최종 상태에 따라 결정되는 상태량이므로 온도와 엔트로피를 축으로 하는 선도 상에 상태 변화를 표시할 수 있다. 가역 과정에서의 일을 P-V 선도 상에 표시하는 것과 마찬가지로 엔트로피 변화 과정을 T-S 선도에 표시하게 되면 변화 과정에서의 열의 출입량, 마찰 등에 의한 내부 발생 열량 등을 표시할 수 있기 때문에 열역학을 연구하는 데 매우 중요한 선도로 취급된다. 이 선도를 엔트로피 선도(entropy diagram) 또는 T-S 선도라고 한다. P-V 선도에서의 면적은 일량을 표시하는 데 비해 T-S 선도에서의 면적은 열량을 의미한다. 따라서, T-S 선도를 열선도(heat diagram)이라고도 한다.

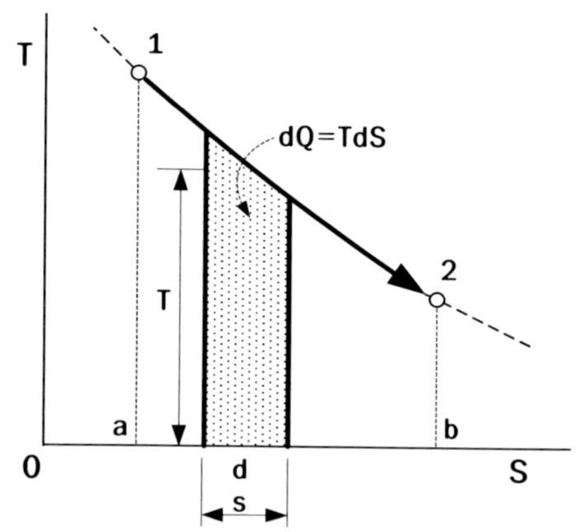

그림 5.12 T-S 선도

그림 5.12에서 상태 1에서 상태 2까지의 변화되는 과정에서의 변화 열량은 엔트로피 정의식 (5.19)를 이용하여 정리하면 다음과 같다.

$$q = \int_1^2 T \cdot s \tag{5.27}$$

식 (5.19)의 dq는 그림 5.12에서의 미소 부분의 면적이고, 이를 적분한 식 (5.27)은 면적 a-1-2-b가 되므로 T-S 선도에서의 면적은 1에서 2까지의 가역 과정에서 전달된 열량과 같다. 따라서, T-S 선도상에서의 면적은 계에 공급되거나 혹은 방출된 열량을 표시한다. T-S 선도에서 사이클은 하나의 폐곡선으로 표시되며, 가역 사이클의 경우에는 둘러싸인 면적은 사이클 중 일로 변화된 열량 $W_{12} = Q_1 - Q_2$ 와 같다. 또한, 그림 5.13에서와 같이 변화의 방향에 따라 Q_1 , Q_2 가 그림에서 면적으로 표시되므로 열효율의 계산에도 편리하다.

카르노 사이클의 T-S 선도는 그림 5.14과 같이 사각형 모양으로 표시되고, 따라서 열효율은 다음과 같이 계산된다.

$$\eta_{Carnot} = 1 - \frac{Q_2}{Q_2} = 1 - \frac{\text{면적}4365}{\text{면적}1265} = 1 - \frac{T_2 \cdot (S_2 - S_1)}{T_1 \cdot (S_2 - S_1)} = 1 - \frac{T_2}{T_1} \tag{5.28}$$

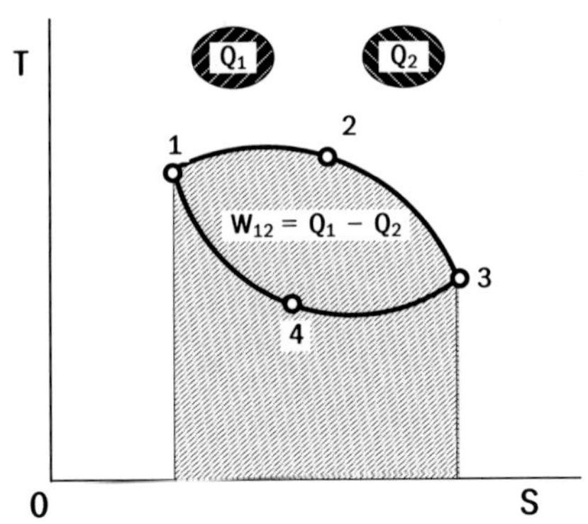

그림 5.13 가역사이클의 T-S 선도

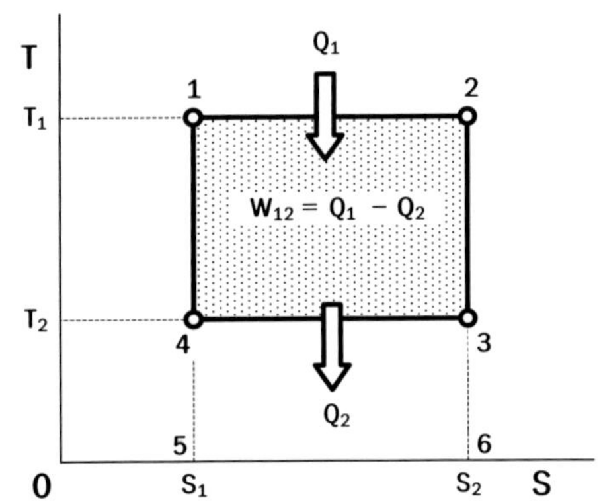

그림 5.14 카르노사이클의 T-S 선도

5.5 열역학적 절대 온도

이상기체를 이용하여 카르노 사이클을 구성하면, 이 때 출입되는 열량 Q_1 및 Q_2 은 고온 T_1 및 T_2 와 동일하다는 것을 알 수 있다.

$$\frac{Q_2}{Q_1} = \frac{T_2}{T_1} \tag{5.29}$$

또한 카르노 사이클의 효율은 작동 물질의 종류에 상관없기 때문에 물질의 종류에 상관없는 이론적인 온도 눈금이 정의될 수 있다. 이러한 절대적인 온도 눈금을 열역학적 절대 온도(thermodynamic temperature scale)이라 하고, 현실적으로는 기체 온도계를 이용하여 측정할 수 있다. 이러한 고려 방법에 의해 결정되는 이론적인 최저 온도를 절대 영도(absolute zero of temperature)라 하고, 물의 상줌점을 273.16 K으로 정한 온도를 켈빈 절대 온도(absolute temperature of Kelvin), 혹은 켈빈 온도, 절대 온도라고 한다.

[예제 5.9] 열효율 η = 1인 열기관이 현실적으로 존재할 수 없다는 것을 설명하시오.

5.6 유용 에너지와 무용 에너지

그림 5.6에서 고열원 T_1 과 저열원 T_2 에서 작동하는 카르노 사이클에서 외부에서 공급되는 열량을 Q_1 , 저열원으로 방열되는 열량 Q_2 , 외부에 대해 하는 일 W는 다음과 같이 정리할 수 있다.

$$W = Q_1 - Q_2 = Q_A \tag{5.30}$$

식 (5.30)에서 Q_A를 유효 에너지(available energy), 저열원으로 버리는 열량 Q_2 를 무효 에너지(unavailable energy)라 한다.

또한 유효 에너지 Q_A는 식 (5.31), 무효 에너지 Q_2 는 식 (5.32)와 같이 정리될 수 있다.

$$Q_A = Q_1 - Q_2 = \eta_{Carnot} \cdot Q_1 = \left(1 - \frac{T_2}{T_1}\right) \cdot Q_1 = Q_1 - T_2 \cdot \frac{Q_1}{T_1} \tag{5.31}$$

$$Q_2 = Q_1 - Q_A = (1 - \eta_{Carnot}) \cdot Q_1 = T_2 \cdot \frac{Q}{T_1} \tag{5.32}$$

그림 5.11의 카르노 사이클에서 고열원 온도 T_1 이 일정하게 유지되면서 외부로부터 Q_1 의 열이 공급되는 경우의 엔트로피 변화량 ΔS_1 및 저열원 온도 T_2 가 일정하

게 유지되면서 외부로 방출되는 Q_2 에 대한 엔트로피 변화량 ΔS_2 는 다음과 같다.

$$\Delta S_1 = \frac{Q_1}{T_1}, \quad \Delta S_2 = \frac{Q_2}{T_2} \tag{5.33}$$

카르노 사이클은 가역 사이클이기 때문에 $\Delta S_1 - \Delta S_2 = 0$(즉, $\Delta S_1 = \Delta S_2$)이므로, 식 (5.31) 및 식 (5.32)는 다음과 같이 정리할 수 있다.

$$Q_A = Q_1 - T_2 \cdot \Delta S \tag{5.34}$$

$$Q_2 = T_2 \cdot \Delta S \tag{5.35}$$

이상의 식에서 알 수 있는 바와 같이 엔트로피가 증가하면 유효 에너지는 감소되고, 무효 에너지는 증가된다. T_2 는 대기의 온도가 같으므로 일정하다고 가정할 수 있고, 따라서 무효 에너지는 공급 열량이 일정할 경우 고열원의 온도에 따라 달라지며, 고열원의 온도가 높을수록 무효 에너지는 감소되고, 유효 에너지는 증가된다.

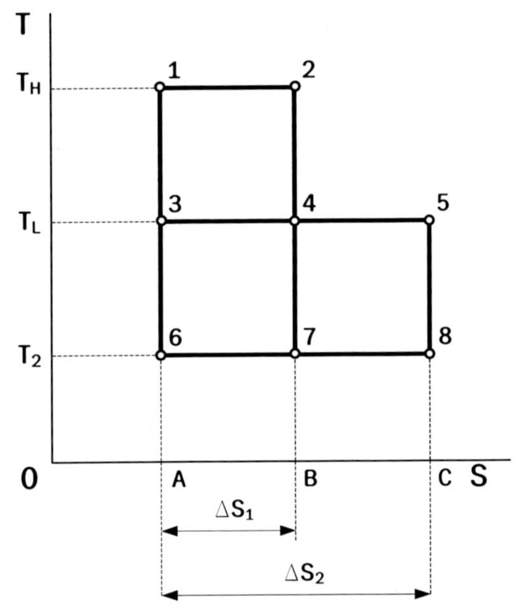

그림 5.15 유효 에너지와 무효 에너지

그림 5.15에서 저열원의 온도 T_2, 고열원에 공급되는 열량이 Q로 동일한 것으로 가정하고, 단지 고열원의 온도가 T_H 및 T_L로 변화되는 것으로 가정했을 경우, 카르노 사이클에서의 엔트로피 변화량, 유효 에너지 및 무효 에너지에 대한 변화를 정리하여 비교하면 다음과 같다.

고열원의 온도가 T_H일 경우, 사이클 1-2-6-7-1로 구성된다.

공급 열량 Q_H = 면적 1-2-7-6

유효 에너지 Q_{H1} = 면적 1-2-7-6

무효 에너지 Q_{H2} = 면적 A-6-7-B

엔트로피 변화량 $\Delta S_H = \frac{Q_H}{T_H} = \frac{Q_{H2}}{T_2}$

저열원의 온도가 T_L일 경우, 사이클 A-3-5-C-6으로 구성된다.

공급 열량 Q_L = 면적 A-3-5-C

유효 에너지 Q_{L1} = 면적 A-6-8-C

무효 에너지 Q_{L2} = 면적 6-3-5-8

엔트로피 변화량 $\Delta S_L = \frac{Q_L}{T_L} = \frac{Q_{L1}}{T_2}$

Q_H = Q_L이나, 고열원의 온도 T_H가 T_L로 낮아짐으로서 무효 에너지는 $Q_{L2} > Q_{H2}$가 되고, 유효 에너지는 $Q_{H1} > Q_{L1}$ 이 된다. 반면에 엔트로피는 $\Delta S_H < \Delta S_L$로 되었다. 즉, 같은 열량을 공급할 경우에 엔트로피가 증가하면 무효 에너지는 증가하고, 유효 에너지는 감소된다는 것을 알 수 있다.

유효 에너지는 비가역성이 없는 경우, 그 전부가 일로 변환될 수 있는 에너지이며, 실제 기관에서 얻을 수 있는 일은 항상 유용 에너지보다 적다. 비가역적으로 인해 엔트로피가 생성되는 것은 유효 에너지를 감소시키게 된다.

[예제 5.13] 1000 ℃의 고열원에 100 kJ의 열량을 공급하여 200 ℃의 저열원에 열량을 방출하는 카르노 사이클의 유효 에너지와 무효 에너지는 각각 몇 kJ인가?

[예제 5.14] 초기 온도 500 ℃인 공기 0.5 kg를 정압상태에서 600 kJ의 열량을 가역적으로 가열하였다. 주위 온도가 30 ℃일 때, 유효 에너지와 무효 에너지는 각각 몇 kJ인가?

【 연 습 문 제 】

1. 100 kW의 엔진이 매시 36 kg의 연료를 소비하고 있다. 연료의 발열량을 40 MJ/kg이라고 한다면, 열효율은 얼마인가?

2. 800 ℃의 고열원과 30 ℃의 저열원 사이에서 작동하는 카르노 사이클의 ⓐ 열효율, ⓑ 방열량과 수열량의 비율은 얼마인가?

3. 공기를 작동 유체로 사용하는 가역 카르노 사이클 기관이 고열원의 온도 900 ℃, 저열원의 온도 25 ℃ 사이에서 작동하고 있다. ⓐ 1 사이클에 대한 수열량을 25 kJ이라 할 때의 1 사이클당 일, ⓑ 저열원으로 방열량이 1 사이클당 9 kJ이라 할 때의 1 사이클당의 일은 얼마인가?

4. 체적이 일정한 상태에서 1 kg 공기가 온도 25 ℃의 상태에서 온도 200 ℃까지 변화하였다. ⓐ 가해진 열량, ⓑ 엔트로피의 변화는 얼마인가? 단, 공기의 정적 비열은 0.716 kJ/kg·K이다.

5. 1 kg의 공기가 압력 590 kPa, 온도 80 ℃인 상태에서 온도 150 ℃의 상태로 압력이 일정한 상태에서 변화하였다. ⓐ 가해진 열량, ⓑ 외부에 대한 일, ⓒ 엔탈피의 변화, ⓓ 엔트로피의 변화는 얼마인가 단, 공기의 정압 비열은 1.005 kJ/kg·K, 기체 정수는 0.2871 kJ/kg·K이다.

6. 헬륨 가스 11 kg이 압력이 일정한 상태에서 체적이 0.6 m^3에서 1.5 m^3으로 변화하였다. 헬륨 가스를 이상 기체로 가정하고, 정압 비열이 5.237 kJ/kg·K이라 할 때, 엔트로피의 변화는 얼마인가?

7. 1 kg의 공기가 온도 30 ℃인 상태에서 등온 변화를 통해 체적 2 m^3, 엔트로피는 0.5 kJ/kg·K 증가하였다. 최초 압력은 얼마인가?

8. 압력 200 kPa, 온도 80 ℃의 공기 1 kg이 Pv1.35 = 일정인 폴리트로프 변화를 통해 온도가 300 ℃로 증가하였다. ⓐ 압축비 $\varepsilon = v_1/ v_2$의 값, ⓑ 엔트로피의 변화는 얼마인가?

9. 1 kg의 공기가 표준 대기압하에서 50 ℃인 상태에서 250 ℃까지 열이 가해졌을 때, 유효 에너지는 몇 kJ/kgK인가? 단, 주위 공기의 온도는 20 ℃이고, 공기의 정압 비열은 1.0 kJ/kgK이다.

10. 20 ℃의 액체(A)와 60 ℃의 액체(B)가 혼합되어 열평형을 이루었다. 다음 중 틀린 것은?

① 전체의 엔트로피는 증가

② 액체 A만으로는 엔트로피가 증가하고, 액체 B만으로는 엔트로피가 감소한다.

③ 엔트로피의 변화는 없다

④ 변화된 온도 구간에 대해서 적분으로 엔트로피를 구한다.

11. 단열 압축시의 엔트로피의 변화는?

① 감소 ② 증가 ③ 일정 ④ 감소하다가 증가한다.

12. 0 ℃ 건조 공기의 엔탈피는?

① 100 ② 50 ③ 10 ④ 05 ℃

13. 냉매 0 ℃ 포화액의 엔탈피는?

① 100 ② 10 ③ 1 ④ 0

14. 0 ℃ 포화액의 엔트로피는?

① 100 ② 10 ③ 1 ④ 0

15. 엔트로피의 설명이다. 틀린 것은?

① 보통 0 ℃ 포화액의 엔트로피를 100

② 중량 단위의 물체가 일정 온도에서 얻은 열량을 그 절대 온도로 나눈 값

③ 단위는 [kcal/kg·K]

④ 압축과정에서 엔트로피는 단열 압축으로 간주하므로 불변이다

6. 증기

동작 유체 중에는 내연 기관이나 가스 터빈 등에서 연소 가스와 같이 열에너지를 주고받아도 항상 기체로 존재하는 것과 외연 기관인 증기터빈이나 냉동기 등에서 사용되는 수증기, 프레온, 암모니아 냉매와 같이 열에너지를 주고받는 상태에 따라 증발과 응축이 일어나면서 기체와 액체 두 가지 상태 변화를 하는 유체가 있다. 전자와 같이 항상 기체 상태로 이용되는 물질을 가스(gas)라 하고, 가스는 근사적으로 이상기체로 취급할 수 있다. 이에 비해 후자는 액화가 기화가 용이한 동작 물질로서 증기(vapor)라 하며, 증기는 기체와 액체의 중간적 성질을 가지고 있기 때문에 이상기체의 상태 방정식을 적용시키기에는 곤란하다. 이는 증기 상태에서 분자 간의 인력이나 분자 체적을 무시할 수 없기 때문이다.

6장에서는 동력 발생을 위한 작동 유체로서 폭 넓게 사용되고 있는 수증기(steam)에 대해서 설명하고자 한다. 증기는 액체와 기체 사이의 중간적 물질로서 그 변화가 매우 복잡하기 때문에 증기 변화를 간단한 수식으로만 표시하는 것은 곤란하며 일반적으로 각종 증기에 대한 실험 결과를 기초로 비체적, 엔탈피, 엔트로피 등의 값을 표나 선도로 정리하여 열역학 계산에 이용하고 있다.

열역학을 공부하는 데 있어서 상 혹은 상변화에 대한 분자 구조와 서로 다른 상의 변화에 대해 기본 지식을 가지고 있으면 큰 도움이 되기 때문에 이에 대해 간단히 알아보고자 한다.

6.1 물질

일반적으로 화학적 조성이 고정되어 있는 물질을 순수 물질(pure substance)이라 하고, 물, 질소, 헬륨 등은 모두 순수 물질이라 할 수 있다. 일반적으로 순수 물질은 하나의 화학적 원소나 화합물이어야만 되는 것은 아니다. 즉, 여러 가지 화학적 원소나 화합물의 혼합물도 균일하면 순수 물질이라 할 수 있다. 예를 들면 공기의 여러 가지 기체의 혼합물이지만, 화학적 조성이 균일하기 때문에 순수 물질로 취급할 수 있으나, 기름은 물에 용해되지 않기 때문에 화학적으로 다른 영역을 형성하면서 물과 혼합되지 않는다.

그림 6.1에서와 같이 순수 물질의 2개 혹은 그 이상이 공존하는 혼합물은 모든 상들의 화학적 조성이 같으면 또한 순수 물질이라고 할 수 있다. 즉, 고체 상태인 얼음과 액체 상태인 물의 혼합물은 서로 동일한 화학적 조성을 가지고 있기 때문에 순수 물질로 취급할 수 있으나, 액체 공기와 기체 공기의 혼합물은 액체 공기의 조성과 기체 공기의 조성이 다르기 때문에 혼합물이 화학적으로 균일하지 않기 때문에 순수 물질이 아니다. 이는 주어진 압력에서 공기 속에 있는 서로 다른 성분들의 액화 온도에 차이가 있기 때문이다.

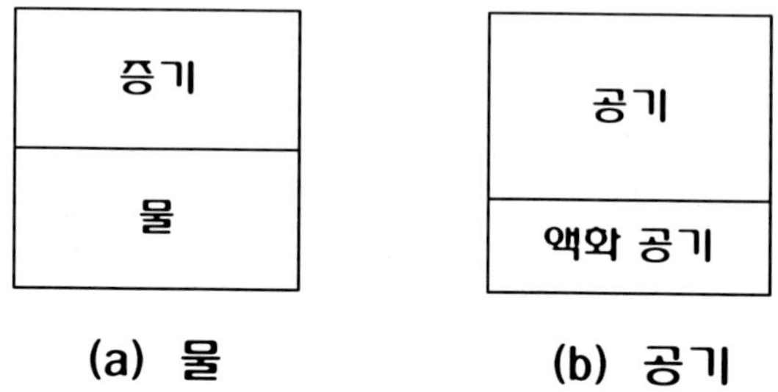

그림 6.1 순수 물질의 여부

6.1.1 순수 물질의 상태

하나의 물질이 조건에 따라 다른 상으로 존재할 수 있다는 것은 경험을 통해 알고 있다. 즉, 얼음, 물, 수증기의 화학 구조는 동일하지만, 온도, 압력 등의 조건에 따라 그 상태가 변화되고 있다. 물질의 상태에는 고체, 액체, 기체의 3가지 기본 상태가 있으며, 고체의 분자 결합이 가장 강하고 기체가 가장 약한 분자 결합 상태에 있다고 할 수 있다. 이는 고체 분자들은 서로 가까이 밀집되어 있고, 이에 비해 기체 분자들은 상당한 거리만큼 떨어져 있기 때문이다.

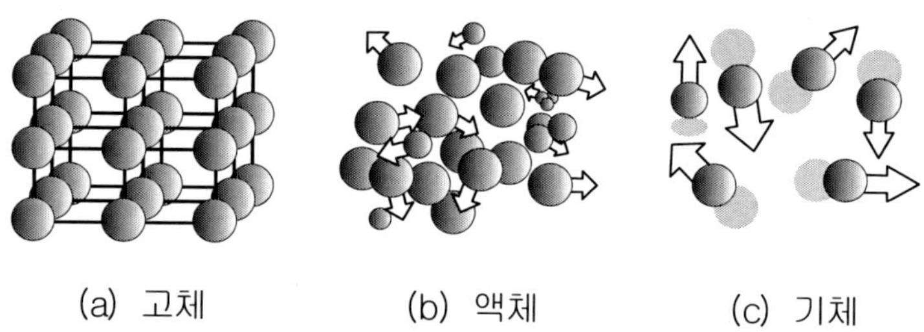

그림 6.2 고체, 액체, 기체의 상태

(1) 고체

고체(solid)에서 분자들은 고체 전체를 통하여 반복되는 3차원 형태로 정렬되어 있고, 또한 분자간의 짧은 거리 때문에 분자간의 인력은 크면서 고체 내부의 고정된 위치를 유지하고 있다. 분자간의 인력은 분자 사이의 거리가 영에 접근하면 척력으로 변화되어 각각의 분자들이 위로 겹쳐지지 못하게 된다. 고체 내부의 분자들은 서로 간에 상대적으로 움직일 수 없지만, 평형 위치에서 끊임없이 진동하고 있다. 분자들의 진동 속도는 온도에 따라 달라지며, 충분히 높은 온도에서는 분자의 속도는 분자 사이의 힘보다 부분적으로 크게 되어 분자 집단이 와해되는 지점에 도달하게 되며, 이러한 현상이 융해 과정의 시작이다.

(2) 액체

액체(liquid) 상태에서 분자들이 서로 상대적으로 고정된 위치에 있지 않다면 고체와 큰 차이가 없다. 액체에서는 분자 집단이 서로 다른 집단의 주위를 떠다니지만, 분자들은 각 집단 내에서 규칙적인 구조를 이루고 분자 서로에 대한 원래 위치를 유지한다. 일반적으로 고체가 액체로 변화될 때, 분자들 사이의 거리는 약간 증가하지만, 물은 아주 드문 예에 속한다.

(3) 기체

기체(gas) 상태에서 분자들은 서로 멀리 떨어져 있고, 분자들 사이의 질서는 존재하지 않는다. 기체 분자들은 분자간의 충돌과 기체가 담겨 있는 용기 벽과의 충돌을 계속하면서 불규칙 운동을 한다. 특별히 밀도가 낮은 경우에는 분자간의 힘은 매우 작고, 충돌은 분자들 사이의 유일한 상호 작용이라 할 수 있다. 기체 상태의 분자들은 액체나 고체인 경우에 비해 매우 높은 에너지 상태에 있다. 그러므로, 기체가 응축되거나 응결되려면 많은 에너지를 방출해야 한다. 물의 융해(혹은 응고) 과정에서는 약 19.2 kJ(약 79.7 kcal)의 에너지가 필요하지만, 물의 증발(혹은 응축) 과정에서는 약 129.7 kJ(약 539 kcal)의 에너지가 필요하다.

(4) 분자 구조가 다른 순수 물질

고체, 액체, 기체의 세 가지 기본 상태 이외에도 물질은 하나의 기본 상태에서 분자 구조가 다른 여러 가지 상태로 존재할 수 있다. 예를 들면 탄소는 그 결합 구조에 따라 흑연이나 다이아몬드로 존재할 수 있고, 헬륨의 액체 상태는 2가지로 구분된다.

6.1.2 순수 물질의 상태 변화

평형 상태에서 순수 물질의 두 가지 상태가 공존하는 경우를 쉽게 경험할 수 있으며, 예를 들면 물은 보일러의 응축기나 증발기 내에서 액체와 증기의 혼합물로 존재하는 경우가 일반적이다. 또한 에어컨이나 가정용 냉장고에서 작동 유체로 사용되는 냉매는 냉동장치의 응축기 내를 흘러가는 과정에서 기체인 냉매증기가 액체인 냉매액으로 상태 변화를 하고, 증발기 내에서는 냉매액이 냉매증기로 상태 변화를 한다.

이와 같은 상태 변화 과정에서 열을 이용하여 동력 발생을 위해 사용되는 열기관, 증기 원동소 등의 작동 유체로서 많이 사용되는 수증기에 대한 특성에 대해 설명하면 다음과 같다.

6.2 증기의 성질

그림 6.3과 같이 종축에 온도 T, 횡축에 비체적 v를 좌표로 하여 상태 변화를 나타낸 선도를 T - v 선도(T - v diagram)라고 하고, 수증기의 T - v 선도이다.

(1) 포화 온도 및 포화 압력

일반적으로 물의 끓는점은 100 ℃로 인식되어 있으나, 이는 정확한 표현이라 할 수 없다. 정확한 표현은 '표준 대기압 1 atm(101.325 kPa)에서 물의 끓는점은 100 ℃'가 물의 끓는점에 대한 정확한 정의이다.

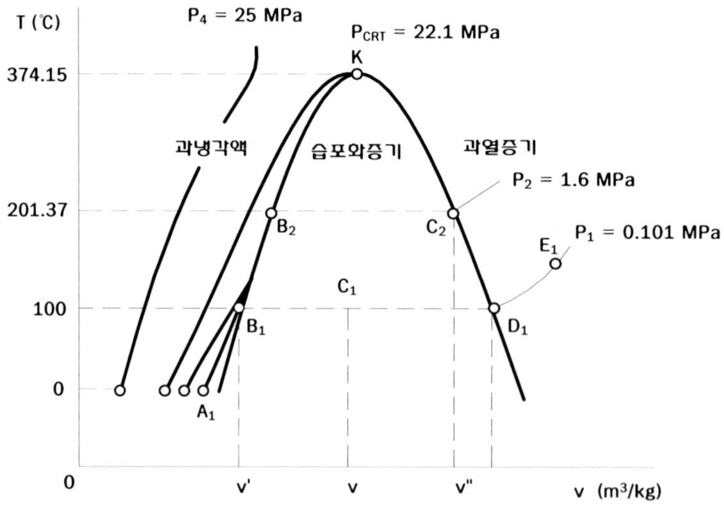

그림 6.3 수증기의 T - v 선도

그림 6.3에서 표준 기압 0.101325 MPa, 온도 0 ℃인 A_1 점에서 물을 용기에 넣고 가열하면 온도 100 ℃인 B_1 점에서 물이 끓기 시작하나, 용기의 압력을 1.6 MPa로 유지하게 되면 물은 B_2 지점인 201.37 ℃에서 물이 끓기 시작한다. 즉, 물이 끓기 시작하는 온도는 압력에 따라 달라지며, 압력을 일정하게 하게 비등 온도가 결정된다. 이와 같이 일정 압력에서 순수 물질이 비등하기 시작하는 온도를 포화 온도(saturated temperature)라 하고, 또한 일정 온도에서 순수 물질이 비등하기 시작하는 압력을 포화 압력(saturated pressure)이라고 한다. 0.101325 MPa인 압력에서 물의 포화 온도는 100 ℃이고, 또는 100 ℃인 온도에서의 포화 압력은 0.101325 kPa이다.

그림 6.3에서 압력이 표준 기압 이외의 압력, 압력이 낮은 상태 0.001 MPa에서는 포화 온도 6.983 ℃에서 비등이 시작된다. 이와 같이 상태 변화 과정에서 온도와 압력은 종속 상태량으로서, 높은 압력에 있는 물질은 높은 압력에서 끓게 된다. 높은 산에서 밥을 하기 위해 물을 끓이게 되면 평지에서보다 상대적으로 낮은 온도에서 물이 끓기 때문에 밥이 설익게 되는 경우가 있으며, 이를 방지하기 위해 뚜껑에 무거운 돌을 올려놓게 된다. 즉, 돌을 올려놓으면 압력솥의 경우와 비슷하게 용기 내의 압력이 높아지게 되면서 비등 압력이 높아지게 되고, 이에 비등 온도도 상승되기 때문이다.

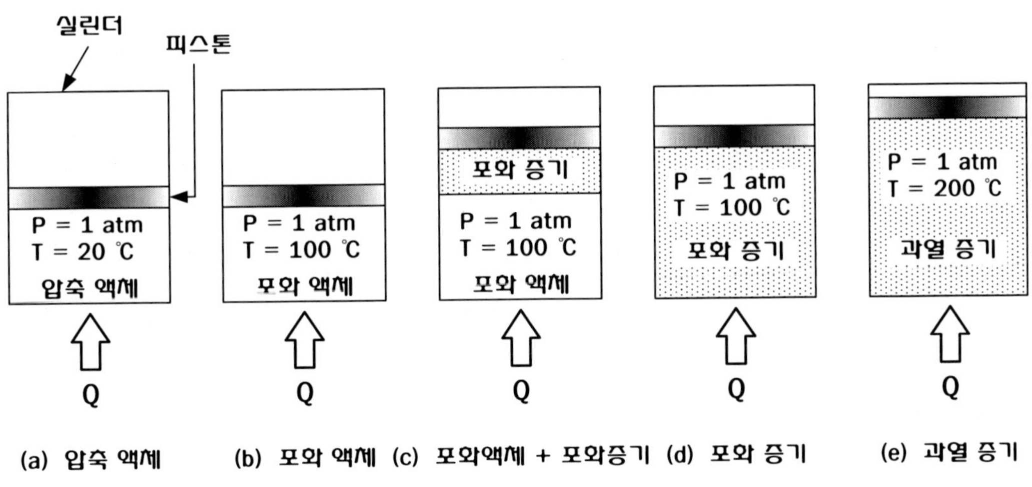

그림 6.4 물 ~ 과열 증기의 변화 과정

(2) 압축 액체, 포화 액체 및 포화 증기

표준 대기압 하에서 실린더 내부에 20 ℃인 물이 있다고 가정할 때, 현재 물은 액체 상태로 존재하며, 기화되지 않은 상태이므로 압축 액체(compressed liquid)라 한다. 이와 같은 상태에서 열을 가하게 되면 물의 온도가 상승되게 된다. 이와 더불어 물의 비체적이 상승되면서 물의 체적이 팽창되고, 이에 따라 물을 누르고 있던 피스톤이 상승하게 될 것이다. 실린더 내의 압력은 외부 대기압과 피스톤 무게에 따라 달라지나, 일반적으로 1기압으로 일정하게 유지되는 것으로 가정한다. 계속해서 열을 공급하면 온도가 계속 상승되어 100 ℃까지는 물은 계속적으로 액체 상태를 유지하게 될 것이다. 100 ℃인 액체 상태인 물의 상태에서는 아무리 작은 양의 열이라도 가해지게 되면 액체의 일부가 기화된다. 즉, 액체로부터 기체로의 상태 변화가 일어나게 될 것이며, 기화되려고 하는 액체를 포화 액체(saturated liquid)라 한다.

그림 6.3에서 수온이 100 ℃인 포화액 상태인 B_1 점에서 증기가 발생되기 시작하며, 100 ℃ 등온 상태에서 증발이 계속 진행되면 C_1 점에서 액체 상태와 기체 상태가 공존하는 습포화 증기로 된다. 액체를 일정 압력 하에서 가열하면 액체가 완전 증발(기화)하기까지 습포화 증기 온도는 포화온도로 유지되고 있다.

(3) 포화 증기, 과열 증기

비등이 시작되면 액체가 완전히 기화될 때까지 온도는 상승되지 않는다. 즉, 압력이 일정하게 유지된다면 상태 변화 과정동안 온도는 일정하게 유지될 것이고, 비등 과정에서는 액체가 증기로 상태 변화를 함에 따라 체적이 크게 증가되면서 액체의 양이 안정적으로 감소되고 있음을 확인할 수 있다.

비등 과정에서 실린더 내의 액체의 양과 기체의 양이 같아지더라도 계속해서 열을 가하게 되면 마지막 액체 상태가 완전히 기화될 때까지 기화 과정은 계속된다. 이 때, 실린더는 증기 상태와 액체 상태의 경계에 있는 증기로 채워지게 된다. 이와 같은 증기 상태에서 아무리 작은 양의 열이라도 열 손실이 발생되면 일부 증기가 액체로 응축되는 상태 변화가 일어나게 되고, 이 때의 상태를 포화 증기(saturated vapor)라 한다. 포화액을 가열하면 부분적으로 등온, 등압 상태의 기체로 변화하지만, 이와 같이 액체가 기체로 상태 변화되는 것을 증발(evaporation)이라고 하고, 이와 반대로 기체가 액체로 상태 변화되는 경우를 응축(condensation)이라고 한다.

그림 6.3의 C_1 점에서 계속 가열이 이루어지면 액체가 전부 증기로 된 상태 즉, 액체가 전혀 포함되어 있지 않는 증기 상태를 건조 포화 증기(dry saturated vapour)라 하고, 포화액이 증발하기 시작하여 건조 포화증기로 되기까지의 상태 즉, 액과 증기가 공존하는 상태를 습포화증기(wet saturated vapour) 혹은 습증기라고 한다. 보일러에

서 발생되는 증기를 습포화증기라 할 수 있다.

기체 상태로 완전한 상태 변화가 끝나게 되면, 기체 상태인 단일 상태로 유지되고, 이 때 외부에서 열이 가하지게 되면 온도와 비체적이 다시 증가하게 된다. 온도가 상승하여 증기 온도가 200 ℃로 유지되고 있는 상태로 가정하였을 때, 열손실이 일어나더라도 증기 온도가 100 ℃ 이상을 유지하는 한, 응축 현상은 일어나지 않는다. 이와 같이 포화 증기가 아닌, 표준 대기압하에서 100 ℃ 이상의 증기를 과열 증기(superheated vapor)라고 한다. 즉, 포화압력 하에서 포화증기를 포화 온도 이상으로 가열하는 것을 과열(super heat)이라 하고, 그림 6.3의 D_1 점에서 계속해서 가열하면 비체적과 온도가 상승하여 E_1 에서는 완전한 과열증기(superheated vapour)가 된다. 과열증기의 온도와 그 압력에 상당하는 포화온도와의 차이를 과열도(degree of super heat)라 한다. 예를 들면 표준 기압 하에서 과열 증기의 온도가 130 ℃이면 과열도는 30 ℃이다. 또한, 포화액을 포화압력 하에서 포화온도 이하로 냉각하는 것을 과냉각(subcooling)이라 하고, 이 상태에 있는 액을 과냉각액(subcooling liquid)라 한다. 과냉각액의 온도와 포화온도와의 차이를 과냉각도(degree of subcooling)이라 한다.

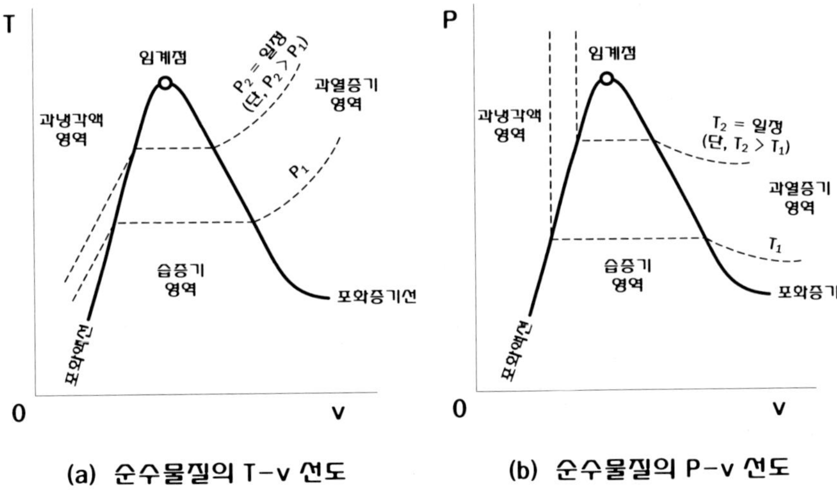

그림 6.5 순수 물질의 T-v 선도와 P-v 선도

(4) 임계점, 임계온도, 임계압력

그림 6.3에서 압력 P_{crit} = 22.12 MPa, 온도 T_{crit} = 101 ℃인 K 점에서는 물(압축수)이 직접 건조포화증기로 변화된다. 이러한 K 점을 임계점(critical point)라 하고, 이

때의 온도를 임계온도(critical temperature), 압력을 임계압력(critical pressure)이라 한다. 즉, 기체는 기체 고유의 온도 이하에서는 포화 상태로 액화하지만, 고유 온도 이상에서는 아무리 압력을 높여도 액화되지 않는 한계가 있다. 이러한 한계가 임계점이다.

액화되기 쉬운 기체는 임계 온도가 상온보다 높기 때문에 압축시켜 상온에서 냉각하면 액체로 되지만, 임계 온도가 상온보다 낮은 기체는 압축시켜 냉각하는 것만으로는 액화되지 않는다.

그림 6.5는 순수 물질에 대한 T-v 선도와 P-v 선도를 비교한 것으로, 매우 유사한 경향을 나타내고 있으나, P-v 선도에 있어서는 등온선이 아래로 향하고 있다.

6.3 증기와 관련된 계산

(1) 포화액

포화 온도에 있는 물을 포화수(saturated water)라 하고, 물이 포화 온도에 도달할 때까지의 비열 C는 온도만의 함수이다.

$$C = f(T) = 4.17838 - 0.000434 \cdot T + 0.000008677 \cdot T^2 \tag{6.1}$$

0 ℃ 물 1 kg을 임의의 온도 Ts까지 가열하는 데 필요한 열량을 q라 하면

$$q = \int_0^{T_s} C \cdot dT \tag{6.2}$$

0 ℃에서 100 ℃까지의 비열 C는 거의 일정하고, 300 ℃까지는 식 (6.3)과 같이 정리할 수 있다.

$$q_T = 4.1784 \cdot T_{sat} - 0.00021702 \cdot T_{sat}^2 + 0.000002892 \cdot T_{sat}^3 \tag{6.3}$$

q_T : 열량 (kJ - SI, kcal - MKS)

T_S : 포화 온도 (℃, K)

압력 P에서 0 ℃인 물의 비체적을 v_O, 내부 에너지를 u_O, 포화수의 비체적 및 내부 에너지를 각각 v', u'라 하면 열량은 다음과 같이 계산된다.

$$q = (u' - u_O) + P \cdot (v' - v_O) \tag{6.4}$$

$(v' - v_O)$의 값은 상당히 작으므로 가해진 열량의 대부분은 내부 에너지의 증가 $(u' - u_O)$로 변환된다. 0 ℃인 비포화수 1 kg을 압력 P에 대응하는 포화온도 Ts까지 높이는 데 필요한 열량이 현열이다.

포화수의 비엔탈피 h'는 엔탈피의 정의식과 (6.4)식을 조합하면 다음과 같다.

$$h' = u' + P \cdot v' = Q + h_O = q + P \cdot v_O \tag{6.5}$$

h' : 포화액의 비엔탈피 (kJ/kg - SI, kcal/kg - MKS)

h_O : 0 ℃ 포화액의 비엔탈피 (kJ/kg - SI, kcal/kg - MKS)

포화수가 고온 상태가 아니면 포화수의 비엔트로피 s'는 비열 C가 일정하다고 고려하여 식 (6.6)과 같이 근사적으로 계산할 수 있다.

$$s' = \int \frac{dQ}{T} = \int C\frac{dT}{T} = C \ \ln\frac{T_s}{273.16} \tag{6.6}$$

(2) 습포화증기

0 ℃ 포화액이 일정 압력 하에서 가열되고, 일정 압력에 대한 포화온도에 도달하고 난 후에도 계속 가열하면 증발이 시작되면서 습포화증기가 발생하게 되고, 결국에는 건조포화증기가 된다. 이러한 과정을 그림 6.6에 나타내었다.

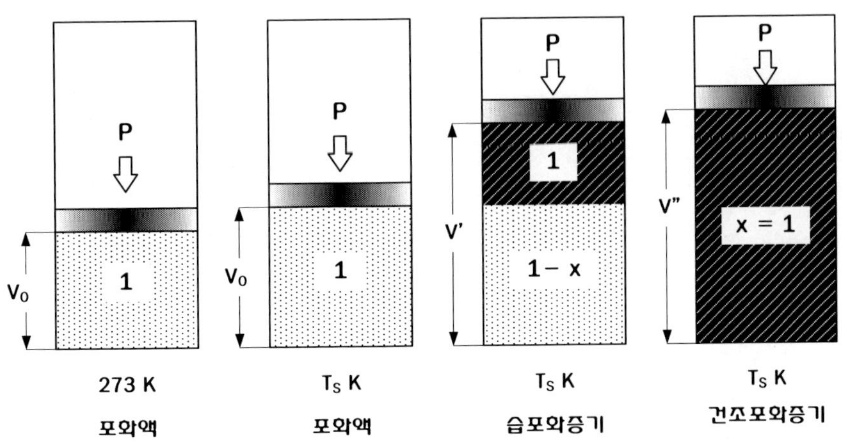

그림 6.6 일정 압력에서의 증기 변화

습포화증기 1 kg 중에 건조포화증기 x kg, 액체가 (1 − x) kg의 비율로 이루어져 있다고 하면, x를 습포화증기의 건도(dryness fraction or dryness quality, quality), (1 − x)를 습도(wetness fraction or wetness quality)라 한다.

건도가 x인 증기의 비체적은 식 (6.7)과 같다.

$$v = (1-x) \cdot v' + x \cdot v'' = v' + x \cdot (v'' - v') \tag{6.7}$$

v' : 포화액의 비체적 (㎥/kg)

v" : 건조 포화증기의 비체적 (㎥/kg)

포화액의 비체적은 건조포화증기의 비체적에 비해 매우 작기 때문에 건도 x인 증기의 비체적은 건조 포화증기의 비체적과 같다고 가정할 수 있다.

$$v \fallingdotseq v'' \tag{6.8}$$

비엔탈피 h는 증발 잠열을 r kJ/kg이라 하면 다음과 같이 정리할 수 있다.

$$h = h' + x \cdot (h'' - h') = h' + x \cdot r \tag{6.9}$$

여기서, h′ 은 포화액의 비엔탈피, h″ 는 건조포화증기의 비엔탈피, r (= h″ - h′) 은 증발 과정 중의 엔탈피 증가이다.

비엔트로피 s는 포화온도를 Ts라 하면 다음 식과 같다.

$$s = (1-x) \cdot s'' + x \cdot s'' = s' + x \cdot (s'' - s') = s' + \frac{x_r}{T_S} \tag{6.10}$$

s′ : 포화액의 비엔트로피 (kJ/kg - SI, kcal/kg - MKS)

s″ : 건조포화증기의 비엔트로피 (kJ/kg - SI, kcal/kg - MKS)

(s″ -s′) : 증발 과정에서의 엔트로피 증가량
(= r / T_S) (kJ/K - SI, kcal/K - MKS)

가열에 필요한 열량 Q에 대해서 증기 보일러에서는 일정 압력 하에서 이루어지는 정압 변화이기 때문에 엔탈피의 차가 가열에 필요한 열량이다.

$$Q = (h' - h_O') = x_r \tag{6.11}$$

h_O' : 온도 T_O인 물의 비엔탈피(kJ/kg - SI, kcal/kg - MKS)

급수 비엔탈피 h_O' , h′ 는 증기표에서 알 수 있다.

증기 보일러에 관한 문제에 있어서 주의할 것은 절대 압력과 게이지 압력을 구분하여 계산하여야 한다.

[예제 6.1] 100 ℃ 물의 비열 및 150 ℃ 물의 비열은?

[예제 6.2] 압력 1.0 MPa, 포화온도 179.88 ℃인 포화증기에서 포화수의 비체적 $v' = 0.001127\ m^3/kg$, 비엔탈피 $h' = 762.605$ kJ/kg·K, 건조 포화증기의 비체적 $v'' = 0.194293\ m^3/kg$, 비엔탈피 $h'' = 2766.2$ kJ/kg·K이다. 건도 0.7인 습포화증기의 ⓐ 비체적, ⓑ 비엔탈피는 얼마인가?

[예제 6.3] 압력이 일정한 상태에서 압력 1.0 MPa, 온도 300 ℃인 과열 증기에 15 ℃의 물을 주입하여 건도 0.7인 습포화증기를 만들고자 한다. 과열증기 1 kg당 주입해야 할 수량은 얼마인가? 단, 압력 1.0 MPa, 온도 300 ℃인 과열 증기, 건조포화증기 및 포화수의 비엔탈피는 각각 $hs = 3052.1$ kJ/kg, $h'' = 2776.2$ kJ/kg, $h' = 763.2$ kJ/kg이다.

[예제 6.4] 체적 300 l 인 탱크에 온도 180 ℃인 수증기가 2 kg 충전되어 있다. 온도 180 ℃인 포화수의 포화압력 $P_s = 1.0027$ MPa, 비체적 $v' = 0.001128\ m^3/kg$, 포화증기의 비체적 $v'' = 0.1938\ m^3/kg$라 하면 ⓐ 수증기의 비체적, ⓑ 건도는?

(3) 건조포화증기

건조포화증기의 성질은 온도와 압력은 포화액과 같으나, 비체적 및 비엔탈피가 다르다. 예를 들면, 압력 101.325 kPa인 포화수는 온도 T = 100 ℃, 비체적 $v' = 0.001043\ m^3/kg$, 비엔탈피 $h' = 419.06$ kJ/kg이지만, 가열 후의 등온·등압의 건조 포화증기로 변화되면 비체적 $v'' = 1.673\ m^3/kg$, 비엔탈피 $h'' = 2676.0$ kJ/kg이다.

1 kg 포화액을 정압 하에서 가열하여 건조 포화증기로 만드는 데 필요한 열량 r은 식 (6.12)와 같고, $h = u + P{\cdot}v$이므로 식 (6.13)과 같이 정리될 수 있다.

$$r = u'' - u' = P \cdot (v'' - v') \tag{6.12}$$

$$r = h'' - h' \tag{6.13}$$

증발열 r은 액체 중의 분자가 분자 상호간의 인력을 깨고 표면으로 나오는 데 사용되는 내부 에너지 $(u'' - u')$와 증기로 변화된 후 체적을 팽창시키기 위해 사용되는 외부 에너지 $P(v'' - v')$로 구성되어 있고, 전자 $(u'' - u')$를 내부 증발열(internal latent heat of vaporization), 후자 $P(v'' - v')$를 외부 증발열(external latent heat of vaporization)이라고도 한다.

건조 포화증기의 비엔탈피 h″ 는 식 (6.13) 혹은 식 (6.9)에서 x=1로 하면 다음과 같다.

$$h'' = h' + r \tag{6.14}$$

건조 포화증기의 엔트로피 s″ 는 식 (6.10)에서 x =1로 하면 식 (6.15)와 같다.

$$s = s'' + \frac{r}{T_s} \tag{6.15}$$

증기 보일러에서 T_O인 물을 건조 포화증기로 발생시키기 위해 필요한 열량 Q의 변화는 정압 변화에서 일어나는 것이기 때문에 식 (6.11)에서 x = 1로 하면

$$Q = (h' - h_O) + r = h'' - h_O \tag{6.16}$$

h″ : 건조 포화증기의 비엔탈피 (kJ/kg - SI, kcal/kg - MKS)

h_O : 물의 비엔탈피 (kJ/kg - SI, kcal/kg - MKS)

[예제 6.5] 압력 600 kPa, 포화 온도 158.84 ℃인 건조 포화증기 2 kg을 정압하에서 40 ℃의 물로 만들고자 하는 열량으로 5 ℃의 공기를 정압 하에서 20 ℃의 공기를 몇 kg 변화시킬 수 있는가? 단, 600 kPa의 압력에서 물의 증발열 r = 2085.0 kJ/kg, 공기의 정압 비열을 1.005 kJ/kg·K, 건조 포화증기의 비엔탈피 h′ = 670.4 kJ/kg으로 한다.

[예제 6.6] 온도 15 ℃인 물 700 kg이 들어 있는 욕조에 압력 500 kPa의 건조 포화증기를 혼입하여 40 ℃의 따뜻한 물로 만들기 위해서는 몇 kg의 증기가 필요한가? 단, 압력 500 kPa의 건조 포화증기의 비엔탈피 h″ = 2747.5 kJ/kg·K이고, 열손실은 없다고 가정한다.

[예제 6.7] 압력 1.2 MPa인 포화수를 감압 밸브를 이용하여 교축시켜 압력을 0.1 MPa로 강하시켰을 경우, 증기의 건도 및 비체적은 얼마인가? 단, 1.2 MPa의 포화수 엔탈피 h_1' = 798.4 kJ/kg, 0.1 MPa의 포화수 엔탈피 h_2' = 417.5 kJ/kg, 건조 포화증기의 비엔탈피 h_2'' = 2675.4 J/kg, 포화수의 비체적 v_2' = 0.00104 m³/kg, 건조 포화증기의 비체적 v_2'' = 1.69373 m³/kg, 열손실은 없는 것으로 가정한다.

(4) 과열증기

과냉각액에서 과열증기까지의 상태 변화는 과냉각액 → 포화액 → 습포화증기 → 건

조포화증기 → 과열증기이다. 즉, 포화증기 상태에서 계속 가열하게 되면 포화 온도에서 온도가 다시 상승하기 시작하여 포화 온도 이상으로 가열된 증기를 과열증기라 한다.

과열증기의 비엔탈피 h는 다음 식과 같다.

$$h = h'' + q_S = h'' + \int_{T_S}^{T} C_P \cdot dT \tag{6.17}$$

$$q_S = \int_{T_S}^{T} C_P \cdot dT = C_{pm} \cdot (T - T_S) = C_{pm} \cdot (t - t_S) \tag{6.18}$$

여기서, C_P는 과열증기의 정압 비열, C_{Pm}은 과열증기 T_S ~ T 사이의 평균 정압 비열, T_S는 포화온도, T는 과열온도, T - T_S는 과열도이다.

식 (6.18)에서 q_S를 과열열(heat of superheating)이라 하고, 건조 포화증기를 포화온도 T_S로부터 과열증기 온도 T까지 과열시키는 데 필요한 열량이다. 과열증기의 정압 비열 C_P를 알고 있으면 T - s 선도상에서 정압선을 따라 적분하면 구할 수 있지만, 실제로는 식 (6.17)과 식 (6.18)을 이용한 식 (6.19)로 계산한다.

$$h = h'' + C_{Pm} \cdot (T - T_S) \tag{6.19}$$

h″ 는 동일 압력의 건조포화증기의 엔탈피이다.

과열증기의 비엔트로피는 식 (6.20)과 같다.

$$s = s'' + \int_{T_S}^{T} C \frac{dT}{T} = s'' + C_{Pm} \ln \frac{T}{T_S} \tag{6.20}$$

과열기에서 과열온도까지 상승시키는 데 필요한 열량 Q는 정압 하에서 일어나는 것이기 때문에

$$Q = h_u - (h' + x_r) \tag{6.21}$$

h_U : 과열기를 나오는 증기의 비엔탈피

$h' + x_r$: 과열기로 들어가는 습포화증기의 비엔탈피

[예제 6.8] 압력 4 MPa인 물의 포화 온도는 250.33 ℃, 포화수의 엔탈피 h′ = 1087.4 kJ/kg, 건조 포화증기의 엔탈피 h″ = 2800.3 J/kg이다. 정압 하에서 건조 포화증기를 400 ℃로 가열한다면 비엔탈피 h = 3215.7 kJ/kg이 된다. ⓐ 과열 열량, ⓑ 비엔트로피는 얼마인가? 단, 250.33 ~ 400 ℃ 사이의 평균 정압 비열은 2.9 kJ/kg·K이다.

[예제 6.9] 압력 2 MPa, 온도 350 ℃인 과열증기에 20 ℃의 물을 혼합시켜 증기 온도를 250 ℃로 하기 위해서는 증기 1 kg 당 물을 몇 kg 혼합시켜야 하는가? 단, 압력 2 MPa인 증기의 포화 온도는 212.37 ℃, 증발 잠열은 1888.6 kJ/kg, 과열 증기의 평균 정압 비열을 2.8 kJ/kg·K이다.

[예제 6.10] 압력 3 MPa,1 온도 300 ℃인 과열증기 30 kg에 온도 15 ℃의 물을 주입하였을 때, 동일 압력 하에서 건도 80 %인 습증기가 되었다. 주입한 물의 양은 얼마인가? 단, 과열 증기의 엔탈피는 2995.1 kJ/kg, 증발열은 1793.9 kJ/kg, 포화수의 비엔탈피는 1008.4 kJ/kg, 포화 온도는 233.84 ℃, 물의 비열은 4.186 kJ/kg·K이다.

6.4 증기표와 증기선도

(1) 증기표

증기표(steam table)에는 포화 온도, 포화 압력, 비체적, 비엔탈피, 증발열, 비엔트로피 등의 값이 표시되어 있고, 온도를 기초로 작성한 표와 압력을 기준으로 작성한 표가 있다.

(2) 증기선도

증기선도에는 다음과 같은 종류의 선도가 있다.

① h - s 선도

종축에 비엔탈피 h kJ/kg, 횡축에 비엔트로피 s kJ/kg·K를 좌표로 하고 있다. 모리엘 선도(Mollier) 선도라고 하기도 한다. 이 선도의 종축을 따라 길이를 측정하는 것만으로 열량 관계를 알 수 있기 때문에 실용적으로 매우 편리한 선도이다. 이 선도에는 등비체적선(v = 일정), 정압선(P = 일정), 등온선(T = 일정), 등건조도선(x = 일정) 등이 도시되어 있다. x = 1.0 이하의 습포화증기 범위에서는 정압선과 등온선이 일치하고 있지만, 과냉각액 및 과열증기의 범위에서는 정압선과 등온선이 분리된다.

② T - s 선도

종축에 절대 온도 T K, 횡축에 비엔트로피 s kJ/kg·K를 좌표로 하고 있으며, 열량은 면적으로 표시된다. 등온 변화, 단열 변화와 같은 상태 변화도 각각 s 축, T 축에 평행한 선으로 표시되기 때문에 이해하기 쉽다. T - s 선도에는 정적선(v = 일정), 정압선(P = 일정), 등엔탈피선(h = 일정), 등건조도선(x = 일정) 등으로 구분되어 표시되어 있다.

③ 그 외의 선도

종축에 압력 P, 횡축에 비체적 v을 표시한 P - v 선도, 종축에 압력 P, 횡축에 비엔탈피 h를 표시한 P - h 선도, 종축에 온도 T, 횡축에 비체적 v를 표시한 T - v 선도, 종축에 비엔탈피 h, 횡축에 압력 P를 표시한 h - P 선도 등이 있다.

6.5 증기의 상태 변화

증기 상태 변화를 알기 위해서는 P - v 선도, T - s 선도, h - s 선도 등을 이용하면 편리하고, 포화 증기의 범위에 대해서는 증기표에서 수치를 계산할 수 있다. 또한, 과열증기 범위에 대해서는 h - s 선도상의 등비체적선 · 정압선 · 등온선 등을 이용하여 상태량을 계산할 수 있다.

그림 6.7은 수증기의 P - v 선도로서 곡선 A - K는 포화액선(saturated water line), 곡선 K - B는 포화증기선(saturated vapour line)이다. 또한, 이들 곡선 A - K - B를 포화선(boundary curve)라고 한다. 임계점 K를 통과하는 임계 온도선 이상의 등온선 T_2 에서는 이상 기체의 등온선 Pv = 일정의 직각 쌍곡선에 가깝다.

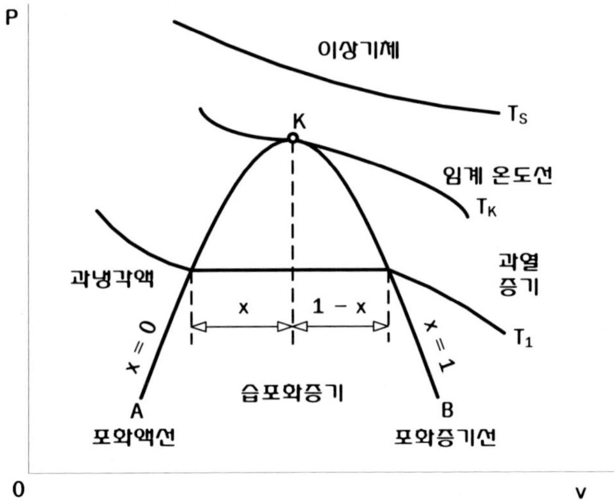

그림 6.7 수증기의 P - v 선도

(1) 정적 변화

보일러와 같은 밀폐 용기에 물을 넣고 가열할 때의 변화로서, 건도 x가 그다지 낮지 않을 경우에는 그림 6.8에서 1 → 2 → 3의 상태 변화를 통해 건조포화증기가 되고, 계속해서 가열하면 과열증기가 된다. 그러나, 건도 x가 0에 가까운 값 즉, 용기 중에 수증기가 매우 적게 존재하고 대부분이 포화수인 경우에는 1′ → 2′ → 3′ 으로 변화하여 전부 포화수가 된다.

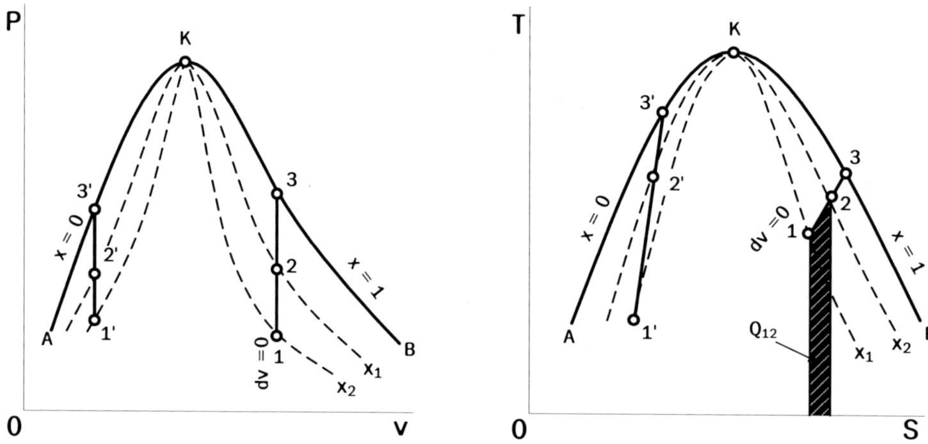

그림 6.8 등적 변화의 P - v 선도와 T - s 선도

이와 같이 최초 상태 건도 x의 값에 의해 건도가 증가하는 경우와 감소하는 경우로 구분할 수 있다. 증기 상태가 1에서 2까지 정적 변화를 하고 있고, 건도가 x_1 에서 x_2 로 증가할 경우의 비체적 v는 식 (6.7)에 의해 식 (6.22)와 같이 된다.

$$v_1 = v_1' + x_1(v_1'' - v_1') \tag{6.22}$$

$$v_2 = v_2' + x_2(v_2'' - v_2')$$

정적 변화이기 때문에 $v_1 = v_2$ 이므로

$$x_2 = x_1\frac{v_1'' - v_1'}{v_2'' - v_2'} + \frac{v_1' - v_2'}{v_2'' - v_2'} \tag{6.23}$$

또한, 정적 변화에 있어서의 가열량 Q_{12} 는

$$Q_{12} = u_2 - u_1 = (u_2' - u_1') + (x_2 \cdot \rho_2 - x_1 \cdot \rho_1) \tag{6.24}$$

여기서, $\rho(= u'' - u')$는 내부 증발열이다.

(2) 정압 변화

습포화증기의 범위에 있어서 증발은 일정 압력·일정 온도 하에서 일어나기 때문에 정압 변화이면서 동시에 등온 변화이다.

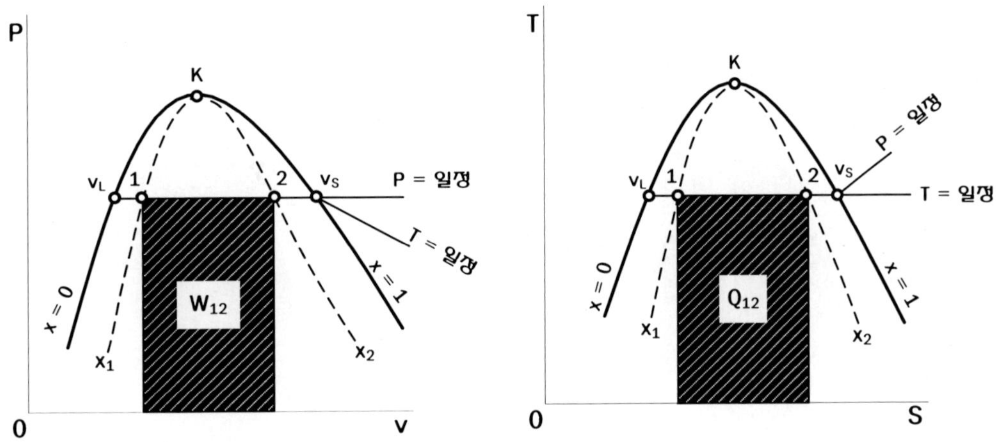

그림 6.9 등압·등온 변화의 P - v 선도와 T - s 선도

그림 6.9의 정압변화 중에 건도 x_1 에서 x_2 로 변화하는 과정에 가해진 열량은

$$Q_{12} = (x_2 - x_1) \cdot r \tag{6.25}$$

내부 에너지 변화 $u_2 - u_1$ 은

$$u_2 - u_1 = (x_2 - x_1)\rho = (x_2 - x_1) \cdot (u'' - u') \tag{6.26}$$

외부에 대한 일 W_{12} 는

$$W_{12} = (x_2 - x_1) \cdot P \cdot (v'' - v') = \varphi (x_2 - x_1) \tag{6.27}$$

ϕ(= P(v″ - v′))는 외부 증발열이다.

(3) 등온 변화

습포화증기의 등온 변화와 정압 변화는 일치하고 있고, 그림 6.에서 증기 상태가 1에서 2까지 변화할 때의 필요 열량 Q_{12} 는

$$Q_{12} = \int_1^2 T \cdot dS = T(S_2 - S_1) \tag{6.28}$$

외부에 대한 일 W_{12} 는

$$W_{12} = Q_{12} - (u_2 - u_1) = Q_{12} - (h_2 - P_2 \cdot v_2) + (h_1 - P_1 \cdot v_1) \tag{6.29}$$

또한, 공업일 W_T는

$$W_T = Q_{12} - (h_2 - h_1) \tag{6.30}$$

(4) 단열 변화

그림 6.10에서 상태 1인 과열증기를 단열 팽창시키면 2 점에서 포화증기선에 걸리면서 건조 포화증기로 되고 계속 팽창시키면 3 점의 습포화증기로 된다. 그러나, 1′의 상태인 포화수에서는 단열 팽창에 의해 2′ 인 습포화증기로 된다.

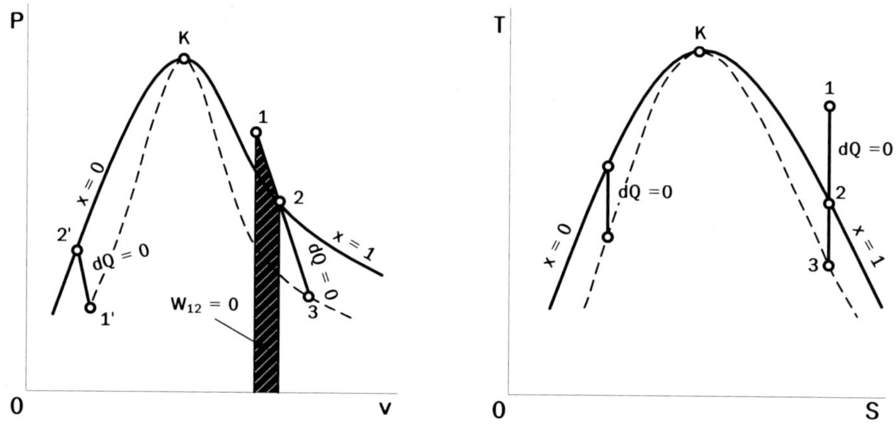

그림 6.10 단열 변화의 P - v 선도와 T - s 선도

단열 변화에 있어서 건도 x의 변화는 식 (6.10)에 의해 식 (6.31)과 같이 계산된다.

$$s_1 = s_1' + x_1(s_1'' - s_1') = s + \frac{x_1 \cdot r_1}{T_2} \tag{6.31}$$

$$s_2 = s_2' + x_2(s_2'' - s_2') = s + \frac{x_2 \cdot r_2}{T}$$

단열 변화에서 $s_1 = s_2$ 이고, 이들 식을 치환하여 변형하면 단열 변화에 대한 최종 건도 x_2 는

$$x_2 = x_1 \frac{s_1'' - s_1'}{s_2'' - s_2'} + \frac{s_1' - s_2'}{s_2'' - s_2'} = \frac{\frac{x_1 \cdot r_1}{T_1} + s_1' - s_2'}{\frac{r_2}{T_2}} = \frac{s_1 - s_2'}{\frac{r_2}{T_2}} \tag{6.32}$$

절대일 W_{12} 는

$$W_{12} = u_1 - u_2 = u' - u_2'' + x_1 \cdot \rho_1 - x_2 \cdot \rho_2 \tag{6.33}$$

[예제 6.11] 압력 3 MPa, 온도 350 ℃인 증기 1 kg의 체적이 0.09053 m^3이다. 이 증기를 일정 체적 하에서 압력을 0.5 MPa까지 냉각할 경우, ⓐ 최종 건도 x_2, ⓑ 최초 내부 에너지 u_1, ⓒ 최종 내부 에너지 u_2, ⓓ 열량 변화는 얼마인가?

[예제 6.12] 압력 2 MPa, 건도 0.4인 습포화증기 1 kg이 가열에 의해 건도가 0.8이 되었다. ⓐ 가해진 열량, ⓑ 외부에 대한 일은 얼마인가?

[예제 6.13] 압력 4 MPa인 건조 포화증기를 0.1 MPa까지 단열 팽창시킬 때, 최종 건도는 얼마인가?

【 연 습 문 제 】

1. 압력 2.0 MPa, 포화온도 212.37 ℃의 포화증기는 포화수 비체적 v'= 0.001177 m^3/kg, 비엔탈피 h'= 908.588 kJ/kg · K, 건조포화증기 비체적 v''= 0.099536 m^3/kg, 비엔탈피 h''= 2797.2 kJ/kg · K로 구성되어 있다. 건도 0.85인 습포화 증기의 ⓐ 비체적, ⓑ 비엔탈피를 구하시오.

2. 용적 500 L인 탱크에 온도 200 ℃인 수증기 4.5 kg이 들어있다. 온도 200 ℃인 포화수의 포화압력 Ps = 1.5549 MPa, 비체적 v'= 0.001157 m^3/kg, 포화증기 비체적 v''= 0.127160 m^3/kg이면, ⓐ 수증기의 비체적, ⓑ 건도 x를 구하시오.

3. 압력 2.0 MPa, 온도 400 ℃인 과열증기에 20 ℃의 물을 넣어서 등압 하에서 건도 0.75인 습포화증기가 되었다. 과열증기 1 kg 당 주입해야 할 수량을 구하시오. 단, 압력 2.0 MPa, 온도 400℃인 과열증기·건포화증기 및 포화수의 비엔탈피를 각각 hS = 3248.7 kJ/kg, h''= 2797.2 kJ/kg, h'= 908.6 kJ/kg 라 한다.

4. 온도 12 ℃인 물 600 kg이 들어 있는 욕조가 있다. 이 욕조에 압력 400 kPa 의 건포화증기를 혼입하여 42 ℃의 따뜻한 물로 만들기 위해서 몇 kg의 증기가 필요한가? 단, 압력 400 kPa의 건포화증기의 비엔탈비 h''= 2737.6 kJ/kg이고, 열손실은 없는 것으로 한다.

5. 압력 500 kPa, 포화온도 151.84 ℃인 건포화증기를 정압 하에서 10 ℃의 공기 300 kg를 25 ℃로 하기 위해서는 몇 kg의 건포화증기가 필요한가? 단, 500 kPa의 압력을 가진 물의 증발열 r = 2107.4 kJ/kg, 공기의 정압 비열 CPa = 1.005 kJ/kg·K, 건조증기의 비엔탈피 h'= 2747.5 kJ/kg이다.

6. 압력 1.0 MPa의 포화수를 감압 밸브를 이용하여 0.2 MPa로 감압시켰을 때의 증기 건도와 비체적을 구하시오. 단, 1.0 MPa의 포화수의 비엔탈피 $h1'$ = 762.6 kJ/kg, 0.2 MPa의 포화수의 비엔탈피 h_2''= 2706.3 kJ/kg, 포화수의 비체적 v'= 0.00106 m^3/kg, 건포화증기의 비체적 v_2''= 0.88544 m^3/kg이고, 열손실은 없는 것으로 한다.

7. 압력 5 MPa의 물의 포화온도는 263.91 ℃에서 포화수의 비엔탈피 h′= 1154.47 kJ/kg, 건조 포화증기의 비엔탈피 h″= 2794.2 kJ/kg이다. 압력을 일정하게 유지하면서 건조 포화증기를 350 ℃로 가열하면 비엔탈피 h = 3071.2 kJ/kg로 된다. 이 때 다음 식을 구하시오. 단, 263.91 ~ 350 ℃사이의 평균 정압 비열은 2.9 kJ/kg이라고 한다.

(1) 과열의 열 (2) 비엔트로피

8. 압력 1.8 MPa, 건도 65 %인 습포화증기 10 m^3의 질량을 구하시오.

9. 압력 4 MPa, 온도 400 ℃인 증기 1 kg의 체적은 0.07338 m^3이다. 체적을 일정하게 유지하면서 압력을 0.4 MPa까지 냉각시킬 때, ⓐ 최종 건도 x_2, ⓑ 최초 내부 에너지 u_1, ⓒ 최종 내부 에너지 u_2, ⓓ 열량변화 Q_{12}를 구하시오.

10. 온도 200 ℃, 체적 0.04 m^3인 증기 1 kg이 일정 온도 하에서 체적이 0.8 m^3로 팽창하였다. 이 때, 공급 열량을 구하시오.

11. 압력 3 MPa, 건도 0.5의 습포화증기 1 kg이 가열에 의해서 건도가 0.9로 되었다. ⓐ 가해진 열량, ⓑ 외부로의 일을 구하시오.

12. 압력 2 MPa의 건포화증기를 0.1 MPa까지 단열 팽창시키면, 건도는 얼마인가?

7. 내연 기관

7.1 정적 사이클

일정 체적 하에서 연소 등의 변화가 일어나는 사이클을 정적 사이클(constant volume cycle)이라 한다. 정적 사이클은 2 개의 정적 변화와 2 개의 단열 변화로 이루어져 있다. 오토 사이클(Otto cycle)이라고 하며, 가솔린기관에 응용되는 사이클이다.

그림 7.1에서와 같이 정적 사이클은 다음과 같은 행정으로 이루어진다.

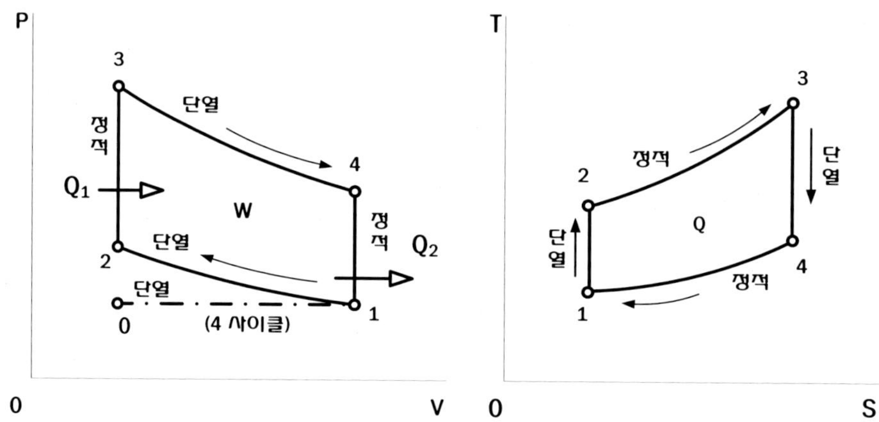

그림 7.1 정적 사이클의 P - v 선도와 T - s 선도

① 0 → 1 : 4 사이클의 흡기 행정

② 1 → 2 : 단열 압축 행정

③ 2 → 3 : 점화 및 극히 단시간에 일어나는 정적 연소의 폭발행정

④ 3 → 4 : 단열 팽창 행정

⑤ 4 → 1 : 배기 밸브가 열리고, 실린더 내의 압력이 순간적으로 일정 체적 하에서 대기압까지 내려가는 배기 행정

⑥ 1 → 0 : 4 사이클에서의 배기 행정

정적 사이클의 공급 열량을 Q_1 , 방출 열량을 Q_2 라 하면, 정적 변화이기 때문에

$$Q_1 = C_V \cdot (T_3 - T_2) \tag{7.1}$$

$$Q_2 = C_V \cdot (T_4 - T_1) \tag{7.2}$$

열효율을 η라 하면

$$\eta = \frac{W}{Q_1} = 1 - \frac{Q_2}{Q_1} = 1 - \frac{T_4 - T_1}{T_3 - T_2} \tag{7.3}$$

또한, 각 점의 온도에 대해서 1 → 2 과정은 단열 변화이므로

$$T_1 \cdot V_1^{\kappa-1} = T_2 \cdot V_2^{\kappa-1}$$

$$\therefore \ T_2 = T_1\left(\frac{V_1}{V_2}\right)^{\kappa-1} = T_1 \cdot \varepsilon^{\kappa-1} \tag{7.4}$$

$$\varepsilon = \frac{V_1}{V_2} \tag{7.5}$$

식 (7.5)의 ε는 압축비(compression ratio)이다.

2 → 3 과정은 정적 변화이기 때문에

$$\frac{T_2}{P_2} = \frac{T_3}{P_3}$$

$$\therefore \ T_3 = T_2\left(\frac{P_3}{P_2}\right) = T_1 \cdot \varepsilon^{\kappa-1} \cdot \xi \tag{7.6}$$

$$\xi = \frac{P_3}{P_2} = \frac{T_3}{T_2} \tag{7.7}$$

여기서, ξ는 압력비(pressure ratio)이다.

3 → 4 과정은 단열 변화이기 때문에 식 (7.8), 이론 열효율 η는 식 (7.9)이다.

$$T_3 \cdot V_3^{\kappa-1} = T_4 \cdot V_4^{\kappa-1}$$

$$\therefore \ T_4 = T_3\left(\frac{V_3}{V_4}\right) = T_1 \cdot \varepsilon^{\kappa-1} \cdot \xi \cdot \left(\frac{1}{\varepsilon}\right)^{\kappa-1} = T_1 \cdot \xi \tag{7.8}$$

$$\eta = 1 - \frac{T_4 - T_1}{T_3 - T_2} = 1 - \frac{T_1\xi - T_1}{T_1\varepsilon^{\kappa-1}\xi - T_1\varepsilon^{\kappa-1}} = 1 - \frac{T_1(\xi - 1)}{T_1\varepsilon^{\kappa-1}(\xi - 1)} \tag{7.9}$$

$$\therefore \ \eta = 1 - \frac{1}{\varepsilon^{\kappa-1}} = 1 - \left(\frac{V_2}{V_1}\right)^{\kappa-1} \tag{7.10}$$

정적 사이클에서 1 사이클 동안에 일 W를 행적 체적 (V_1 - V_2)로 나눈 값을 평균 유효 압력(mean effective pressure)라고 한다. 즉, 정적 사이클의 이론 평균 유효 압력 P_m은

$$P_m = \frac{W}{V_1 - V_2} = \frac{Q_1 - Q_2}{V_1 - V_2} = \frac{C_V(T_3 - T_2 - T_4 + T_1)}{V_1(1 - 1/\varepsilon)} \tag{7.11}$$

식 (7.11)에 식 (7.4) ~ 식 (7.8)을 대입하면

$$P_m = \frac{C_V\{T_1\epsilon^{\kappa-1}(\xi - 1) - T_1(\xi - 1)\}}{V_1(\epsilon - 1)/\epsilon} \tag{7.12}$$

$$= \frac{C_V T_1(\xi - 1)(\epsilon^{\kappa-1} - 1)\epsilon}{V_1(\epsilon - 1)}$$

또한, $C_V = R / (\kappa - 1)$ 및 P_1 (= RT_1 / V_1)을 대입하면

$$\therefore\ P_m = \frac{R}{\kappa - 1} \cdot \frac{T_1}{V_1} \cdot \frac{(\xi - 1)(\epsilon^{\kappa} - \epsilon)}{\epsilon - 1} \tag{7.13}$$

$$= \frac{P_1}{\kappa - 1} \cdot \frac{(\xi - 1)(\epsilon^{\kappa} - \epsilon)}{\epsilon - 1}$$

이상의 식들로부터 정적 사이클의 이론 열효율은 압축비만의 함수로서, 압축비 ε를 크게 하면 할수록 높아진다는 것을 알 수 있다.

[예제 7.1] 공기를 동작 유체로 하는 정적 사이클 기관에 대해서 최고 온도 950 ℃, 최저 온도 20 ℃, 압축비 9, 단열시 최초 온도 0.1 MPa, 단열 지수 1.35 일 때, ⓐ 이론 열효율, ⓑ 최고 압력, ⓒ 평균 유효 압력은 얼마인가?

[예제 7.2] 압축비 10.4인 정적 사이클 기관이 있다. 이론 열효율은 얼마인가? 단, 동작 유체의 단열 지수는 1.35이다.

7.2 정압 사이클

연소가 일정 압력 하에서 일어나는 사이클을 정압 사이클(constant pressure cycle) 혹은 디젤 사이클(Diesel cycle)이라고도 하며, 저속 디젤 사이클에 응용되고 있다.

그림 7.2에서와 같이 정압 사이클은 다음과 같은 행정으로 이루어진다.

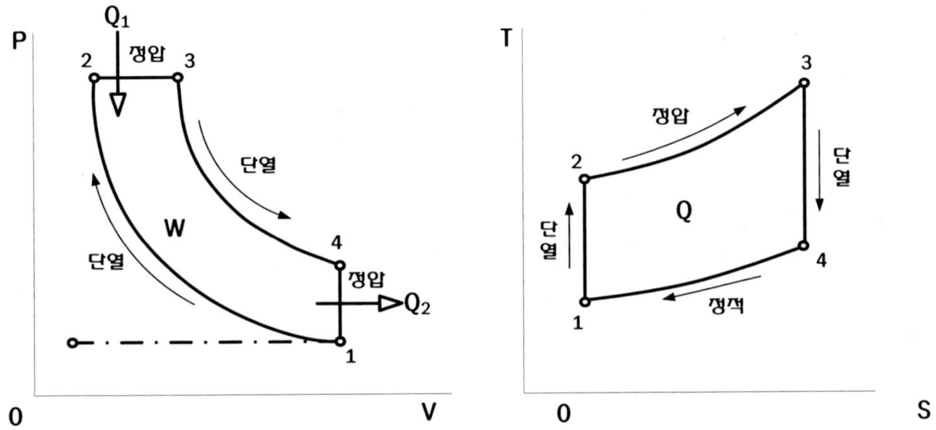

그림 7.2 정압 사이클의 P - v 선도와 T - s 선도

① 1 → 2 : 흡입 공기를 압축하는 단열 압축 행정

② 2 → 3 : 연료를 분출하여 정압 연소하는 폭발 행정

③ 3 → 4 : 단열 압축 행정

④ 4 → 1 : 정적 하에서 이루어지는 배기 행정

정압 사이클의 열량 Q_1 의 공급 및 Q_2 의 방출은 각각 정압 과정 및 정적 과정에서 일어나기 때문에

$$Q_1 = C_P(T_3 - T_2) \tag{7.14}$$

$$Q_2 = C_V(T_4 - T_1) \tag{7.15}$$

여기서, 정압 사이클의 이론 열효율 η 는

$$\eta = 1 - \frac{Q_2}{Q_1} = 1 - \frac{C_V(T_4 - T_1)}{C_P(T_3 - T_2)} = 1 - \frac{T_4 - T_1}{\kappa(T_3 - T_2)} \tag{7.16}$$

또한, 각 점의 온도에 대해서 1 → 2 과정은 단열 변화이기 때문에

$$\therefore\ T_2 = T_1\left(\frac{V_1}{V_2}\right)^{\kappa-1} = T_1 \cdot \varepsilon^{\kappa-1} \tag{7.17}$$

2 → 3 과정은 정압 변화이기 때문에

$$T_3 = T_2 \cdot \frac{V_3}{V_2} = T_1 \epsilon^{\kappa-1} \cdot \frac{V_3}{V_2} = T_1 \epsilon^{\kappa-1} \cdot \rho \tag{7.17}$$

$$\rho = \frac{V_3}{V_2} \tag{7.18}$$

여기서, ρ는 분사 단락비(injection cut off ratio), V_2 는 상사점에서의 피스톤 극간 체적, V_3 은 연료 분사 종료 시의 실린더 체적이다.

3 → 4 과정은 단열 변화이기 때문에

$$T_4 = T_3 \left(\frac{V_3}{V_4} \right)^{\kappa-1} = T_3 \left(\frac{V_3}{V_2} \cdot \frac{V_2}{V_4} \right)^{\kappa-1} \tag{7.19}$$

$$= T_1 \epsilon^{\kappa-1} \cdot \rho \cdot \rho^{\kappa-1} \cdot \left(\frac{V_2}{V_1} \right)^{\kappa-1} = T_1 \epsilon^{\kappa-1} \cdot \rho^{\kappa} \cdot \left(\frac{1}{\epsilon} \right)^{\kappa-1}$$

$$\therefore \ T_4 = T_1 \cdot \rho^{\kappa} \tag{7.20}$$

따라서, 이상의 식들을 식 (7.16)에 대입하면

$$\eta = 1 - \frac{T_4 - T_1}{\kappa (T_3 - T_2)} = 1 - \frac{T_1 (\rho^{\kappa} - 1)}{\kappa T_1 \epsilon^{\kappa-1} (\rho - 1)} \tag{7.21}$$

$$= 1 - \frac{\rho^{\kappa} - 1}{\epsilon^{\kappa-1} \cdot \kappa (\rho - 1)}$$

또한, 정압 사이클의 평균 유효 압력 P_m은 정적 사이클과 같이

$$\therefore \ P_m = \frac{W}{V_1 - V_2} = \frac{Q_1 - Q_2}{V_1 (1 - 1/\epsilon)} = P_1 \cdot \frac{\epsilon^{\kappa} \kappa (\rho - 1) - \epsilon (\rho^{\kappa} - 1)}{(\kappa - 1)(\epsilon - 1)} \tag{7.22}$$

$$\therefore \ \eta = 1 - \frac{1}{\varepsilon^{\kappa-1}} = 1 - \left(\frac{V_2}{V_1} \right)^{\kappa-1} \tag{7.23}$$

[예제 7.3] 행정 체적 2200 cm³, 압축비 19, 분사 단락비 2, 압축 행정 시작 시의 압력 190 kPa, 온도 150 ℃, 동작 유체의 단열 지수 1.35, 정적 비열 0.9 kJ/kg·K인 정압 사이클의 ⓐ 이론 열효율, ⓑ 평균 유효 압력, ⓒ 1 사이클 당 일은 얼마인가?

7.3 혼합 사이클

그림 7.3에서와 같이 연소 과정이 일정 체적 및 일정 압력의 2단계로 이루어지는 사이클로서, 혼합 사이클(dual combustion cycle) 혹은 사바테 사이클(Sabathe's cycle)이라고 하며, 고속 디젤 기관에 응용되고 있다.

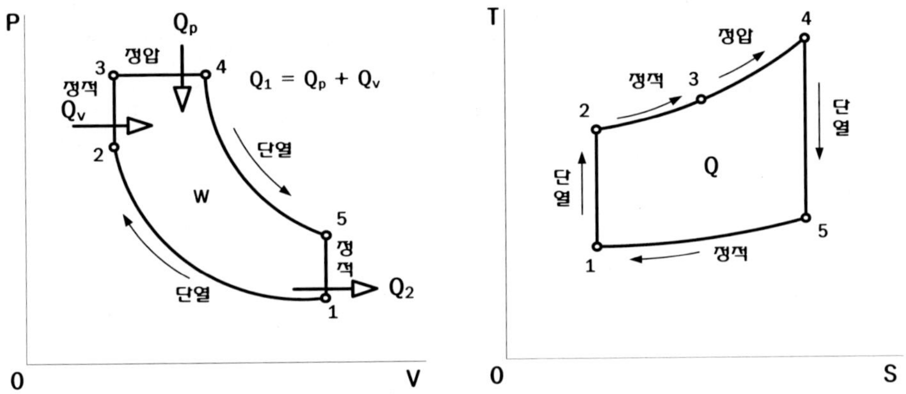

그림 7.3 혼합 사이클의 P - v 선도 및 T - s 선도

합성 연소 사이클은 다음과 같은 행정으로 이루어진다.

① 1 → 2 : 단열 압축 행정

② 2 → 3 : 연료가 분사되면서 순간적으로 폭발하고, 정적 상태에서의 연소 행정

③ 3 → 4 : 거의 정압 상태에서 체적을 증가시키면서 연소하는 행정

④ 4 → 1 : 단열 팽창 행정

혼합 사이클의 공급 열량 Q_1 및 방출 열량 Q_2 는 다음과 같다.

$$Q_1 = Q_V + Q_P = C_V \cdot (T_3 - T_2) + C_P \cdot (T_4 - T_3) \tag{7.24}$$

$$Q_2 = C_V (T_5 - T_1) \tag{7.25}$$

여기서, 이론 열효율 η 는

$$\eta = 1 - \frac{Q_2}{Q_1} = 1 - \frac{C_V(T_5 - T_1)}{C_V(T_3 - T_2) + \kappa \cdot C_V(T_4 - T_3)} \tag{7.26}$$

$$= 1 - \frac{T_5 - T_1}{(T_3 - T_2) + \kappa \cdot (T_4 - T_3)}$$

또한, 각 점의 온도에 대해서 1 → 2 과정은 단열 변화이기 때문에

$$T_1 \cdot V_1^{\kappa-1} = T_2 \cdot V_2^{\kappa-1} \rightarrow \therefore\ T_2 = T_1 \cdot \varepsilon^{\kappa-1} \tag{7.27}$$

2 → 3 과정은 정적 변화이기 때문에

$$\frac{T_2}{P_2} = \frac{T_3}{P_3} \rightarrow \therefore\ T_3 = T_2\left(\frac{P_3}{P_2}\right) = T_1 \cdot \epsilon^{\kappa-1} \cdot \xi \tag{7.28}$$

3 → 4 과정은 정압 변화이기 때문에

$$\frac{T_3}{V_3} = \frac{T_4}{V_4} \rightarrow \therefore\ T_4 = T_3\left(\frac{V_4}{V_3}\right) = T_1 \cdot \epsilon^{\kappa-1} \cdot \xi \cdot \rho \tag{7.29}$$

4 → 5 과정은 단열 변화이기 때문에

$$T_4 \cdot V_4^{\kappa-1} = T_5 \cdot V_5^{\kappa-1}$$

$$T_5 = T_4\left(\frac{V_4}{V_5}\right)^{\kappa-1} = T_4\left(\frac{V_4}{V_3}\frac{V_3}{V_5}\right)^{\kappa-1} \tag{7.30}$$

$$= T_1 \cdot \xi \cdot \rho \rho^{\kappa-1} \cdot \epsilon^{\kappa-1}\left(\frac{1}{\epsilon}\right)^{\kappa-1} = T_1 \cdot \xi \cdot \rho^{\kappa}$$

이론 열효율 η 은

$$\eta = 1 - \frac{T_5 - T_1}{(T_3 - T_2) + \kappa(T_4 - T_3)} \tag{7.31}$$

$$= 1 - \frac{T_1(\xi\rho^{\kappa} - 1)}{T_1\epsilon^{\kappa-1}(\xi - 1) + \kappa T_1 \epsilon^{\kappa-1}\xi(\rho - 1)}$$

$$\eta = 1 - \frac{1}{\epsilon^{\kappa-1}} \cdot \frac{\xi \cdot \rho^{\kappa} - 1}{(\xi - 1) + \kappa\xi(\rho - 1)} \tag{7.32}$$

이론 평균 유효 압력 P_m은

$$P_m = \frac{W}{V_1 - V_2} = \frac{Q_1 - Q_2}{V_1 - V_2} \tag{7.33}$$

$$= P_1 \cdot \frac{\epsilon^{\kappa}\{(\xi - 1) + \kappa\xi(\rho - 1)\} - \epsilon(\rho^{\kappa}\xi - 1)}{(\kappa - 1)(\epsilon - 1)}$$

[예제 7.4] 공기를 작동 유체로 하는 혼합 사이클의 최고 온도 1900 ℃, 최저 온도 35 ℃, 최고 압력 6.4 MPa, 최저 압력 0.1 MPa, 압축비 16, 단열지수 1.4일 때, ⓐ 압력비, ⓑ 분사 단락비, ⓒ 이론 열효율은 얼마인가?

[예제 7.5] 공기를 작동 유체로 하는 혼합 사이클에서 압축비 17, 압력비 1.2, 단락비 1.8, 단열지수 1.4, 최저압력 0.1 MPa인 경우의 이론 평균 유효 압력은?

7.4 내연 기관의 성능

(1) 각종 손실

정적 사이클·정압 사이클·혼합 사이클에 관한 이론 열효율, 이론 평균 유효 압력은 전부 작동 유체로 공기를 대상으로 하고 있다. 그러나, 비열에 대해서는 온도의 영향을 받지 않으며, 열손실이 없는 것으로 가정하여 계산하고 있지만, 실제로는 각종 손실에 의해 열효율, 평균 유효 압력, 비열 등은 변화하게 된다.

이러한 손실에는 흡기 시의 손실이 있고, 실제로 흡입할 수 있는 신선 공기량은 압력·온도·잔류 가스·밸브 개폐 등에 따라 차이가 난다. 그 외에 불완전 연소에 의한 손실, 하사점 전에서 배기 밸브가 열림으로 인한 배기 행정 시의 손실, 마찰 혹은 보조 장치를 구동하는 있어서 생기는 저항 손실 등이 있다.

(2) 발생 출력과 평균 유효 압력

기관이 운전을 시작하여 실린더 내에서 가스가 발생시키는 일을 도시일이라 하고, 기관의 회전축으로부터 취출 되는 일을 유효일이라 한다. 도시 출력 Ni kW는 1 사이클로 이루어지는 도시일을 기준으로 계산되며, 다음 식과 같다.

$$N_i = \frac{P_i \cdot V_s \cdot n \cdot a}{C} \tag{7.34}$$

$$P_i = \frac{C \cdot N_i}{V_s \cdot n \cdot a} \tag{7.35}$$

P_i : 도시 평균 유효 압력 (MPa)

n : 회전수 (rpm)

a : 1 회전 중의 사이클수 [4 사이클 → 0.5, 2 사이클 → 1]

C : 압력 (MPa), 출력 (kW) → 60

Vs : 배기량, $(\pi/4) \cdot D^2 \cdot S \cdot Z \cdot 10^{-3}$ l

D : 실린더 직경 (cm)

S : 행정 길이 (cm)

Z : 실린더 수 (개)

축출력 Ne kW는 축으로부터 얻어지는 유효일로부터 구해지는 출력을 말하는 것으로, 다음 식으로 계산될 수 있다.

$$N_e = \frac{P_e \cdot V_s \cdot n \cdot a}{C} \tag{7.36}$$

$$P_e = \frac{C \cdot N_e}{V_s \cdot n \cdot a} \tag{7.37}$$

여기서, Pe MPa는 정미 평균 유효 압력이다

(3) 열효율

기관에 주어진 열량을 Q_1 , 도시일을 W_i라 하면 도시 열효율 η_i는

$$\eta_i = \frac{W_i}{Q_1} \tag{7.38}$$

또한, 정미일을 W_e라 하면 정미 열효율 η_e는

$$\eta_e = \frac{W_e}{Q_1} \tag{7.39}$$

$$\eta_e = \eta_i \cdot \eta_m = \eta \cdot \eta_g \cdot \eta_m \tag{7.40}$$

$$\eta_m = \frac{\eta_e}{\eta_i} = \frac{W_e}{W_i} = \frac{N_e}{N_i}$$

$$\eta_g = \frac{\eta_i}{\eta} = \frac{W_i}{W}$$

식 (7.40)에서 η_m은 기계 효율(mechanical efficiency), η_g는 효율비(efficiency ratio) 혹은 기관 효율이라 한다.

연료의 저발열량을 H_L kJ/kg, 연료 공급량을 B kg/h, 연료 소비량을 b_E g/kW·h라 하면

$$\eta_e = \frac{W_e}{Q_1} = \frac{632.5 \cdot N_e}{B \cdot H_L} = \frac{632.5 \times 10^3}{H_L b_e} \tag{7.41}$$

식 (7.41)에서 분자는 유효일 W_e를 열량 형식으로 나타낸 값이고, 분모는 기관으로 공급되는 열량이 발생시키는 전열 에너지이다.

[예제 7.6] 배기량 3000 cc, 4000 rpm인 4 사이클 가솔린 기관의 도시 평균 유효 압력이 1.7 MPa이다. 기계효율을 85 %라 하면 이 때의 축출력은 얼마인가?

[예제 7.7] 4 실린더 – 4 사이클의 디젤 기관을 분해하여 실린더의 직경과 피스톤의 행정을 측정하였다. 직경과 행정이 똑같이 9.2 cm 였다. 이 기관을 운전하여 회전수를 400 rpm으로 했을 때의 도시 평균 유효 압력은 1.2 MPa일 때의 도시 출력은 얼마인가?

[예제 7.8] 6 실린더 – 4 사이클의 디젤 기관을 운전하여 축출력 44.1 kW, 연료 소비량 22 kg/h 일 때, ⓐ 연료 소비율, ⓑ 정미 열효율, ⓒ 정미 평균 유효 압력은 얼마인가? 단, 실린더의 직경 12 cm, 행정 12.5 cm, 회전수 1200rpm, 사용한 연료 최저열량은 42.5 MJ/kg이다.

【 연 습 문 제 】

1. 압축비 9.5인 정적 사이클 기관에서 작동 유체의 단열지수가 1.35일 때, 이론 열효율을 구하시오.

2. 공기를 작동유체로 한 정적 사이클 기관에서 최고 온도 2100 ℃, 최저 온도 25 ℃, 압축비 10, 단열 변화에서 최초 압력 0.1 MPa, 단열지수 1.35라고 할 때, 다음 값을 구하시오.

   ⓐ 이론 열효율, ⓑ 최고 압력, ⓒ 이론 평균 유효 압력

3. 행정체적 2500 cm^2, 압축비 18, 체적비 2, 압축 행정 최초 압력 200 kPa, 온도 180 ℃, 작동 유체의 단열지수 1.35, 정적 비열 0.95 kJ/kg · K의 정적사이클에 대해서, 다음 값을 구하시오.

   ⓐ 이론 열효율, ⓑ 평균 유효 압력, ⓒ 1 사이클 당 일

4. 연습문제 3의 동일 조건에서 작동하는 카르노 사이클의 열효율은 얼마인가?

5. 공기를 작동 유체로 하는 합성 연소 사이클에서 최고 온도 2000 ℃, 최저 온도 20 ℃, 최고 압력 7 MPa, 최저 압력 0.1 MPa, 압축비 19, 단열지수 1.4일 때의 ⓐ 압력비 압력비 ξ, ⓑ 체적비 ρ, ⓒ 이론 열효율 η는 얼마인가?

6. 공기를 작동 유체로 하는 합성 연소 사이클에 대해서, 압축비 18, 압력비 1.2, 체적비 1.9, 단열지수 1.4, 최저 압력 0.1 MPa일 때의 평균 유효압력을 구하시오.

7. 배기량 4000 cc, 4200 rpm의 4사이클 가솔린 기관이다. 도시 평균 유효 압력을 1.8 MPa, 기계 효율을 85 %라고 할 때, 축 출력을 구하시오.

8. 증기 원동소 사이클

연료가 가진 화학 에너지를 기계적 일로 변화시키기 위해서는 증기 보일러, 증기 원동기, 복수기, 급수 펌프 등의 종합적 설비를 것을 증기 원동소(steam power plant)라고 한다. 증기 원동소는 동력 발생용과 생산 증기를 공급하는 특수 공장용 등으로 구분 지을 수 있지만, 8장에서는 동력 발생용에 대해서 즉, 연료가 가진 화학 에너지를 이용하여 최대의 일을 발생시키는 데 필요한 기준 사이클에 대해서만 서술한다.

8.1 랭킨 사이클

랭킨 사이클(Rankin cycle)은 영국의 기술자이자 물리학자인 랭킨(Williams J. Rankin)이 창안한 것으로, 증기 원동소 사이클의 기본 사이클이다.

랭킨 사이클의 원동소에서는 증기 보일러 및 과열기·증기 터빈·복수기·급수기·급수 펌프 등의 설비를 갖추고 있다.

그림 8.1에는 랭킨 사이클과 T - S 선도를 나타낸 것이다. 그림 8-1의 보일러(B)에서 발생한 1의 고온·고압의 과열증기는 터빈(T)에서 팽창되어 2의 저온·저압 상태에서 배기되면서 복수기(C)로 들어가게 된다. 복수기에서는 등온·등압의 포화수의 상태로 급수 펌프에 의해 가압되어 4의 고압 상태에서 보일러(B)로 급수되면서 다시 가열되는 사이클을 형성하고 있다.

상태점 1, 2, 3, 4의 비엔탈피를 h_1, h_2, h_3, h_4 라 하면

① 보일러에서 공급되는 증기 1 kg에 대한 열량 $Q_1 = h_1 - h_4$

② 복수기에서 냉각수로 버려지는 증기 1 kg에 대한 열량 $Q_2 = h_2 - h_3$

③ 터빈에서 발생되는 일 $WT = h_1 - h_2$

④ 급수 펌프에서 소비되는 일 $WP = h_4 - h_3$

랭킨 사이클 원동소가 1 사이클에 대해 발생되는 일 W는

$$W = Q_1 - Q_2 = (h_1 - h_4) - (h_2 - h_3) = (h_1 - h_2) - (h_4 - h_3) \quad (8.1)$$

$$= W_T - W_P$$

랭킨 사이클의 열효율을 ηR이라고 하면

$$\eta_R = \frac{Q_1 - Q_2}{Q_1} = \frac{W_T - W_P}{Q_1} = \frac{(h_1 - h_2) - (h_4 - h_3)}{h_1 - h_4} \tag{8.2}$$

여기서, Q_1 을 다음과 같이 변형시켜 식 (8.2)에 대입하면 식 (8.3)이 된다.

$Q_1 = h_1 - h_4 = h_1 - h_3 - (h_4 - h_3) = h_1 - h_3 - W_P$

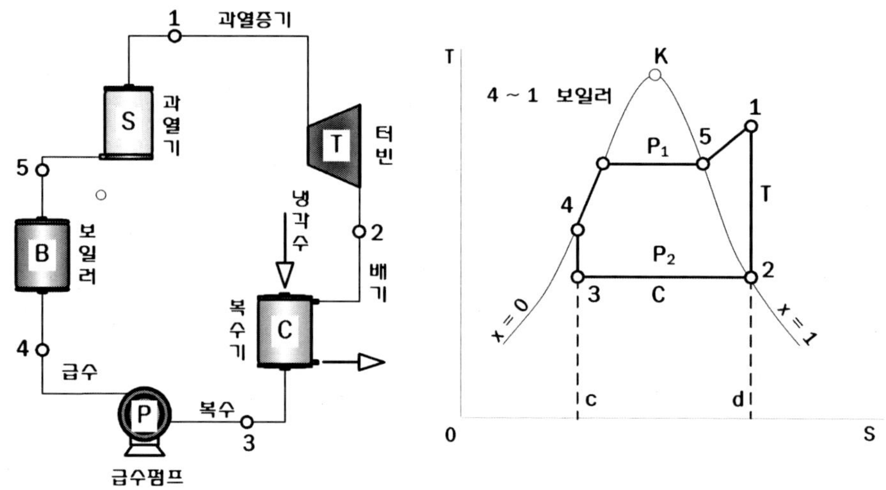

그림 8.1 랭킨 사이클(Rankin cycle)

$$\therefore \ \eta_R = \frac{W_T - W_P}{Q_1} = \frac{W_T - W_P}{h_1 - h_3 - W_P} = \frac{h_1 - h_2 - W_P}{h_1 - h_3 - W_P} \tag{8.3}$$

급수 펌프의 일 WP는 보일러에서 발생한 증기의 최초 압력 P_1 이 매우 높지 않는 한, WT나 $h_1 - h_2$ 에 비해 매우 작기 때문에 생략할 수 있으므로

$$\eta_R \fallingdotseq \frac{W_T}{h_1 - h_3} = \frac{h_1 - h_2}{h_1 - h_3} \tag{8.4}$$

식 (8.4)에 의하면 복수의 엔탈피 h_3 이 일정한 경우, 보일러로부터 발생하는 증기의 엔탈피 h_1 을 크게 하거나, 터빈의 배기 엔탈피 h_2 을 작게 할수록 열효율이 높아진다는 것을 알 수 있다. h_1 을 크게 하기 위해서는 보일러에서 고온·고압의 증기를 발생시키고, h_2 을 작게 하기 위해서는 배기 압력을 낮게 하면 된다.

펌프 일 WP는 가역 단열 압축으로 고려하여 엔탈피차로 구할 수 있으며, 또는 펌프 압력을 P_1 , 복수기 압력을 P_2 , 동일 압력 P_2 에서의 포화수 비체적을 v_3 (3의 상태)라 하면 다음 식으로도 계산할 수 있다.

$$W_P = h_4 - h_3 \fallingdotseq (P_1 - P_2) \cdot v_3 \tag{8.5}$$

8.2 재열 사이클

랭킨 사이클에서는 증기의 초기 압력이나 초기 온도를 상승시키고 배기 압력을 낮춤으로서 열효율을 높이고 있지만, 재료의 강도 등에 대한 문제로 초기 온도에 제한이 있고, 배기 압력에 대해서도 냉각수 온도에 의해 제한을 받고 있기 때문에 초기 압력을 높이게 된다. 그러나, 초기 압력이 높아질수록 팽창 후의 증기 온도도 상승하게 되어 마찰이나 터빈 날개 등에서의 부식 등이 촉진되는 단점이 있다. 따라서, 증기의 초기 압력을 높게 하면서 팽창 후의 증기 건도를 낮게 하지 않는 재열 사이클(reheating cycle)이 제안되었다.

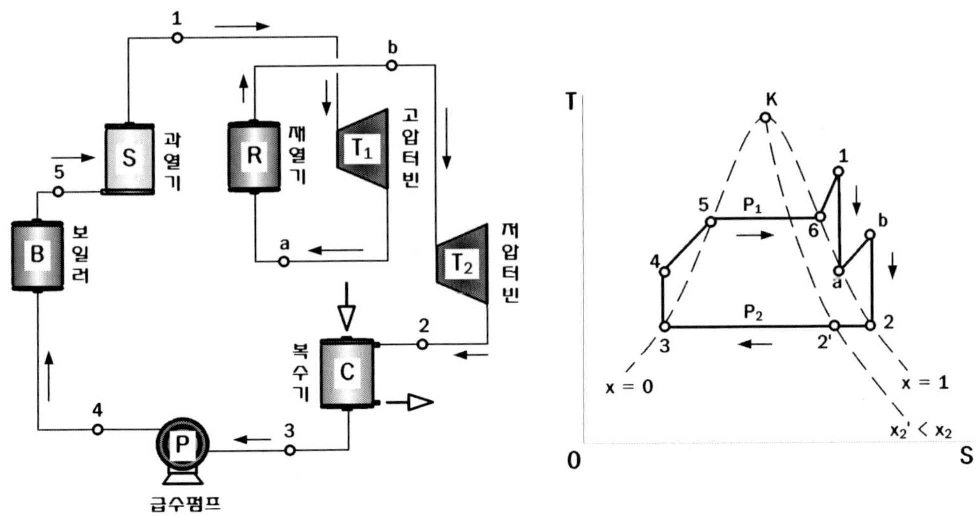

그림 8.2 재열 사이클

재열 사이클은 그림 8.2에서와 같이 고압 터빈 T_1 에서 증기를 중간 압력 Pa까지 팽창시킬 때, 재열기(reheater) R에서 압력 Pb까지 재열시키고, 다시 저압 터빈 T_2 에서 배기 압력 P_2 까지 팽창시킨다. 이 방식은 재열하지 않은 상태 2′ 에 대해 재열한 2의 상태에서는 건도 x가 크게 된다.

그림 8.2에서 재열된 열량 Q_1 은

$$Q_1 = (h_1 - h_3) + (h_b - h_a) \tag{8.6}$$

$h_1 - h_3$: 보일러에서 공급되는 열량

$h_b - h_a$: 재열기에서 공급되는 열량

발생되는 일 W는

$$W = (h_1 - h_a) + (h_b - h_2) \tag{8.7}$$

따라서, 1단 재열 사이클의 이론 열효율 ηth는

$$\eta_{th} = \frac{W}{Q} = \frac{(h_1 - h_a) + (h_b - h_2)}{(h_1 - h_3) + (h_b - h_a)} \tag{8.8}$$

8.3 재생 사이클

랭킨 사이클에서 복수기로 버리는 열량은 그림 8.1에서 2-d-c-3에 상당하는 양이고, 이러한 열손실을 방지하기 위해 팽창 도중에 증기를 터빈으로부터 추출하여 급수 가열에 필요한 열을 외부의 열원뿐만 아니라 그림 8.3의 급수 가열기로부터도 공급받는 사이클을 재생 사이클이라 한다.

이를 위해 감소되는 일의 양은 극히 미미하고, 복수기로 버리는 열량이 감소하게 되어 열효율이 상승하게 된다. 이와 같이 팽창 도중의 증기를 터빈으로부터 추출하여 급수 가열에 사용하는 사이클을 재생 사이클(regenerative cycle)이다.

재생 사이클은 급수 가열기의 종류에 따라 혼합 급수 가열기형과 표면 급수 가열기형이 있다. 전자는 가열하고자 하는 급수에 터빈에서 배출한 가스를 혼합하는 것으로, 열효율이 좋아지지만 급수 압력과 배수 압력을 항상 동일하게 유지하여야 한다.

또한, 후자는 열교환기의 하나로서 관로는 서로 독립되어 있기 때문에 급수와 배출 가스의 압력은 동일하게 유지할 필요는 없지만, 열효율은 나빠지게 된다. 열교환하여 복수된 배출 가스는 복수기로 흡입되어 배기와 합류된다.

그림 8.3은 혼합 급수 가열기형의 2단 재생 사이클이다. 증기 보일러에서 G kg/h의 증기를 터빈에 공급하고, 제 1추기점 a_1 에서 G_1 kg/h의 증기가 추출되고, 고압 혼합

급수 가열기 H_1 에서 급수와 합류되어 증발열을 방출하여 급수를 b_2 에서 b_1 까지 가열하게 된다. 제 2추기점 a_2 로부터터는 G_2 의 증기가 추출되어 저압 혼합 급수 가열기 H_2 에서 배기와 합류되고, 증발열을 방출하여 3에서 b_2 까지 가열하게 된다.

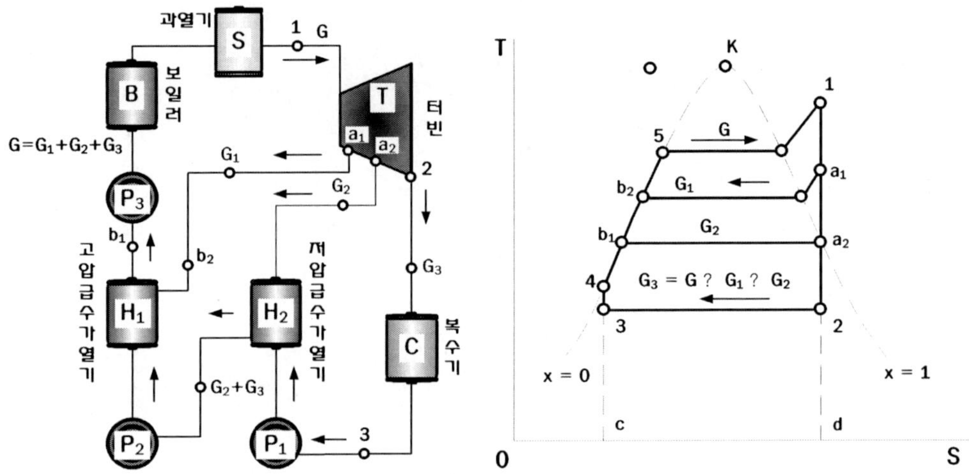

그림 8.3 재생 사이클

추출점 a_1 및 a_2 에 있어서 증기의 비엔탈피를 ha_1 및 ha_2 라 하고, 점 b_1 및 b $_2$ 에서의 급수 비엔탈피를 hb_1 , hb_2 , 터빈 입구 및 출구의 비엔탈피 h_1 , h_2 , 복수기 출구에서의 급수 비엔탈피를 h_3 라 하면 급수 가열기 h_1 에서 G_1 이 공급한 열과 ($G - G_1$)이 받은 열이 같으므로

$$G_1(h_{a1} - h_{b1}) = (G - G_1)(h_{b1} - h_{b2}) \tag{8.9}$$

$$\frac{G_1}{G} = \frac{h_{b1} - h_{b2}}{h_{a1} - h_{a2}} \tag{8.10}$$

급수 가열기 H_2 에서 공급된 열과 받은 열이 같기 때문에

$$G_2(h_{a2} - h_{b2}) = (G - G_1 - G_2)(h_{b2} - h_3) \tag{8.11}$$

$$\frac{G_2}{G} = \frac{G - G_1}{G} = \frac{h_{b2} - h_3}{h_{a2} - h_3} \tag{8.12}$$

터빈에서 추기를 위해 발생되는 일의 감소를 ΔW라 하면

$$\Delta W = G_1(h_{a1} - h_2) + G_2(h_{a2} - h_2) \tag{8.13}$$

따라서, 혼합 급수기형 2단 재생 사이클의 이론 열효율 η th는

$$\eta_{th} = \frac{(h_1 - h_2) - \Delta W}{h_1 - h_{b1}} = \frac{(h_1 - h_2) - \{g_1(h_{a1} - h_2) + g_2(h_{a2} - h_2)\}}{h_1 - h_{b1}} \tag{8.14}$$

$h_1 - hb_1$: 보일러에서 더해진 열량

$h - h_2$: 추기되지 않고 남아 있는 증기의 단열 열낙차

$g_1 \cdot (ha_1 - h_2)$: 제 1추기에서 얻지 못한 단열 열낙차

$g_2 \cdot (ha_2 - h_2)$: 제 2추기에서 얻지 못한 단열 열낙차

재생 사이클의 추기 단수를 증가시키면 효율은 상승하지만, 처음 1 ~ 2단에서 효과가 있고, 그 후의 단계에서는 효율의 상승이 매우 완만해진다.

혼합 급수기형 n단 재생 사이클의 이론 열효율에 대해서

$$\eta_{th} = \frac{(h_1 - h_2) - \{g_1(h_{a1} - h_2) + g_2(h_{a2} - h_2) + \cdots + g_n(h_{an} - h_2)\}}{h_2 - h_{b1}} \tag{8.15}$$

그림 8.3에서 a_1 , a_2 등의 추출점을 결정하는 방법은 라우피첼(Laupichler)의 이론에 의하면 h-s 선도의 전단(全段) 단열 열낙차 1 → 2를 (n + 1) 등분 즉, 2단에서는 2 + 1 = 3 등분한 점의 압력에서 추기를 하면 가장 좋은 효율이 얻어진다.

8.4 재열·재생 사이클

재열 사이클은 재열 후의 증기 온도를 높여 열효율을 좋게 함과 동시에 팽창 후의 건도를 높여 터빈과 증기와의 마찰을 감소시켜 효율을 높이고자 하는 사이클이고, 재생 사이클은 배기가 가진 열량을 되도록 복수기로 버리지 않고 급수 예열에 재생시켜 열효율을 개선하고자 하는 사이클이다. 따라서, 이 두 가지의 사이클을 조합하여 좀 더 낫은 개선을 얻고자 한 것이 재열재생 사이클(reheating and regenerative cycle)이다.

일반적으로는 재열을 1회 실시하고, 여기에 여러 단의 재생 사이클을 조합시킨다. 그림 8.4는 재열재생 사이클의 T - S 선도로서, 1단 재열 - 2단 재생 사이클이다. 펌프 일은 생략하였다.

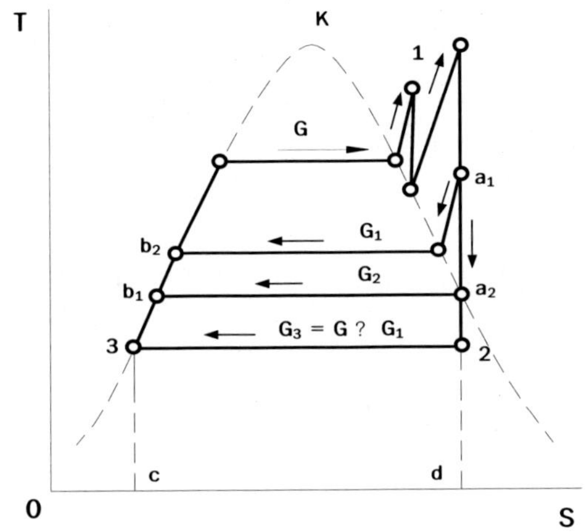

그림 8.4 재열재생 사이클의 T-s 선도

1단 재열 - 2단 재생 사이클의 이론 열효율 ηth는 다음과 같다.

$$\eta_{th} = \frac{(h_1 - h_c) + (h_d - h_2) - \{g_1(h_{a1} - h_2) + g_2(h_{a2} - h_2)\}}{(h_1 - h_{b1}) + (h_d - h_c)} \tag{8.16}$$

【 연 습 문 제 】

1. 랭킨 사이클을 이용한 증기원동소에서 압력 3 MPa, 온도 450 ℃의 증기를 배기압 0.05 MPa까지 팽창시켰을 때의 열효율을 구하시오. 단, 펌프힘은 생략한다.

2. 앞문제 1에서 펌프일을 생략하지 않은 경우의 열효율을 구하시오.

3. 압력 16 MPa의 건조포화증기를 0.005 MPa까지 팽창시킨 랭킨 사이클에서 팽창 후의 건도 x_2를 구하시오.

4. 압력 1 MPa, 온도 350 ℃의 증기를 건조포화증기까지 팽창시킨 후, 동일 압력일 때에 다시 350 ℃로 가열해서 0.005 MPa까지 팽창시켰다. 이 재열 사이클의 이론 열효율은 얼마인가?

5. 문제 4와 동일 압력, 동일 온도의 증기를 재열하지 않고 0.005 MPa의 압력까지 팽창시킨 랭킨 사이클의 열효율은 얼마인가? 단, 펌프일은 생략한다.

6. 앞의 2문제에서 배기 건도를 비교하시오.

7. 압력 3 MPa, 온도 450 ℃의 증기를 공급해서, 복수기압력 0.05 MPa의 혼합급수 가열기형 1단재생 사이클에서, (1) 증기 1 kg 당 추기량, (2) 이론열효율을 구하시오.

8. 앞의 문제 7과 동일한 조건에서의 랭킨 사이클의 열효율은 얼마인가? 단, 펌프일은 생략한다.

9. 랭킨 사이클에서 효율을 증가시키기 위해 초온을 일정하게 하고 초압을 상승시키면 터빈 출구의 최종 증기상태의 변화는?

   ① 건도 감소 ② 엔트로피 증가 ③ 비체적 증가 ④ 건도 증가

10. 랭킨 사이클에서 정적변화이면서 동시에 단열변화의 과정이 일어나는 곳은?

    ① 펌프 ② 터빈 ③ 복수기 ④ 보일러

11. 랭킨 사이클에서 보일러의 초압과 초온이 일정할 때 복수기 압력이 낮을수록 관련되는 것은?

    ① 터빈 효율 증가 ② 열효율 증가 ③ 열효율 감소 ④ 터빈 효율 감소

12. 랭킨 사이클의 각 과정에 대한 설명에서 틀린 것은?

① 보일러에서 등온가열과정(→정압가열) ② 터어빈에서 가역 단열 팽창

③ 응축기에서 정압 방열 ④ 펌프에서 단열 압축

13. 재열 사이클은 주로 어떤 목적에 사용되는가?

① 열효율 향상 ② 보일러의 효율 향상

③ 펌프일을 감소시키기 위해 ④ 터빈출구의 질 향상

14. 재생 사이클을 사용하는 이유는?

① 터빈 출구의 질 향상 ② 추기를 이용하여 급수가열

③ 보일러에서 사용되는 공기 예열 ④ 펌프일을 감소시키기 위해

15. 랭킨 사이클에 대한 표현이다 부적당한 것은?

① 응축기(복수기)의 압력이 낮아지면 배출 열량 감소

② 응축기(복수기)의 압력이 낮아지면 열효율 상승

③ 터빈의 배기온도를 낮추면 터빈효율 증가

④ 터빈의 배기온도를 낮추면 터빈 날개 부식

⑤ 보일러 압력이 높아지면 배출열량 감소

⑥ 주어진 압력에서 과열도가 높으면 열효율 증가

⑦ 보일러 압력이 높아지면 열효율 증가

⑧ 보일러 압력이 높아지면 터빈에서 나오는 증기의 습도는 감소

16. 재생 사이클을 사용하는 목적으로 가장 적당한 것은?

① 배열을 감소시켜 열효율 감소 ② 공급열량을 적게 하여 열효율 개선

③ 압력을 높여 열효율 개선

④ 터빈을 나오는 증기의 습도를 감소시켜 날개의 부식 방지

17. 재열 사이클의 목적으로 부적당한 것은?

① 터빈 일 증가 ② 공급열량을 감소시켜 열효율 개선

③ 높은 압력으로 열효율 증가 ④ 저압측에서 습도를 감소

18. 사이클의 고온측에 이상적인 특징을 갖는 작업물질을 사용하여 작동 압력을 높이지 않고도 작동 유효 온도범위를 증가시키는 사이클은?

① 카르노 사이클 ② 재열 사이클 ③ 재생 사이클 ④ 2유체 사이클

19. 증기 터빈의 입구 증기가 과열증기이고 터빈 출구의 증기는 습증기이며,

터빈에서 단열 팽창할 때 터빈의 단열효율이 커지면 어떻게 변화되는가?

① 터빈 출구의 온도가 상승 ② 터빈 출구의 온도가 감소

③ 터빈 출구의 습증기 건도가 감소

④ 터빈 출구의 습증기 건도가 증가

20. 랭킨 사이클에서 압력과 온도가 일정할 때 복수기 압력이 낮아질수록?

① 터빈 효율이 좋다 ② 이론 열효율이 증가

③ 이론 열효율이 감소 ④ 터빈 출구에서의 증기 건도가 상승

21. 다음 중 랭킨 사이클을 바르게 설명한 것은?

① 단열압축 - 정압가열 - 단열팽창 - 정압냉각

② 단열압축 - 등온가열 - 단열팽창 - 정적냉각

③ 단열압축 - 등적가열 - 등압팽창 - 정압냉각

④ 단열압축 - 정압가열 - 단열팽창 - 정적냉각

22. 다음 사이클 중 작동 유체에 상변화가 있는 것은?

① 랭킨 사이클(증기 사용) ② 오토 사이클

③ 스털링 사이클 ④ 브레이콘 사이클

23. 2유체 사이클의 특성 중 틀린 것은?

① 임계온도가 높으며 증발열이 사이클의 최고온도에서 공급될 수 있다

② 현재 사용되는 2유체 사이클은 수은-증기 사이클, 가스-증기 사이클 등이 있다

③ 실온보다 응결점이 높아 배출과 충만을 조성할 수 있다

④ 액체의 증발잠열이 크고 비열이 작다

24. 수은-증기 사이클이 고온에 사용되는 이유는?

① 저온에서 수은을 사용하기 위해서 ② 수은의 값이 저렴하므로

③ 수은의 포화압력이 낮아서 ④ 수은의 포화압력이 높아서

25. 공기표준 사이클을 해석할 때, 필요한 가정이 아닌 것은?

① 동작물질은 이상기체로 고려되는 공기이며, 비열은 일정하다

② 폐사이클을 이룬다. ③ 각 과정은 모두 가역과정이다

④ 비열은 온도만의 함수

26. 실제 기관이 공기표준 사이클보다 낮은 효율을 갖는 원인 중에 틀린 것은?

① 실제기체의 비열은 온도가 상승함에 따라 증가한다.

② 연소과정은 고온에서의 열전달과정이며, 연소는 불완전하다

③ 기통벽과 기통내의 기체와의 열전달은 전혀 없다

④ 과정은 비가역과정이다

27. 오토 사이클에서 압축비가 다를 때 어느 쪽의 효율이 좋은가?

① 압축비가 적은 쪽이 효율이 좋다

② 압축비가 큰 쪽이 효율이 좋다

③ 압축비와는 관계없다

④ 온도에 따라 달라진다.

28. 오토 사이클에서 압축비가 일정할 때 비열비에 따라 열효율의 변화는?

① 비열비가 적으면 열효율이 크다 ② 열효율은 같다

③ 비열비가 크면 열효율이 크다 ④ 온도에 따라 다르다

29. 왕복식 내연기관의 공기표준 사이클에서 가열량, 시발점에서의 온도 및 압력, 압축비가 같은 경우 열효율에 대해 옳은 것은?

① 오토 사이클 > 복합 사이클 > 디젤 사이클

② 복합 사이클 > 디젤 사이클 > 오토 사이클

③ 디젤 사이클 > 오토 사이클 > 복합 사이클

④ 오토 사이클 > 디젤 사이클 > 복합 사이클

30. 왕복식 내연기관의 공기표준 사이클에서 가열량, 시발점에서의 온도 및 압력, 최고압력 등이 같은 경우 다음 중 옳은 것은?

① 오토 사이클 열효율이 가장 좋다

② 디젤 사이클 열효율이 가장 좋다

③ 복합 사이클 열효율이 가장 좋다

④ 비교할수 없다

31. 디젤 사이클의 열효율은 압축비, 단절비에 대해 다음 중 맞는 것은?

① 압축비, 단절비가 클수록 효율 증가

② 압축비, 단절비가 작을수록 효율 증가

③ 압축비가 증가하고 단절비가 작을수록 효율 증가

④ 압축비가 적어지고 단절비가 클수록 효율 증가

32. 디젤 사이클에 대한 설명 중 틀린 것은?

① 저속 중속 디젤 기관의 표준 이론 사이클 ② 정적하에서 열 방출

③ 정압하에서 열이 공급 ④ 열효율은 압축비만의 함수

33. 복합 사이클에 대한 설명 중 틀린 것은?

① 이론 열효율은 압축비, 단절비, 압력비의 함수이다

② 정적·정압하에서 열이 공급된다

③ 정압하에서 열이 방출된다

④ 단열팽창 후 정적하에서 열이 방출된다

34. 동력기관의 기계효율의 식으로 맞는 것은?

① 마찰마력 / 지시마력 ② 지시마력 / 제동마력

③ 마찰마력 / 제동마력 ④ 제동마력 / 지시마력

35. 체적 효율의 설명 중 틀린 것은?

① 압축된 공기를 흡입하면 체적효율은 증가

② 실제흡입량과 행정체적과의 비

③ 유효흡입행정과 피스톤 행정비를 의미

④ 체적효율이 적으면 실제흡입량은 크다

36. 브레이톤 사이클의 설명 중 옳은 것은?

① 증기원동소의 이상 사이클 ② 가스터빈의 이상 사이클

③ 가솔린 엔진의 이상 사이클 ④ 디젤 엔진의 이상 사이클

37. 브레이톤 사이클에 대한 설명 중 틀린 것은?

① 2개의 단열과정과 2개의 정압과정

② 압력비가 클수록 열효율 증가

③ 압력비가 클수록 출력 증가

④ 가스터빈의 이상 사이클

38. 디젤 사이클의 효율에 대한 설명 중 옳은 것은?

① 분사 단절비가 클수록 효율증가

② 압축비가 적으면 효율은 증가

③ 부분 부하 운전을 할 때는 열효율이 나빠진다.

④ 분사 단절비와 압축비만을 나타낼 수 있다

39. 다음중 2개의 정압과정과 2개의 등온과정으로 구성된 사이클은?

① 브레이톤 사이클 ② 에릭슨 사이클

③ 스털링 사이클 ④ 디젤 사이클

40. 열기관 사이클이 2개의 정적과정, 2개의 단열과정으로 이루어진 사이클은?

① 카르노 사이클 ② 오토 사이클 ③ 디젤 사이클 ④ 브레이톤 사이클

41. 브레이톤 사이클의 급열과정은?

① 정적과정 ② 단열과정 ③ 정압과정 ④ 등온과정

42. 최고, 최저온도가 동일한 다음 사이클 중 가장 효율이 좋은 것은?

① 오토 사이클 ② 디젤 사이클 ③ 사바테 사이클 ④ 카르노 사이클

43. 사바테 사이클에 대한 설명 중 옳지 않는 것은?

① 정적 및 정압하에서 열이 공급

② 정압하에서 열이 방출

③ 열효율은 압축비, 단절비, 폭발비의 함수

④ 카르노사이클보다 열효율이 항상 적다

44. 오토 사이클은 다음 어느 것이 가장 많이 사용되는가?

① 석유엔진 ② 증기터빈 ③ 가솔린엔진 ④ 디젤엔진

45. 복합 사이클의 이론 열효율 식에서 어느 항이 1이면 오토 사이클의 열효율이 되는가?

① 압축비 ② 압력비 ③ 비열비 ④ 단절비

46. 다음 중 실용화되는 사이클은?

① Atkinson cycle ② Lenoir cycle ③ Brayton cycle ④ Carnot cycle

47. 재생 스털링 사이클과 재생 에릭슨 사이클은 카르노 사이클과 동일한 효율을 가지지만, 기체로 전달되는 열로 인해 단점이 생겼다. 이중 틀린 것은?

① 펌프일이 대단히 크므로 동력소비가 많다

② 단위시간에 기체로의 열전달이 적으므로 기관속도가 제한되며 출력이 작다

③ 열이 전달된 금속은 이 온도가 최고 기체온도보다 훨씬 높아야 하므로 급속히 악화되었다

④ 만일 내열되는 금속을 위해 금속온도를 저온으로 유지하면 효율과 출력이 감소

48. 내연기관이 작동 유체의 연소반응에 의해 가열되는 구조로 되어 있기 때문에 얻어지는 이점이 아닌 것은?

① 작동 유체의 가열을 위해 특별한 장치가 필요하지 않으며 기관은 간단하다

② 작동 유체의 가열이 단시간에 이루어지므로 기관의 단위 시간당 사이클 수가 증가하며, 따라서 출력에 비해 대형기관의 제작이 가능하다(소형기관 제작 가능)

③ 흡입공기에 의해 연소실이 냉각되기 때문에 연소온도를 상당히 높일 수 있다

④ 3번의 이유로 높은 열효율이 기대된다.

49. 디젤 사이클에 대한 설명 중 맞는 것은?

① 폭발비는 1이다 ② 단열비는 1이다(옷토 사이클)

③ 비열비는 1이다 ④ 등적사이클이다

50. 복합 사이클에 대한 설명 중 틀린 것은?

① 열효율은 압축비, 단절비, 폭발비의 함수이다

② 정적 및 정압 하에서 열 공급

③ 사바테 사이클은 디젤기관의 기본 사이클이다

④ 정압 하에서 열 방출

51. 가스 사이클 중 에릭슨 사이클이 스털링 사이클과 다른 점은?

① 정적과정 대신에 정압과정 ② 단열과정 대신에 정적과정을 사용

③ 정적과정 대신에 단열과정을 사용

④ 정압과정 대신에 정적과정을 사용

9. 유체역학

열역학에서 가장 빈번하게 다루는 물질 전달을 이해하는 데 있어 유체역학을 이해하고 있으면 큰 도움이 된다. 유체역학은 정지 혹은 운동하고 있는 유체의 역학적인 거동을 취급하는 응용역학으로서, 정지된 유체를 다루는 유체 정역학 및 운동하고 있는 유체를 대상으로 하는 유체 동역학으로 구분된다. 유체 정역학에서는 비중량, 유체 동역학에서는 밀도와 점성 등이 주요하게 취급되며, 경우에 따라서는 유체의 유동 조건에 따라 표면장력 등이 주요하게 취급된다.

표 9.1 유체의 분류

기준	구분	정 의
상태	기체	기체 상태로 존재하는 유체
	액체	액체 상태로 존재하는 유체
압력	압축성 유체	유체의 밀도가 온도 · 압력 변화의 영향을 받는 유체 기체는 압축성 유체로 분류되며, 예로서 음속보다 빠른 비행 물체 주위의 공기 흐름 등이 압축성 유체이다.
	비압축성 유체	유체의 밀도가 온도 · 압력 변화의 영향에 대해 항상 일정한 유체 액체는 비압축성 유체로 분류되며, 굴뚝, 건물 등의 둘레를 흐르는 기류, 달리는 물체 주위의 기류 등이 비압축성 유체이다
점성	이상 유체	점성이 없는 것으로 가정한 유체
	점성 유체	점성을 고려한 유체
변형률	뉴톤 유체 (Newton fluid)	전단응력과 전단 변형율이 비례하는 유체 기체 및 대부분의 용액
	비뉴톤 유체	전단응력과 전단 변형률이 비례하지 않는 유체

9.1 유체의 이해

유체란 액체와 기체를 통칭하는 말로 고체와는 달리 그 형태가 쉽게 변형되며, 모양이 바뀔 때는 변형에 대응하는 전단응력(shear stress)이 생기게 되며, 아무리 작은 전단응력이 작용하여도 항상 변형되는 물질을 유체(fluid)라 할 수 있다. 전단응력은 유체가 미끄러지는 속도나 정도에 따라 크기가 달라지지만 일정한 모양을 형성하게 되면 없어지게 된다.

유체의 성질을 나타내는 밀도, 비중량 등에 대한 설명은 앞선 1장에서 설명되었고, 9장에서는 비중에 대해 간단히 설명하면 식 (9.1)과 같이 어떤 물체와 동일한 체적의 물 무게와의 비를 비중(specific gravity)이라 한다. 혹은, 질량의 비로 비교한 값을 비중이라 하기도 한다.

$$s = \frac{W}{W_W} = \frac{m}{m_W} = \frac{\rho}{\rho_W} = \frac{\gamma}{\gamma_W} \tag{9.1}$$

식 (9.1)에서 W_W, m_W, ρ_W, γ_W는 각각 4 ℃ 물의 상태를 기준으로 한다. 비중의 단위는 무차원으로 물의 비중은 1이다.

표준상태(1 atm, 4 ℃)에서의 물의 비중량 및 밀도는 다음과 같다.

$$\gamma_W = 1000\ \mathrm{kgf/m^3} = 9800\ \mathrm{N \cdot s/m^4}$$

$$\rho_W = 1000\ \mathrm{kg/m^3} = 1000\ \mathrm{N \cdot s/m^4} = 102\ \mathrm{kgf \cdot s^2/m^4}$$

[예제 9.1] 체적 5.5 m^3인 어느 기름의 무게가 4500 kgf일 때, 이 기름의 비중량, 밀도, 비중은 얼마인가?

[예제 9.2] 체적 3 m^3인 어느 기름의 무게가 24000 N일 때, 이 기름의 비중량, 밀도, 비중은 얼마인가?

(1) 표면장력

물질을 구성하는 분자 사이에 작용하는 힘을 분자력이라 하고, 같은 종류의 분자끼리 작용하는 분자력을 응집력(cohesive force), 다른 종류의 분자끼리 작용하는 분자력을 부착력(adhesive force)이라 한다. 이와 같이 정지 유체 내부의 분자 상호간에 끌어당기는 인력의 크기가 같고 방향이 반대이면 인력이 서로 상쇄되어 안정 상태에 있으며, 유체의 자유 표면에서는 외부로부터의 인력을 받지 않기 때문에 액면을 수축하려는 힘인 장력이 작용하게 된다. 이러한 장력을 표면장력(surface tension)이라 한다.

컵에 물을 가득 채우게 되면 물 수면이 컵 상단보다 약간 높게 올라오는 현상, 빗물 모양이나 비누 풍선의 모양이 둥근 것은 표면장력에 의한 현상이다. 표면장력은 액체 표면에 나타나는 현상이나, 액체와 기체 혹은 액체와 액체 사이에서도 발생되며, 유체의 표면장력은 단위 면적당 에너지 N/m, 또는 단위 길이당 힘 kgf/cm 등으로 표시된다.

지름 d인 구의 표면에서 생기는 표면장력 σ에 의한 힘은 구의 내부와 외부와의 압력차에 의한 힘과 서로 평형을 이루어야 하므로, 이를 식으로 나타내면 다음과 같다.

$$\sigma \cdot \pi \cdot d - p \cdot \pi \cdot \frac{d^2}{3} = 0 \rightarrow \therefore\ p = 4 \cdot \frac{\sigma}{d} \tag{9.2}$$

(2) 모세관 현상

그림 9.1과 같이 직경이 아주 적은 세관을 액체 속에 꽂으면 세관과 액체 상호간의 응집력과 부착력의 작용에 의해 액체 표면이 올라가거나 (응집력 < 부착력) 혹은 내려가게(응집력 > 부착력) 된다. 이러한 현상을 모세관 현상(capillarity in tube)이라 한다.

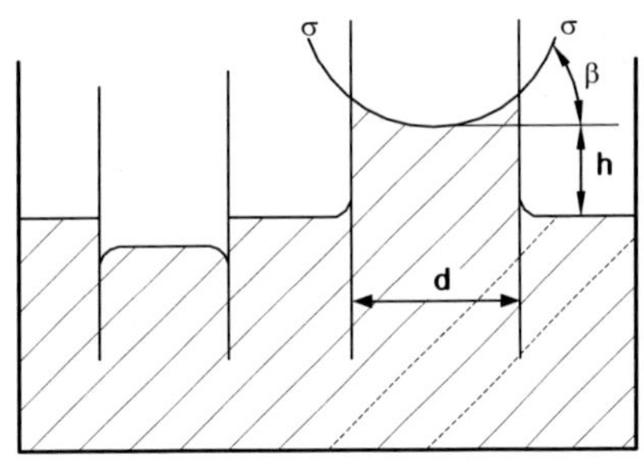

그림 9.1 모세관 현상

모세관 현상에서 액체 표면의 높이 변화 h는 표면장력과 액체와 고체벽면 사이의 접촉각 β를 알면 알 수 있다. 그림 9.1에서 h는 표면장력의 수직분력과 액주의 무게가 평형을 이루는 지점까지 상승한다. 따라서, 모세관에서 올라간 액주의 무게 W 및 표면장력의 수직분력 F는 식 (9.3)과 정리할 수 있다.

$$W = \gamma \cdot V = \gamma \cdot h \frac{\pi \cdot d^2}{4} \tag{9.3}$$
$$F = \sigma \cdot \pi \cdot d \cdot \cos\beta$$

따라서, 액주의 상승 높이 h는 식 (9.4)와 같다.

$$h = \frac{4 \cdot \sigma \cdot \cos\beta}{\gamma \cdot d} \tag{9.4}$$

[예제 9.3] 지름 5 cm인 비누풍선 속의 내부 초과압력이 2.08×10^{-5} kgf/cm²이다. 이 비누풍선의 표면장력은?

[예제 9.4] 지름의 비가 1 : 2 : 3인 3개의 모세관을 물속에 수직으로 세웠을

때, 모세관 현상으로 물이 관속으로 올라가는 높이의 비는?

[예제 9.5] 비중 0.8인 액체에 지름 3 mm인 유리관을 세웠을 때, 모세관 현상에 의해 올라간 높이는 얼마인가? 단, 액체의 표면장력 $\sigma = 2.95\times10^{-3}$ kgf/m, 접촉각 $\beta = 0°$이다.

9.2 유체 정역학

유체 정역학은 유체 상호간에 상대 운동이 없는 정지하고 있는 유체에 작용하는 힘의 관계, 유체 속에서의 위치 변화에 따른 압력 변화 및 힘의 변화 등을 다루게 된다. 또한, 유체 상호간에 상대 운동이 없는 즉, 점성 효과가 없는 유체에 대해서도 다루게 되는 전단응력이나 마찰력이 존재하지 않는 압력의 영향만을 받는 유체를 다루는 것이 유체 정역학이다.

(1) 정지 유체 내의 압력

유체가 벽면 또는 가상면의 단위 면적에 수직으로 작용하는 힘을 유체의 압력이라 하고, 면 전체에 작용하는 힘을 전압력(total pressure)이라 한다.

$$p = \lim_{\Delta A \to 0} \frac{\Delta F}{\Delta A} = \frac{dF}{dA} \tag{9.5}$$

p : 압력 (kPa - SI, kgf/m^2 - MKS)

F : 힘 (N - SI, kgf - MKS)

A : 면적 (m^2)

정지 유체 내에서는 유체 입자간에 상대 운동이 없기 때문에 점성에 의한 전단응력은 나타나지 않는다.

[예제 9.6] 그림 9.2에서 피스톤에 100 kgf의 힘을 가할 때, 이것과 평형을 이룰 수 있는 추의 무게는 얼마인가?

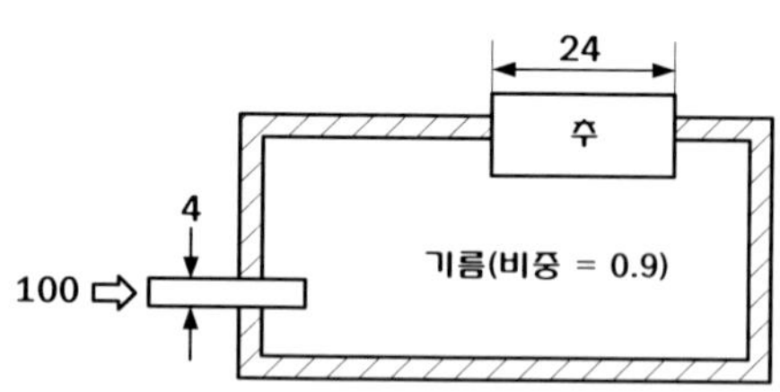

그림 9.2

(2) 정지 유체 내의 압력 변화

그림 9.3과 같이 중력만이 작용하는 미소 유체 원주의 밑면에 작용하는 압력을 p라 하

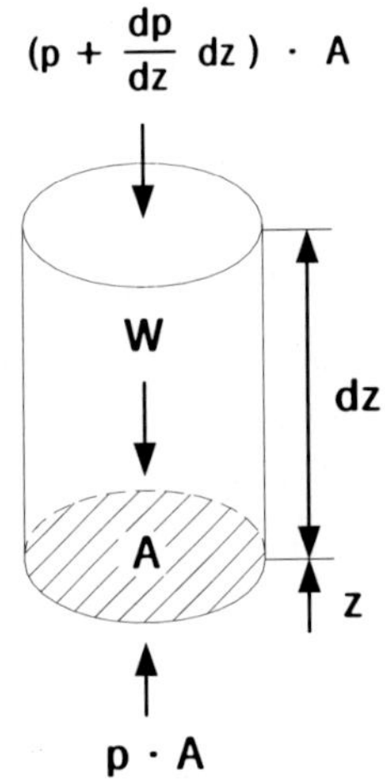

그림 9.3

면, 윗면의 압력은 $p+\left(\frac{dp}{dz}\right)\cdot dz$이다. 원주의 양면에 작용하는 힘과 미소 유체 원주의 중량 사이에는 다음과 같은 힘의 평형이 성립한다.

$$p\cdot A-\left(p+\frac{dp}{dz}dz\right)\cdot A-\gamma\cdot A\cdot dz=0 \tag{9.6}$$

식 (2-3)에서 γ는 유체의 비중량이고, 이를 다시 정리하면

$$\frac{dp}{dz}=-\gamma \tag{9.7}$$

비중량이 일정한 액체 중의 수평단면 1에서 2까지에 대해 식 (9.7)을 적분하면

$$\int_1^2 dp=-\gamma\int_1^2 dz \tag{9.8}$$

$$\therefore\ p_2-p_1=-\gamma\cdot(z_2-z_1)$$

그림 9.4에 식 (9.8)을 적용시키면 $p_2=p_0$, $z_2-z_1=h$이므로

$$p_1=p_O+\gamma\cdot h \tag{9.9}$$

따라서, 자유표면으로 깊이 h인 지점의 압력은 그 유체의 비중량 γ와 깊이 h와의 곱 $p=\gamma\cdot h$, 액체의 표면에 압력 p_0가 작용할 때는 식 (9.9)로 계산할 수 있다.

일반적으로 바닷물 수면으로 10 m 들어갈 때마다 1기압이 상승한다는 것도 해수(海水)의 비중량이 아닌 표준 상태인 물의 비중량으로 계산하는 것으로, 식 (9.10)에서 이를 확인할 수 있다.

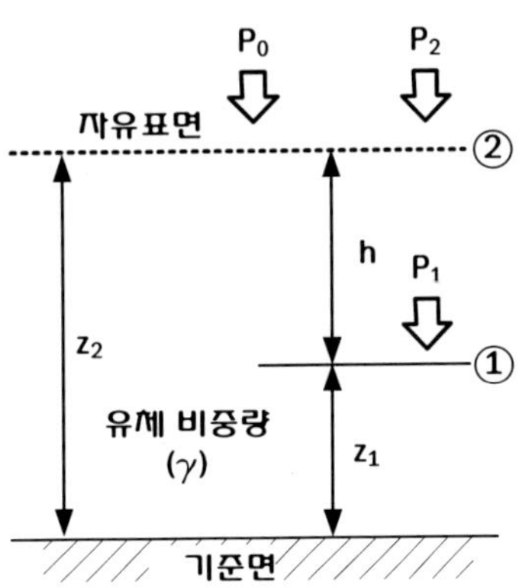

그림 9.4 액체속의 압력

$$p\ =\ \gamma\cdot h^{[kg/m^2]}=\frac{1}{10000}\cdot\gamma\cdot h^{[kg/cm^2]}=0.1\cdot h^{[kg/cm^2]} \tag{9.10}$$

[예제 9.7] 수면 15 m인 지점의 압력이 2.04 kg/cm²이다. 이 액체의 비중량은?

[예제 9.8] 개방된 탱크에 비중이 3인 액체 0.2 m 위에 물 0.2 m가 있다. 이때, 탱크 밑면에 작용하는 압력을 kg/cm^2와 N/m^2로 계산하면? 또한, 탱크의 넓이가 2 m^2일 때, 밑면에 작용하는 힘은 몇 kN인가?

[예제 9.9] 해면으로부터 15 m 깊이에 있는 잠수부가 숨을 내쉬려면 그 압력은 얼마 이상이어야 하는가? 단, 대기의 압력은 10^4 kgf/m^2이다.

[예제 9.10] 그림 9.5의 탱크에 물이 들어 있다. AD 면과 BC 면에 작용하는 전압력은 얼마인가?

[예제 9.11] 밀폐 용기 안에 비중 0.75인 기름, 위 부분에 압력 0.1 kg/cm^2인 공기가 있다. 기름 표면으로부터 깊이 1.5 m에 있는 점의 압력 수두는 몇 m인가?

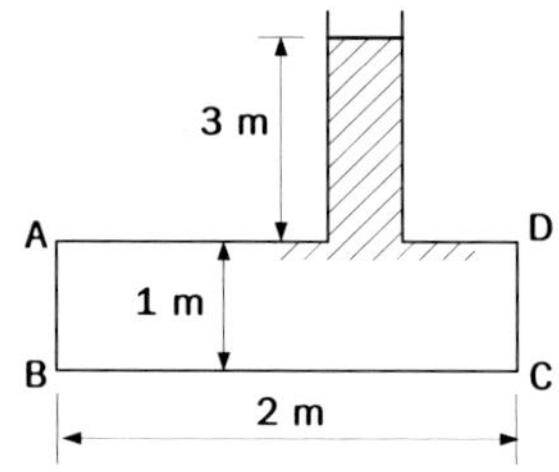

그림 9.5

9.2.1 액주계

관 또는 용기 내에 채워진 액체의 상승 높이로서 압력이나 압력차를 측정하는 데 사용하는 계기를 액주계(manometer)라 한다. 액주계에 채워진 액체가 측정하고자 하는 액체와 동일한 경우에 사용되는 액주계를 피에조메터(piezometer), 다른 유체를 사용하는 경우에는 마노메터(manometer)라고 한다.

(1) 수은 기압계

그림 9.6과 같이 대기압을 측정하기 위한 기압계이다.

$$p_0 = p_v + \gamma \cdot h \qquad (9.11)$$

p_O : 대기압.

p_V : 수은의 증기압

γ, h : 수은의 비중량 및 높이

식 (9.11)에서 이상에서 수은의 증기압은 아주 적어 무시할 수 있다.

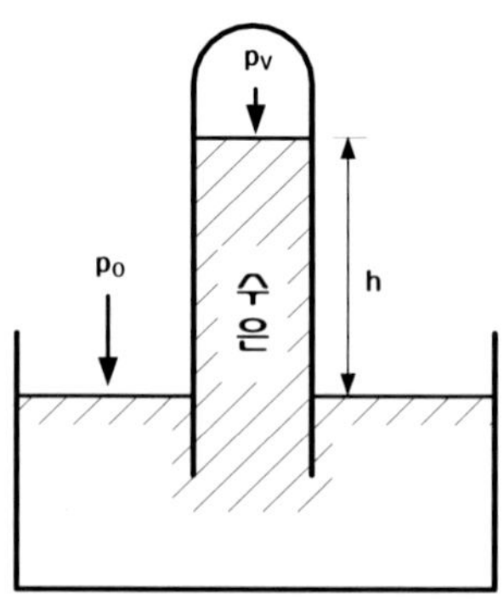

그림 9.6 수은 기압계

(2) 액주계(그림 9.7)

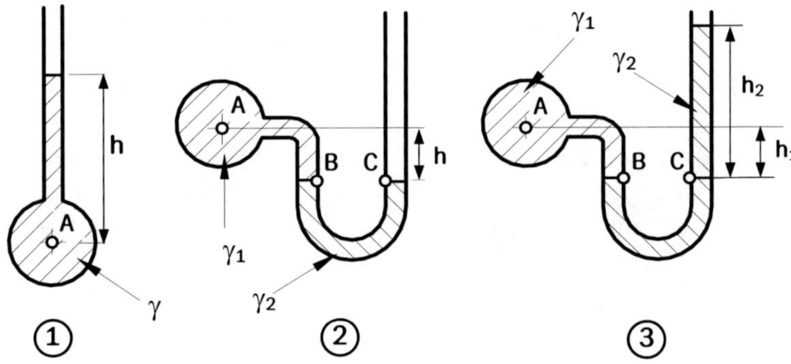

그림 9.7 액주계

① 피에조미터로서 대기압보다 약간 높은 압력을 측정하는 경우에 사용되고, 계기 압력 p_A는 식 (9.12)와 같이 계산된다.

$$p_A = \gamma \cdot h \tag{9.12}$$

② 대기압보다 낮은 압력이나 낮은 진공 압력을 측정하는 경우에 사용되는 U자관 액주계로, 점 B와 점 C에서의 압력이 같으므로 계기 압력 p_A는 다음과 같이 계산된다.

$$p_B = p_C \quad : \ p_A + \gamma \cdot h = p_C = \text{일정}, \qquad \therefore \ p_A = -\gamma \cdot h \tag{9.13}$$

③ 내기압보다 높은 압력이나 높은 진공 압력을 측정할 때는 U자관 액주계에 성질이 다른 2가지 이상의 유체를 사용하여 압력을 측정한다. 액주계의 점 B와 점 C의 압력이 같으므로

$$p_B = p_C \quad : \ p_A + \gamma_1 \cdot h_1 = \gamma_2 \cdot h_2, \quad \Rightarrow \quad \therefore \ p_A = \gamma_2 \cdot h_2 - \gamma_1 \cdot h_1 \tag{9.14}$$

[예제 9.12] 그림 9.7 ①에서 액체의 비중이 1.90이고, 액체의 상승 높이 h = 50 cm일 때, A 점의 압력은?

[예제 9.13] 그림 9.7 ②의 액체의 비중이 0.8, h = 50 cm일 경우, A점에서의 압력은?

(3) 시차 액주계

시차 액주계(differential manometer)는 그림 9.8에서와 같이 두 곳의 압력 차이나 배관 내에서의 압력 차이를 측정하기 위해 사용되는 액주계이다.

① $p_C = p_D$: $p_A - \gamma_1 \cdot h_1 - \gamma_2 \cdot h_2 = p_B - \gamma_3 \cdot h_3$

$$p_A - p_B = \gamma_1 \cdot h_1 + \gamma_2 \cdot h_2 - \gamma_3 \cdot h_3 \qquad (9.15)$$

② $p_C = p_D$: $p_A + \gamma_1 \cdot h_1 = p_B + \gamma_3 \cdot h_3 + \gamma_2 \cdot h_2$

$$p_A - p_B = \gamma_3 \cdot h_3 + \gamma_2 \cdot h_2 - \gamma_1 \cdot h_1 \qquad (9.16)$$

③ $p_C = p_D$: $p_A + \gamma \cdot (\kappa + h) = p_B + \gamma \cdot \kappa + \gamma_0 \cdot h$

$$p_A - p_B = (\gamma_0 - \gamma) \cdot h \qquad (9.17)$$

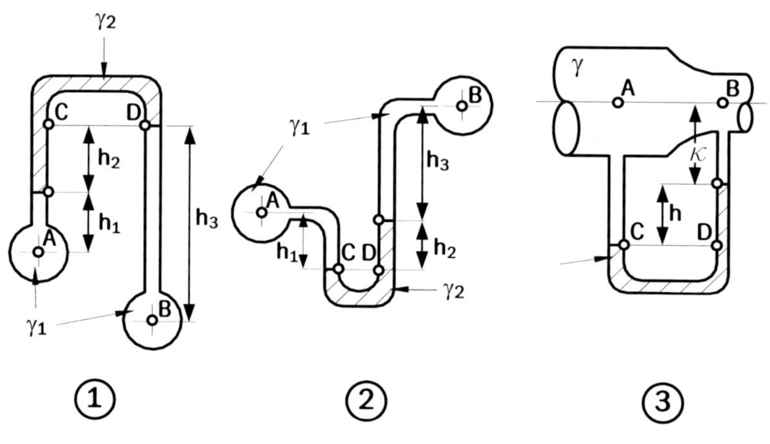

9.8 시차 액주계

[예제 9.14] 그림 9.9에서 S_1 = 0.85, S_2 = 2.0, h_1 = 30 cm, h_2 = 50 cm일 때, A점의 압력은?

[예제 9.15] 그림 9.10에서 S_1 = 0.8, S_2 = 13.6, h_1 = 1600 mm, h_2 = 800 mm일 때, A점의 압력은 몇 kPa인가?

[예제 9.16] 그림 9.11에서 압력차 $p_A - p_D$는 얼마인가?

[예제 9.17] 그림 9.12에서 h_1 = 600 mm, h_2 = 300 mm, h_3 = 900 mm, S_1 = 1.0, S_2 = 0.9, S_3 = 1.0일 때, $p_B - p_A$를 수은주로 표시하면 몇 mmHg인가?

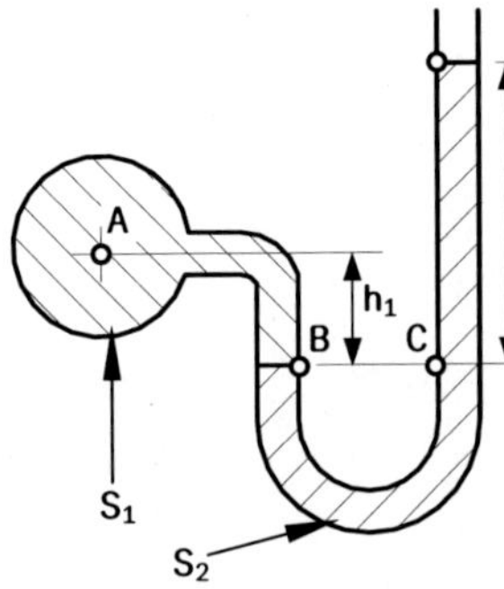

그림 9.9

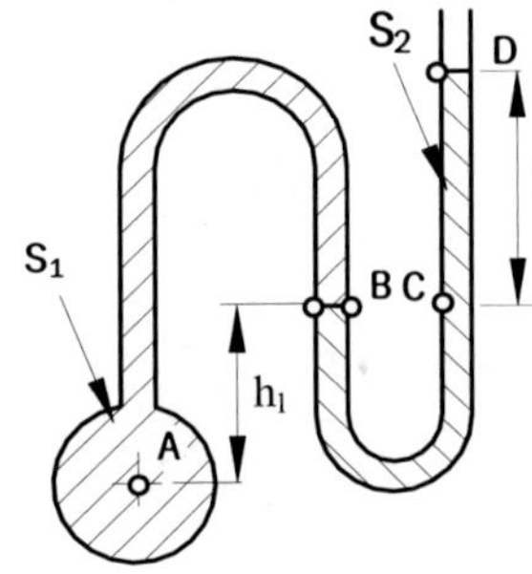

그림 9.10

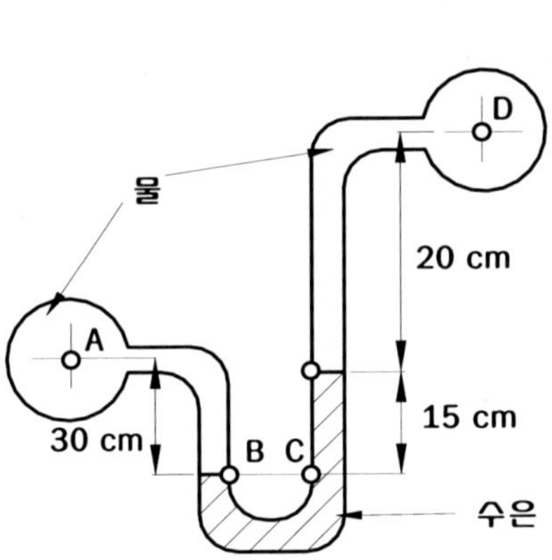

그림 9.11

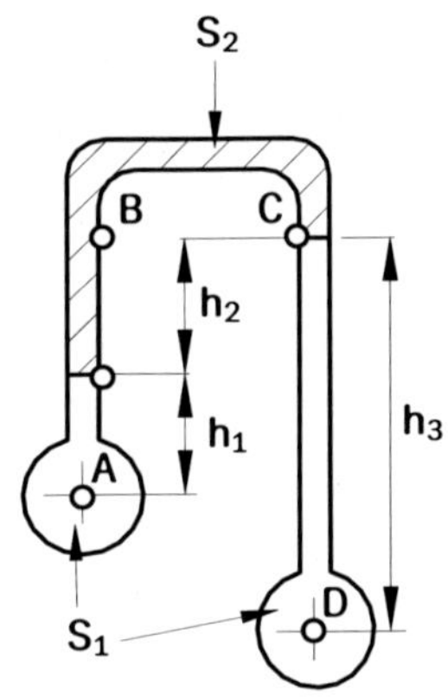

그림 9.12

[예제 9.18] 그림 9.12에서 h_1 = 600 mm, h_2 = 300 mm, h_3 = 900 mm, S_1 = 0.8, S_2 = 0.65, S_3 = 1.0일 때, $p_B - p_A$를 수은주로 표시하면 몇 mmHg인가?

[예제 9.19] 그림 9.12에서 $p_A - p_D$의 값이 −30 cmAq가 되려면 h_2 는 얼마이어야 하는가? 단, S_1 = 1.0, S_2 = 0.94, S_3 = 1.0, h_1 = 30 cm, h_3 = 90 cm이다.

9.3 유체 동역학

유체 동역학은 움직이고 있는 즉, 유체의 흐름에 대한 내용으로, 점성과 압축성 효과를 무시한 이상 유체 및 이들 효과를 고려한 실제 유체 흐름에 대한 내용으로 구분되기도 한다. 유체에 질량 보존의 원리를 적용한 연속 방정식, 에너지 보존의 원리를 적용한 오일러 방정식 및 베르누이 방정식을 유도하며, 또한 그 응용에 대해 설명한다.

9.3.1 유체 흐름의 형태

유체 입자가 연속적으로 운동하는 것을 흐름(flow)라고 한다. 유체 흐름을 체계적으로 다루기 위해서는 유선(stream line)이라는 가상 곡선을 정의하여야 한다. 즉, 유체 흐름에 있어서 모든 점에서 속도 벡터 방향을 갖는 가상의 연속적인 선인 유선에서는 수직 방향으로는 항상 속도 성분이 0이며, 유선을 가로지르는 흐름은 존재하지 않는다. 정상류일 때 유선은 시간에 관계없이 공간에 고정되며, 유체 입자가 일정 기간 내에 통과한 경로의 연속적인 선인 유적선과 일치하며, 또한 여러 개의 유선으로 이루어지는 하나의 군을 유동장이라 한다. 유선에서 모든 입체의 순간 궤적을 유맥선이라 한다.

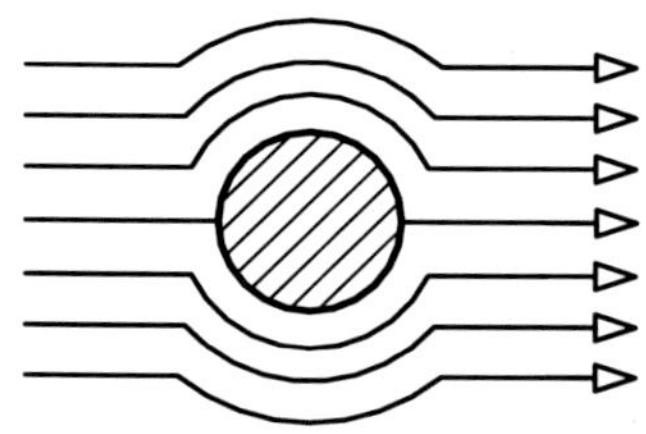

그림 9.13 실린더 유선

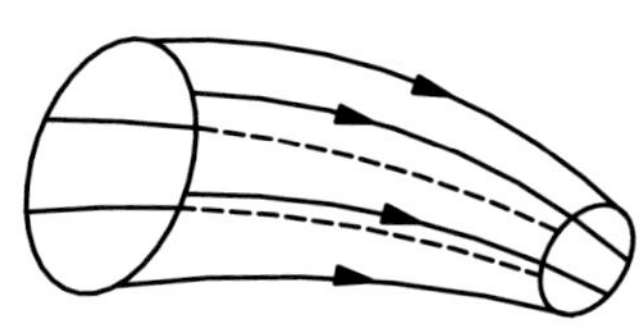

그림 9.14 유관

정상류에서 폐곡선을 통과하는 몇 개의 유선을 그리면 속도는 항상 경계에 대하여 접선 방향이므로 유선들은 유체 입자들이 지나갈 수 없는 경계면을 형성하는 데, 이와 같이 폐곡선을 통과하는 유선들에 의해 형성되는 공간을 유관이라 한다.

(1) 정상류

유체 흐름에 있어 임의의 점에서 시간 변화에 따라 그 유동 특성이 변화하지 않는 흐름을 정상류(steady flow)라 한다.

$$\frac{\partial \rho}{\partial t}=0,\ \frac{\partial P}{\partial t}=0,\ \frac{\partial T}{\partial t}=0,\ \frac{\partial u}{\partial t}=0 \tag{9.18}$$

식 (9.18)에서 ρ는 밀도, P는 압력, T는 온도, u는 속도, t는 시간을 의미한다.

식 (9.18)에서 알 수 있는 바와 같이 최초 상태(밀도, 압력, 온도, 속도 등)가 시간 변화에 대해서도 계속 유지되는 흐름을 정상류라 한다.

(2) 비정상류

시간 변화에 따라 임의의 점에서 최초 상태가 변화되는 흐름이 비정상류(unsteady flow)이다.

$$\frac{\partial\rho}{\partial t} \neq 0,\ \frac{\partial P}{\partial t} \neq 0,\ \frac{\partial T}{\partial t} \neq 0,\ \frac{\partial u}{\partial t} \neq 0 \tag{9.19}$$

(3) 균속도 흐름

어떤 순간에 유동장 임의의 모든 점에서 속도 벡터가 공간 좌표(위치)에 관계없이 동일할 때의 흐름을 균속도 흐름(uniform flow)이라 한다.

$$\frac{\partial u}{\partial s} = 0 \tag{9.20}$$

(4) 비균속도 흐름

어떤 순간에 유동장 임의의 모든 점에서 속도 벡터가 변화하는 흐름을 비균속도 흐름(nonuniform flow)라 한다.

$$\frac{\partial u}{\partial s} \neq 0 \tag{9.21}$$

식 (9.18) ~ 식 (9.21)을 조합하면 다음과 같은 운동을 얻을 수 있다.

① 정상 균속도 운동 : 시간 변화에 대해서도 속도가 변하지 않는 흐름

$$\frac{\partial u}{\partial t} = 0,\ \frac{\partial u}{\partial s} = 0 \tag{9.22}$$

② 비정상 균속도 운동 : 유체의 속도가 시간에 따라 변화되는 균속도 운동. 바르고 곧은 긴관을 유량이 가감되면서 흐르는 유량

$$\frac{\partial u}{\partial t} \neq 0,\ \frac{\partial u}{\partial s} = 0 \tag{9.23}$$

③ 정상 비균속 운동 : 점차 확대관이나 곡관을 액체가 일정 유량으로 흐를 때의 유동

$$\frac{\partial u}{\partial t}=0,\ \frac{\partial u}{\partial s}\neq 0 \tag{9.24}$$

④ 비정상 비균속 운동 : 점차 확대관을 유량이 증가하면서 흐르는 유동

$$\frac{\partial u}{\partial t}\neq 0,\ \frac{\partial u}{\partial s}\neq 0 \tag{9.25}$$

9.3.2 연속 방정식

(1) 1차원 흐름의 연속 방정식

물질은 스스로 창조되지도 소멸되지도 않는다는 질량 보존의 법칙(mass conservation)을 유체 유동에 적용한 것으로, 그림 9.15에서 단위 시간당 단면 1에 유입되는 유체의 질량과 단위 시간당 단면 2로 유출되는 유체의 질량은 일정하다고 정의한 식을 연속 방정식이라 한다.

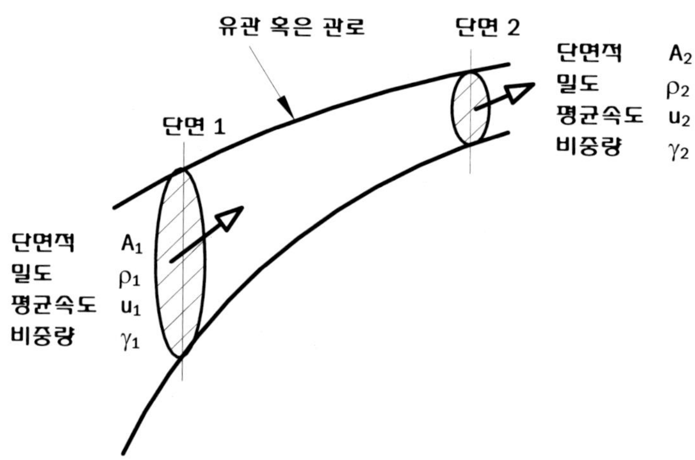

그림 9.15 연속 방정식

즉, (유입되는 유체의 질량) = (유출되는 유체의 질량)으로 표시된다. 따라서, 식 (9.26)과 같이 정리된다.

$$\rho_1 \cdot A_1 \cdot u_1 = \rho_2 \cdot A_2 \cdot u_2 = \text{일정} \tag{9.26}$$

식 (9.26)은 1차원 흐름의 연속 방정식으로, 이를 미분하면 식 (9.27)과 같고, 또한 이를 다시 ρ · A · u로 나눠 정리하면 식 (9.28)과 같다.

$$A \cdot u \cdot d\rho + A \cdot \rho \cdot du + \rho \cdot u \cdot dA = 0 \tag{9.27}$$

$$\frac{d\rho}{\rho} + \frac{dA}{A} + \frac{dV}{V} = 0 \tag{9.28}$$

식 (9.28)을 기본으로 연속 방정식에서의 유체 흐름을 다음과 같이 구분할 수 있다.

① 질량 유량(mass flow rate)

$$\dot{m} = \rho_1 \cdot A_1 \cdot u_1 = \rho_2 \cdot A_2 \cdot u_2 \quad (kg/s) \tag{9.29}$$

② 중량 유량(weight flow rate)

질량 유량에서 중력 가속도 g를 곱하면 중량 유량, 단위 시간당 유체 중량이다.

$$G = \dot{m} \cdot g = \gamma_1 \cdot A_1 \cdot u_1 = \gamma_2 \cdot A_2 \cdot u_2 \quad (kgf/s) \tag{9.30}$$

③ (체적) 유량(volumetric flow rate)

비압축성 유체인 경우, 밀도나 비중량의 변화가 없으므로 식 (9.31)과 같다.

$$Q = A_1 \cdot u_1 = A_2 \cdot u_2 \quad (m^3/s) \tag{9.31}$$

즉, 물과 같은 밀도나 비중량이 동일한 유체의 유량은 체적 유량으로 계산하여도 상관없으나, 압력 변화에 따라 밀도나 비중이 변화되는 공기나 기체 등과 같은 압축성 유체에 대해서는 체적 유량의 의미가 없으므로 질량 유량 혹은 중량 유량으로 계산되어야 한다.

[예제 9.20] 안지름이 200 mm인 관 속을 흐르고 있는 이상 기체의 평균 풍속이 20 m/s이면 매초 몇 kg이 흐르는가? 단, 정압 2 kg/cm², 온도 15 ℃, 기체 상수 R = 29.27 kg·m/kg·K이다.

[예제 9.21] 파이프 내로 물이 흐르고 있다. 점 A에서 지름은 1 m, 압력은 1

kgf/cm², 속도는 1 m/s이다. A 점보다 2 m 위에 있는 B 점의 지름은 0.5 m, 압력 0.2 kgf/cm²이다. 이 때, 물은 어느 방향으로 흐르는가?

[예제 9.22] 단면이 30 cm × 50 cm인 사각형 덕트(duct) 속에 공기가 흐르고 있다. 덕트 속에 흐르는 공기의 유량이 0.45 m^3/s일 때, 덕트 내의 공기 평균 유동 속도 u와 질량 유량 m은 얼마인가? 단, 공기의 밀도는 1.225 kg/m^3이다.

[예제 9.23] 안지름 20 cm인 파이프에 물이 40 kgf/s로 흐를 때, 평균 유속은 몇 m/s인가?

[예제 9.24] 비중량이 1 kgf/m^3인 유체가 지름 20 cm인 관내를 6.28 kgf/s로 흐른다. 이 때, 평균 유속은 몇 m/s인가?

9.3.3 오일러의 운동 방정식

뉴톤의 운동 제2법칙을 임의의 한 유선을 따라 정상류로 흐르고 있는 유체 입자의 운동에 적용시켜 유체 동역학의 이론적 근거를 마련한 것이 오일러의 운동 방정식(Euler's motion equation)이다. 오일러의 운동 방정식은 유체 입자는 유선을 따라 흐르고, 유체는 마찰이 없는 점성 유체, 정상류 흐름으로 가정한 유체에 대해서 성립된다.

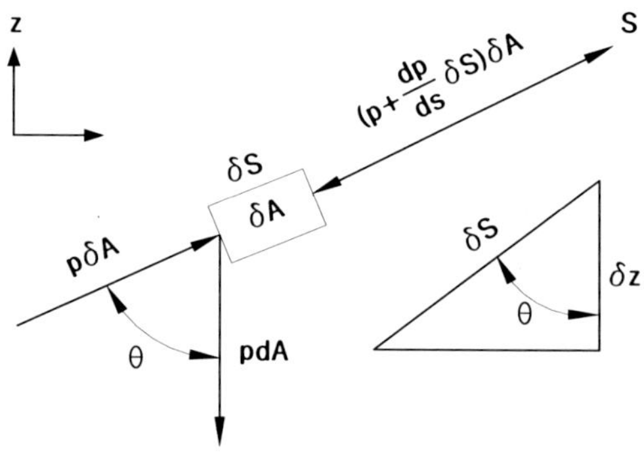

그림 9.16 오일러 방정식

그림 9.16과 같은 미소 체적 요소의 유선 방향의 단면적을 δA, 길이를 δS라 하면, 압력에 의한 힘의 변화는 식 (9.32)와 같다.

$$p\delta A - (p + \frac{dp}{dS}\delta S)\delta A = -\frac{dp}{ds}\delta S \cdot \delta A \qquad (9.32)$$

그림에서 $\cos\theta = \left(\frac{\delta z}{\delta S}\right)$, 유체 미소 체적의 무게 W는

$$\rho \cdot g \cdot \delta A \cdot \delta S \cdot \cos\theta = -\rho \cdot g \cdot \delta A \cdot \delta z \qquad (9.33)$$

미소질량 $dm = \rho\delta A\delta S$, 유선 방향 S에 대한 가속도 성분

$\alpha \cdot S = \frac{du}{dt} = \frac{dS}{dt} \cdot \frac{du}{dS} = u\frac{du}{dS}$, 비점성 유체의 전단응력 $\tau = 0$, 이상과 같은 값들을 뉴톤의 운동 제2법칙 $\sum dF = dm \cdot \alpha$를 적용시켜 체적 요소의 극한 값을 취하면

$$-dp \cdot dA - \rho \cdot g \cdot dA \cdot dz = (\rho \cdot dS \cdot dA) \cdot u \cdot \frac{du}{dS} \qquad (9.34)$$

식 (9.34)을 $\rho \cdot dA$를 나누고 정리하면 식 (9.35)와 같고, 식 (9.35)를 중력 가속도 g로 나누어 정리하면 식 (9.36)과 같다.

$$\frac{dp}{\rho} + u \cdot du + g \cdot dz = 0 \qquad (9.35)$$

$$\frac{dp}{\gamma} + d \cdot \left(\frac{u^2}{2g}\right) + dz = 0 \qquad (9.36)$$

9.3.4 베르누이 방정식

베르누이 방정식(Bernoulli's equation)은 오일러 방정식을 적분하여 구할 수 있다.

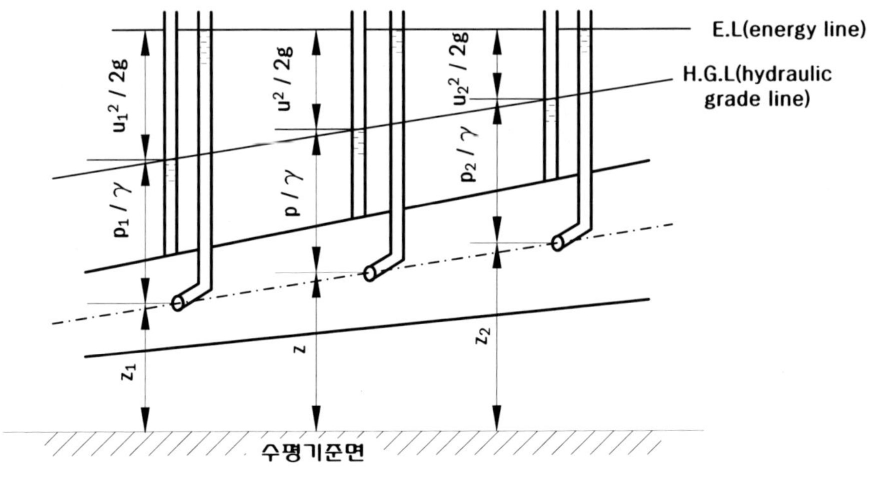

그림 9.17 베르누이 방정식의 수두

비압축성 유체(밀도 및 비중량 일정)의 비중량 및 중력 가속도는 상수이므로 식 (9.35)를 적분하면 식 (9.37)과 같다.

$$\frac{p}{\gamma}+\frac{u^2}{2g}+z=\text{const.} \tag{9.37}$$
$$\frac{p}{\rho}+\frac{u^2}{2}+gz=\text{const.}$$

식 (9.37)을 그림 9.17에 적용시키면 식 (9.38)과 같다.

$$\frac{p_1}{\gamma}+\frac{u_1^2}{2g}+z_1=\frac{p_2}{\gamma}+\frac{u_2^2}{2g}+z_2 = H \tag{9.38}$$
$$\frac{p_1}{\rho}+\frac{u_1^2}{2}+gz_1=\frac{p_2}{\rho}+\frac{u_2^2}{2}+gz_2 = H$$

이상의 식 (9.38)을 베르누이 방정식이라 한다. 또한, 베르누이 방정식의 각 항은 모두 길이의 차원이고, 각 항을 수두(head)라 한다. 식 (9.38)에서 각 항은 다음과 같다.

$\frac{p}{\gamma}$: 압력 수두(pressure head)

$\frac{u^2}{2g}$: 속도 수두(velocity head)

z : 위치 수두(potential head)

H : 전수두(total head)

전수두선(혹은 에너지선, Energy Line) : $\frac{p}{\gamma}+\frac{u^2}{2g}+z$

수력구배선(Hydraulic Grade Line) : $\frac{p}{\gamma}+\frac{u^2}{2g}$

이상의 베르누이 방정식은 가장 일반적으로 있을 수 있는 형태에 대해 적용한 것이고, 아울러 베르누이 방정식에 대해서는 공기조화 관련 분야 및 배관 공학 관련 분야에서 폭넓게 사용되므로 그 중요성을 강조해도 지나치지 않다.

또한, 베르누이 방정식은 1차원 이상 유체의 흐름에 적용되며, 속도 수두, 압력 수두, 위치 수두의 합은 일정하고 그 값은 보존된다. 그림 9.17에는 관 표면에 유체의 정압을 측정할 수 있는 피에조메터(piezometer)와 전압을 측정할 수 있는 피토관(pitot tube)을 설치하였다. 임의의 점에 세워진 피토관의 수면을 연결하는 선은 항상 수평을 이루게 된다.

(1) 베르누이 방정식의 응용

① 마찰이 있는 실제 유체에 손실 수두를 고려하는 경우

$$\frac{p_1}{\gamma}+\frac{u_1^2}{2g}+z_1 = \frac{p_2}{\gamma}+\frac{u_2^2}{2g}+z_2+H_L \qquad (9.39)$$

H_L : 1 ~ 2 사이의 손실 수두(head loss) / 단위 무게

② 1 ~ 2사이에 펌프가 설치되어 유체에 에너지를 가하는 경우

$$\frac{p_1}{\gamma}+\frac{u_1^2}{2g}+z_1+E_P = \frac{p_2}{\gamma}+\frac{u_2^2}{2g}+z_2+H_L \qquad (9.40)$$

E_P : 펌프 에너지 / 단위 무게

③ 1 ~ 2사이에 터빈이 설치되어 유체로부터 에너지를 받는 경우

$$\frac{p_1}{\gamma}+\frac{u_1^2}{2g}+z_1+E_P = \frac{p_2}{\gamma}+\frac{u_2^2}{2g}+z_2+H_L+H_R \qquad (9.41)$$

H_R : 터빈 에너지 / 단위 무게

[예제 9.25] 어떤 수평관 속에서 물이 평균 속도 2.8 m/s, 압력 0.46 kg/cm²의 상태로 흐르고 있다. 이 물의 유량이 0.84 m³/s인 경우의 물의 동력은 몇 PS 인가?

[예제 9.26] 펌프 양수량 0.6 m³/min, 관로의 전손실수두 5 m인 펌프가 펌프 중심으로부터 1 m 아래에 있는 물을 20 m의 송출액면에 양수하고자 할 때, 펌프에 공급되어야 할 동력은 몇 kW인가?

[예제 9.27] 물이 평균 속도 19.6 m/s로 관 속을 흐르고 있다. 이 때, 속도 수두는?

[예제 9.28] 유속 4 m/s인 물의 흐름 속에 피토관을 흐름 방향으로 세웠을 때, 수주의 높이는?

[예제 9.29] 지름이 300 cm인 수평관에 물이 흐르고 있다. 이 수평관이 20° 원뿔각으로 확대되어 지름이 600 cm인 관에 연결되어 있다. 유량이 0.3 m³/s, 확대되지 않은 관에서의 작은 관에서의 압력이 14×10³ kg/cm²일 때, 확대관에서의 압력은 얼마인가?

[예제 9.30] 기준면으로부터 5 m되는 곳에 유속 5 m/s인 물이 흐르고 있다. 이때, 압력을 재어 보니 0.5 kgf/cm²이다. 전 수두는 몇 m인가?

[예제 9.31] 기준면으로부터 높이 3.6 m되는 A 점에서의 관 내경이 0.3 m, 기준면으로부터 높이 7.5 m되는 B 지점에서의 관 내경 0.6 m에서 물이 0.36 m³/s로 흐르고 있다. A 지점에서의 압력 수두가 6.4 m일 때, B 지점에서의 압력 수두는 얼마인가?

9.3.5 정압과 동압

그림 9.18에서 전압, 정압 및 동압은 다음과 같다. 그림에서 알 수 있는 바와 같이 정압은 유체의 성질과 관계되는 압력이고, 동압은 유체의 성질에 관계없이 운동할 때 생기는 압력이라는 것을 알 수 있다.

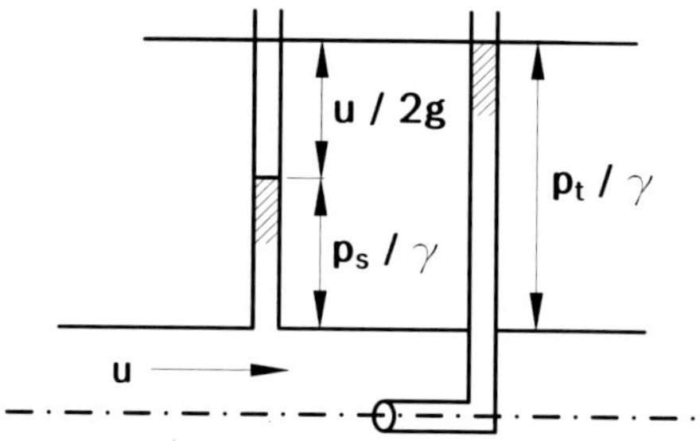

그림 9.18

$$\frac{P_T}{\gamma} = \frac{P_S}{\gamma} + \frac{u^2}{2g} \qquad (9.42)$$

$$\therefore P_T = P_S + \rho \cdot \frac{u^2}{2g}$$

P_T : 전압

P_S : 정압

$\rho \cdot \left(\frac{u^2}{2g}\right)$: 동압

9.4 점성 유체의 흐름

9.3장까지는 마찰이 없고 밀도 변화가 없는 이상 유체의 흐름에 대해서만 취급하였으나, 본 장에서는 유체 내의 점성으로 인한 유체 입자간, 고체 경계면과의 마찰로 전단응력이 발생하여 유동 저항이 생기는 점성 유체에 대해 다루게 된다. 특히, 유체의 흐름 중에서 유체를 수송하는 유로에 유체가 가득 채워진 상태로 흐르는 폐수로 흐름에 대해 중점적으로 다루게 된다.

9.4.1 레이놀즈수(Reynolds number)

점성 유체의 흐름에는 유체가 규칙적으로 정연하게 층상을 이루며 흐르는 층류(laminar flow)와 불규칙하게 혼란을 일으키며 흐르는 난류(turbulent flow)로 구분된다.

층류 흐름이 유지되는 유속을 증가시키면 어느 일정한 속도에서 층류가 난류로 바꾸어지게 되는 데, 이와 같이 층류에서 난류로 변화하게 되는 유속을 상임계속도(upper cirtical velocit), 난류 흐름에서 유속을 저하시키면 다시 층류 흐름으로 변화하게 되는 데, 이 때의 유속을 하임계속도(lower critical velocity)라 한다.

이와 같이 점성 유체의 흐름에서 층류 흐름과 난류 흐름에 대한 실험을 통해 레이놀즈(O. Reynolds)는 무차원 함수 레이놀즈수(Reynolds No.)를 도입하였으며, 레이놀즈수는 층류 및 난류의 구분 기준으로 사용되고 있다.

$$Re = \frac{u \cdot d \cdot \rho}{\mu} = \frac{u \cdot d}{\nu} \tag{9.43}$$

u는 유체의 평균 속도, d는 관지름, ρ는 유체의 밀도, μ는 유체의 점성계수, ν는 유체의 동점성계수이다.

레이놀즈수는 덕트(duct) 및 배관(piping)과 관련된 계산, 설계 및 시공 분야에서 취급되는 매우 중요한 무차원수이다. 일반적으로 유체의 종류, 관의 종류 및 치수에 상관없이 원형관 흐름에서 레이놀즈수 Re No.는 다음과 같은 값을 갖는다.

$$\begin{aligned} &Re < 2100 &&; \text{층류 영역} \\ &2100 < Re < 4000 &&; \text{천이 영역} \\ &4000 < Re &&; \text{난류 영역} \end{aligned} \tag{9.44}$$

식 (9.44)에서 2100 미만에서는 어떠한 난류 흐름도 점성에 의하여 약화되어 없어지므로 항상 층류 흐름이 존재하는 층류 영역을 나타내는 것으로, 2100을 하임계 레이놀즈수라 한다. 또한 4000 초과에서는 항상 난류 흐름이 존재하는 난류 영역으로서 4000은 상임계 레이놀즈수이다.

이러한 임계 레이놀즈수는 항상 일정한 값을 가지는 것은 아니고, 유체 흐름이 존재하는 기하학적 조건 및 기타 주위 조건에 따라 크게 달라지게 된다. 또한, 교과서에 따라서는 하임계 레이놀즈수를 2000 혹은 2300으로 정의하고 있기도 하나, 레이놀즈수에 따른 층류 및 난류의 구분은 유체의 종류나 관의 사양에 상관없이 단면이 일정한 관속의 흐름에 대해서 적용되게 된다.

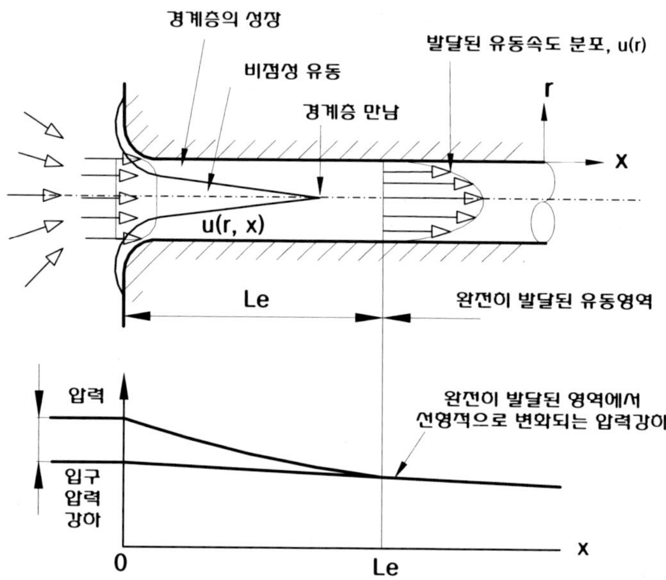

그림 9.19 덕트에서의 속도 및 압력 분포

그림 9.19는 덕트 내의 내부 흐름 예를 나타낸 것이다.

입구 영역에서는 거의 비점성 유동이 대부분이나, 관을 따라 점성에 의해 벽에서 경계층이 형성되고, 경계층의 배제 효과에 의하여 관 중심에서의 유동은 점차 가속된다. 관입구에서 멀어질수록 경계층은 중심부에서 만나게 되면서 결국에는 비점성부분이 없어지게 된다. 완전히 덕트 내의 흐름은 완전히 점성 흐름이 되고, 축방향 속도가 조절되면서 x = Le 이후에는 더 이상 유동이 변화되지 않고 완전히 발달된 유동 즉, u = u(r)이 된다. Le는 유체 흐름이 완전히 발달된 흐름까지 유도되는 길이로서 전이 길이라 한다. x = Le 하류에서는 속도 분포가 일정하고 벽에서 전단력이 일정하며 층류이건 난류이건 압력 손실은 x에 선형적으로 일어나게 된다.

또한, 차원해석에 의해 입구 영역의 길이는 단지 Re수에만 의존하고 있으며, 층류 및 난류인 경우의 전이 길이 Le는 각각 식 (9.45)와 같다.

$$\text{층류 ; } Le = 0.06 \cdot Re \cdot d \tag{9.45}$$

$$\text{난류 ; } Le = 4.4 \cdot Re^{1/6} \cdot d$$

유체가 관에서 흐를 때 유체의 점도 때문에 관 중심부 유속은 평균 유속보다 크고 관벽에 가까울수록 유속은 줄어들어 관벽에서의 속도는 0이다. 층류 흐름의 평균 유속은 관 중심부의 최대 유속 umax×0.5, 난류 흐름은 유속이 층류 흐름보다 상당히 균일하게 분포되어 흐르므로 평균 유속은 중심 유속의 약 0.81 ~ 0.83배가 된다.

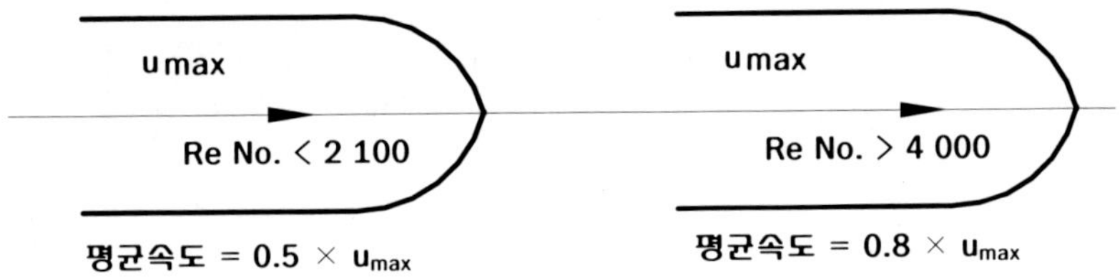

그림 9.20 속도 분표

[예제 9.32] 비중 0.9인 기름이 직경 50 mm인 곧은 원관 속을 60 l/min로 흐르고 있다. 이 때의 레이놀즈수는 얼마인가? 단, 이 기름의 점성계수는 5×10^{-3} kg·s/m²이다.

[예제 9.33] 비중량 1200 kg/m³, 점성계수 10^{-4} kg·s/m²인 유체가 지름 10 cm인 관 속을 평균 유속 10 m/s로 흐를 때의 레이놀즈수는 얼마인가?

[예제 9.34] 동점성계수가 1.31×10^{-3} m²/s인 물이 30 mm인 원관 내에서 3 m/s의 속도로 흐르고 있다. 이 흐름은 어떤 상태의 흐름인가?

【 연 습 문 제 】

1. 수은의 비중이 13.6일 때, 수은의 비중은 몇 kgf/m^3인가?
2. 비중량이 880 kg//m^3인 기름 150 l 의 질량은?
3. 밀도가 129 $kg \cdot s^2/m^4$ 인 글리세린의 비중은?
4. 지름 5 cm인 비누풍선 속의 내부 초과압력이 20 N/m^2이다. 이 비누풍선의 표면장력은?
5. 물방울의 내부 압력이 외부 압력보다 0.007 kg/cm^2만큼 더 큰 압력을 유지하려면 물방울의 반지름은 얼마가 되어야 하나? 물의 표면장력은 0.007 kg/m이다.
6. 지름 1 mm인 유리관을 알콜 속에 세웠더니 알콜이 10.5 mm 상승하였다. 알콜의 비중을 0.81, 유리와의 접촉각을 0°라 할 때, 알콜의 표면장력은?

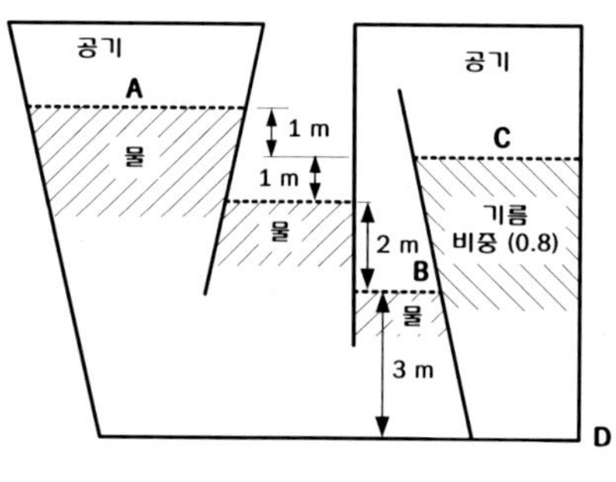

그림 9-A

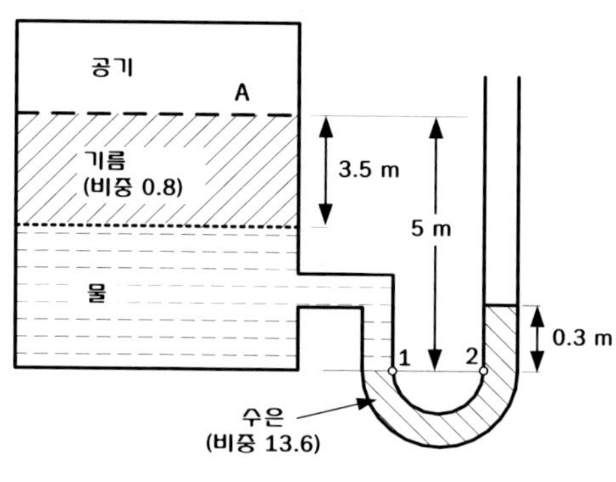

그림 9-B

7. 그림 9-A에서 A, B, C, D 점의 압력을 계산하시오.
8. 그림 9-B에서 공기의 압력은 얼마인가?
9. 우유를 지름 2.5 mm 스트로우를 이용하여 수직방향 200 mm만큼 빨아들이기 위해 필요한 힘은 몇 N인가? 단, 우유의 비중량은 9400 N/m^2이다.
10. 깊이 5 m인 밀폐 탱크에 물이 4.5 m 차 있다. 수면에는 3 kg/cm^2의 증기압이 작용하고 있을 때, 탱크 밑면에 작용하는 압력은?
11. 국소 대기압 720 mmHg인 지방의 호수에서 지름이 d cm인 공기의 기포가

수면으로 올라오면서 지름이 2d cm로 팽창하였다. 이 때, 기포의 최초 위치는 수면으로 몇 m 아래인가? 단, 기포 내의 공기는 Boyle 법칙에 따른다.

12. 그림 9-C에서 S_1 = 0.82, S_2 = 13.6, h_1 = 38 cm, h_3 = 15 cm이다. $p_A = p_B$가 되는 h_2 는 몇 cm인가?

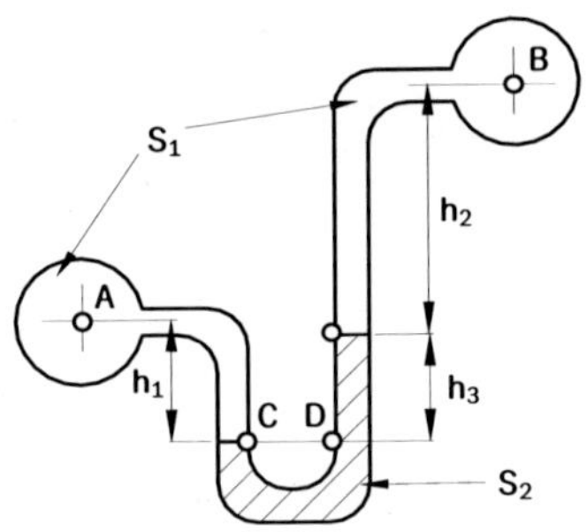

그림 9-C

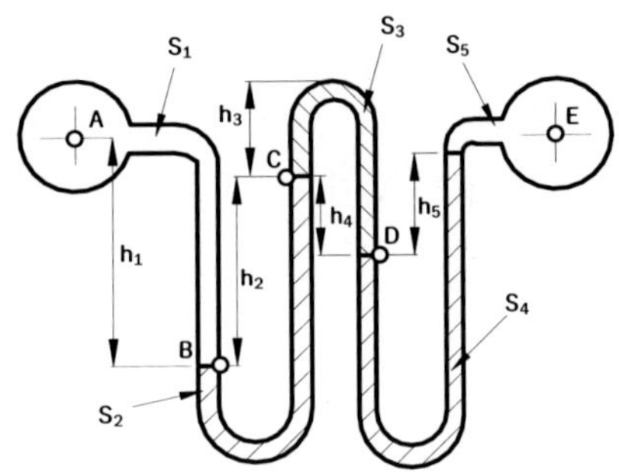

그림 9-D

13. 그림 9-D에서 h_1 = 100 mm, h_2 = 30 mm, h_3 = 40 mm, h_4 = 40 mm, h_5 = 50 mm, h_6 = 80 mm, S_1 = S_6 = 1, S_2 = S_4 = 13.6, S_3 = 0.8일 때, $p_A - p_F$는 얼마인가?

14. 그림 9-D에서 h_1 = 178 cm, h_2 = 114 mm, h_3 = h_4 = 76 mm, h_5 = 89 mm, h_6 = 63 mm, S_1 = S_3 = S_6 = 1, S_2 = S_4 = 13.6일 때, $p_A - p_F$는 얼마인가?

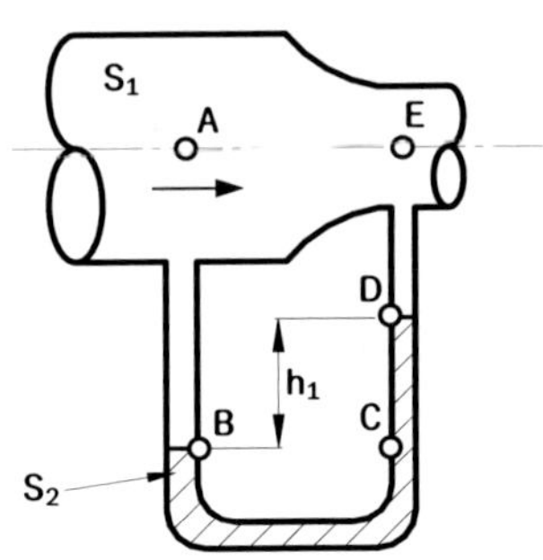

그림 9-E

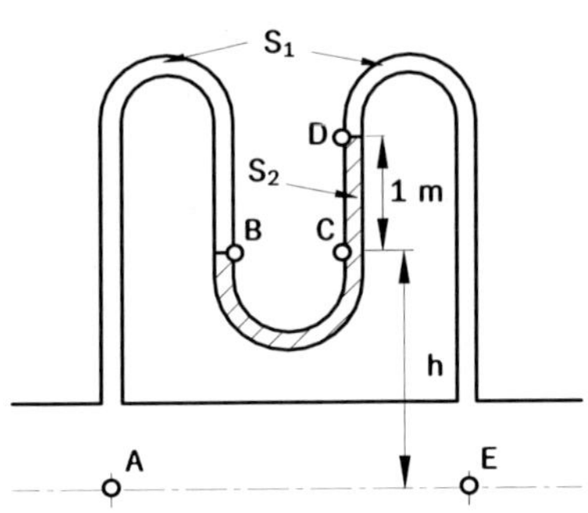

그림 9-F

15. 그림 9-E에서 S_1 = 0.8, S_2 = 13.6, 점 A에서의 압력이 196 kPa일 때, h_1는 몇 m인가?

16. 그림 9-E에서 h_1 = 950 mm일 때, $p_A - p_D$는 얼마인가? 단, S_1 = 1, S_2 = 13.6이다.

17. 그림 9-F에서 S_1 = 1, S_2 = 13.69일 때, 압력차 $p_A - p_E$는 얼마인가?

18. 안지름 60 cm인 파이프에 평균 속도 3 m/s로 물이 흐를 때, 체적 유량은 몇 m^3/s인가?

19. 안지름이 80 mm인 파이프에 비중 0.9인 기름이 평균 속도 4 m/s로 흐를 때, 질량 유량은 몇 kg/s인가?

20. 헤드에 지름 5 cm의 구멍이 뚫린 실린더에 기름을 넣고 피스톤을 5 m/s의 속도로 압축할 때의 기름의 분출속도는? 단, 실린더 사이의 기름은 비압축성 유체이며, 실린더와 피스톤 사이의 간극은 없으며, 피스톤의 지름은 50 cm이다.

21. 송출구의 지름이 150 mm인 펌프의 양수량이 2.5 m^3/min일 때, 유속은 몇 m/s인가?

22. 유체가 가득 찬 안지름 15 mm 실린더 속에 바깥지름이 130 mm인 피스톤이 0.03 m/s의 속도로 삽입되고 있다. 피스톤과 실린더 사이의 틈으로 역류하여 올라가는 유체의 속도는 얼마인가?

23. 원통 주위에 흐르는 2차원 유동에서, 원통으로부터 멀리 떨어진 부근(A 점으로 가정)에서 서로 이웃하는 유선이 50 mm 간격을 유지하면서 평균 속력은 30 m/s이다. 이 두 유선이 원통 가까운 부근(B점으로 가정)에서는 35 mm의 간격을 유지한다면, 평균 속력은 약 몇 m/s인가? 단, 유체는 비압축성이다.

24. 수직으로 세워진 노즐에서 물이 초속 15 m/s로 뿜어 올려 진다. 마찰손실을 포함한 모든 손실이 무시된다면 그 물은 몇 m까지 올라갈 수 있겠는가?

25. 탱크의 수면하 3 m인 곳에 지름 3 cm인 구멍을 뚫으면 처음에 유출되는 물의 속도와 유량은? 단, 공기의 저항이나 유출 구멍에서의 마찰은 무시 한다

26. 밑면에서부터 9.8 m의 높이까지 물을 채운 물통의 하부에 있는 구멍으로부터 나오는 물의 속도는 몇 m/s인가? 또한, 물이 분출되는 구멍에 의한 수두 손실이 2 m라고 하면 물의 분출속도는 몇 m/s인가?

27. 공기의 유속을 측정하기 위하여 피토관을 사용하였다. 물을 담은 U자관의 수

주 높이의 차가 10 cm이였다. 공기의 비중량을 1.25 kg/m³일 때, 공기의 유속은?

28. 대기 중의 풍속을 피토관으로 측정하고자 한다. 이 때, 전압이 대기압보다 52 mmAq 만큼 높았다. 공기 비중량이 1.226 kg/m³이라면 풍속은 얼마인가?

29. 탱크의 수면에서 5 m되는 깊이에 지름 3 cm의 구멍을 뚫으면 처음에 유출되는 물의 속도와 유량은 얼마인가?

30. 관로의 유속을 피토관으로 측정할 때, 마노메터의 높이가 40 cm였다. 이 때, 유속은 몇 m/s인가?

31. 풍동에서 유속을 측정하기 위하여 피토관을 사용하였다. 이 때, 비중이 0.8인 알콜이 12 cm 상승하였다. 압력 1.013 kg/cm², 온도 20 ℃일 때, 풍동에서의 공기 유속은 몇 m/s인가?

32. 피토관을 이용하여 흐르는 물의 속도를 측정하고자 한다. 액주계에는 비중 13.6인 수은이 들어 있고, 액주계에서 수은의 높이가 28 cm일 때, 흐르는 물의 속도는 얼마인가? 단, 피토관의 보정계수는 0.96이다.

34. 유속계수가 0.97인 피토관에서 정압수두가 5 m, 정체 압력수두가 7 m이다. 이 때, 유속은 얼마인가?

35. 그림 9-G와 같이 A, B 부분의 지름이 각각 30 cm, 15 cm이다. 이 관에 물을 흘렸더니 A에서는 물이 60 cm, B에서는 물이 30 cm 상승하였다. A와 B 부분에서의 물의 속도는 얼마인가?

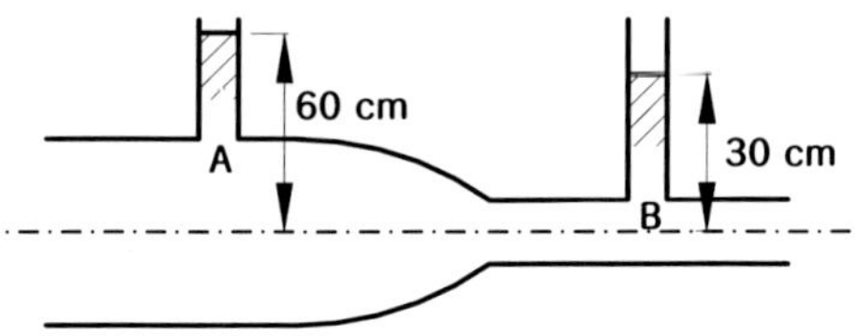

그림 9-G

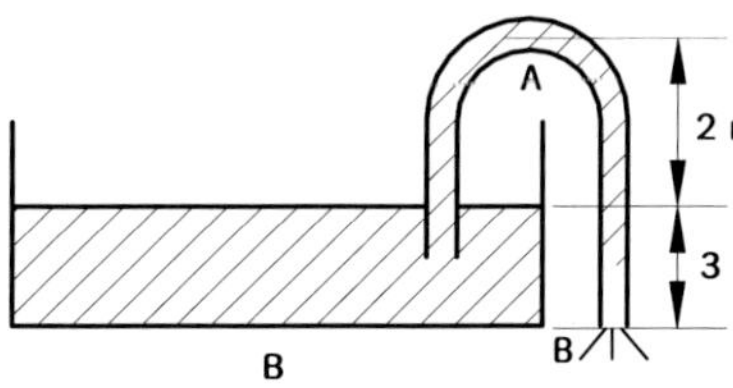

그림 9-H

36. 그림 9-H와 같은 사이펀(siphon)에서 흐를 수 있는 유량은 몇 l /min인가? 단, 관로 손실은 무시한다.

37. 그림 9-I에서 유속은 몇 m/s인가?

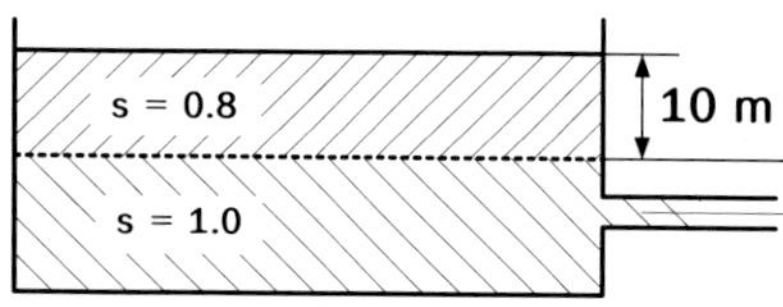

그림 9-I

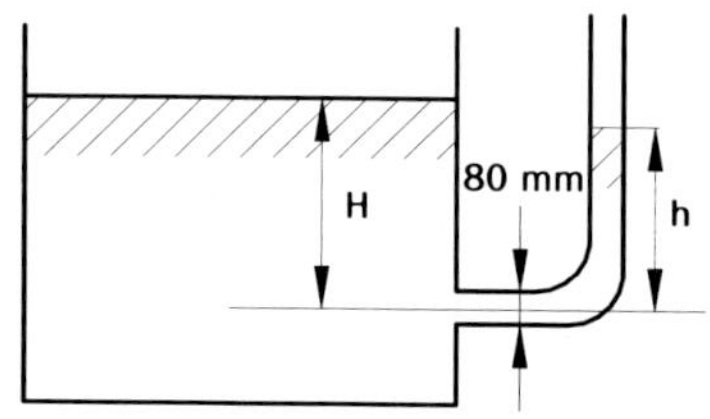

그림 9-J

38. 직각으로 굽힌 유리관의 한쪽을 수면 바로 밑에 넣고 다른 쪽은 연직으로 세워 수평 방향으로 50 cm/s의 속도로 관을 움직이면 물은 관 속으로 얼마나 올라가는가?

39. 그림 9-J에서 H = 6 m, h = 5.75 m이다. 이 때의 손실 수두와 유량은?

40. 유동하는 물의 속도가 12 m/s일 때의 속도 수두는 얼마인가? 또한, 물의 속도가 10 m/s, 압력이 1.05 기압일 경우의 압력 수두는 얼마인가?

41. 압력계의 눈금이 2.6 kg/cm^2이다. 이를 수두로 환산하면 얼마인가?

42. 동점성계수가 0.0101 cm^2/s인 물이 내경 20 mm인 원관 속을 흐를 때 하임계 속도는 얼마인가?

43. 10 ℃의 물(ν = 0.0131 cm^2/s)을 직경 30 mm인 원관을 이용하여 난류 상태에서 저속으로 떨어뜨리면 어떠한 유속에서 층류 상태가 되는가? 단, 임계 레이놀즈수는 2100이다.

44. 지름 50 mm, 길이 800 m인 매끈한 원관으로 유량 135 l/min로 기름을 수송할 때 펌프의 압력은 얼마로 해야 하는가? 기름의 비중은 0.92이고, 점성계수는 0.56 poise이다.

45. 임계 레이놀즈수를 2100으로 하였을 때, 지름 5 cm인 원관에서 층류로 흐를 수 있는 최대 평균 유속은 얼마인가? 단, 관에는 동점성계수 ν = 1.8×10-6 m^2/s인 액체가 흐르고 있다.

46. 점성계수 0.1 $kg{\cdot}s/m^2$, 비중 0.9인 액체를 160 l/min의 비율로 지름 10 cm인 파이프를 이용하여 20 km 떨어진 곳까지 이송하고자 할 때, 소요 동력은 몇 PS인가?

10. 전도 열전달

열교환기를 설계하기 위해 설계 자료를 받아 열교환기를 설계할 경우, 먼저 시스템을 구성하는 다른 기기류의 조작 목적과 운전 조건 등을 파악하여 조작 연관성을 우선으로 하고, 경제성을 고려한 기술적인 설계가 되어야 한다. 기본 설계를 하는 단계에서는 일반적으로 이러한 조건들이 결정되어 있으므로 이 조건을 충족시키면서 가장 경제적인 열교환기를 선정하여 설계하도록 한다.

주어진 조건이 열교환기 설계조건에 잘 맞지 않는다고 공정 기술자와 협의 없이 임의로 수정하면 다른 분야의 조건에도 영향을 미치게 되므로 삼간다. 공정에서 결정되는 조건은 유체의 조성, 유량, 입출구 온도 및 압력 등이며, 상(phase)이 변하는 경우에는 조성과 양, 온도와의 평형 관계, 오염, 열부하 등이 있다. 이러한 주어진 조건으로 적절한 형식을 선정하고 설계한다.

열이동에는 액체와 액체, 기체와 기체, 기체와 액체 등의 상호 열교환에 있어서 가열되거나 혹은 냉각되는 단순한 현열의 수수만이 이루어져 온도 상승 또는 하강이 생기는 경우와 온도 변화 혹은 압력 변화와 동시에 증발, 응축이라는 상변화(phase change)를 동반하는 경우가 있다. 따라서, 일반적으로 현열 열교환기는 단순히 현열만의 수수가 이루어지는 형태로 열교환기의 양측 유체가 모두 상변화가 없는 형태로 일반적으로 사용되고 있으며, 이에 비해 전열 열교환기는 양측 유체에서 한 유체가 현열 및 잠열 변화가 있는 경우의 열교환기를 의미한다.

이상과 같이 열교환기에서 이루어지는 열교환 형태는 전도, 대류, 복사의 3가지 형식이 단독적으로 이루어지거나 이들 형식이 복합석으로 이루어진 열통과 형식으로 이루어진다.

10.1 전도 열전달

10.1.1 열전도의 기본 개념

전도에 의한 열이동을 이해하는 과정에서 열이동 속도의 빠르기를 파악해야 한다. 예를 들면 수냉식 쉘엔튜브 열교환기에서 냉각수 순환이 잘되어 급격한 방열이 이루어지고 있는지, 혹은 냉장고에서 보온재에 의해 열손실이 얼마나 억제되고 있는가에 대한 여러 가지 상태 변화에 대한 문제 인식이 중요하다. 열이동 과정에서의 상태 변화는 시간 경과와 함께 각 상태점에서 계측되는 온도 변화를 측정함으로써 예측할 수 있다. 즉, 일정 지점에서의 온도 T는 그 지점을 표시하는 좌표 (x, y, z)와 시간 t의 함수로서 일반적으로 식 (10.1)과 같이 표현할 수 있으며, 식 (10.1)에서 온도 분포에 대한 수식은 식 (10.2)와 같이 단순화시켜 적용시킬 수 있다.

$$T = f(x,\ y,\ z,\ t) \tag{10.1}$$

$$T = f(x,\ t) \tag{10.2}$$

일정 지점에서의 온도장이 시간과 함께 변화되는 경우 열전도를 비정상 열전도(unsteady heat conduction) 시간이 변화되어도 각 지점에서의 온도가 일정하게 유지되는 경우에서의 열이동을 정상 열전도(steady heat conduction)라고 한다. 이와 같이 온도장에서의 열이동을 고려하는 전열공학에서는 각 지점에서의 온도가 시간 경과와 함께 변화되는 경우와 변화되지 않는 경우로 구별하고 있다.

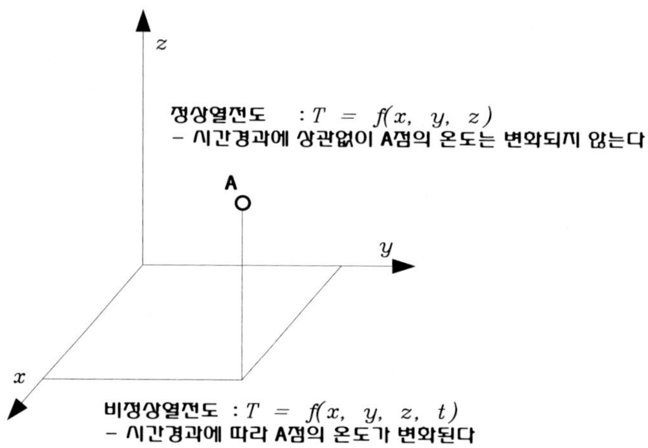

그림 10.1 정상 열전도와 비정상 열전도

실제 산업분야에서는 열이동이 시간과 함께 변화되는 비정상 열전도의 형태가 대부분이지만, 열전도에 대한 이해를 하기 위해서는 취급이 간단하고, 특히 1차원 정상 온도장에서의 전열에 관한 기본인 정상 열전도에 대한 이해가 우선되어야 한다.

열이동에는 크기와 방향이 있으므로 계를 기준으로 좌표축에 대해 양의 방향으로 진행할 경우에는 (+), 음의 방향으로 진행되는 경우에는 (-)로 정의하고 있으며, 열이동이 진행되는 위치와 방향을 표시하기 위해 3차원 공간에서의 좌표를 나타내기 위한 직각 좌표계, 원통 좌표계, 구 좌표계가 있으며, 원통형이나 구형을 제외한 나머지 대부분의 경우에는 직각 좌표계를 이용하게 된다.

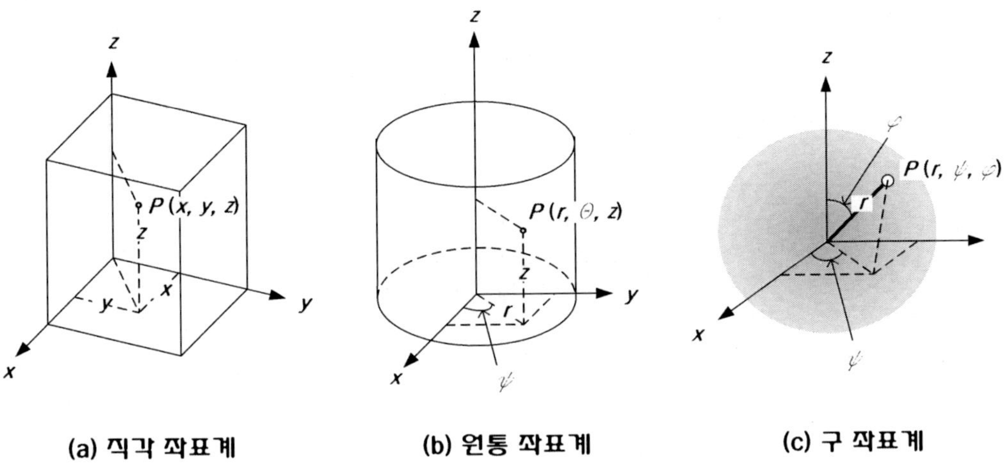

그림 10.2 좌표계의 종류

① 직각 좌표계(rectangular coordinate) : 직교하는 3개의 축 x, y, z으로 표시되는 좌표계로서 축간의 각도가 90°로 일정하여 임의 좌표를 표시하기 편리하다.

② 원통 좌표계(cylindrical coordinate) : 축(z), 반지름(r), 각도(θ)로 표시되는 좌표계로서, 원통형 구조 등을 표시하는 데 편리하다.

③ 구 좌표계(spherical coordinate) : 반지름(r), 각도(θ, ϕ)로 표시되는 좌표계로서, 구면을 표시하는 데 유리하나, 공학에서는 구면을 표시하는 경우가 일반적이지 않다.

1차원 정상 온도장에서는 시간 t와 상관없이 각 지점에서의 온도는 시간이 경과되어도 동일한 온도를 나타내게 된다. 이 때, 식 (10.2)는 식 (10.3)과 같이 각 지점에서의 온도는 기준 위치로부터 거리 x만큼의 함수로 정의되는 1차원 정상 온도장으로 정리될 수 있다.

$$T = f(x) \tag{10.3}$$

따라서, 1차원 정상 온도장은 그림 10.3에서와 같이 좌표 평면상에서 취급될 수 있고, 열전도에 대한 이해가 쉬워진다. 일반적으로 열이 이동하는 x방향은 열역학 제2법칙이 표시하는 방향(열은 고온에서 저온으로 흐르고, 비가역 변화)을 정방향으로 한다.

따라서, 열은 온도가 저하되는 방향으로 이동하기 때문에 그림 10.4에서와 같이 온도 변화가 표시된다. T－x 좌표에서는 열 이동이 진행되는 x방향으로의 증가분 Δx에 대한 온도 변화 ΔT의 비율 즉, 온도 평균 변화율 $\Delta T/\Delta x$이나 $\Delta x \to 0$일 때의 값 $\lim_{\Delta x \to 0} \frac{\Delta T}{\Delta x}$인 온도 강하 구배의 값은 그림 10.5에서와 같이 음수로 표시된다.

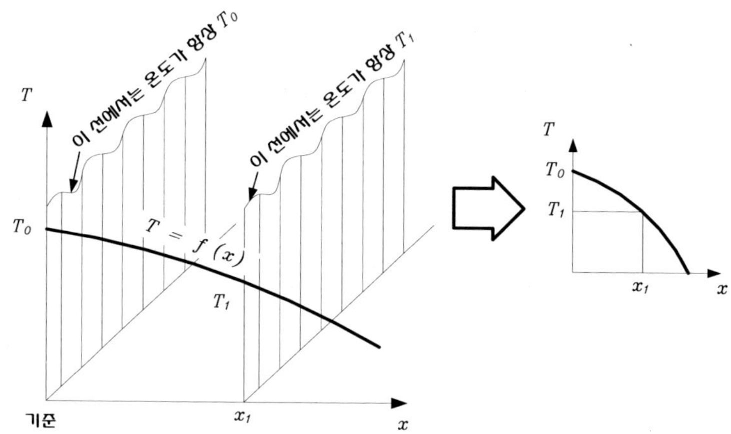

그림 10.3

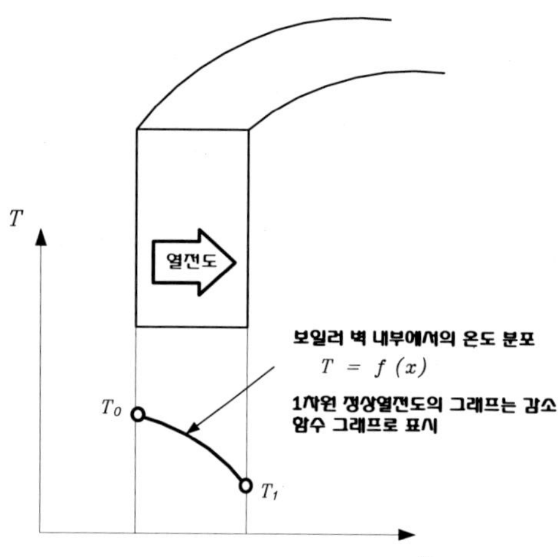

그림 10.4

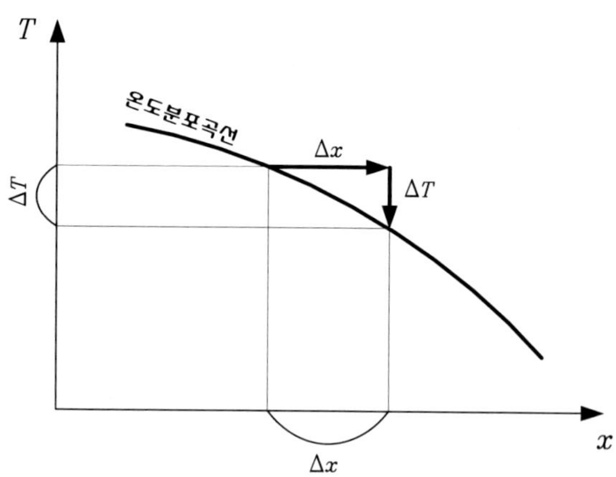

그림 10.5

(1) 열유속

물체내에 열흐름이 존재할 경우, 열흐름의 크기를 전열량 Q로 표시하고, 전열량 Q는 단위시간당 열이동량의 단위로 W를 사용한다. 열역학에서의 열량 단위는 J 혹은 일의 단위 N·m로 사용하지만, 전열공학에서는 열의 이동량을 다루기 때문에 동력 단위인 W를 사용하게 되고, 1 J = 1 N·m = 1 W·s이다. 따라서, 미소 면적 dA를 단위 시간에 통과하는 전열량을 dQ라고 하면, 식 (10.4)와 같이 열흐름의 기본 단위량 q를 정리할 수 있고, q는 단위 면적당 단위 시간당 이동하는 열량의 크기를 나타내므로 열유속(heat flux)라고 한다.

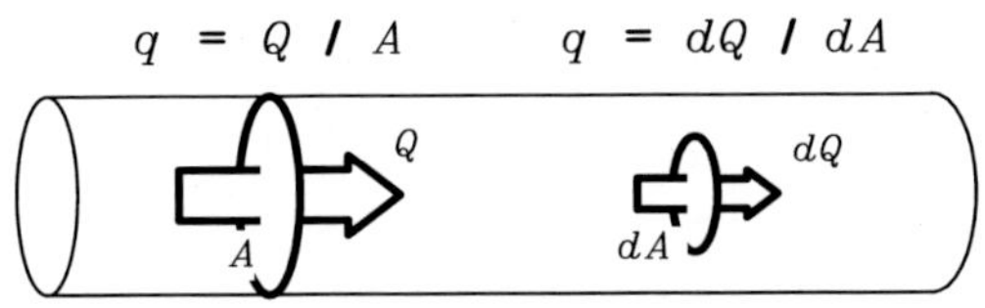

그림 10.6

$$q = \frac{dQ}{dA} \quad (W/m^2) \qquad (10.4)$$

열유속은 전열면적 부하라고도 하며, 전열공학에서는 전열량의 기본단위로서 열유속 q를 일반적으로 많이 사용한다(그림 10.6 참조).

이 때, 단위 시간에 이동하는 전열량 Q는 통과 면적을 A라 하면 다음과 같이 정리된다.

$$Q = q \cdot A \ \ (W) \qquad (10.5)$$

[예제 10.1] 두께 10 mm, 표면적 25 ㎡, 열전도율 0.1 W/m·K인 콘크리트 벽이 있다. 콘크리트 벽 내외 표면에서의 온도차가 35 ℃일 때, 콘크리트 벽을 통해 통과되는 열유속 및 방열량은 얼마인가?

(2) 퓨리에의 법칙(Fourier's Law)

고체 내부를 열전도 형식으로 전달되는 열량의 크기를 정량적으로 계산한 사람이 퓨리에(Fourier)이고, 퓨리에 법칙에서 열의 흐름을 물의 흐름으로 고려하면 이해하기가 쉽다. 그림 10.7에서와 같이 전도되는 열량을 증가시키기 위한 수단은 물의 흐름에서와 같이 수량을 증가시키는 것과 동일하다. 따라서, 퓨리에의 법칙은 재질이 일정한 고체 내부에서 열전도 과정의 1차원 온도장을 고려하면, 전열량은 온도 강하의 구배와 열이 흐르는 방향으로 직각인 단면적에 비례하는 것으로 정의될 수 있다. 따라서, 온도 강하가 있는 방향(x축의 정방향)의 직각인 미소면적 dA를 통과하는 열량 dQ는 다음과 같이 정리될 수 있다.

전도 열량 = 전도되는 정도의 비례정수 × 온도강하 비율 × 단면적

$$\therefore\ dQ = \lambda \times \left(\frac{dT}{dx}\right) \times dA \qquad (10.6)$$

식 (10.5)에서 열의 흐름 방향은 정(+)의 방향이므로 $(dT/dx) < 0$이고, 식 (10.6)의 전도에 의한 열량 dQ를 정의 양으로 표현하기 위해서는 음의 부호를 곱한 $-(dT/dx) > 0$로 정리하면 식 (10.7)과 같이 정리된다.

$$q = \frac{dQ}{dA} = -\lambda \cdot \frac{dT}{dx} \qquad (10.7)$$

식 (10.7)에서 λ는 열전도율로서 물체 종류에 의해 결정되는 고유의 값이다.

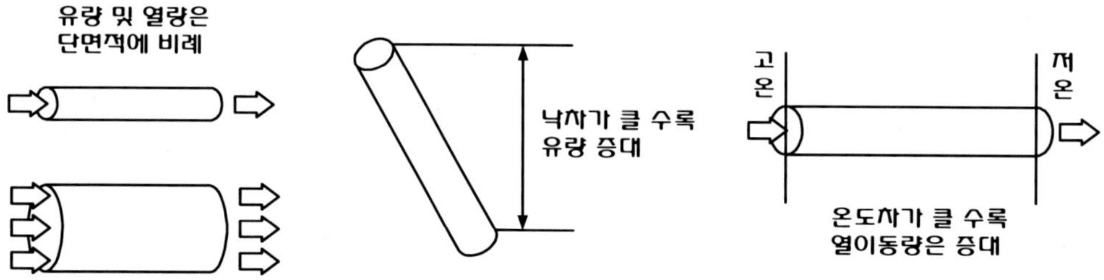

그림 10.7

[예제 10.2] 그림에서와 같이 동일한 재료인 단열재로 구성된 것으로, *AX, BX, CX, DX*의 길이는 각각 15 cm, 10 cm, 10 cm, 12 cm, *AX, BX, CX,*의 단면적은 각각 2 ㎠, 2.5 ㎠, 3 ㎠이다. A, B, C, D의 온도는 각각 60 ℃, 50 ℃, 40 ℃, 30 ℃로 유지될 때, 단열재 표면으로부터의 방열은 없는 것으로 가정한다. 이와 같이 정상 상태가 유지될 때의 X점에서의 온도가 42 ℃였다면, DX의 단면적은 얼마인가?

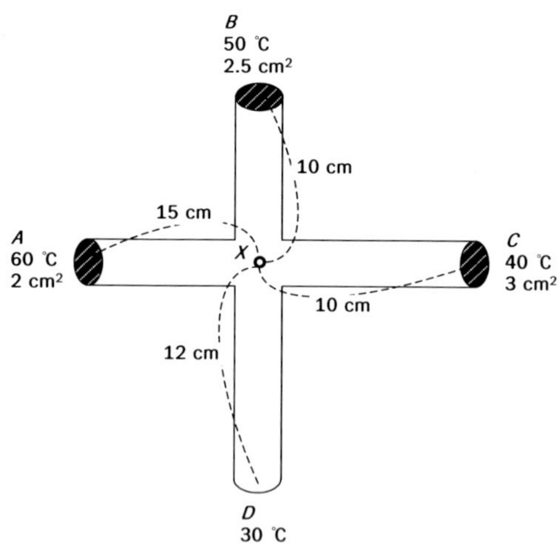

예제 10.2

(3) 열전도율

식 (10.7)에 사용된 정수 λ는 물질의 종류 및 상태에 따라 결정되는 값으로 열전도율(thermal conductivity)이다. 따라서, 식 (10.7)에서 λ에 대해 정리하면 다음과 같다.

$$\lambda = \frac{dQ}{dA} \cdot \frac{1}{-\frac{dT}{dx}} \quad [W/m \cdot K] \qquad (10.8)$$

일반적으로 열전도율의 양은 단위 W/m · K를 W/(m² · K/m)로 환산하면 알 수 있는 바와 같이 각 재료의 단위 길이에 대한 절대 온도에서 1 K의 온도강하가 생길 때, 면적 1 ㎡에 대해 매초 흐르는 열량을 정의될 수 있다. 열전도율은 재료에 따라 차이가 있으며, 동일한 물질이어도 표 10.1에서와 같이 압력이나 온도의 영향을 받는다.

$$1\ kcal/m \cdot h \cdot ℃ = \frac{4.187\ \times 10^3\ J}{3600\ s \cdot m \cdot K} = 1.163\ W/m \cdot K \qquad (10.9)$$

또한 순수 물질에 여러 가지 원소나 화합물이 포함되면 열전도율의 값은 작아지게 되며, 금속의 열전도율은 전기 전도율과 거의 비례하여 전기의 양도체일수록 열전도율도 증가하게 된다. 기체인 공기의 열전도율은 표 1.2에서와 같이 매우 작다. 따라서, 공기가 혼입되어 있는 물체일수록 열전도율은 저하되고, 공기층이 있는 물체의 경우에는 공기층이 작을수록, 또한 건조할수록 공기의 열전도율은 작다. 이러한 성질을 이용한 것이 발포성 단열재로서 산업 분야에서 각종 보온재로서 많이 이용된다.

표 10.1

	λ (W/m · K)	대표예(20 ℃)	압력 영향	온도 영향
기체	0.008 ~ 0.6	공기 : 0.0257	별 영향을 받지 않음	온도에 비례
액체	0.09 ~ 0.7	물 : 0.594	거의 영향을 받지 않음	일반적으로 액체의 경우에는 온도와 반비례. 물의 경우에는 120 ℃까지는 증가하나, 이를 초과하면 감소
고체	매우 큼	구리 : 372	거의 영향을 받지 않음	온도와 반비례

표 10.2 표준 대기압하에서 공기의 열전도율

온도 (℃)	열전도율 (W/m · K)	온도 (℃)	열전도율 (W/m · K)
-55	0.0200	60	0.0287
-20	0.0224	80	0.0302
0	0.0241	100	0.0316
20	0.0257	500	0.0562
40	0.0272	1,000	0.0802

10.2 정상 열전도

10.2.1 평판에서의 열전도

열전도에 의해 열이 전달되는 경우, 물체 중의 온도분포가 시간에 상관없이 일정한 경우를 정상 열전도라고 한다. 정상 열전도에서는 열유량도 시간 변화에 상관없이 일정하다.

그림 10.8에서와 같이 평판이 여러 개가 겹쳐있는 적층 평판에서의 열전도를 고려할 때, 양쪽 끝의 온도 T_1, T_{n+1}로 일정한 경우, 열유속 q는 식 (10.10)과 같다.

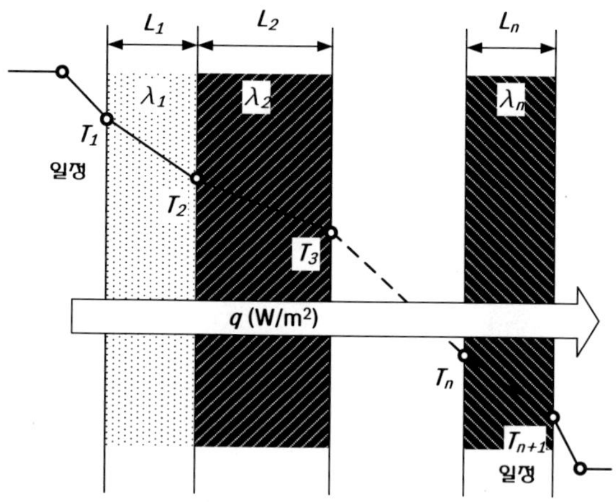

그림 10.8

$$q = -\lambda \frac{dT}{dx} \tag{10.10}$$

$$q = \lambda_1 \frac{T_1 - T_2}{L_1} \tag{10.11}$$

$$q = \lambda_2 \frac{T_2 - T_3}{L_2} \quad (10.12)$$

$$q = \lambda_n \frac{T_n - T_{n+1}}{L_n} \quad (10.13)$$

이상의 식에서 λ_1, λ_2, λ_n은 각각 평판의 열전도율, L_1, L_2, L_n 은 각 평판의 두께이다. 식 (10.10) ~ 식 (10.12)을 정리하면 식 (10.13)과 같다.

$$q = \frac{T_1 - T_{n+1}}{\frac{L_1}{\lambda_1} + \frac{L_2}{\lambda_2} + \cdot\cdot\cdot\cdot + \frac{L_n}{\lambda_n}} \quad (10.13)$$

그림 10.9는 한쪽 끝의 온도가 일정하고, 다른 한쪽 끝의 열유속이 일정한 경우의 적층 평판에 대한 것이다. 이러한 경우, 각 경계층의 온도는 다음과 같이 계산된다.

$$T_n = T_{n+1} + \frac{q \cdot L_n}{\lambda_n} \quad (10.14)$$

$$T_2 = T_3 + \frac{q \cdot L_2}{\lambda_2} \quad (10.15)$$

식 (10.14)와 식 (10.15)를 정리하면 식 (10.16)과 같다.

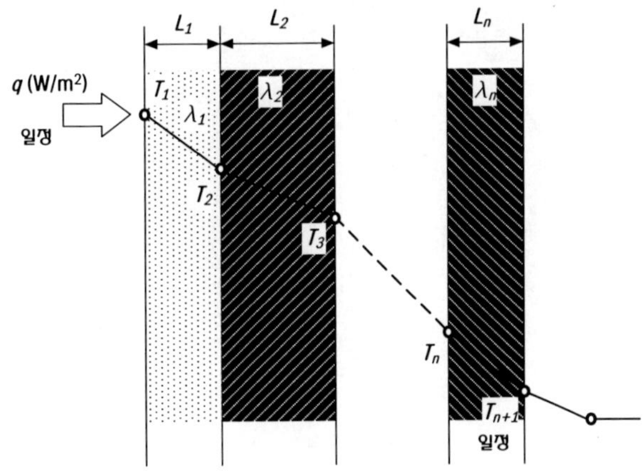

그림 10.9

$$T_1 = T_2 + \frac{q \cdot L_1}{\lambda_1} = T_{n+1} + q \cdot \left(\frac{L_1}{\lambda_1} + \frac{L_2}{\lambda_2} + \cdot\cdot\cdot\cdot + \frac{L_n}{\lambda_n} \right) \quad (10.16)$$

10.2.2 원통에서의 열전도

그림 10.10에서와 같이 내벽과 외벽이 일정 온도 T_1과 T_{n+1}로 유지되고 있는 경우의 원통에서의 단위 길이당 열유량 Q′ (W/m)는 다음과 같다.

$$Q' = 2\pi\lambda_1 \frac{T_1 - T_2}{\ln(r_2/r_1)} \quad (10.17)$$

$$Q' = 2\pi\lambda_2 \frac{T_2 - T_3}{\ln(r_3/r_2)} \tag{10.18}$$

$$Q' = 2\pi\lambda_n \frac{T_n - T_{n+1}}{\ln(r_{n+1}/r_n)} \tag{10.19}$$

식 (10.17) ~ 식 (10.19)를 정리하면 식 (10.20)과 같다.

$$Q' = \frac{T_n - T_{n+1}}{\frac{1}{2\pi\lambda_1}\ln\left(\frac{r_2}{r_1}\right) + \frac{1}{2\pi\lambda_2}\ln\left(\frac{r_3}{r_2}\right) + \cdot\cdot\cdot + \frac{1}{2\pi\lambda_n}\ln\left(\frac{r_{n+1}}{r_n}\right)} \tag{10.20}$$

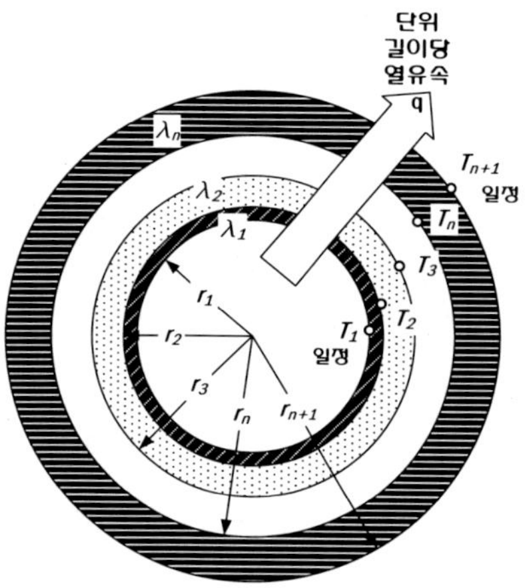

그림 10.10

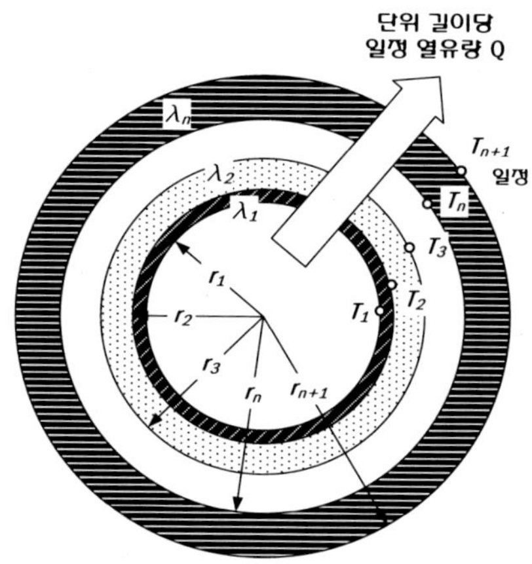

그림 10.11

열량 Q'과 외부 온도가 주어지고 있는 경우, 적층 원통의 온도 분포를 고려하면 그림 10.11의 각 경계층에서의 온도는 외부 온도로부터 다음과 같이 계산된다.

$$T_n = T_{n+1} + \frac{Q'}{2\pi\lambda_n}\ln\left(\frac{r_{n+1}}{r_n}\right) \tag{10.21}$$

$$T_2 = T_3 + \frac{Q'}{2\pi\lambda_2}\ln\left(\frac{r_3}{r_2}\right) \tag{10.22}$$

$$\begin{aligned} T_1 &= T_2 + \frac{Q'}{2\pi\lambda_1}\ln\left(\frac{r_2}{r_2}\right) \\ &= T_{n+1} + \frac{Q'}{2\pi}\left[\frac{1}{\lambda_1}\ln\left(\frac{r_2}{r_1}\right) + \frac{1}{\lambda_2}\ln\left(\frac{r_3}{r_2}\right) + \cdot\cdot\cdot + \frac{1}{\lambda_n}\left(\frac{r_{n+1}}{r_n}\right)\right] \end{aligned} \tag{10.23}$$

[예제 10.3] 그림과 같은 적층 원통의 정상 열전도 과정에서 단위 길이당의 열유량 Q′과 경계층의 온도 T_2, T_3을 계산하시오.

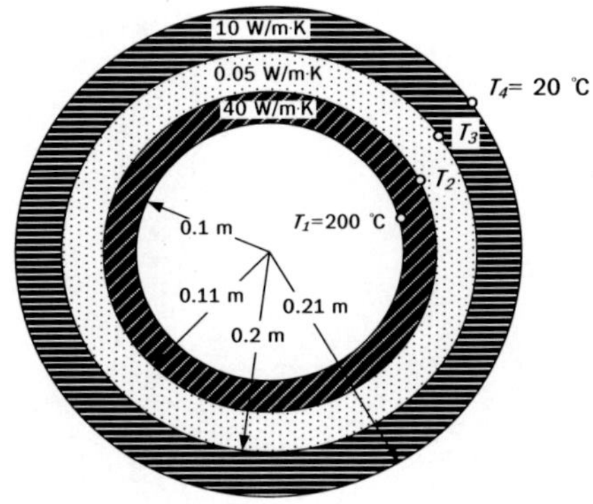

예제 10.3

10.3 비정상 열전도

10.3.1 온도 변화 초기의 경우

물체 내부 중의 온도 분포가 시간 변화에 상관없이 일정한 정상 상태이나 어느 순간에 경계층에서의 온도 조건이 달라지는 경우, 온도 분포는 새로운 정상 상태가 되기 위해 변화된다. 이와 같이 변화되고 있는 경우의 열전도를 비정상 열전도라고 한다.

그림 10.12에서와 같이 한쪽 방향으로 무한한 크기의 물체에서 처음에는 일정한 온도 T_1으로 유지되고 있는 것으로 가정한다. 시간 $t=0$에서 표면의 온도가 T_0으로 변화한 경우, 온도는 표면 부근에서는 크게 변화되고 있고, 그 두께는 식 (10.24)와 같이 근사적으로 나타낼 수 있다.

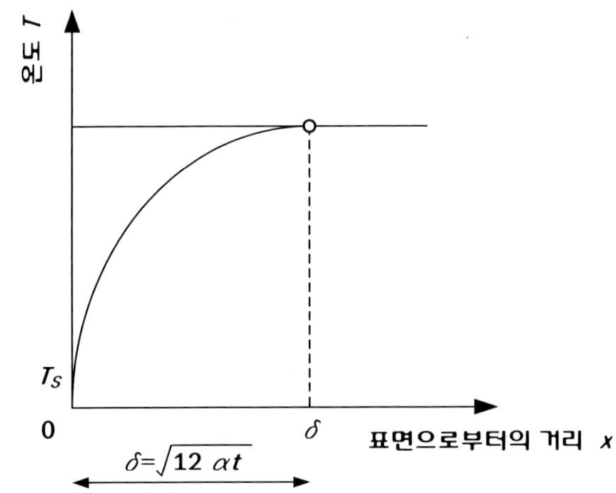

그림 10.12

$$\delta = \sqrt{12 \cdot a \cdot t} \qquad (10.24)$$

식 (10.24)에서 a는 무체의 열확산율(㎡/s), t는 표면 온도 변화후의 시간(s)이다. 이 때의 온도 분포는 $0 < x < \sqrt{12 \cdot a \cdot t}$ 인 조건에서 식 (10.25)과 같이 정리된다.

$$T(x,\ t) = T_0 + (T_1 - T_0)\left[-\left(\frac{x}{\delta}\right)^2 + 2 \cdot \left(\frac{x}{\delta}\right)\right] \qquad (10.25)$$

[예제 10.4] 예제 11. 100 ℃로 일정하게 온도가 유지되고 있는 반무한 물체의 표면온도가 10 ℃로 저하되었다. 표면으로부터 10 cm 떨어진 장소의 10분 후의 온도는 얼마인가? 단, 이 물체의 열확산율은 4 ㎟/s이다.

10.3.2 충분한 시간 경과후의 경우

그림 10.13의 평판에서 초기 온도가 일정한 T_1으로 유지되고 있던 것으로 가정한다. 시간 $t=0$에서 2개의 표면 온도가 T_0으로 저하된 경우에는 그림에서와 같이 평판 내부의 온도는 시간 경과와 함께 저하된다. 이 때, 충분한 시간이 경과되면 식 (10.26)과 같이 내부 온도를 근사적으로 계산할 수 있다. 즉, $t>0.1 \cdot L^2/a$일 때, 다음과 같다.

$$T(x,\ t)=T_0+(T_1-T_0)\times\frac{4}{\pi}e^{-\frac{\pi^2 at}{L^2}}\cdot\sin\frac{\pi\cdot x}{L} \tag{10.26}$$

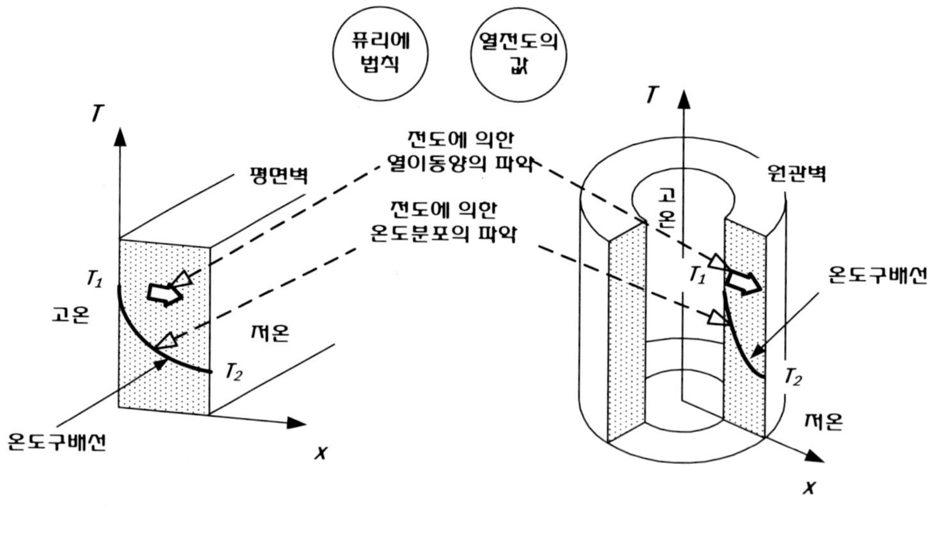

그림 10.13 그림 10.14

[예제 10.5] 100 ℃로 일정하게 온도가 유지되고 있는 두께 20 cm의 평판 양면의 온도가 10 ℃로 저하되었다. 평판의 중심에서 20 분후의 온도는 얼마인가? 단, 이 물체의 열확산율은 4 ㎟/s이다.

1차원 온도장에서 진행되는 열전달 과정에서 열전도가 가장 간단한 경우이므로 열전도 계산과 관련된 구체적인 예를 정리하면 다음과 같다(Fig 10.14 참조).

[예제 10.6] 동일한 두께의 다층 평판과 다층 원관에서의 열전도율을 비교하기 위해 그림 (a)와 같이 고내벽 온도 1,000 K의 내화 벽돌(두께 5 cm, 열전도율 λ_1)이 있고, 그 외측에 보온재(두께 3 cm, 열전도율 λ_2)을 시공하였다. 보온재의 외벽 온도는 500 K이다. 또한 그림 (b)와 같이 내벽 온도 1,000 K인 원통 내화 벽돌(내경 4 cm, 외경 14 cm, 열전도율 λ_1)이 있고, 그 외측에 보온재(두께 3 cm, 열전도율 λ_2)을 시공하였다. 보온재의 외벽 온도는 500 K이다. $\lambda_1 = 2 \cdot \lambda_2$일 때, 각각의 내화 벽돌 외부의 온도는 얼마인가? 단, 내화 벽돌 외벽과 보온재 사이에서의 열저항은 없고, 내화 벽돌 내벽 온도 및 보온재 외벽 온도는 일정한 것으로 가정한다.

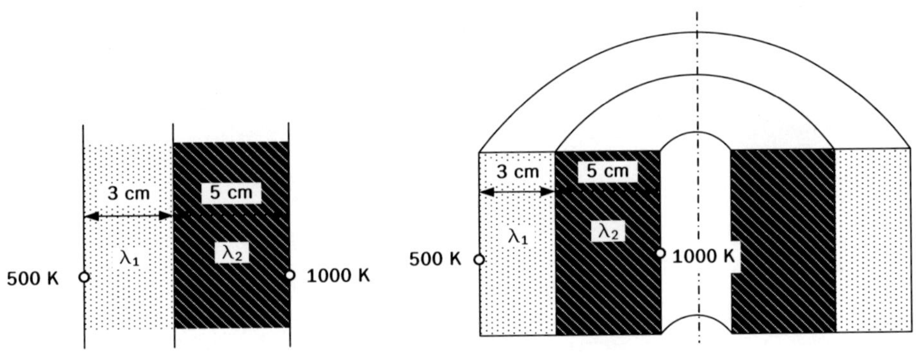

예제 10.6

10.4 평행 평면벽에서의 열전도

10.4.1 평행 평면벽에서의 열전도

그림 10.15에서와 같이 두께 L인 평행 평면벽을 고려한다. 벽은 균일한 물질로 구성되어 있어 열전도율 λ는 일정한 것으로 가정한다. 또한, 양쪽 경계면은 일정 온도 T_1, T_2(단, $T_1 > T_2$)로 유지되고 있고, 벽의 내부 온도는 벽에 수직인 축방향만으로

만 변화되는 1차원 정상 온도장으로 가정한다.

벽의 내부에서 내면으로부터 x및 $x+dx$인 거리에서 두 개의 등온면으로 둘러 싸인 벽을 고려한다. 이 때, 벽을 통해 전도 형태로 전달되는 열유속 q는 퓨리에의 법칙에 의해 다음과 같다.

$$q = -\lambda \frac{dT}{dx} \tag{10.27}$$

$$\therefore \ dT = -\frac{q}{\lambda} dx \tag{10.28}$$

식 (10.28)을 적분하면 식 (10.29)와 같이 되고, 식 (10.29)에서 C는 경계 조건에 의해 결정되는 수이다.

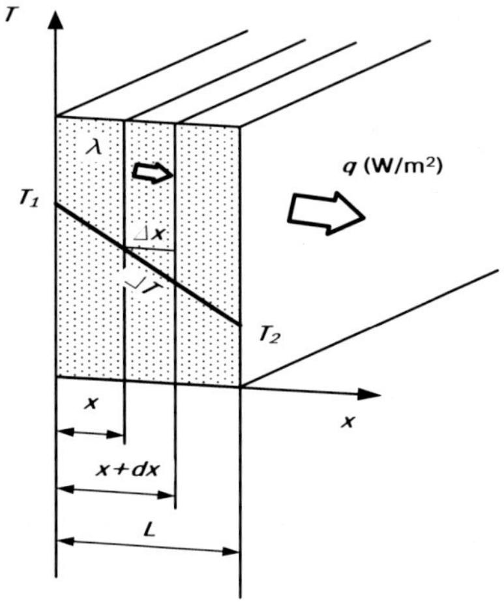

그림 10.15

$$T = -\frac{q}{\lambda} \cdot x + C \tag{10.29}$$

$$\begin{aligned} x &= 0 \ (\text{고온측}) \quad T = T_1 \\ x &= L \ (\text{저온측}) \quad T = T_2 \end{aligned} \tag{10.30}$$

식 (10.30)을 식 (10.29)에 대입하면 식 (10.31)로 정리되고, 식 (10.31)을 식 (10.27)에 대입하면 식 (10.33)과 같이 정리된다.

$$T_1 = C \tag{10.31}$$

$$T_2 = -\frac{q}{\lambda} L + C \tag{10.32}$$

$$T = -\frac{q}{\lambda} x + T_1 \tag{10.33}$$

식 (10.33)은 기준점으로부터 거리 x만큼 떨어진 벽의 온도 T가 x의 일차식으로 표시되는 것을 나타내고 있다. 결국, 벽 내부의 온도는 직선적으로 저하되고 있음을 알 수 있다.

식 (10.29) 및 식 (10.30)을 정리하면 다음 식이 얻어진다.

$$T_1 - T_2 = \frac{L}{\lambda} q \tag{10.34}$$

$$\therefore\ q = \frac{\lambda}{L} \cdot (T_1 - T_2) \tag{10.35}$$

식 (10.35)에서 단위 시간, 단위 면적의 벽을 통해 흐르는 열량(열유속)은 벽 고유의 열전도율 및 경계 벽면의 온도차에 비례하고, 두께에 반비례한다는 것을 알 수 있다.

따라서, 그림 10.16에서 면적 A의 평형 평면벽을 통해 일정 시간 동안에 흐르는 전열량 Q는 다음과 같다.

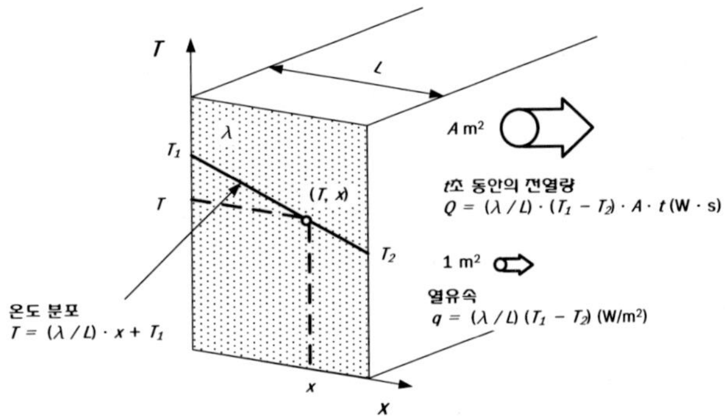

그림 10.16

$$Q = q \cdot A \cdot t = \frac{\lambda}{L} \cdot (T_1 - T_2) \cdot A \cdot t\ (W \cdot s) \tag{10.36}$$

10.4.2 평행 평면벽에서의 열량

두께 L인 가열로의 표면에서부터 어느 정도의 열량 손실이 있는가를 파악하기 위해서는 표면에서 깊이 x_1, x_2인 위치에서의 온도 T_1, T_2를 알아야 한다(그림 10.17 참조).

또한, 이때 측정된 온도 변화는 시간에 대해 일정한 정상 열전도 상태인 것으로 고려하면, 이 때 가열로 벽면의 내부에서 어느 정도의 열량이 이동되는가를 산출할 수 있다. 그림 10.17에서와 같이 가열로 벽의 내부를 열전도 형태로 이동하는 열량과 벽면의 외부 표면에서 외부로 방열되는 열량인 열손실이 동일하기 때문에 어느 정도의 열손실이

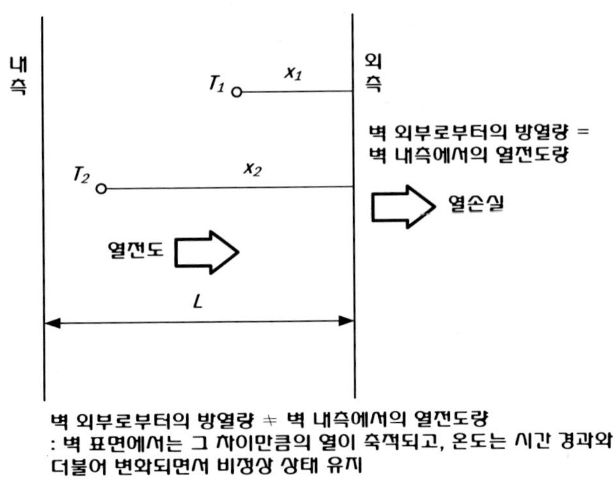

그림 10.17

있는가를 알 수 있다. 즉, 표면으로부터의 열손실의 크기는 두께가 $x_1 - x_2$인 양측의 온도차가 $T_1 - T_2$인 평행 평면벽 내부를 열전도로 이동되는 열량 Q와 같기 때문이다.

그림 10.18을 참고로 다음과 같이 정리될 수 있다.

$$Q = q \cdot A = \frac{T_1 - T_2}{x_2 - x_1} \cdot \lambda \cdot A \qquad (10.37)$$

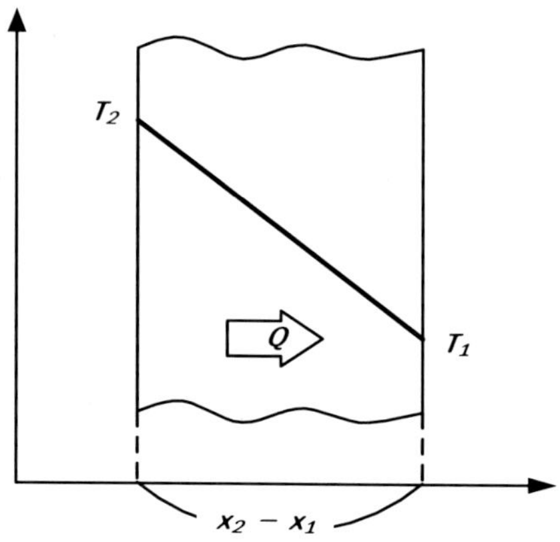

그림 10.18

10.4.3 다층 평면벽에서의 열전도

열전도율이 다른 여러 개의 벽으로 구성된 n개의 평행 평면벽을 밀착시켜 구성된 다층 평면벽에서의 열전도에 대해 고려한다. 이와 같이 중첩된 벽을 단위 면적당, 단위 시간에 열전도되는 열유속의 크기와 다층 평면벽에서의 온도 분포의 상태는 다음과 같다.

그림 10.19에서와 같이 각층의 두께 L_1, L_2, · · , L_n, 각 벽에서의 열전도율 λ_1, λ_2, · · , λ_n로 가정하고, 각 층에 인접한 벽의 표면은 밀착되어 있기 때문에 표면 온도는 동일한 것으로 가정할 수 있다. 다층 평면벽의 내부 온도는 순차적으로 그림에서와 같이 T_1, T_2, · · , T_{n+1}으로 변화되고 있는 것으로 한다. 이 때, 온도 변화는 x축의 정방향으로 최고 온도 T_1에서 순차적으로 저하되어 최저 온도 T_{n+1}이 되는 것으로 고려한다. 또한, 각 벽을 전도 형태로 전달되는 열유속을 각각 q_1, q_2, · · , q_n으로 한다.

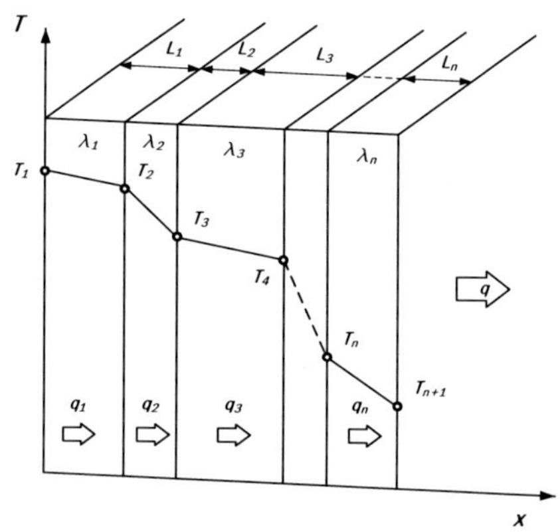

그림 10.19

이 때, 평행 평면벽에서의 열유속은 식 (10.35)를 이용하면 각 층에서의 벽 내부 열유속에 대한 식은 다음과 같이 정리된다.

$$q_1 = \frac{L_1}{\lambda_1}(T_1 - T_2) \qquad \therefore\ T_1 - T_2 = \frac{L_1}{\lambda_1} \cdot q_1 \tag{10.38}$$

$$q_2 = \frac{L_2}{\lambda_2}(T_2 - T_3) \qquad \therefore\ T_2 - T_3 = \frac{L_2}{\lambda_2} \cdot q_2$$

$$\cdot$$

$$q_n = \frac{L_n}{\lambda_n}(T_n - T_{n+1}) \qquad \therefore\ T_n - T_{n+1} = \frac{L_n}{\lambda_n} \cdot q_n$$

정상 상태에서 $q_1 = q_2 = \cdot\ \cdot\ \cdot = q_n = q$이므로 식 (10.38)의 정리하면 다음과 같다. 만약, 모든 층에 대해 열유속이 일정하지 않으면 전열량의 차에 해당되는 여분의 열량이 축적되면서 시간 경과에 따라 온도 변화가 생기게 되어 정상 상태를 유지할 수 없게 된다.

$$T_1 - T_{n+1} = \left(\frac{L_1}{\lambda_1} + \frac{L_2}{\lambda_2} + \cdot\ \cdot\ \cdot + \frac{L_n}{\lambda_n}\right) \cdot q = \sum_{i=1}^{n} \frac{L_i}{\lambda_i} \cdot q \tag{10.39}$$

$$\therefore\quad q = \frac{1}{\sum_{i=1}^{n} \frac{L_i}{\lambda_i}}(T_1 - T_{n+1})\ (W/m^2) \tag{10.40}$$

식 (10.40)은 중첩된 평행 평변벽을 통과하는 열유속을 나타낸 것이고, 열유속 q는 각 층에서 밀착되어 인접한 표면의 온도를 알 수 없어도 다층 평면벽의 양단의 온도 차만 알 수 있으면 계산으로 구할 수 있다.

10.4.4 원통에서의 열전도

(1) 단일 원통에서의 열전도

고온의 증기나 유체를 수송하는 과정에서는 일반적으로 속이 비어 있는 원관을 사용한다. 내부에서 고온의 유체가 흐르고, 외부에는 외기와 접촉되어 있기 때문에 수송되는 과정에서 열량이 방열되어 유체 온도는 떨어지게 된다. 이를 방지하기 위해 원통 주위를 단열재로 감아 방열량을 최대한 억제시키고 있다. 이러한 전열 문제를 고려할 때에는 원관벽 내부에서 열전도로 이동되는 열량과 원관벽에서 열전도에 의한 온도 분포를 파악하는 것이 중요하다.

그림 10.20에서와 같이 열전도율 λ, 길이 L, 내경 d_1(반지름 r_1), 외경 d_2(반지름 r_2)인 중공 원통에서 원관벽의 내면 및 외면의 온도는 각각 T_1, T_2(단, $T_1 > T_2$)로 일

정하게 유지되고 있는 것으로 고려한다. 내부에서 외부로 반경 방향으로 1차원 정상 온도장에서 열이 이동하고 있을 때, 원관벽을 전도 형태로 이동되는 열량 Q의 계산식과 원관벽 내부의 온도 변화를 계산하면 다음과 같다. 이 때, 원관벽에서의 전도되는 열량과 원관벽에서 외부로 이동되는 열량이 다를 경우에는 열량 차이만큼 관벽 표면에서 시간 경과와 함께 열이 축적되면서 온도 변화를 일으키게 되고, 정상 상태를 유지할 수 없게 된다. 이러한 1차원 열전도의 계산에 필요한 것은 퓨리에의 법칙과 재료의 열전도율 λ이다.

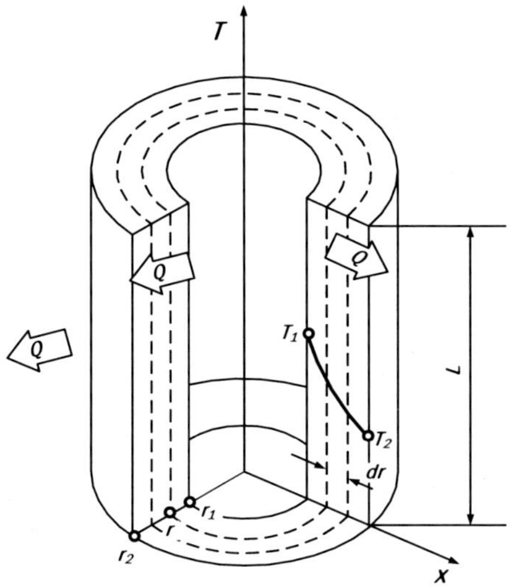

그림 10.20

그림 10.20에서와 같이 관벽 내부에 반경 r, 두께 dr인 원통에서 퓨리에 법칙에 의해 이 층을 통해 시간당 흐르는 열전도량 Q는 다음과 같다.

$$Q = -\lambda A \frac{dT}{dr} = -\lambda(2\pi r L)\frac{dT}{dr} \tag{10.41}$$

$$\therefore\ dT = -\frac{Q}{2\pi\lambda L} \cdot \frac{dr}{r} \tag{10.42}$$

식 (10.42)를 적분하면 다음과 같다.

$$T = -\frac{Q}{2\pi\lambda L} \cdot \ln\ r + C \tag{10.43}$$

식 (10.43)에서 정수 C의 값은 경계조건에 의해 결정된다.

① $r = r_1$(원관의 내표면) : $T = T_1$

$$T_1 = -\frac{Q}{2\pi\lambda L} \cdot \ln\ r_1 + C \quad \therefore\ C = T_1 + \frac{Q}{2\pi\lambda L} \cdot \ln\ r_1 \tag{10.44}$$

② $r = r_2$(원관의 외표면) : $T = T_2$

$$T_2 = -\frac{Q}{2\pi\lambda L} \cdot \ln\ r_2 + C \tag{10.45}$$

식 (10.44)에서 식 (10.45)를 정리하면 다음과 같다.

$$T_1 - T_2 = -\frac{Q}{2\pi\lambda L} \cdot \ln\ r_2 + C \tag{10.46}$$

$$\therefore\ Q = \frac{2\pi\lambda L}{\ln\frac{r_2}{r_1}} \cdot (T_1 - T_2) = \frac{2\pi\lambda L}{\ln\frac{d_2}{d_1}} \cdot (T_1 - T_2) \quad (W) \tag{10.47}$$

즉, 원관벽을 통해 통해 단위 시간에 열전도 형태로 이동되는 열량은 원관 재료의 열전도율 λ, 원관 축방향으로의 길이 L, 내표면과 외표면의 온도차 $T_1 - T_2$에 비례하고, 관의 외경과 내경의 자연대수 비에 반비례한다.

식 (10.47)은 원관의 열전도을 나타내는 기본식이고, 원관의 경우 내측으로부터 외측으로의 면적이 증가함에 따라 전도열량이 증가되기 때문에 단위 시간에 단위 면적에 대해 이동하는 열량 즉, 열유속은 고려하지 않는다. 이러한 경우, 원관벽을 통해 전도되는 열량의 크기로서는 원관의 단위 길이당 전도 열량 Q/L을 고려하면 된다. 따라서, 그림 10.21에서와 같이 식 (10.47)을 다시 정리하면 단위 길이당 전도되는 열량은 다음과 같다.

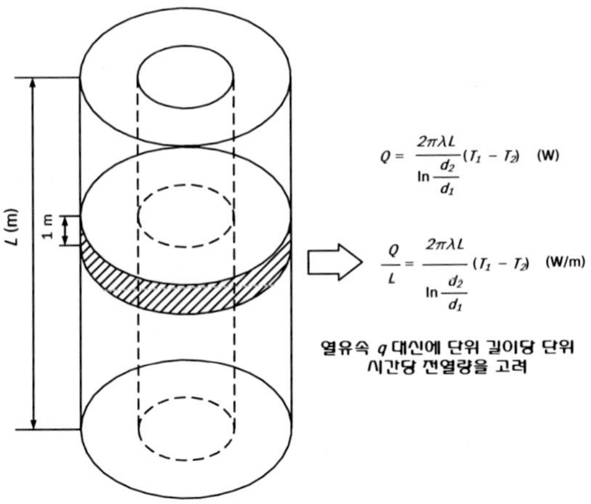

그림 10.21

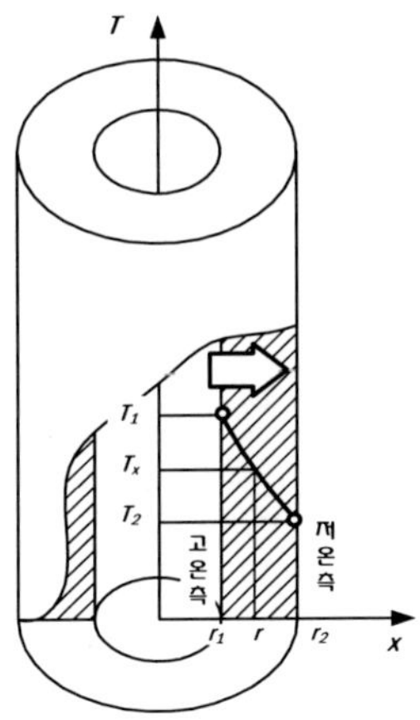

그림 10.22

$$\frac{Q}{L} = \frac{2\pi\lambda}{\ln\frac{d_2}{d_1}} \cdot (T_1 - T_2) \quad (W/m) \tag{10.48}$$

$$T = -\frac{Q}{2\pi L} \cdot \ln r + \left(T_1 + \frac{Q}{2\pi\lambda L} \cdot \ln r_1\right) \tag{10.49}$$

$$\therefore \ T = T_1 - \frac{Q}{2\pi\lambda L}(\ln r - \ln r_1) \tag{10.50}$$

식 (10.50)의 Q에 식 (10.43)을 대입하면 다음과 같다.

$$T = T_1 - \frac{1}{2\pi\lambda L} \cdot \frac{2\pi\lambda L}{\ln\frac{r_2}{r_1}} \cdot (T_1 - T_2) \cdot \ln\frac{r}{r_1} \tag{10.51}$$

$$\therefore \ T = T_1 - \frac{T_1 - T_2}{\ln\frac{r_2}{r_1}} \cdot \ln\frac{r}{r_1} \tag{10.52}$$

즉, 식 (10.52)를 이용하면 원관 벽면에서 임의의 반경 방향으로 r인 위치에 대한 온도 T를 계산할 수 있다. 그림 10.22는 원관 벽면 내의 온도 분포를 나타내는 식 (10.52)를 나타낸 것이다.

[예제 10.7] 공기 중에 놓여진 원관의 내부를 과열증기가 흐르고 있다. 이 원관(외경 110 mm, 길이 30 m)에서의 열손실을 감소시키기 위해서 원관의 외측에 단열재(열전도율 0.12 W/m · K)를 5 cm 두께로 보온하고자 한다. 이 때, 보온층의 내외측의 온도가 각각 100 ℃ 및 30 ℃로 유지되고 있다면, 보온재의 표면으로부터 단위 시간당 손실되는 열량은 얼마인가?

(2) 다층 원통에서의 열전도

다른 종류의 원관벽을 밀착시켜 길이 L인 다층 원관벽을 통해 단위 시간에 전도 형식으로 전달되는 열량 Q와 원관벽 내부에서의 온도 분포 형태는 다음과 같다. 그림 10.23에서와 같이 중심으로부터 각층으로의 반경을 r_1, r_2, · · , r_n이라 하고, 각층의 열전도율을 λ_1, λ_2, · · , λ_n이라고 한다. 각층은 옆의 층과 밀착되어 있기 때문에 표면 온도는 동일한 것으로 고려할 수 있고, 각 원관의 표면 온도를 내측에서부터 T_1, T_2, · · , T_n이라고 하면, n번째의 외측 벽의 온도는 T_{n+1}이다. 이 때, T_1이 최고 온도로서 순차적으로 온도가 강화되면서 T_{n+1}은 최저 온도가 되는 것으로 한다. 또한, 각 원관 벽의 내부에서 전도형식으로 전달되는 열량을 순차적으로 Q_1, Q_2, · · , Q_n이라고 하면 식 (10.52)은 다음과 같이 정리된다.

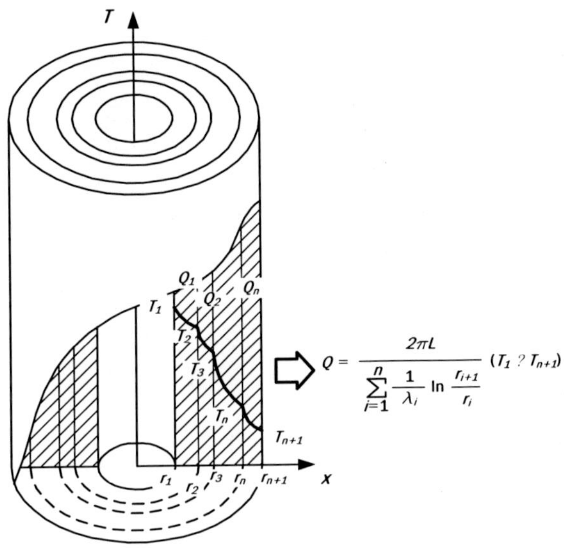

그림 10.23

$$T_1 - T_2 = -\frac{Q_1}{2\pi\lambda_1 L} \cdot \ln\frac{r_1}{r_2} \qquad ①$$

$$T_2 - T_3 = -\frac{Q_2}{2\pi\lambda_1 L} \cdot \ln\frac{r_2}{r_3} \qquad ②$$

$$T_n - T_{n+1} = -\frac{Q_n}{2\pi\lambda_n L} \cdot \ln\frac{r_n}{r_{n+1}} \qquad (10.53)$$

정상 상태인 경우에는 $Q_1 = Q_2 = \cdot\cdot\cdot = Q_n = Q$이다. 만일, 동일한 크기가 아니면 그 차만큼의 여분의 열량이 시간 경과와 함께 축적되고, 이 장소에서의 온도가 변화되므로 정상 상태로 유지되지 않는다. 이와 같은 이유로 각 층을 전도로 이동하는 열량은 표면으로부터 외부로의 방열량과 동일하다. 따라서, 전열량 Q는 다음과 같다.

$$T_1 - T_{n+1} = -\frac{Q}{2\pi L}\cdot\left(\frac{1}{\lambda_1}\ln\frac{r_1}{r_2}+\frac{1}{\lambda_2}\ln\frac{r_2}{r_3}+\cdot\cdot\cdot+\frac{1}{\lambda_n}\ln\frac{r_n}{r_{n+1}}\right) \quad (10.54)$$
$$= \frac{Q}{2\pi L}\sum_{i=1}^{n}\frac{1}{\lambda_i}\ln\frac{r_{i+1}}{r_i}$$

$$\therefore\ Q = \frac{2\pi L}{\sum_{i=1}^{n}\frac{1}{\lambda_1}\ln\frac{r_{i+1}}{r_i}}(T_1 - T_{n+1}) \quad (10.55)$$

[예제 10.8] 그림과 같이 내부 발열 300 W/m 의 정상 열전도 상태에서 경계층 온도 T_1, T_2를 계산하시오.

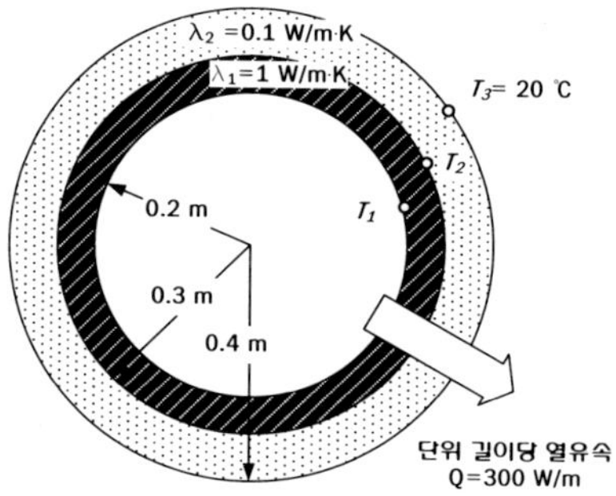

예제 10.8

(3) 다층 원통에서의 보온 효과 비교

열전도율이 각각 λ_1, λ_2(단, $\lambda_1 < \lambda_2$)인 2종류의 보온재를 관에 보온 시공하는 경우, λ_1인 보온재를 내부에, λ_2인 보온재를 외부에 시공하는 경우와 λ_1인 보온재를 외부, λ_2인 보온재를 내부에 시공하는경우의 보온 효과에 대해서 그림 10.24에 적용시켜 비교한다.

단위 길이당 전도열량에 대해 식 (10.55)를 이용하면 다음과 같다.

$$\frac{Q_a}{L} = \frac{2\pi(T_1 - T_2)}{\frac{1}{\lambda_1}\ln\frac{18}{10}+\frac{1}{\lambda_2}\ln\frac{30}{18}} \quad ①$$

$$\frac{Q_b}{L} = \frac{2\pi(T'_1 - T'_2)}{\frac{1}{\lambda_1}\ln\frac{26}{10}+\frac{1}{\lambda_2}\ln\frac{30}{26}} \quad ②$$

내외면의 온도차 $T_1 - T_2$와 $T'_1 - T'_2$가 같다고 가정하고, 각 식의 분모에 대해 정리하면 다음과 같다.

$$\left(\frac{Q_a}{L}\text{ 의 분모}\right)-\left(\frac{Q_b}{L}\text{ 의 분모}\right)=\left(\frac{1}{\lambda_1}-\frac{1}{\lambda_2}\right)\cdot\ln\frac{156}{100} \quad ③$$

$\lambda_1 < \lambda_2$이므로 다음과 같이 정리된다.

$$\left(\frac{Q_a}{L} \text{ 의 분모}\right) > \left(\frac{Q_b}{L} \text{ 의 분모}\right)$$

④

$$\therefore \quad \frac{Q_a}{L} < \frac{Q_b}{L} \tag{10.56}$$

따라서, 그림 10.24 (a)의 경우가 보온 효과가 좋다.

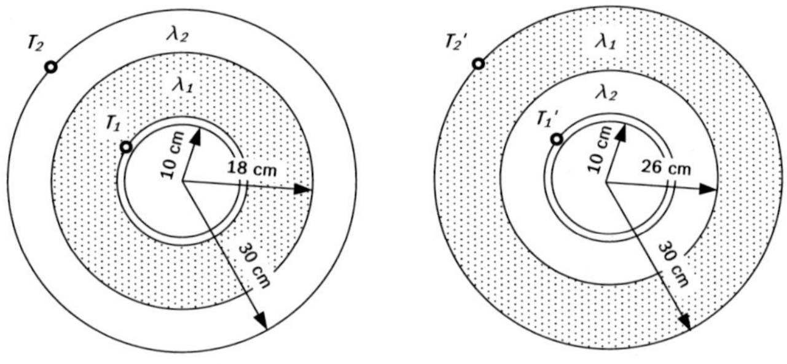

그림 10.24

(4) 다층 원통에서의 보온재 계산

고체의 열전도율 측정 방법에 대해 정리하면 다음과 같다. 고체의 열전도율의 값이 어느 폭을 가지고 있는가에 대한 판단이나 특정 물체의 열전도율을 정확하게 구하는 경우 등에 있어서는 그림 10.25와 같은 방법을 사용한다.

그림 10.25 (a)는 새로운 단열재가 완성되어 이를 증기관에 적용시킬 경우, 보온재로서의 기능을 확인하기 위해서 증기관에 단열 시공을 한 후, 손실열량을 확인하도록 한다. 이 때, 정상상태에서는 방열량은 시공된 단열재에서 전도되는 열량과 동일하고, 이를 산출하기 위해서는 단열재의 열전도율 값을 알고 있어야 한다.

또한, 평행 평판벽에서의 열전도율에 의한 열유속에 관한 식에 있어서 이동하는 열량 q, 판의 두께 L, 판의 양측 온도차 ΔT의 값을 알고 있으면 열전도율을 산출할 수도 있다.

이러한 것을 이용하여 열전도율의 측정법에 있어서 가장 간단하고 많이 이용되는 정상법에 대한 것은 다음과 같다. 고체 시료를 평행 평면벽의 형태로 구성하고, 이를

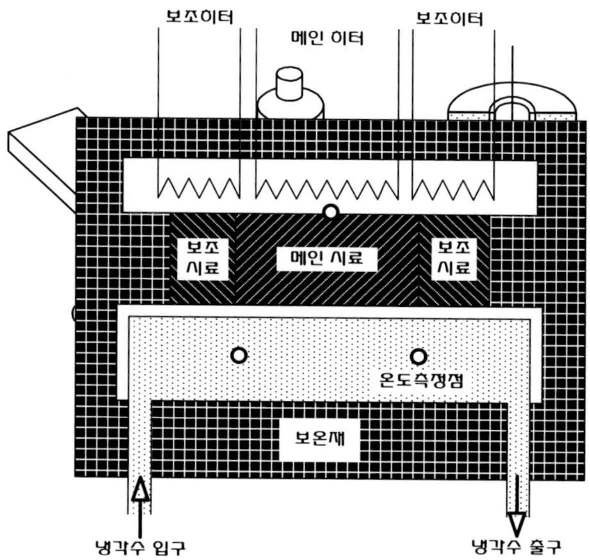

그림 10.26

보온재로 시공한 장치 내에 그림 10.26와 같이 올려놓는다. 시료의 표면을 히터로 가열하고, 이면은 냉각수로 냉각시켜 저온으로 유지한다. 여기서, 시료의 두께 L과 히터에서 발생되는 열유속 q 및 평행 평면벽의 표면과 이면과의 온도차 ΔT를 측정하여 열유속의 상관식을 이용하면 열전도율 λ의 값을 산출할 수 있다.

이 때, 열전도율의 정도를 높이기 위해서는 메인 히터에서 발생되는 열량의 열손실을 제거하기 위해 그림과 같이 주위를 보온재로 단열하고, 또한 보조 시료를 주시료의 양측에 감싸고, 이를 보조 히터에서 주시료와 동일 온도가 될 수 있도록 열을 가하여 재료 내 온도가 균일하게 되도록 한다. 이와 같이 하여 정상 상태에 도달하게 되면 주시료의 내부는 일차원 온도장이 된다.

즉, 이와 같이 하여도 장치로부터 외부 열손실을 고려할 수 있다. 외부 손실은 실험 중의 외표면 온도과 냉각을 멈춘 상태에서 가열할 때의 외표면 온도 정정치 와의 비교로 구할 수 있다. 이와 같이 얻은 주위로부터의 열손실분 만큼을 히터로부터 발생되는 열유속을 보정하면 좋다. 히터에서 발생되는 발열량 Q가 손실 없이 시료에 전달되도록 위한 방법은 다음과 같다.

그림 10.27에서와 같이 시료를 원주(직경 d_1)에 마무리하고, 그 중앙부에 직경 d_2인 구멍을 형성시켜, 그 안으로 주히터를 넣으면 된다. 이러한 경우에도 주시료의 양단에 보조 시료를 놓고, 보조 히터에서 주시료와 동일한 온도가 되도록 열을 가하여 재료 내부 온도가 균일하게 되도록 하여 온도 분포의 왜곡을 제거한다.

재료의 주위는 냉각수로 냉각시키고, 주시료의 원주 내에 반경 방향의 열류를 형성시켜 내외면의 온도차로부터 열전도율 λ의 값을 다음 식으로 계산한다.

$$Q = \frac{2\pi\lambda L}{\ln\frac{d_2}{d_1}}(T_1 - T_2) \quad (10.57)$$

$$\therefore \ \lambda = \frac{\ln \ d_2/d_1}{2\pi(T_1 - T_2)} \cdot \frac{Q}{L}$$

(10.58)

이러한 정상법의 정도는 주변에서의 열손실과 그 보정법에 의해 결정된다. 즉, 이러한 측정법을 이용할 때에는 재료의 형태가 비교적 크고, 열전도율의 값이 큰 경우가 좋다.

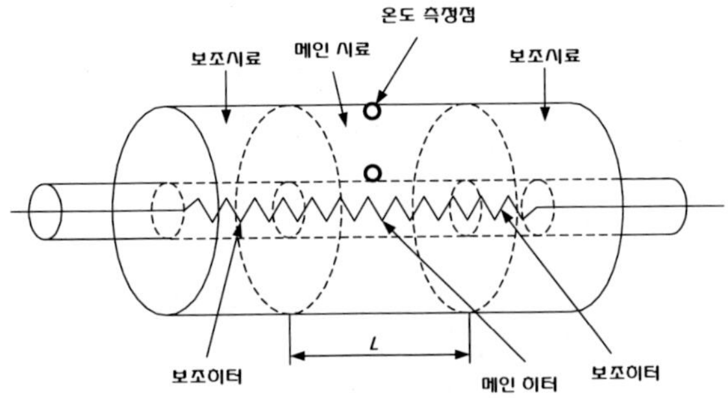

그림 10.27

(5) 퓨리에 법칙의 3차원 온도장 적용

1차원 온도장에서의 열전도 미분 방정식으로서 퓨리에의 법칙이 식 (10.59)와 같이 성립되었다.

$$dQ = -\lambda\frac{dT}{dx} \cdot dA \qquad (10.59)$$

식 (10.59)을 1차원 온도장에 있어서의 열전도에 의한 온도 분포의 양상을 해석할 수 있다.

3차원 온도장에서의 열전도에 대해 어떻게 퓨리에 미분 방정식이 성립하게 되는지는, 실제로 3차원 온도장에 있어서 에너지 보존 법칙에 기초한 열전도 방정식을 도입함으로서 유체 내부의 열전도에 의한 온도 분포 양상을 해명할 수 있기 때문이다.

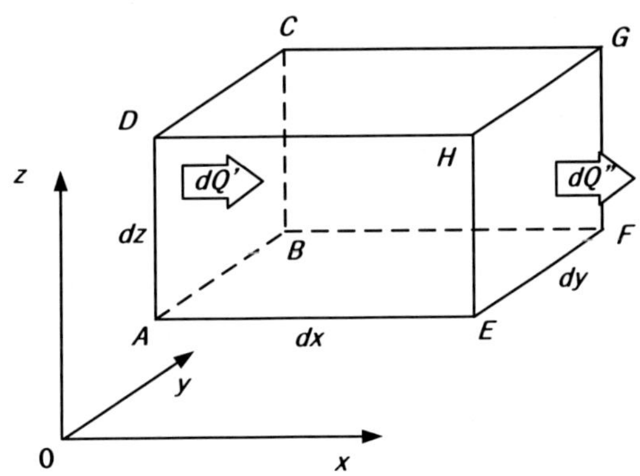

그림 10.28

그림 10.28에서와 같이 유체 내부를 3차원 온도장으로 하고, 각각의 변 길이가 d_x, d_y, d_z로 둘러싸인 직방체의 체적 요소 ABCD - EFGH를 고려한다. 전도에 의해 시간 dt 동안에 면 ABCD(면적의 크기는 dy · dz)를 통해 x축 방향으로 유입하

는 열량 dQ_x'는 퓨리에 법칙에 의해 다음과 같다.

$$dQ_x' = -\lambda \frac{\partial T}{\partial x}(dy \cdot dz)dt \tag{10.60}$$

이어서, 길이 dx 떨어진 단면 EFGH를 통해 유출되는 열량 dQ_x''는 이 면에서 온도가 $\left(T + \frac{\partial T}{\partial x}dx\right)$가 되기 때문에 다음과 같다.

$$dQ_x'' = -\lambda \frac{\partial}{\partial x}\left(T + \frac{\partial T}{\partial x}\right)(dy \cdot dz)dt \tag{10.61}$$

시간 dt 동안 온도는 $(\partial T/\partial t) \cdot dt$만큼 상승되기 때문에 온도 상승에 필요한 열량 dQ_2는 정압 비열을 c_P, 밀도를 ρ라 하면 다음과 같다.

$$dQ_2 = c_P \cdot \rho(dx \cdot dy \cdot dz)\frac{\partial T}{\partial t} \cdot dt \tag{10.62}$$

만약, 내부 열원에 의한 발생 열량을 dQ_3라 하면, 단위 체적에 대해 단위 시간당 발생열량을 q라 하면

$$dQ_3 = q \cdot (dx \cdot dy \cdot dz) \cdot dt \tag{10.63}$$

이상의 식을 정리하여 열평형에 대한 다음 식이 성립된다.

유입 열량 + 내부 발생열 = 체적 요소의 온도 상승에 사용된 열량 + 유출 열량

$$\therefore\ dQ_x' + dQ_3 = dQ_2 + dQ_x'' \tag{10.64}$$

$$-\lambda \frac{\partial T}{\partial x}(dy\ dz)dt + q(dx\ dy\ dz)dt = c_P \cdot \rho(dx\ dy\ dz)\frac{\partial T}{\partial t}dt \tag{10.65}$$

$$-\lambda \frac{\partial}{\partial x}\left(T + \frac{\partial T}{\partial x}dx\right)(dy\ dz)dt \tag{10.66}$$

$$\therefore\ c_P \cdot \rho \frac{\partial T}{\partial t} = q + \lambda \cdot \frac{\partial^2 T}{\partial x^2} \tag{10.67}$$

양변을 $c_P \cdot \rho$로 나누면 다음과 같다.

$$\frac{\partial T}{\partial t} = \frac{\lambda}{c_P \cdot \rho}\frac{\partial^2 T}{\partial x^2} + \frac{q}{c_P \cdot \rho} \tag{10.68}$$

만약, 내부에 열원이 없을 경우에는 $q = 0$이므로 다음과 같다.

$$\therefore \ \frac{\partial T}{\partial t} = \frac{\lambda}{c_p \ \rho} \cdot \frac{\partial^2 T}{\partial x^2} = \alpha \cdot \frac{\partial^2 T}{\partial x^2} \tag{10.69}$$

$$\alpha = \frac{\lambda}{c_p \ \rho} \tag{10.70}$$

식 (10.70)에서 정의된 α는 열확산율(thermal diffusivity)이다. 열확산율은 온도의 이동 속도와 관련된 양을 나타낸다.

따라서, z, y ,z방향의 열류에 의한 $\partial T/\partial t$인 온도 상승이 일어나는 것으로 가정하면 식 (10.68)에 의해 다음 식이 성립된다.

$$\frac{\partial T}{\partial t} = \alpha \cdot \left(\frac{\partial^2 T}{\partial x^2} + \frac{\partial^2 T}{\partial y^2} + \frac{\partial^2 T}{\partial z^2} \right) \tag{10.71}$$

식 (10.71)은 퓨리에 열전도 미분 방정식으로서, 이 식의 도입 과정에서 알 수 있는 바와 같이 식 (10.71)은 정상, 비정상의 각 상태에서 어떠한 열이동의 경우에도 성립되는 것으로, 이 식을 이용하여 유체 내부의 임의의 점에 있어서의 온도의 시간적, 공간적 변화 관계를 알아볼 수 있다.

(6) 열확산율

식 (10.56)에서 정의된 열확산율의 공학 단위는 ㎡/s이다.

$$\alpha = \frac{\lambda}{c_p \cdot \rho} = \frac{\dfrac{W}{m \cdot K}}{\dfrac{W \cdot s}{kg \cdot K} \cdot \dfrac{kg}{m^3}} = \frac{m^2}{s} \tag{10.72}$$

일반적으로 하나의 물체 내부에서 온도가 전해지는 경우, 그 온도가 전달되는 정도에 대해서는 그림 2.34를 참고로 하면 다음의 관계가 성립된다.

$$[\text{온도의 전달정도}(\alpha)] \propto [\text{전열능력}(\lambda)] \times \left[\frac{1}{\text{축열능력}(c_p \cdot \rho)} \right] \tag{10.73}$$

즉, 온도의 전달 정도를 하나의 물성치로서 나타내낸 것이 열확산율 이다.

따라서, 열확산율은 열전도율에 해당되는 온도에 대한 물질 특유의 값으로 정해진 것이다.

그림에서 열확산율의 값은 열전도율 λ이 높은 금속이 최대값이고, $c_p \cdot \rho$의 값이 작은 기체, 액체나 단열재에서 최저값을 나타내고 있다.

【 연 습 문 제 】

1. 문제 10.1의 정상 열전도 과정에서 열유속과 경계층 온도 T_2, T_3를 계산하시오.

2. 문제 10.2의 정상 열전도에서의 온도 T_1, T_2의 온도를 계산하시오.

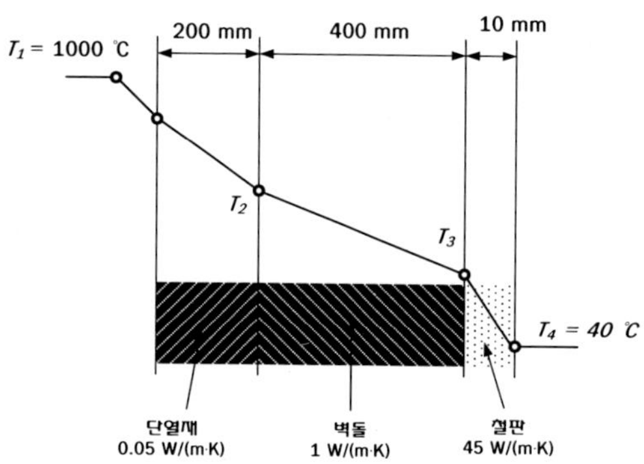

문제 10.1

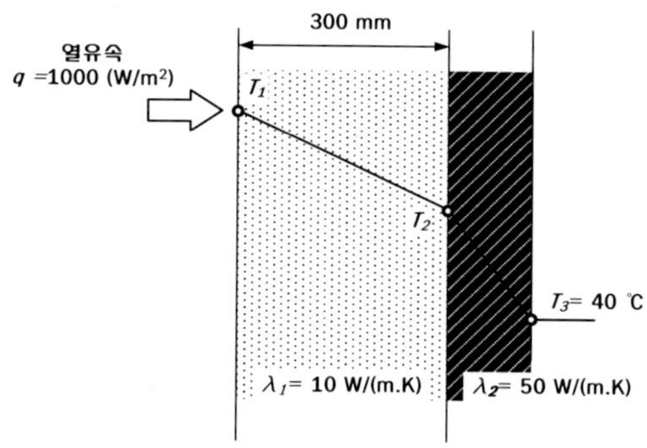

문제 10.2

3. 문제 10.3과 같이 그림과 같이 반내경 r_1, 반외경 r_2, 길이 L인 원통벽의 내측 및 외측의 면적 및 온도를 각각 A_1, A_2 및 T_1, T_2이다. 원통벽을 열전도 형식으로 이동하는 열량 Q를 산출하는 과정에서 두께가 $r_2 - r_1$이면서 높이가 L인 평형 평판벽을 통과하는 열량으로 환산하여 산출하기 위해서는 평행평판벽의 표면적 A_m의 크기를 A_1과 A_2를 이용하여 나타내시오.

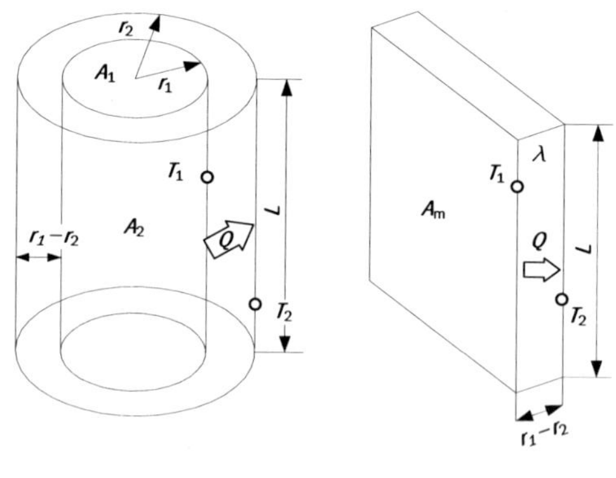

문제 10.3

4. 문제 10.4와 같이 가로, 세로의 길이는 동일하나 두께가 다른 2종류의 단열재 A, B가 있다. 각 단열재의 열전도율을 각각 λ_1, λ_2이고, 이 단열재를 이용하여 그림 (a), (b)와 같이 4장의 단열재 A와 3장의 단열재 B를 이용

하여 다층 평면벽을 구성하였다. 다층 평면벽의 내외 온도차가 T_1, T_2(단, $T_1 > T_2$)일 때, 다층 평면벽 (a), (b)의 단열성능을 비교하기 경우, 어떤 쪽의 다층 평면벽이 우수한지 비교하시오.

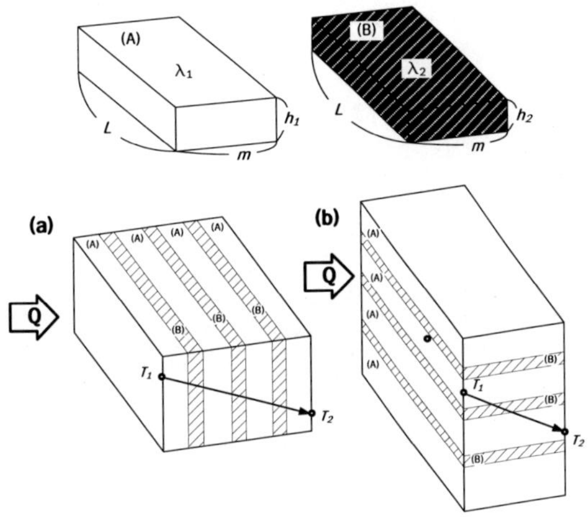

문제 10.4

11. 대류 열전달

대류 열전달은 열전도나 복사 전열과 달리 유체의 물리적 과정과 연관되어 상당히 복잡한 과정이므로 이론적으로 전열 과정을 해석하는 것은 곤란하여 열전달과 관련된 실험결과 등을 이용하여 전열량을 계산하는 경우가 일반적이다. 또한, 대류 열전달은 단순히 열전달이라고 호칭되며, 열전달 의미가 전열의 경우와 마찬가지로 열이 이동하는 과정 전반을 의미하는 용어로 사용되고 있다.

대류 열전달은 열전도나 복사 전열과 달리 유동되는 유체를 통해 열이 전달되는 과정으로, 예를 들면 각종 기기로부터의 방열 혹은 기기를 냉각시키기 위해 사용되는 유체 유동 과정에서는 일반적으로 대류 열전달이 큰 비중을 차지하고 있다. 이와 같이 열교화기 등에서의 대류 전열 과정은 실내를 난방시키기 위해 사용되는 온수 방열기에 저온의 실내 공기(유체)가 직접 접촉될 때, 유체로의 자연 대류를 동반한 열이동이 진행되고, 이는 일반적으로 고온 유체를 저온 유체와 혼합시킴으로서 자연 대류에 의한 열전달이 진행되는 경우나 순환 펌프 등을 이용하여 강제적으로 절삭유를 순환시키는 공작 기계 등에서와 같이 고온의 고체벽에 저온의 유체를 강제적으로 접촉시킴으로서 고체벽으로부터 유체로의 강제 대류 열전달에 의해 열이동이 증대되는 경우 등과 같이 다양한 분야에 대해 적용되며, 이상과 같이 열전달에 의한 열 이동을 이용하여 공학적으로 모든 기기에 대한 방열이나 냉각이 촉진시키는 예는 상당히 많다.

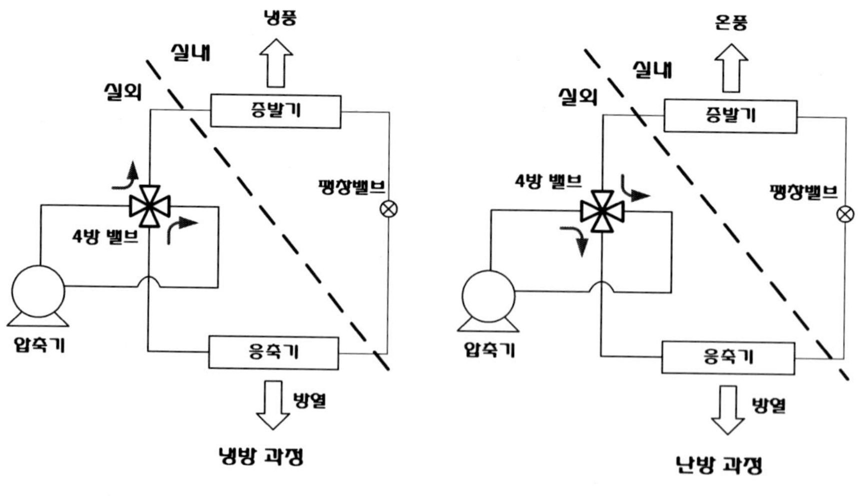

그림 11.1 히트펌프에서의 방열 및 흡열

그림 11.1은 냉난방에 사용되는 히트펌프에서의 증발기와 응축기에서의 냉풍과 온풍을 이용하여 실내의 고온 혹은 저온 공기와 열교환시켜 실내를 냉방 혹은 난방하는 경우를 나타낸 것이다.

11.1 대류 열전달의 이해

11.1.1 강제 대류와 자연 대류

고온의 고체벽과 인접한 저온의 정지 유체 혹은 유동하고 있는 기체나 액체로의 열이 이동하는 경우나 반대의 경우에 대한 전열 형식을 고려하는 경우가 많다. 이와 같이 일정 고체의 표면과 표면 상부에 정지 혹은 유동하고 있는 유체 사이의 전열 형식이 대류 열전달이다. 대류 열전달에 의한 열이동의 형식은 다음과 같이 크게 구분될 수 있다.

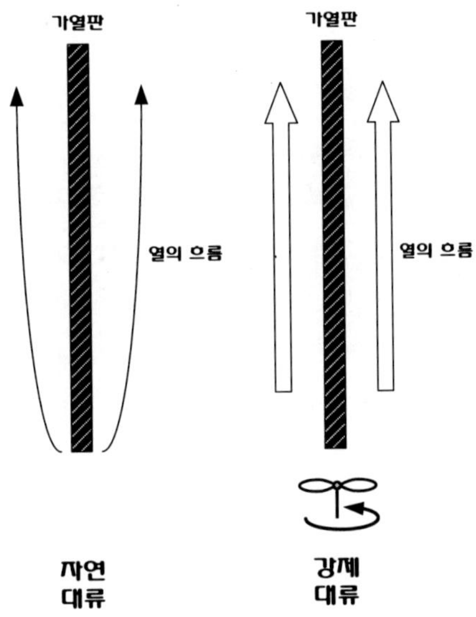

그림 11.2

그림 11.2의 자연 대류에서는 고체 표면에 가까운 부분에서 유동되지 않고 있던 유체는 열전도 현상에 의해 가열되면서 밀도가 감소되고, 이는 표면으로부터 멀리 떨어진 저온의 유체에 비해 가벼워지게 되면서 부력에 의해 상승된다. 표면으로부터 떨어지게 됨에 따라 유체 온도가 내려가기 때문에 유체 상승 속도는 작아지고, 온도 구배가 0이 되면서 상승 속도도 0이 되어 유동은 정지되게 된다. 이러한 열이동이 자연 대류 열전달(free convection heat transfer)이다. 이에 비해 그림 11.2의 강제 대류에서는 팬이나 펌프에 의해 유체가 유동되는 즉, 유체가 강제적으로 유동되는 과정에서 유체와 물체 사이의 열교환이 이루어지는 강제 대류 열전달(forced convection heat transfer)이다.

흐름과 전열이 서로 연동되면서 보다 복잡한 대류 현상이 이루어지고, 영향을 미치는 인자가 자연 대류와 강제 대류에 따라 다르므로, 흐름이 강제 대류인지 자연 대류인지를 판단하는 것이 매우 중요하다.

11.1.2 속도 경계층과 온도 경계층

대류 열전달 과정에서 열을 운반하는 매개체인 유체는 압축성, 점성, 표면장력 등의 여러 가지 열적, 물리적 혹은 화학적 물성치를 가지고 있기 때문에 실제 흐름을 고려하는 경우에 있어서는 전체적으로 영향이 적은 특성을 제외하는 것이 일반적이다. 예를 들면 마하(Mach) 0.3 정도까지의 유체 흐름 과정에 대해서는 유동 유체의 압축성을 무시하여도 큰 오차는 생기지 않는다.

따라서, 일반적으로 취급되는 유체 유동은 흐름은 관내나 물체 주위에서의 마찰, 벽면에 접한 유체의 열전달 등과 같이 고체벽 부근 영역에서의 유체 유동에 대해 다루게 된다. 이와 같은 유체 유동의 경우, 벽면 부근에서는 점성으로 인해 유체 속도가 크게 변화되는 영역이 생기게 되고, 이와 같이 속도가 급격하게 변화되는 영역을 속도 경계층이라 정의된다. 경계층을 고려하는 과정에서 외부 흐름에 대해서는 점성이 없는 이상 유체 흐름으로 취급하기도 한다.

그림 11.3은 유체 흐름에 대해 평행하게 놓여진 평판 위에서의 속도 분포를 나타낸 것으로, 경계층의 두께는 후방으로 갈 수록 두꺼워지고 있고, 또한 그림 11.4는 원관 내의 속도 분포를 나타낸 것으로, 경계층은 평판의 경우와 동일하게 입구측에서부터 발달되고 있으나, 입구측으로부터 일정 거리를 지나게 되면 경계층이 중심까지 발달된 이후에는 그 상태를 유지하면서 흐르게 된다. 이러한 속도 분포가 변화되지 않게 된 흐름을 관내에서 발달된 흐름이라고 한다. 즉, 대류 열전달 과정에서 벽면 부근에서의 유체는 벽면으로부터의 열전도에 의해 가열 혹은 냉각되고, 이것이 흐름에 의해 운반되면서 열도 전달된다. 벽면 부근에서의 유체는 점성에 의해 유속이 급격하게 변화되고, 이러한 영향 범위를 속도 경계층이라고 한다. 이와 같은 영역에 있어서 온

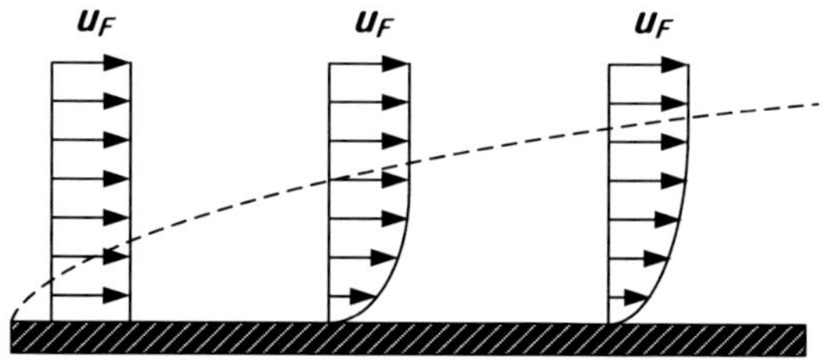

그림 11.3

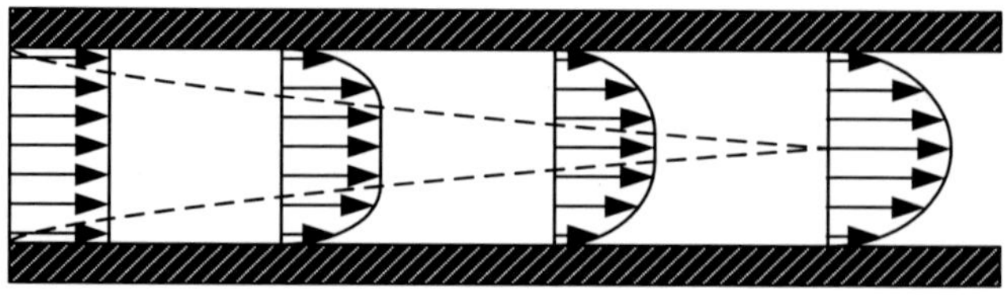

그림 11.4

도는 벽면 부근에서는 급격하게 변화되므로 이러한 영향 범위를 온도 경계층이라고 한다.

그림 11.5 (a)는 강제 대류의 경우에 대한 것으로 속도 경계층의 두께 L와 온도 경계층의 두께 L_T를 나타낸 예이다. 여기서는 강제 대류이므로 속도 경계층은 독립적으로 발달되고, 발달된 속도 경계층에 의해 온도 경계층이 형성되면서 유체 흐름이 전열에 영향을 미치고 있음을 알 수 있다. 또한, 자연 대류의 경우에는 속도 경계층과 온도 경계층이 상호 간섭되면서 연동되어 형성되므로 온도 경계층의 두께가 대류 전열과 직접적인 관계가 있다.

그림 11.5 (b)는 원관 내의 강제 대류의 경우를 나타낸 것으로, 속도 경계층이 관입구에서부터 발달되어 어느 정도 하류에서는 충분히 발달되면서 속도 변화는 없어지게 된다. 이에 따라 온도 경계층도 일정 위치의 하류에서는 일정 두께가 되면서 변화가 없어지고 있다. 관입구 부근에서는 온도 경계층이 얇고, 이에 따라 대류 전열이 높지만, 온도 경계층의 증가에 따라 대류 전열은 저하되면서 온도 경계층이 충분히 발달된 후에는 대류 전열은 일정하게 되면서 변화는 없어진다.

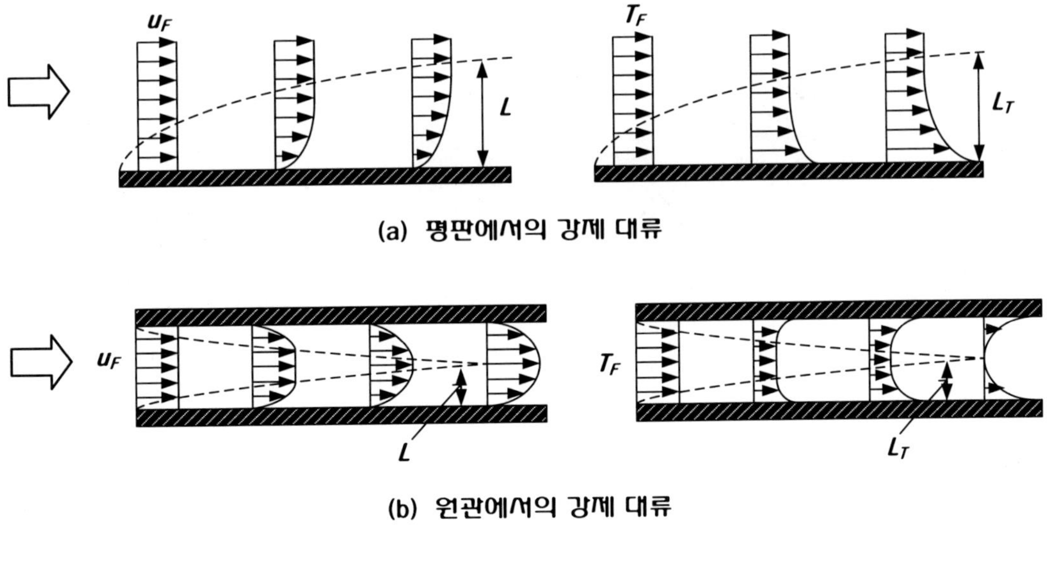

(a) 평판에서의 강제 대류

(b) 원관에서의 강제 대류

그림 11.5

11.1.3 층류와 난류

흐름이 완만하면서 유체 내의 혼합, 교반이 적은 경우에는 층류라고 한다. 반대로 흐름이 급격하면서 교반을 동반을 흐름을 난류라고 한다. 대류 전열에 있어서도 층류와 난류에서는 전열의 정도가 크게 달라지게 된다.

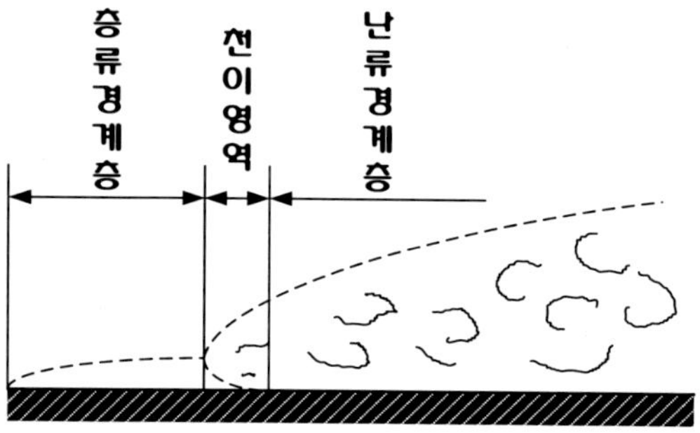

그림 11.6

그림 11.6은 유체가 평판을 따라 흐르는 경우의 흐름 상태를 나타낸 예로서, 평판의 한쪽 끝에서부터 층류 경계층이 발달되고 있다. 그리고, 일정 위치에서는 난류 경계층으로 천이되고 있다. 층류 경계층과 난류 경계층에서는 내부에서의 유체 형상이 완전히 달라지므로 대류 전열 형식도 달라지게 된다. 난류의 경우가 교반, 혼합에 의해 유체로의 전열은 층류에 비해 양호하므로 유체 흐름을 층류와 난류로 판단하는 것이 중요하다.

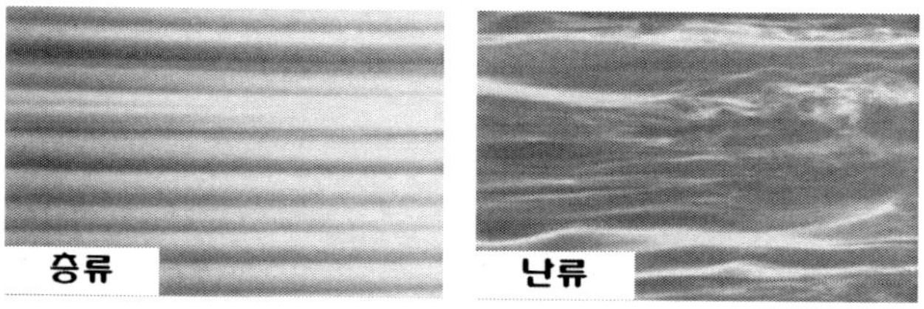

사진 11.1 층류와 난류

11.1.4 전열면의 형상

전열면의 형상이나 상태에 따라 대류 전열 과정은 달라지게 된다.

그림 11.7은 여러 가지 전열면의 형상을 나타낸 것으로, 각각 강제 대류와 자연 대류, 또한 층류 상태나 난류 상태 등에 따라 전열 과정이 달라지게 된다. 이와 같이 대류 전열을 계산하는 과정에서는 강제 대류인지 자연대류인지 혹은 전열면은 어떤 형상을 가지고 있는지에 대해 그 성질을 파악하는 것이 매우 중요하다.

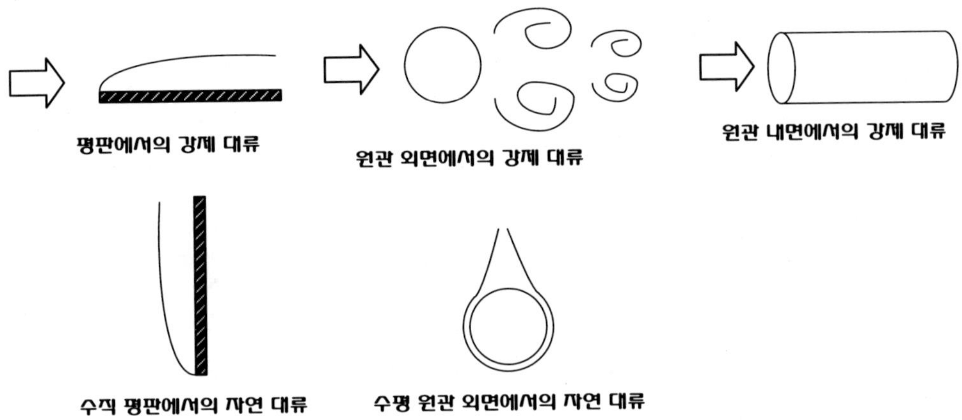

그림 11.7

11.1.5 열통과율

(1) 평판의 경우

증발기, 응축기 등의 열교환기에서는 고체벽을 사이에 두고 고온 유체와 저온 유체 사이에 열이동이 일어난다. 즉, 고온 유체와 저온 유체 사이의 전열은 고체벽을 통해 열이 고온 유체로부터 저온 유체로 전달되는 것이 일반적으로, 이러한 열이동 과정을 열관류 혹은 열통과라 한다.

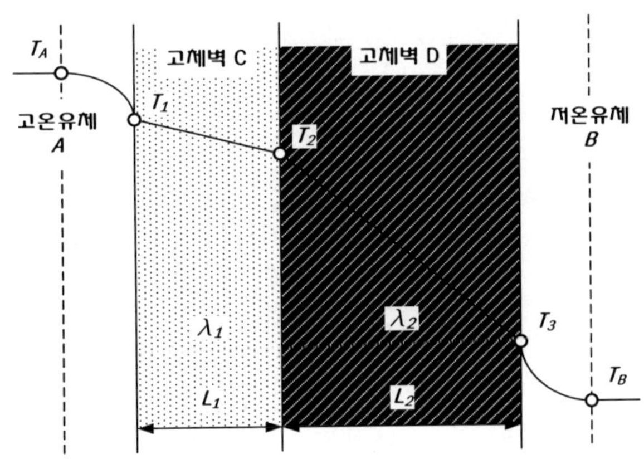

그림 11.8

그림 11.8은 다층 고체벽 C, D를 사이에 두고 고온 유체 A와 저온 유체 B 사이의 열이동 과정을 나타낸 것이다. 고온 유체 A로부터 저온 유체 B로의 열이동 과정은 유체 A로부터 고체벽 C의 좌측 벽면까지는 열전달, 고체벽 C의 좌측 표면으로부터 고체벽 D의 우측 표면까지는 열전도, 고체벽 D의 우측 표면으로부터 저온 유체 B까지는 대류 열전달 형식에 의해 열이 이동되고 있다. 이 사이의 전열량은 다층벽의 열전도 계산과 동일하게 구해진다.

온도는 그림 11.8과 같은 분포를 나타내고, 고체벽의 두께 및 열전도율을 L_1, L_2 및 λ_1, λ_2라 하면 고체벽에서의 열전도에 의한 열유속 및 열전달에 의한 열유속은 각각 식 (11.1), 식 (11.2)와 같다.

$$q = \frac{T_1 - T_2}{\dfrac{L_1}{\lambda_1}} = \frac{T_2 - T_3}{\dfrac{L_2}{\lambda_2}} \tag{11.1}$$

$$q = h_A \cdot (T_A - T_1) = h_B \cdot (T_3 - T_B) \tag{11.2}$$

식 (11.2)를 식 (11.1)의 형태로 치환시키면 다음과 같다.

$$q = \frac{T_A - T_1}{\dfrac{1}{h_A}} = \frac{T_3 - T_B}{\dfrac{1}{h_B}} \tag{11.3}$$

h_A, h_B는 각각 유체 A ~ 고체벽C 및 고체벽 D ~ 유체 B 사이의 열전달율이다.

식 (11.1) 및 식 (11.3)를 조합하면 식 (11.4)와 같고, 식 (11.4)를 n개의 벽으로 구성된 다층 벽면에 대해 적용시키면 식 (11.5)와 같다.

$$q = \frac{T_A - T_B}{\dfrac{1}{h_A} + \dfrac{L_1}{\lambda_1} + \dfrac{L_2}{\lambda_2} + \dfrac{1}{h_B}} \tag{11.4}$$

$$q = \frac{T_A - T_B}{\dfrac{1}{h_A} + \sum_{i=1}^{n} \dfrac{L_n}{\lambda_{1n}} + \dfrac{1}{h_B}} \tag{11.5}$$

면적 A에 대한 전열량 Q는 다음과 같다.

$$Q = \frac{A}{\dfrac{1}{h_A} + \sum_{i=1}^{n} \dfrac{L_n}{\lambda_{1n}} + \dfrac{1}{h_B}} \cdot (T_A - T_B) = K \cdot A \cdot (T_A - T_B) \tag{11.6}$$

식 (11.6)에서 K를 열관류율 혹은 열통과율이라고 한다.

그림 11.8과 같은 경우, 벽면의 양측 열전달율과 적층판의 두께와 열전도율을 알고 있으면, 식 (11.6)에 의해 열유속을 계산할 수 있다. 그러나, 실제 현장에 있어서 평판에 스케일이 있다거나, 적층판 사이에 얇은 공기층이 있으면 계산이 상당히 복잡해진다.

[예제 11.1] 표면 온도 28 ℃인 평판을 따라 온도가 45 ℃인 물이 흐르고 있다. 열전달율이 450 W/(㎡ · K)일 때, 열유속은 얼마인가?

(2) 원통의 경우

원통의 경우에는 표면적이 내표면과 외표면이 다르기 때문에 면적 대신에 원통의 길이에 대해 계산하는 경우가 많다. 그림 11.9와 같이 원통에서의 열통과율은 다음과 같다.

$$U_L = \frac{2\pi}{\dfrac{1}{h_A \cdot r_1} + \sum_{i=1}^{n}\left[\dfrac{1}{\lambda_n}\ln\left(\dfrac{r_{i+1}}{r_i}\right)\right] + \dfrac{1}{h_B \cdot r_{n+1}}} \quad (11.7)$$

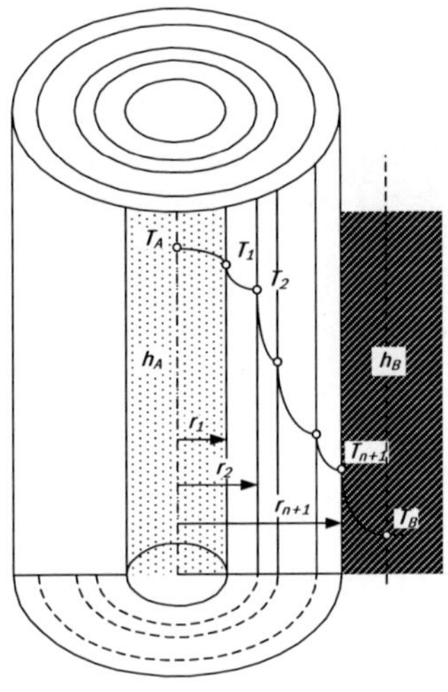

그림 11.9

단, 원통벽에서는 목적에 따라 표면적을 기준으로 하는 열통과율을 사용하는 경우도 있기 때문에 주의해야 한다. 즉, 내표면적을 A_I, 외표면적을 A_O라고 하면 다음과 같다.

$$Q = U_I \cdot A_I \cdot (T_A - T_B) \quad (11.8)$$

$$Q = U_O \cdot A_O \cdot (T_A - T_B) \quad (11.9)$$

식 (11.8) 및 식 (11.9)의 U_I, U_O는 다음과 같다.

$$U_I = \frac{U_L}{2\pi r_1} = \frac{1}{\dfrac{1}{h_A} + \sum_{i=1}^{n}\left[\dfrac{r_1}{\lambda_i}\ln\left(\dfrac{r_{i+1}}{r_i}\right)\right] + \dfrac{r_1}{h_B \cdot r_{n+1}}} \quad (11.10)$$

$$U_O = \frac{U_L}{2\pi r_{n+1}} = \frac{1}{\dfrac{r_{n+1}}{h_A} + \sum_{i=1}^{n}\left[\dfrac{r_{n+1}}{\lambda_i}\ln\left(\dfrac{r_{i+1}}{r_i}\right)\right] + \dfrac{1}{h_B}} \quad (11.11)$$

일반적인 조건에서 열전달율의 대략적인 값은 다음과 같다.

표 11.1

정지 공기	1 ~ 25 W/(㎡ · K)
흐르는 공기	10 ~ 250 W/(㎡ · K)
흐르는 물	250 ~ 5,000 W/(㎡ · K)

열전도율의 값은 금속인 경우 20 ~ 400 × 10^3 W/(m・K), 단열재의 경우 0.05 ~ 0.1 × 10^3 W/(m・K) 정도이다. 따라서, 다층 평판에서의 열저항을 고려하면 정지 공기와 흐르는 물 사이에 금속판이 있을 경우, 금속판이 극단적으로 두꺼워지지 않는 한, 열전도 부분의 열저항은 전체에 큰 영향을 미치지 않고 열전달 부분 특히, 열전달율이 낮은 공기측에서의 열저항 크기가 상당히 큰 비중을 차지하게 된다. 또한, 비교적 열전달율이 높은 유체나 비등되는 유체 등의 경우에는 금속벽만이 있을 경우, 유체측의 열전달이 지배적이지만, 열전도율이 낮은 스케일이 부착되면 열저항에 상당한 영향을 가지게 된다.

11.2 대류 열전달의 해석

11.2.1 열전달량

고온측의 고체 표면으로부터 저온측 유체로 열이 이동되는 과정은 유체 내부에서 유체 분자의 위치 교환이 용이하게 이루어지므로 열이동 과정은 대류에 의한 열이동이다. 따라서, 그림 2.10에서와 같이 대류에 의한 온도의 급격한 변화가 생기는 층 즉, 온도 경계층이 나타나게 된다.

일반적으로 대류의 양상은 유체 종류, 물리적 성질, 고체벽 표면의 형상 등에 의해 좌우되므로 대류에 의한 열전달은 상당히 복잡한 과정이다. 이러한 경우, 전달 열량의 계산은 다음과 같이 계산된다.

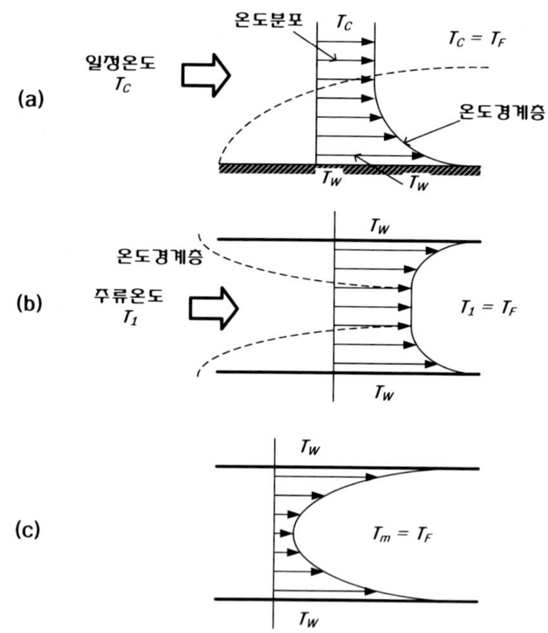

그림 11.10

① 고온측의 고체 표면(온도 T_W)과 저온측의 유체(온도 T_F) 사이의 열이동을 고려하고, 중간에 존재하

는 온도 경계층은 무시한다. 즉, 개념적으로는 온도 T_W와 T_F의 온도차에 의한 열이동만을 고려한다.

② 뉴톤 냉각 법칙을 이용하여 고체와 유체 사이의 온도차가 그다지 크지 않을 경우에는 고체 표면과 고체 표면에 접한 유체 사이의 열출입은 양자간의 온도차에 비례하는 성질을 이용하도록 한다.

이와 같이 단위 시간에 고체로부터 유체로의 열전달에 의해 이동되는 열량 Q는 고온측 전열면의 표면적 A 및 온도 T_W와 저온측 유체의 기준 온도 T_F와의 온도차에 비례하는 것으로 고려할 수 있다. 이를 수식으로 정리하면 다음과 같다(그림 11.10 참조).

$$Q \propto (T_W - T_F) \cdot \tag{11.12}$$

식 (11.12)를 등식으로 표현하기 위해 비례정수 h를 이용하면 다음과 같이 정리된다.

$$Q = h \cdot (T_W - T_F) \cdot A \quad (W) \tag{11.13}$$

여기서, 열전달에 의해 이동되는 열량 Q를 표현하기 위해 필요한 비례정수 h를 열전달율(heat transfer coefficient)이라 정의하고 있다.

따라서, 식 (11.13)에서 단위 면적당, 단위 시간에 전달되는 열량 즉, 열유속은 다음과 같다.

$$q = \frac{Q}{A} = h \cdot (T_W - T_F) \quad (W/m^2) \tag{11.14}$$

식 (11.13) 혹은 식 (11.14)에서 열전달율 h는 다음과 같다.

$$h = \frac{Q}{A \cdot (T_W - T_F)} \quad (W/m^2 \cdot K) \tag{11.15}$$

11.2.2 열전달율

고온측의 고체 표면으로부터 저온측 유체 혹은 기체로의 열이동이 진행되는 과정에서 실제로는 대류에 의한 열전달이 이루어지기 때문에 대류에 의한 온도의 급격한 변화가 일어나는 층 즉, 온도 경계층이 나타난다. 온도 경계층 영역에서의 온도 변화는 그림 11.11에서와 같이 연속적으로 강하된다.

온도 경계층 내에서의 대류 양상은 유체의 종류, 물리적 성질, 고체 표면의 형상 등에 의해 좌우되므로 상당히 복잡하다. 이러한 상황에서 비례정수로 정의된 열전달율 h의 절대값에 대해 정리하면 다음과 같다.

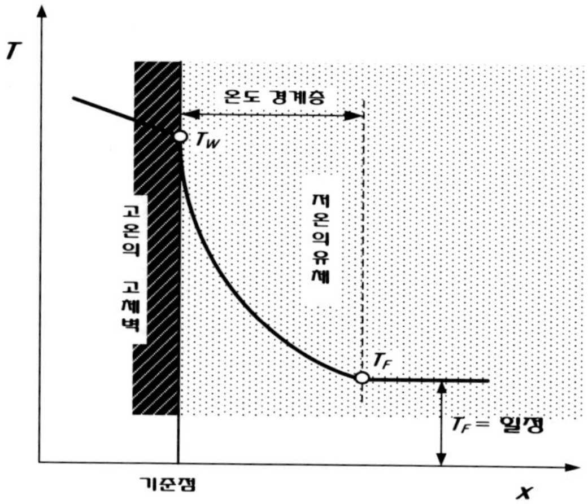

그림 11.11

정상 상태에서 고온측의 고체벽 온도를 T_W, 저온측 유체의 온도를 T_F (혹은 T_∞)라 가정한다. 온도 경계층에서의 고체벽과 인접한 극히 얇은 층내에서 열이동은 전도에 의해서만 전달되는 것으로 고려할 수 있고, 퓨리에 법칙이 성립된다. 따라서, 고체벽 표면($x=0$)에서의 온도 강하 구배 크기는 다음과 같다.

$$-\left(\frac{dT}{dx}\right)_{x=0} \tag{11.16}$$

여기서, 벽 면적 A를 통과하는 전열량 Q는 온도 경계층 내에서 벽과 밀착($x=0$) 장소에서 전도에 의해 이동되는 열량으로 고려할 수 있기 때문에 다음 식이 성립된다. 단, 유체의 열전도율은 λ로 고려한다.

$$Q = -\lambda\left(\frac{dT}{dx}\right)_{x=0} \cdot A \quad (W) \tag{11.17}$$

식 (11.16)는 벽으로부터 유체로 전달되는 열량의 크기를 나타내고 있기 때문에 열전달의 입장에서는 다음 식이 성립된다. 단, 벽에서 유체로의 열전달율은 h이다.

$$Q = h \cdot (T_W - T_F) \cdot A \tag{11.18}$$

따라서, 식 (11.17) 및 식 (11.18)에 의해 다음 식이 성립된다.

$$h = \frac{-\lambda \cdot \left(\frac{dT}{dx}\right)_{x=0}}{T_W - T_F} \quad (W/m^2 \cdot K) \tag{11.19}$$

열이동이 정상 상태가 된 경우, 식 (11.19)에 의해 고체벽의 표면 온도 T_W 및 유체 온도 T_F가 일정한 것으로 하고, 또한 유체의 열전도율 λ는 일정하다고 하면 벽에서 유체로의 열전달율 h의 크기는 $(dT/dx)_{x=0}$의 크기에 의해 결정된다는 것을 알 수 있다. 따라서, 열전달율 h는 고체벽 표면과 접한 유체의 온도 분포 구배의 크기를 나타내고 있다는 것을 알 수 있다(그림 11.12 참조).

식 (11.19)는 열전달의 과정을 나타내는 편미분 방정식이고, 물질 경계에서의 가열(혹은 냉각) 과정을 나타내는 식이라고 할 수 있다.

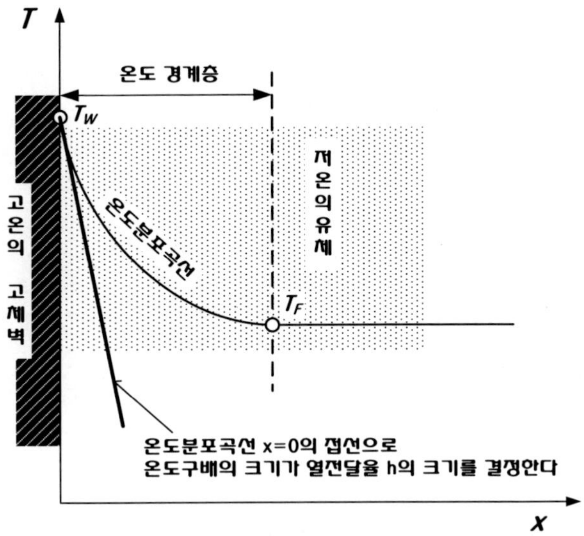

그림 11.12

열전달은 유체 내부에서 생기는 경계층을 통해 일어나는 열이동이므로 물체의 형상이나 유체의 속도, 밀도 등의 모든 상태 및 열유속의 크기에 의해 절대치는 변화하게 되며, 물성치 뿐만 아니라 기술적 계수라고도 할 수 있다. 단상류 열전달에서는 적어도 열유속의 크기에 상관없이 열전달율 h의 절대값은 일정한 경우가 많다.

예를 들면, 표 11.2에서와 같이 유체인 물이 정지 상태에서 유동되기 시작하여 비등 현상이 일어나면 열전달율 h의 크기, 결국 열이 전달되기 쉬운 정도는 각각 약 10배 정도로 크게 되고, 정지된 물이 비등되면 그 값은 약 100배 정도로 증대되는 것을 알 수 있다.

표 11.2 열전달율의 크기

유체의 종류	열전달율 h (W/㎡ · K)
자연 대류의 물	$(11.3 \sim 5.8) \times 10^2$
강제 대류의 물	$(10.2 \sim 5.8) \times 10^3$
비등 중의 물	$(10.2 \sim 2.3) \times 10^4$

11.2.3 무차원수

전열면의 형상 등에 의해서도 대류 전열 형식은 달라진다. 그림 11.7에서와 같이 전열면의 형상에 따라 열전달이 달라지는 것처럼 강제 대류와 자연 대류, 또는 층류와 난류에 따라 전열이 달라지기 때문에 대류 전열을 계산하기 위해서는 강제 대류와 자연 대류의 여부, 또한 전열면의 형상이 어떤 형상인가를 구분해서 그 성질을 판단하는 것이 매우 중요하다.

벽면의 온도를 T_W, 벽면으로부터 충분히 떨어진 위치에서의 유체 온도를 T_∞, 벽면에서의 열유속을 q라 하면, 대류 열전달율 h는 다음과 같다.

$$h = \frac{q}{T_W - T_\infty} \tag{11.20}$$

강제 대류의 경우를 고려하면 흐름 상태에 영향을 주는 인자로서는 점성 μ, 밀도 ρ, 유속 U_∞, 벽면의 크기 L 이외에 대류에 의한 에너지 수송과 관련된 비열 C_P, 유체 내의 열전도율 λ 등이 있다. 차원 해석에 의해 열전달율 h는 이러한 물리량을 조합시켜 나타낼 수 있고, 일반적으로 다음과 같이 정리된다.

$$\frac{h \cdot L}{\lambda} = f_1 \cdot \frac{U_\infty \cdot L}{\mu/\rho},\ \frac{C_P \cdot \mu}{\lambda} \tag{11.21}$$

식 (11.21)을 열전달율의 무차원수인 넛셀수(Nu), 흐름의 무차원수인 레이놀즈수(Re), 흐름과 열이동의 관계를 나타내는 무차원수인 프란틀수(Pr)을 이용하여 정리하면 식 (11.22)과 같다.

$$Nu = \frac{h \cdot L}{\lambda} \tag{11.22}$$

$$Re_L = \frac{U_\infty \cdot L}{\mu \cdot \rho} = \frac{U_\infty \cdot L}{\nu} \tag{11.23}$$

$$Pr = \frac{C_P \cdot \mu}{\lambda} = \frac{\nu}{\alpha} \tag{11.24}$$

$$N = f_1 \cdot (Re_L,\ Pr) \tag{11.25}$$

f_1은 흐름의 형상이나 전열면의 형상, 형식에 의해 결정되는 함수이지만, 단순하게 레이놀즈수와 프란틀수만으로 정리할 수 있고, 예를 들면 평판을 따라 강제 대류이면

서 층류인 경우, 넛셀수는 다음과 같다.

$$N = \sqrt{Re_L} f_1(Pr) \tag{11.26}$$

자연 대류인 경우에는 항상 흐름과 전열이 간섭하고 있기 때문에 유체 속도는 독립적으로 변화되지 않으나, 흐름을 발생시키는 원동력으로서 유체의 밀도차에 따른 부력 b(N/m³)을 영향 인자로 고려할 수 있다.

차원 해석에 의하면 다음과 같은 관계가 된다.

$$\frac{h \cdot L}{\lambda} = f_2\left(\frac{L^3 \cdot \rho \cdot b}{\mu^2}, \ \frac{C_P \cdot \mu}{\lambda}\right) \tag{11.27}$$

여기서 체적 팽창계수를 β (1 / K)라 하면 부력은 다음과 같이 계산된다.

$$b = g \cdot (P_\infty - P_W) = g \cdot \rho \cdot \beta \cdot (T_W - T_\infty) \tag{11.28}$$

부력의 무차원수인 글라스호프(Grashof) 수 Gr_L을 식 (11.28)과 정의되고, 식 (11.27)은 식 (11.30)과 같이 정리된다.

$$Gr_L = \frac{L^3 \rho b}{\mu^2} = \frac{L^3 g}{\mu^2} \cdot \frac{P_\infty - P_W}{\rho} = \frac{L^3 g \beta (T_W - T_\infty)}{\nu^2} \tag{11.29}$$

$$N = f_2(Gr_L, \ Pr) \tag{11.30}$$

수직 평판을 따라 흐르는 자연 대류의 층류인 경우에는 다음과 같다.

$$N = Gr_L^{1/4} \cdot f_2(Pr) \tag{11.31}$$

이와 같이 대류 전열에 있어서의 계산식은 강제 대류에서는 레이놀즈수와 프란틀수, 자연 대류에서는 글라스호프수와 프란틀수의 조합으로 정리된다.

11.3 강제 대류 열전달의 계산

열전달율의 계산은 열전달율을 구하는 것으로 정리할 수 있다. 열전달율을 구하는 방법으로서는 실험에 의한 방법과 이론적으로 구하는 방법 등 여러 가지가 있지만, 어떠한 경우에도 일정 조건에 한정된 경우에 대해서만 적용될 수 있기 때문에 적용 조건에 대해서는 충분히 고려해야 한다. 이러한 조건을 적용시킬 경우에 있어서 필요한 용어에 대해 간단히 정리하면 다음과 같다.

① 대표 길이 : Re수나 Gr수와 같은 무차원수 중에 길이가 들어 있는 경우가 있고, 이 길이는 흐름이나 전열에 매우 중요한 영향을 주는 부분이므로 식에 의해 계산되어진다. 일반적으로 원관에서는 직경, 평판에서는 평판과 평행되게 흐르는 흐름이 있을 경우에는 한쪽 끝에서 흐름 방향에 대해 기준을 잡는다.

② 기준 온도 : 계산의 대상이 되는 유체는 일반적으로 온도 분포를 가지고 있기 때문에 어떤 위치에서의 온도를 유체 온도로 할 것인지가 문제가 되는 경우가 있다. 따라서, 유체 흐름에서 일정 위치의 온도를 기준으로 하는가를 결정한 것이 기준 온도이다. 일반적으로 3가지 형식이 있으며, 무한 온도는 무한(혹은 무한에 가까운) 넓이의 유체 중에서 사용하는 것으로 온도 경계층의 외부 온도를 의미한다. 주류 온도는 관입구 부근의 중심선 부근에서 온도 경계층의 외측에 일정한 온도 분포 부분이 있을 경우의 온도이다. 무한 온도는 주류 온도이기도 하다. 단면 평균 온도는 관내 흐름의 단면에 대한 평균 온도로서, 벌크(bulk) 온도, 혼합 평균 온도라고도 한다.

③ 대표 온도 : 온도 경계층내 영역 등에서 온도 변화가 있는 영역에서의 물성치를 산출하는 경우에 사용되는 온도이다. 관내 흐름에서는 단면 평균 온도의 입구와 출구의 평균값을 사용하는 경우가 많고, 평판 열전달에서는 주류 온도와 벽 온도의 평균값을 사용하는 경우가 많다.

대표적인 강제 대류 열전달 과정에서의 열전달율에 관한 수식에 대한 예를 설명하는 데 있어서, 무차원수를 이용하여 표현되는 경우가 일반적이다.

11.3.1 수평 평판에서의 대류 전열

유체가 흐르는 흐름 중에 놓여진 평판 표면에서의 열전달은 유체 흐름이 층류 혹은 난류에 따라 계산 방법이 달라진다.

(1) 층류의 경우

층류인 경우, 대표 길이는 판의 한쪽 끝에서 표면에 따른 거리, 대표 온도는 평판의 표면 온도와 주류 온도의 평균값을 사용한다. 평판의 끝에서 x 위치에서 평판의 평균 온도가 일정한 경우, 국소 넛셀수 Nu_x는 국소 레이놀즈수 $Re_x = U_\infty \cdot x/\nu$와 정리하면 다음과 같다.

$$Nu_x = 0.332 \cdot Re_x^{1/2} Pr^{1/3} \quad (0.6 < Pr) \tag{11.32}$$

$$Nu_x = \frac{0.564 \cdot Re_x^{1/3} Pr^{1/2}}{1 + 0.90\sqrt{Pr}} \quad (0.006 < Pr < 0.03) \tag{11.33}$$

특히, 대표 길이 L의 평균 넛셀수 Nu_m 은 레이놀즈수 $Re_L = U_\infty \cdot L/\nu$를 이용하여 정리하면 다음과 같다.

$$Nu_m = 0.664 \cdot Re_L^{1/2} Pr^{1/3} \quad (0.6 < Pr) \tag{11.34}$$

평판으로부터 열유속이 일정한 경우에는 다음과 같다.

$$Nu_x = 0.458 \cdot Re_x^{1/2} Pr^{1/3} \quad (0.5 < Pr) \tag{11.35}$$

$$Nu_x = \frac{0.880 \cdot Re_x^{1/2} Pr^{1/2}}{1 + 1.317\sqrt{Pr}} \quad (0.006 < Pr < 0.03) \tag{11.36}$$

(2) 난류의 경우

비교적 간단한 예를 나타내면 대표 길이는 한쪽 끝에서의 거리, 대표 온도는 벽온과 주류 온도의 평균 온도를 이용한 콜번의 식이 있다.

$$Nu_x = 0.0288 \cdot Re_x^{0.8} Pr^{1/3} \tag{11.37}$$

$$Nu_m = 0.036 \cdot Re_L^{0.8} Pr^{1/3} \tag{11.38}$$

11.3.2 수직 평판에서의 자연 대류 전열

층류 범위($G_r \cdot Pr < 10^9$)에서 벽면 온도가 일정할 때, 국소 넛셀수, 평균 레이놀즈수는 식 (11.39) ~ 식 (11.40), 벽면으로부터 열유속이 일정하면 식 (11.41)과 같다.

$$Nu_x = 0.478 \cdot (Gr_x \cdot Pr)^{1/4} \cdot \left(\frac{Pr}{0.861 + Pr}\right)^{1/4} \tag{11.39}$$

$$Nu_m = 0.56 \cdot (Gr_L \cdot Pr)^{1/4} \quad (10^4 < Gr_L \cdot Pr < 10^9) \tag{11.40}$$

$$Nu_x = 0.546 \cdot (Gr_L \cdot Pr)^{1/4} \cdot \left(\frac{Pr}{0.8 + Pr}\right)^{1/4} \tag{11.41}$$

난류($Gr_x \cdot Pr > 10^9$)일 경우에는 다음과 같다.

$$Nu_m = 0.0214 \cdot (Gr_L \cdot Pr)^{2/5} \tag{11.42}$$

11.3.3 관내 유동의 강제 대류 전열

관내에서 유체가 흐르고 있는 경우, 관 외부에서 열을 가하게 되면 관 입구 부근에서는 온도 경계층이 발달되기 때문에 국소 열전달율은 변화된다. 경계층이 중심에 도달한 이후, 열전달율은 거의 일정한 값을 가지게 된다. 단, 유체의 단면 평균 온도(벌크 온도)는 하류로 갈 수록 높아지기 때문에 온도차는 장소에 따라 달라진다. 따라서, 국소 열전달을 고려하는 경우에는 그 온도차를 고려해도 되지만, 평균 열전달의 경우에는 평균 온도차를 고려해야한다. 평균 온도차에 대해서는 다음과 같이 정리될 수 있다.

내경 d인 관 상류측의 단면 A와 하류측 단면 B의 벽온을 각각 T_{WA}, T_{WB}, 단면 평균 온도를 T_{mA}, T_{mB}라고 하면 산술 평균 온도차와 대수 평균 온도차는 다음과 같다.

$$\Delta T_m = \frac{T_{WA} + T_{WB}}{2} - \frac{T_{mA} + T_{mB}}{2} \tag{11.43}$$

$$\Delta T_m = \frac{(T_{WA} - T_{mA}) - (T_{WB} - T_{mB})}{\ln \dfrac{T_{WA} - T_{mA}}{T_{WB} - T_{mB}}} \tag{11.44}$$

관내가 층류인 경우가 그다지 많지 않지만 일반적으로 실험식 (11.44)를 이용하거나, $\mathrm{Re} \cdot \mathrm{Pr} \cdot (d/L) > 12$인 경우에 실험식 (11.45)를 이용하기도 한다.

$$\mathrm{Nu_m} = 3.65 + \frac{0.190 \cdot [\mathrm{Re} \cdot \mathrm{Pr} \cdot (\mathrm{d/L})]^{4/5}}{1 + 0.117 \cdot [\mathrm{Re} \cdot \mathrm{Pr} \cdot (\mathrm{d/L})]^{7/15}} \tag{11.44}$$

$$\mathrm{Nu_m} = 1.86 \cdot \left(\mathrm{Re} \cdot \mathrm{Pr} \cdot \frac{d}{L}\right)^{1/3} \cdot \left(\frac{\mu}{\mu_W}\right)^{0.14} \tag{11.45}$$

난류의 범위에서 $10^4 < Re_d < 1.2 \times 10^5$, $0.7 < Pr < 120$의 범위에서는 콜번의 식으로 다음과 같다.

$$Nu_{dm} = 0.023 \cdot Re_d^{0.8} Pr^{1/3} \tag{11.46}$$

11.3.4 단일 원관 외면의 강제 대류 열전달

1개의 직관에 흐름이 직교하고 있는 관 외면의 평균 열전달율은 대표 길이로서 관 외경, 대표 속도로 유체 속도, 대표 온도는 벽온과 유체 온도의 평균값으로 이용하면 다음과 같다.

$$Nu_m = k \cdot Re^n \cdot Pr^{1/3} \tag{11.47}$$

$$Re_d = \frac{U_\infty \cdot d}{\nu} \tag{11.48}$$

$$Nu_{dm} = 1.12 \cdot C \cdot (Re_d)^n \cdot Pr^{1/3} \tag{11.49}$$

계수 C와 n는 표 11.3과 같다.

표 11.3 식 (11.47)의 계수

Re	k	n
0.1 ~ 1	0.891	0.296
1 ~ 4	0.891	0.330
4 ~ 40	0.821	0.385
40 ~ 4,000	0.615	0.466
4,000 ~ 40,000	0.174	0.618
40,000 ~ 250,000	0.0239	0.805

11.3.5 관군에서의 강제 대류 열전달

원통 다관식 열교환기나 수관식 보일러 등에서는 전열면이 관군으로 구성되어 있다. 관군 사이를 유체가 통과하는 경우에는 관에 의해 흐름이 흐트러지기 때문에 단일관의 경우보다도 열전달율이 크게 된다. 관의 배열에는 그림 11.13에서와 같이 바둑판형과 천조형이 있고, 각 형식에 따라 열전달이 달라진다. 대표 길이를 관외경, 대표 속도를 유체 통로의 최소 단면적에 대한 속도 즉, 최대 속도, 대표 온도는 유입전과 유출후의 유체 평균 온도와 벽온의 평균값으로 열전달율은 그 온도차로 정의된다.

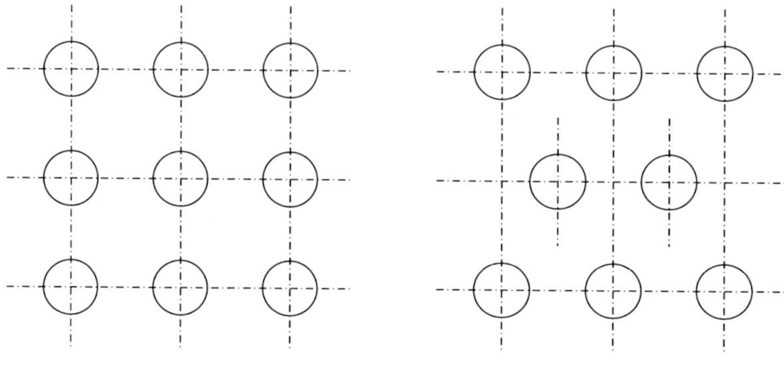

그림 11.13

그림 11.13의 기호를 이용하여 정리하면 다음과 같다.

$$Nu_m = 0.244 \cdot C_H \cdot Re^{0.6} \cdot Pr^{0.33} \qquad (11.50)$$
$$(Re > 2\times10^4,\ \ Y/d = 1.25,\ \ X/d < 3.00)$$

식 (11.50)의 계수 C_H는 표 11.4와 같이 흐름 방향에 대한 관 열수에 대한 값이다. 단, 10열 이상에서는 10열의 값과 달라지지 않기 때문에 10열과 동일한 값을 이용한다.

표 11.4

관열수	1	2	3	4	5	6	7	8	9	10
기반목	1.00	1.10	1.17	1.24	1.27	1.34	1.37	1.40	1.42	1.43
천조목	1.00	1.11	1.23	1.31	1.39	1.45	1.48	1.51	1.53	1.54

11.4 자연 대류 열전달의 계산

자연 상태의 중력장에 놓여진 유체 내에서 열전달이 진행되면 유체 온도 변화에 의해 밀도차가 생기게 되고, 밀도차에 의한 흐름이 생기게 된다. 이와 같은 흐름을 자연 대류라 하고, 자연 대류가 존재하는 전열을 자연대류 열전달이라고 한다. 자연 대류에는 넓은 공간 내에 물체가 놓여진 것과 같이 무한 원 온도를 고려할 수 있는 무한 공간 자연대류, 좁은 공간에 물체가 놓여진 무한 원 온도가 존재하지 않는 유한 공간 자연 대류가 있다. 자연 대류 열전달에 관한 계산을 해야만 하는 그다지 많지 않기 때문에 대표적인 예에 대해 설명하고자 한다.

11.4.1 무한 공간에 수직으로 놓여진 평판

대표 길이를 판의 한쪽 끝에서부터의 길이 x, 대표 온도 ΔT를 무한 원 온도와 벽온의 평균으로 하면 평균 Nu수는 다음과 같다.

$$Nu_m = \frac{0.637 \cdot Pr^{1/2}}{(0.861 + Pr)^{1/4}} \cdot Gr^{1/4} \tag{11.51}$$

$Gr \cdot Pr$이 약 3 × 10⁶ 이상에서는 난류로 천이되기 때문에 다음의 식을 이용한다.

$$Nu_m = \frac{0.0262 \cdot Pr^{7/15}}{(1 + 0.494 \cdot Pr^{2/3})^{2/5}} \cdot Gr^{2/5} \tag{11.52}$$

$$Gr = \frac{x^3 \cdot g \cdot \beta \cdot \Delta T}{\nu^2} \tag{11.53}$$

g : 중력 가속도 (m/s^2)
β : 체적 팽창률 (1 / K)
ν : 동점성계수 (m^2 /s)

11.4.2 무한 공간 내의 수평 원주

대료 길이를 관경, 대표 온도는 무한 워 우도와 벽온의 평균값으로 하면, 평균 Nu 수와 $Gr \cdot Pr$ 사이에는 그림 7.5와 같은 관계가 성립된다. 특히, $10^3 < Gr \cdot Pr < 10^8$ 에서는 원주 주위가 층류 경계층이 되기 때문에 다음과 같이 정리된다.

$$Nu_m = 0.53 \cdot (Gr \cdot Pr)^{1/4} \quad (10^3 < Gr \cdot Pr < 10^8) \tag{11.54}$$

[예제 11.2] 바닥 두께 2 mm인 알루미늄 평판으로 제작된 그릇으로 물을 끓이려고 할 때, 불꽃과 닿는 바닥 면의 표면 온도를 구하시오. 단, 불꽃의 온도는 1,200 ℃, 물의 온도는 99 ℃, 알루미늄의 열전도율은 240 W/m · K, 그릇과 불꽃 사이의 열전달율은 200 W/m · K, 그릇과 끓는 물 사이의 열전달율은 10,000 W/㎡ · K이다.

【연 습 문 제】

1. 5 mm의 철판, 60 mm의 발포 스치로폼, 10 mm의 염화비닐의 적층 구조로 제작된 수조에 유체가 담겨져 있다. 유체와 철판, 염화비닐과 공기 사이의 열전달율이 각각 300 W/(㎡·K), 8 W/(㎡·K)이고, 유체 온도 60 ℃, 대기온도가 20 ℃일 때, 적층 평판을 통과하는 열유속은 얼마인가? 단, 철판, 발포 스치로폼, 염화비닐의 열전도율이 각각 60 W/(m·K), 0.03 W/(m·K), 0.5 W/(m·K)이다.

2. 유속 10 m/s의 층류 흐름의 공기 흐름 중에 흐름과 평행되게 평판이 놓여져 있다. 한쪽 끝에서 60 mm에 있는 국소 열전달율과 한쪽 끝에서 60 mm되는 위치까지의 평균 열전달율을 구하고자 한다. 단, 공기 흐름의 무한 위치까지의 온도는 $T_\infty = 20$ ℃, 평판 표면 온도는 80 ℃이고, 50 ℃의 공기 물성치는 다음과 같다.

   비열 $C_p = 1.008$ kJ/(kg·K),

   점성계수 $\mu = 19.3 \times 10^{-6}$ Pa·s,

   열전도율 $\lambda = 2.80 \times 10^{-2}$ W/(m·K),

   밀도 $\rho = 1.093$ kg/m^3

3. 내경 d = 0.01 m, 길이 L = 1 m, 온도 $T_w = 60$ ℃로 유지되는 원관 내부로 온도 $T_m = 20$ ℃, 유속 u = 1 m/s인 공기가 흐르고 있다. 이 때, 열전달율은 얼마인가. 또한 물을 흘리는 경우의 열전달율은 얼마인가? 단, 공기의 동점성계수는 0.175×10^{-4} m²/s, 물의 동점성계수는 0.668×10^{-6} m²/s이다.

4. 유속 40 cm/s인 수중에 흐름과 직각 방향으로 외경 35 mm인 직관이 있다. 관 상부에서의 수온이 25 ℃, 관 외면의 평균 온도가 75 ℃일 때, 관 외면의 열전달율은 얼마인가? 단, 50 ℃에서의 물의 열전달율은 0.642 W/(m·K), *Pr*수는 3.57이다.

5. 표면 온도 80 ℃, 직경 20 cm인 관이 실내에 수평으로 놓여져 있다. 실온이 20 ℃일 때, 관 표면으로부터 자연 대류에 의한 방열량은 단위 길이당 얼마인가? 단, 온도 50 ℃에서의 공기 밀도는 $\rho = 1{,}093$ kg/㎥, 비열

$C_P = 1.008 \times 10^3$ J/(kg · K), 열전도율 $\lambda = 2.80 \times 10^{-2}$ W/(m · K)이다.

6. 벽면 온도가 $T_W = 60$ ℃이고, 길이 $L = 0.1$ m인 수직 평판이 있다. 여기에 팬을 작동시켜 평판을 따라 냉각시키고자 하는 경우의 열전달율과 팬을 정지시킨 경우의 열전달율은 얼마인가? 단, 풍속 $u = 1$ m/s, 공기 온도 $T_\infty = 20$ ℃이다.

12. 복사 전열

12.1 복사 전열의 개념

공업 분야에서 열복사를 이용하는 기기는 많고, 고온 물체로부터의 전열 과정에 있어서는 복사 열전달에 의한 전열량이 가장 지배적이다. 복사 전열을 이용하는 기기로서는 적외선 램프에 의한 건조 장치, 고온에서 이용되는 공업용, 보일러의 복사 전열면, 전열기, 태양열 이용 온수기 등과 같이 생활 전반에 걸쳐 사용되고 있다. 모든 물질은 복사 성질을 가지고 있고, 끊임없이 복사 열에너지를 방사하고 있다. 에너지를 전달하는 것은 전자파이고, 직접적으로 공간을 거쳐 저온 물체에 도달하게 된다.

그림 12.1에서와 같이 저온 물체에 도달한 복사 에너지의 일부는 흡수되고, 일부는 반사 혹은 표면에 흡수된 후 물체 외부로 방사되고, 일부는 물체를 투과하게 된다. 그 중에서 물체에 흡수되는 입사 에너지는 열에너지로 변화되는 성질을 가지고 있다.

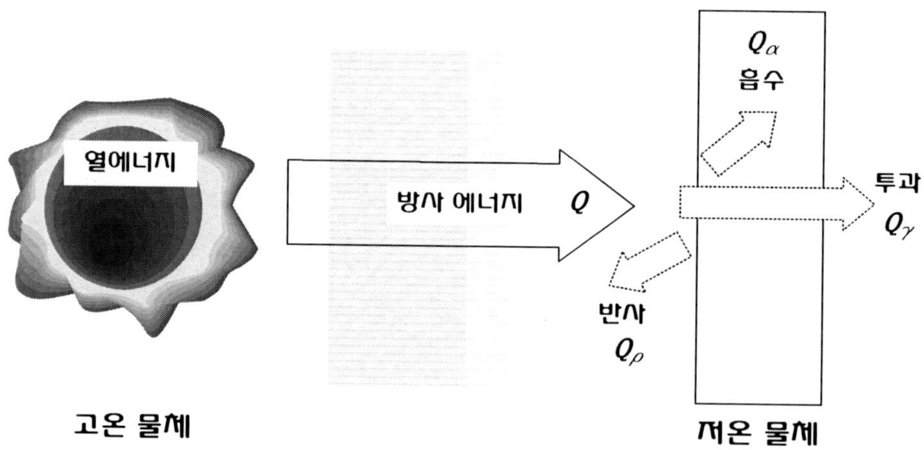

그림 12.1 고온물체로부터 저온 물체로의 복사 열전달

물체에 반사되는 전 입사 에너지 Q 중에서 물체에 흡수되는 부분을 Q_α, 반사 혹은 재방사되는 부분을 Q_ρ, 투과되는 부분을 Q_τ라고 하면, 다음 식이 성립된다.

$$Q = Q_\alpha + Q_\rho + Q_\tau \qquad (12.1)$$

식 (12.1)을 입사 에너지 Q로 나누면

$$\frac{Q_\alpha}{Q} + \frac{Q_\rho}{Q} + \frac{Q_\tau}{Q} = 1 \qquad (12.2)$$

식 (12.2)에서 $(Q_\alpha \ / \ Q)$를 물체의 흡수율(absorptivity) α, $(Q_\rho \ / \ Q)$를 물체의 반사율(reflectivity) ρ, $(Q_\tau \ / \ Q)$를 물체의 투과율(transmissivity) τ로 정의된다.

α, ρ, τ는 0 ~ 1 사이의 값을 가지는 무차원수로서, 그림 12.2와 같은 관계가 성립된다.

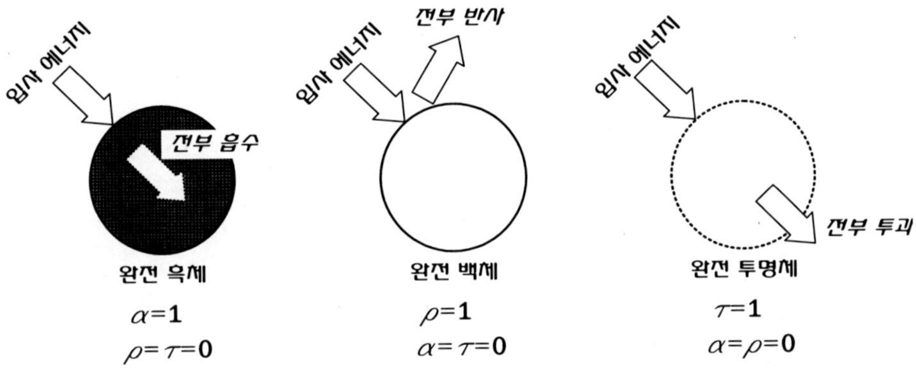

그림 12.2 방사 열에너지의 입사에 따른 물체의 구분

이와 같이 복사 에너지의 양을 표현하기 위해서는 물체 표면의 단위 면적으로부터 단위 시간에 방사 되는 에너지의 크기를 단위로 나타낸 것이 방사능(emissive power) 혹은 방사도이고, 기호 E로 표시된다. 따라서, 방사능 E의 공학단위는 W/㎡이다. 또한, 파장 λ인 전자파로부터 나오는 방사능을 E_λ로 표현하면 일반적으로 방사능은 그 물체의 온도 T와 그 온도에 대한 전자파의 파장 λ와는 다음의 관계식이 성립된다.

$$E_\lambda = f\ (\lambda,\ T) \qquad (12.3)$$

파장이 λ에서 $\lambda + d\lambda$까지 변화되는 과정의 변화량 $d\lambda$에 대한 방사능의 변화량을 dE라 하면, 단위 면적, 단위 시간에 대한 방사능 E_λ는 파장의 단위를 μm로 측정하였을 때, 식 (12.4)와 같으며, 식 (12.4)의 E_λ를 단색 방사능이라고 한다.

$$E_\lambda = \frac{dE}{d\lambda} \quad (W/\mu m^2) \qquad (12.4)$$

12.1.1 플랑크 법칙

열방사는 여러 가지 물리학에 기초한 기본 법칙을 따르므로, 공학과 관련된 기본 법칙에 대해 간단히 설명하면 다음과 같다. 방사능의 세기에 대해 정리된 것이 플랑크의 법칙(Planck's law)으로, 일정 온도에 있어서 물체 표면의 단위 면적으로부터 단위 시간에 방사되는 방사 에너지 중에서 최대한도의 크기를 나타낸 것은 완전 흑체로부터 방사되는 단색 방사능이다.

플랑크는 흑체의 단색 방사의 크기가 파장 λ의 함수이므로 이를 $E_{b\lambda}$로 표시하고, 다음 식과 같이 극히 복잡한 플랑크의 수식을 정리하였다.

$$E_{b\lambda} = \frac{C_1}{\lambda^5 \cdot (e^{C_2/\lambda \cdot T} - 1)} \quad (W/\mu m^2) \tag{12.5}$$

$E_{b\lambda}$: 흑색의 단색 방사능 ($W/\mu m^2$)

λ : 파장 (μm)

T : 물체 표면의 절대 온도 (K)

$C_1 = 3.7413 \times 10^8 \ (W \cdot \mu m^4/m^2) = 3.7413 \times 10^{-16} \ (W \cdot m^2)$

$C_2 = 1.4388 \times 10^4 \ (\mu m \cdot K) = 3.7413 \times 10^{-2} \ (m \cdot K)$

12.1.2 윈 법칙

윈의 법칙은 단색 방사능의 분포를 나타낸 것으로, 흑체의 단색 방사능이 각각의 파장 λ와 온도 T에 대해 어떠한 분포를 가지고 있는가를 보기 위해서는 플랑크의 법칙을 그래프로 나타내면 이해하기가 쉽다. 이를 그림 12.3에서와 같이 방사능의 최대값은 일정한 법칙에 의해 분포되고 있는 것을 알 수 있다.

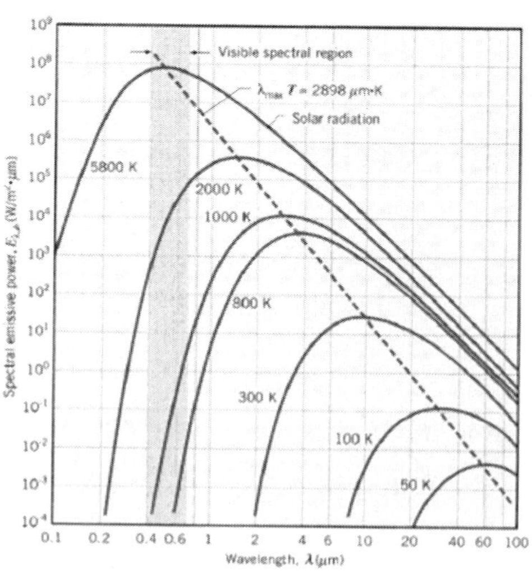

그림 12.3 흑체의 방사능 스펙트럼

즉, $\lambda = 0$에서 방사 에너지는 0이고, λ의 값이 증가함에 따라 $E_{b\lambda}$는 증가하면서 최대 λ_m의 값을 가지게 된다는 것을 알 수 있다. 또한 λ의 값이 감소하게 되면 $\lambda=\infty$에서 다시 0이 된다. 그림에서 알 수 있는 바와 같이 최대값을 갖는 λ의 값은 온도 상승과 함께 작아지고, 이를 윈의 법칙(Wien's displacement law for thermal radiation)이라 한다. 윈의 법칙은 일정 온도 T에서 흑체의 방사 에너지 밀도가 최대가 될 수 있는 파장 λ_m은 절대 온도 T에 역비례하여 다음 식과 같이 정리된다.

$$\lambda_m \cdot T = b \tag{12.6}$$

b는 플랑크 법칙에서 정해지는 정수로서 약 0.002898 m · K이다.

12.1.3 스테판 볼쯔만 법칙

스테판 볼쯔만의 법칙에서는 방사 열전달량의 크기를 정리하고 있다. 흑체 단위 표면적당 단위 시간에 방사되는 전에너지량 E_b의 크기를 나타낸 것이 스테판 볼쯔만의 법칙이다. 플랑크의 법칙에서 방사능 $E_{b\lambda}$를 적분하여 정수를 대입하면 다음 식이 성립된다.

$$E_b = \int_0^\infty E_{b\lambda} d\lambda = \int_0^\infty \frac{C_1}{\lambda^5 \cdot (e^{C_2/\lambda \cdot T} - 1)} d\lambda = 5.67 \cdot \left(\frac{T}{\lambda}\right)^4 = \sigma \cdot T^4 \tag{12.7}$$

식 (12.7)에서 σ는 스테판 볼쯔만 정수로서 식 (12.8) 혹은 그림 12.4에서와 같이 정해질 수 있다.

$$\sigma = 5.67 \times 10^{-8} \quad (W/m^2 \cdot T^4) \tag{12.8}$$

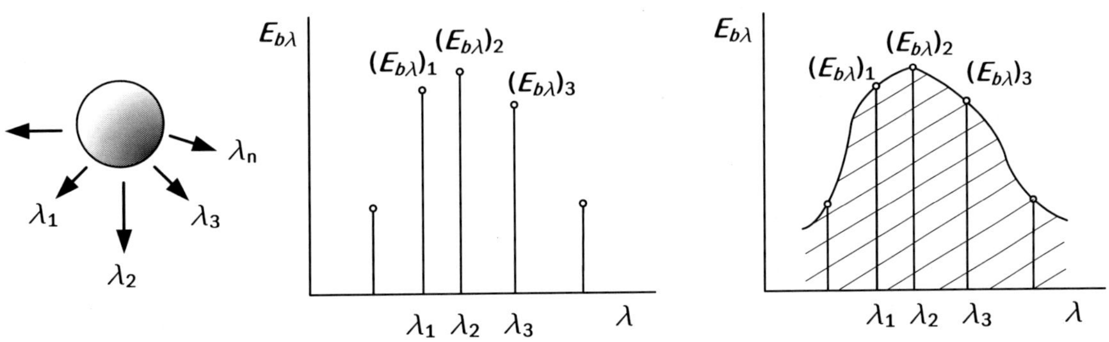

그림 12.4 플랑크 법칙과 스테판 볼쯔만 법칙의 관계

흑체의 단위 면적의 일정 부분에서 단위 시간에 방사되는 열량 즉, 방사능은 절대온도의 4승에 비례한다는 것을 알 수 있다.

12.1.4 램버트 법칙

흑체의 미소면적 dF_1로부터 나오는 방사 에너지는 미소면적 요소를 중심으로 반구상의 공간에 대해 모든 방향으로 방사되지만, 그림 12.5와 같이 미소 평면 요소 dF_1으로 나오는 방사 에너지 dQ_1 중에서 dF_1을 중심으로 반경 1의 반구면 상의 면요소 dF_2에 도달하는 에너지양의 크기는 램버트의 법칙(Lambert's law)으로 계산할 수 있다. 즉, 미소면 요소 dF_1으로부터 나오는 방사 에너지 중에서 구면상의 면요소 dF_2에 도달하는 방사 에너지양 d_1Q_2는 천정각 ϕ를 중심으로 면요소 dF_1 방향의 정사영 $dF_1 \cdot \cos\phi$ 및 면적 dF_2에 비례한다. 따라서, dF_1으로부터 dF_2 방향의 입체각을 dw라 하면 입체각의 정의에 의해 다음 식이 성립된다.

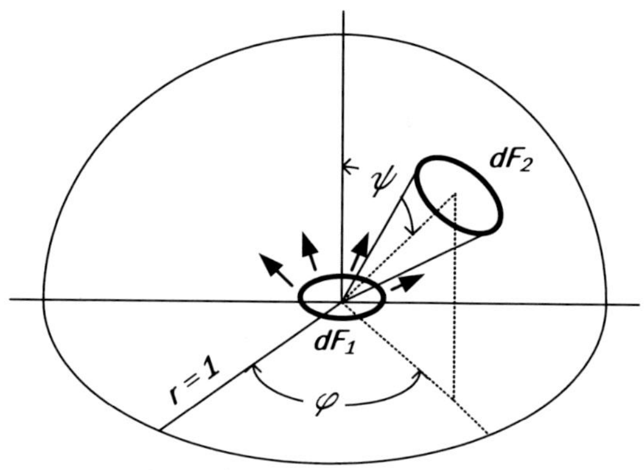

그림 12.5

$$dw = \frac{dF_2}{r^2} = dF_2 \quad (r = 1\text{로 고려}) \tag{12.8}$$

따라서, 램버트의 법칙은 다음과 같이 정리할 수 있다.

$$d_1Q_2 = I \cdot dF_1 \cdot \cos\phi \cdot dF_2 \tag{12.9}$$

단, I는 비례정수이다. 식 (12.9)에 식 (12.8)을 대입시키면

$$d_1Q_2 = I \cdot dF_1 \cdot \cos\phi \cdot dw \tag{12.10}$$

식 (12.10)에 있어서 $dF_1 \cdot \cos\phi = 1$, $dw = 1$인 경우, $d_1Q_2 = I$가 된다.

이와 같이 정의된 d_1Q_2 즉, I는 비례정수의 형태로서 일정 방향에 대한 면의 단위 투영 면적($dF_1\cos\phi = 1$) 및 단위 입체각($dw = 1$)에 의한 방사되는 방사 에너지이다. 즉, 램버트의 법칙에서 나타난 비례정수 I는 방사 강도(radiation intensity)로서, 방사

강도는 표면의 물질, 형상, 온도 등에 의해 결정되는 값이다.

이상과 같은 물리적 법칙을 간단하게 그림으로 정리하면 그림 12.6과 같다.

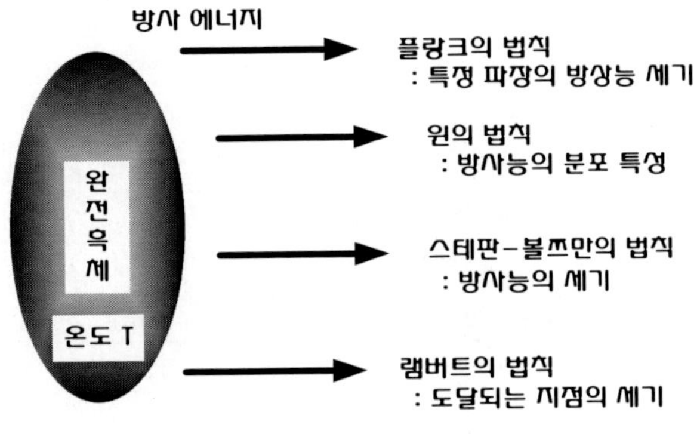

그림 12.6 완전흑체로부터의 방사 에너지에 대한 물리적 성질

방사능 세기 I의 크기를 방사능 E로 나타내면, 방사능의 정의에서와 같이 단위 입체각에 대해 단위 시간, 단위 면적당 1에서 2로 방사되는 열에너지이므로

$$E = \frac{1}{dF_1}\int_w d_1Q_2 \tag{12.11}$$

앞선 식 (12.10)을 대입하면

$$E = \int_w I \cdot \cos\phi \cdot dw \tag{12.12}$$

입체각 dw는 방위각 φ, $\varphi + d\varphi$ 및 천장각 ϕ, $\phi + d\phi$의 각 방향이 반경 $r(r=1$로 가정$)$인 구면위에서 면적 dF_2을 취하기 때문에 입체각의 정의에 의해

$$dw = \sin\phi \cdot d\phi \cdot d\varphi \tag{12.13}$$

면적 요소 dF_1으로부터 반구 입체각 전체에 반사되는 방사능 E는 다음과 같다.

$$E = \int_w I\cos\phi \cdot \sin\phi \cdot d\phi \cdot d\varphi = \int_0^{2\pi} d\varphi \int_0^{\pi/2} I\cos\phi \cdot \sin\phi \cdot d\phi = \pi \cdot I \tag{12.14}$$

$$\therefore \quad I = \frac{E}{\pi} \tag{12.15}$$

따라서, 다음의 식이 구해진다.

$$d_1Q_2 = \frac{E}{\pi} \cdot dF_1 \cdot \cos\phi \cdot dw = \frac{5.67\epsilon}{\pi}\left(\frac{T}{100}\right)^4 dF_1 \cdot \cos\phi \cdot dw \tag{12.16}$$

이것이 유한 표면 사이의 방사 열교환의 기본적인 계산식이고, 단, 방사율 ϵ에 대해서는 다음에 설명하고자 한다.

12.1.5 방사율

일정 온도에서 모든 물체가 방사하는 방사능 중에서 완전 흑체가 방출하는 방사능의 최대값을 나타낸다. 따라서, 어떤 물체가 일정 온도에서 방사하는 방사능 E_λ를 표시하기 위해서는 이와 동일한 온도에서 완전 흑체가 방사하는 방사능 $E_{b\lambda}$와 비교하여 결정하는 것으로 고려하면 이해하기 쉽다. 이 때, $E_{b\lambda}$에 대한 비율은 다음과 같다.

표 12.1 여러 가지 물질의 방사율

물질	온도 (℃)	방사율
철	427 ~ 1025	0.14~0.38
주철	200	0.21
강	100	0.066
동	100	0.052
황동	258 ~ 378	0.033 ~ 0.037
금	227 ~ 628	0.018 ~ 0.035
은	38 ~ 628	0.020 ~ 0.032
백금	227 ~ 627	0.054 ~ 0.104
나무	70	0.91
유리	90	0.88
물	0 ~ 100	0.95 ~ 0.963

$$\epsilon = \frac{E_\lambda}{E_{b\lambda}} \quad \text{or} \quad E_\lambda = \epsilon \cdot E_{b\lambda} \tag{12.17}$$

식 (12.17)에서 정의된 ϵ이 방사율(emissivity)이고, 표 12.1에 여러 가지 면에서의 방사율에 대한 구체적인 예를 나타내었다.

표 12.1에서 정의된 여러 가지 면에서의 방사율에 대한 크기를 나타내는 하나의 단위로서 회색체(gray body)가 있다. 그림 12.7에서와 같이 모든 파장에 대해 식 (12.17)와 같이 방사율이 일정한 물체를 회색체라고 하고, 대부분의 물체는 회색체로 고려해도 상관없다.

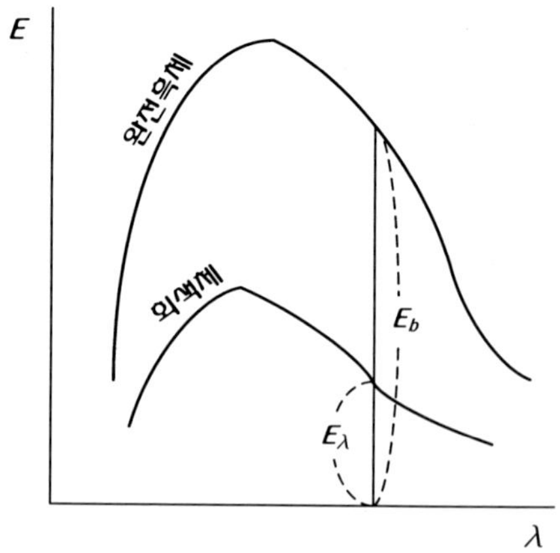

그림 12.7

따라서, 회색체의 방사능 E_λ에 대해 다음과 같은 식이 성립된다.

$$E_\lambda = \epsilon \cdot E_{b\lambda} \tag{12.18}$$

실생활에서 사용되는 몰질은 회색체로 고려되므로 표면으로부터 단위 면적당 단위 시간에 방사되는 전에너지량 E는 그 물체의 방사율을 ϵ이라고 할 때, 물체의 표면 온도를 T로 나타내는 경우 다음과 같은 관계가 성립된다.

$$E = \epsilon \cdot E_b \tag{12.19}$$

표면 온도가 T이면 완전 흑체로부터의 방사능 E_b는 스테판 볼쯔만의 법칙에 의해 다음과 같이 정리된다.

$$E_b = 5.67 \cdot \left(\frac{T}{100}\right)^4 \quad (W/m^2) \tag{12.20}$$

식 (12.20)를 식 (12.19)에 대입하면 회색체의 방사능 크기를 다음과 같이 계산할 수 있다.

$$E = 5.67 \cdot \epsilon \cdot \left(\frac{T}{100}\right)^4 \quad (W/m^2) \tag{12.21}$$

12.1.6 키르히호프 법칙

방사율 ϵ과 흡수율 α는 서로 동일하다. 즉, 방사 에너지를 잘 흡수하는 물체일수록 방사하는 성질도 우수하다. 그림 12.8에서 알 수 있는 바와 같이 회색체와 완전 흑체인 두 개의 표면은 서로 평행되는 평면이고, 한쪽에서의 방사 에너지가 완전히 다른 쪽으로 도달할 정도로 근접시킨 상태에서, 투과율은 0라고 가정한다.

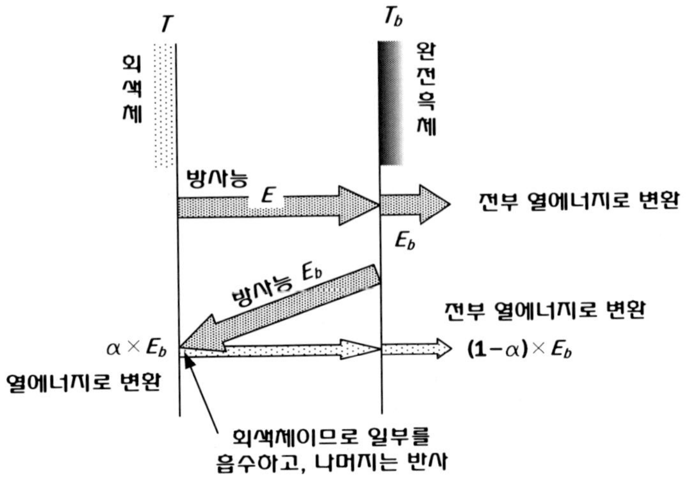

그림 12.8 인접하게 평행한 회색체와 완전흑체 사이의 방사열교환

또한, 회색체와 완전 흑체의 온도를 T, T_b ($T > T_b$), 방사능을 E, E_b, 흡수율을 α, α_b라고 가정한다.

회색체 표면에서 단위 면적당 단위 시간에 방사되는 일정량의 방사능 E는 전부 흑체 표면에 흡수된다. 흑체 표면에서 방사되는 방사능 E_b는 회색체에 도달하게 되면 $\alpha \cdot E_b$만 흡수되고, 나머지 $(1-\alpha) \cdot E_b$ 부분은 반사되어 흑체 표면에 도달하게 되면 전부 흡수된다. 따라서, 두 개의 표면이 마주 보는 상황에서 회색체 표면에서는 $E - \alpha \cdot E_b$만큼의 열에너지를 방사하게 된다. 즉, 회색체로부터 $E - \alpha \cdot E_b$ 만큼의 열에너지가 감소된다.

회색체와 완전 흑체의 온도가 동일한 경우, 즉 $T = T_b$인 경우를 고려하면 두 면 사이에 방사에 의한 열교환이 진행되는 것으로 고려할 수 있으나, 이 때, 물체 사이는 열평형 상태이므로 회색체로부터 감소되는 열에너지는 0이다.

$$\therefore\ E - \alpha \cdot E_b = 0 \tag{12.22}$$

$$\therefore\ \alpha = \frac{E}{E_b} \tag{12.23}$$

따라서, 식 (12.17)의 방사율 및 식 (12.23)의 흡수율의 관계를 정리하면 다음과 같다.

$$\alpha = \epsilon \tag{12.24}$$

이는 물체의 방사율 ϵ과 흡수율 α가 동일하다는 것으로 의미하는 것으로 키르히호프 법칙(Kirchhoff's Law)이라고 한다.

12.1.7 형태 계수

2개의 흑체 물체 표면 사이의 방사에 의한 열교환은 각 표면의 방사율, 흡수율에 의한 것뿐만 아니라 기하학적 배치 형태에 의해서도 영향을 받는다.

그림 12.9에서와 같이 흑체표면 A_1, A_2의 미소 표면적 dF_1 , dF_2에서의 방사 열교환량을 계산하면 다음과 같다.

dF_1 , dF_2는 흑체 표면 A_1, A_2 상의 미소 표면적으로 두 면 사이의 거리를 r, 각

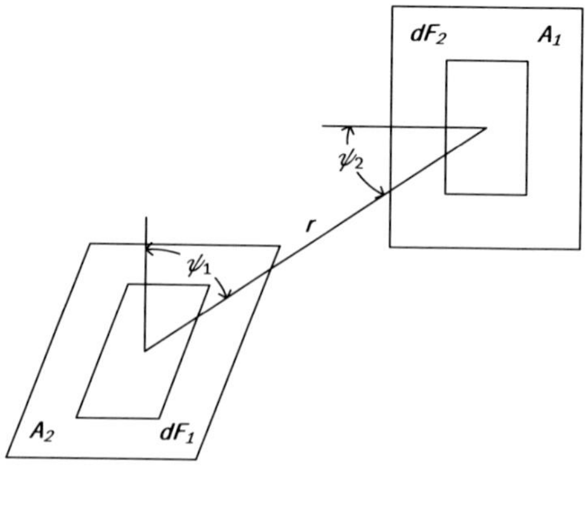

그림 12.9 흑체 두면사이의 방사 열교환

면 요소에 대한 수선과 r 사이의 천정각을 각각 ϕ_1 , ϕ_2라고 하면, 이 때 dF_1의 위치로부터 dF_2에 대한 입체각 dw_1 내에 단위 시간당 방사되는 에너지량 d_1Q_2는 I_{b1}을 방사각으로 하면 식 (12.10)에 의해 다음과 같이 정리된다.

$$d_1Q_2 = I_{b1} \cdot dF_1 \cdot \cos\phi_1 \cdot dw_1 \tag{12.25}$$

식 (12.25)과 같은 입체각의 정의를 이용하면 식 (12.25)은 식 (12.26)과 같이 정리된다.

$$dw_1 = \frac{dF_1 \cdot \cos\phi_2}{r^2} \tag{12.26}$$

$$d_1Q_2 = I_{b1} \cdot \frac{\cos\phi_1 \cdot \cos\phi_2}{r^2} \cdot dF_1 \cdot dF_2 \tag{12.27}$$

이와 같이 dF_2로부터 dF_1로의 방사 에너지 d_2Q_1는 그림 12.10에서와 같이 다음과 같다.

$$d_2Q_1 = I_{b2}\frac{\cos\phi_1 \cdot \cos\phi_2}{r^2} \cdot dF_1 \cdot dF_2 \tag{12.28}$$

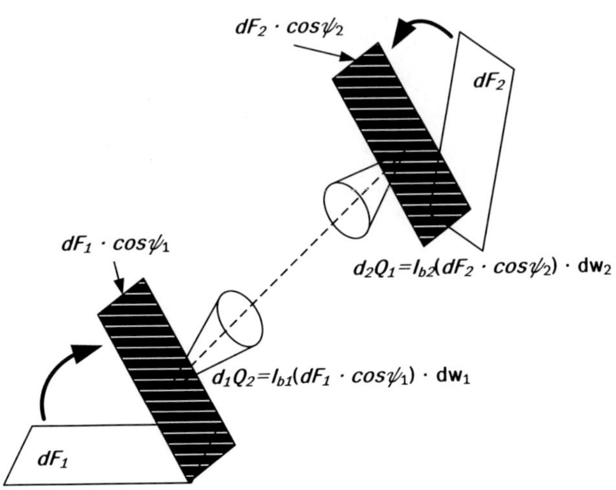

그림 12.10

A_1 , A_2의 절대 온도를 각각 T_1, T_2 (T_1 > T_2)라 하면, 두 면에서의 방사 에너지는 두 물체가 흑체면이기 때문에 100 % 상대 표면에 흡수되므로 dF_1으로부터 dF_2로의 순수 방사 열교환량 dQ는 다음과 같다.

$$dQ = d_1Q_2 - d_2Q_1 = (I_{b1} - I_{b2}) \cdot \frac{\cos\phi_1 \cdot \cos\phi_2}{r^2} \cdot dF_1 \cdot dF_2 \tag{12.29}$$
$$= \frac{1}{\pi} \cdot (E_{b1} - E_{b2}) \cdot \frac{\cos\phi_1 \cdot \cos\phi_2}{r^2} \cdot dF_1 \cdot dF_2$$
$$= 5.67 \cdot \left[\left(\frac{T_1}{100}\right)^4 - \left(\frac{T_2}{100}\right)^4\right] \frac{1}{\pi}(E_{b1} - E_{b2}) \cdot \frac{\cos\phi_1 \cos\phi_2}{r^2} \cdot dF_1 \cdot dF_2$$

식 (12.29)는 흑체 2면 사이의 방열 열교환기의 기초식이다.

미소면 요소 dF_1과 유한 면적 A_2과의 방사 전열량은 식 (12.29)를 dF_2에 대해 적분하면 된다.

$$dQ = 5.67\left[\left(\frac{T_1}{100}\right)^4 - \left(\frac{T_2}{100}\right)^4\right] \cdot F_{1,2}' \cdot dF_1 \tag{530}$$

$$F_{1,2}' = \int_F \frac{\cos\phi_1 \cdot \cos\phi_2}{\pi \cdot r^2} \cdot dF_2 \tag{12.31}$$

또한, 유한 넓이의 2면 A_1 ,A_2 사이의 방사 전열량은 식 (12.31)를 dF_1에 대해 적분하면 된다.

$$Q = 5.67\left[\left(\frac{T_1}{100}\right)^4 - \left(\frac{T_2}{100}\right)^4\right] \cdot F_{1,2} \cdot A_1 \tag{12.32}$$

$$F_{1,2} = \frac{1}{A_1\pi} \cdot \int_{A_1}\int_{A_2} \frac{\cos\phi_1 \cdot \cos\phi_2}{r^2} \cdot dF_1 \cdot dF_2 \tag{12.33}$$

식 (12.30) 및 식 (12.32)의 $F_{1,2}$ 및 $F_{1,2}'$는 표면 dF_1과 표면 A_2 또는 표면 A_1과 표면 A_2에 대한 형태 계수(geometrical factor)로서 정의된다. 따라서, 표면 A_1과 표면 A_2 사이의 형태 계수라는 것은 표면 A_1의 단위 면적당 방출되는 전방사 에너지 중에서 표면 A_2에 의해 차단되는 열량을 나타내는 것이라고 할 수 있다.

따라서, 표면 A_1 주위의 공간에 있는 다음 면의 형태 계수를 $F_{1,2}$, $F_{1,3}$, $F_{1,4}$, · · 라고 하면 다음 식이 성립된다.

$$F_{1,2} + F_{1,3} + F_{1,4} + \cdot \cdot \cdot \cdot = 1 \tag{12.34}$$

식 (12.30)에서 면 A_2를 기준으로 하면 다음과 같이 정리할 수 있다.

$$Q = 5.67\left[\left(\frac{T_1}{100}\right)^4 - \left(\frac{T_2}{100}\right)^4\right] \cdot F_{2,} \cdot A_2 \qquad (12.35)$$

식 (12.35)에서 $F_{2,1}$은 면 A_2로부터 면 A_1을 볼 때의 형태 계수이다. 만약, $T_1 = T_2$일 경우에는 식 (12.32)와 식 (12.35)에서의 Q는 동일한 것이므로 다음의 특별한 상호 관계가 성립된다.

$$A_1 \cdot F_{1,2} = A_2 \cdot F_{2,1} \qquad (12.36)$$

이 관계는 상호 정리(reciprocity theorem)라고 한다. 형태 계수의 값은 정의식 (11.36)으로 계산 가능하지만, 상당히 복잡하다. 따라서, 간단한 기하학적 형상에 대해서는 이미 계산되어 있다.

12.1.8 평행한 2평면 사이의 열방사

무한 크기의 평행한 2평면에서 한쪽 면의 온도가 T_1, 다른 면의 온도가 T_2 ($T_1 > T_2$)인 두 개의 평면이 평행하면서, 각 면에서 방출되는 방사 에너지는 전부 혹은 면으로 전해지는 정도로 접근되어 있는 경우를 고려한다. 이러한 경우, 형태 계수 $F_{1,2}$ 및 $F_{2,1}$의 값은 동일하게 1이다.

(1) 2개의 평면이 모두 흑체인 경우

그림 12.11에서와 같이 평면의 단위 면적당 단위 시간동안 전해지는 열량 Q (W/m^2)는 다음 식과 같이 정리된다.

$$Q = 5.67\left[\left(\frac{T_1}{100}\right)^4 - \left(\frac{T_2}{100}\right)^4\right] \qquad (12.37)$$

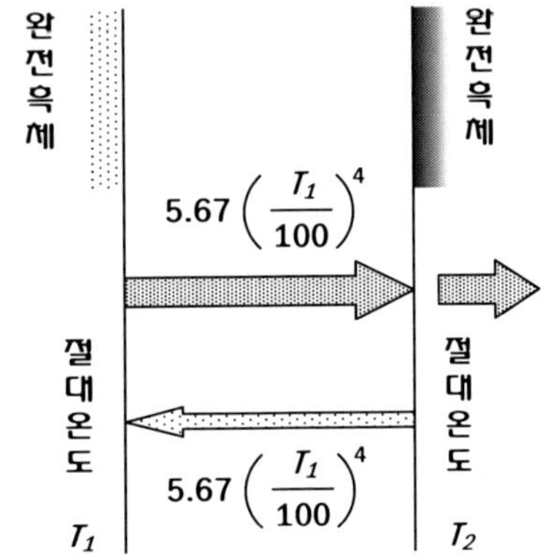

그림 12.11

(2) 2개의 평면이 모두 흑체가 아닌 경우

그림 12.12에서 면 1, 2로부터의 방사능을 각각 E_1, E_2, 반사율을 ϵ_1, ϵ_2이라 한다.

면 1의 단위 면적당, 단위 시간에 방사되는 복사 에너지 E_1은 면 2에 도달하게 되면 면 2의 흡수율이 ϵ_2이기 때문에 $\epsilon_2 \cdot E_1$만큼 면 2에 흡수되고, 나머지 $(1-\epsilon_2) \cdot E_1$은 반사된다. 반사되는 방나 에너지 $(1-\epsilon_2) \cdot E_1$은 면 1에 도달하게 되면 면 1의 흡수율이 ϵ_1이기 때문에 $\epsilon_1 \cdot (1-\epsilon_2) \cdot E_1$만큼 흡수되고, 나머지 $(1-\epsilon_1) \cdot (1-\epsilon_2) \cdot E_1$은 반사된다.

이와 같은 조작이 순차적으로 반복되므로 그림 12.12에서와 같이 면 1의 단위 면적에서 단위 시간 동안에 방사되는 에너지 즉, 방사능 E_1 중에서 면 2가 흡수한 방사에너지 Q_2는 다음과 같다.

$$Q_2 = \epsilon_2 E_1 + \epsilon_2(1-\epsilon_1)(1-\epsilon_2)E_1 + \epsilon_2(1-\epsilon_1)^2(1-\epsilon_2)^2 E_1 + \cdot\cdot \tag{12.38}$$

이 값은 다음과 같이 정리될 수 있다.

$$Q_2 = \frac{\epsilon_2 \cdot E_1}{1-(1-\epsilon_1)\cdot(1-\epsilon_2)} = 5.67 \cdot \frac{\epsilon_1 \cdot \epsilon_2}{1-(1-\epsilon_1)\cdot(1-\epsilon_2)} \cdot \left(\frac{T}{100}\right)^4 \tag{12.39}$$

결국, 평행 2평면 사이의 방사에 의해 전달되는 열량 Q는 다음과 같다.

$$Q = Q_2 - Q_2 = 5.67 \cdot f_e \cdot \left[\left(\frac{T_1}{100}\right)^4 - \left(\frac{T_2}{100}\right)^4\right] (W/m^2) \tag{12.40}$$

$$f_e = \frac{\epsilon_1 \cdot \epsilon_2}{1-(1-\epsilon_1)\cdot(1-\epsilon_2)} = \frac{1}{\frac{1}{\epsilon_1} + \frac{1}{\epsilon_2} - 1} \tag{12.41}$$

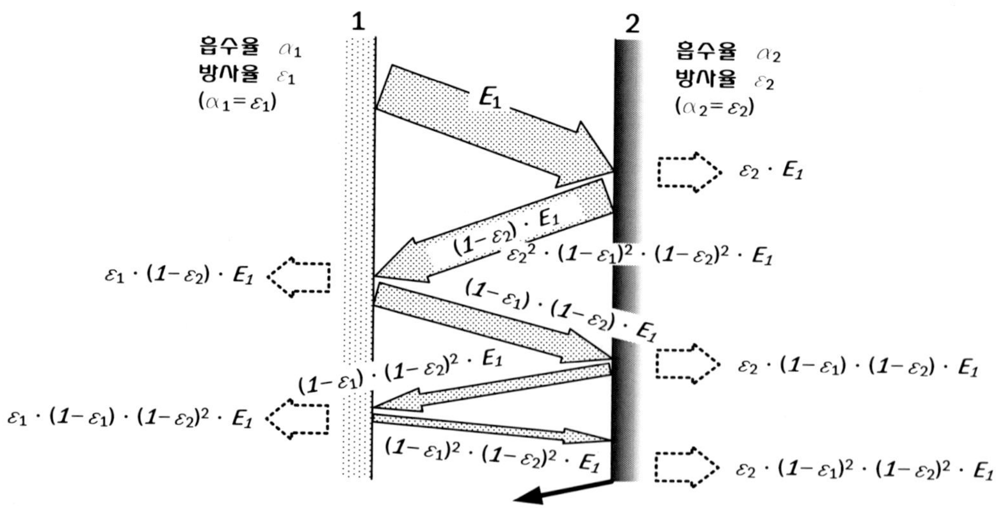

그림 12.12

f_e는 물체 사이의 방사 전열의 방사 계수(emissivity factor)이다.

(3) 방열판의 효과

온도가 각각 300 ℃, 30 ℃이고 방사율이 0.052인 일반적인 동판 2매가 근접된 형태로 평행되게 놓여 있다. 이 때, 평행 평판 사이의 열방사에 의한 전열량 Q_0 (W/m^2)는 다음과 같다.

$$Q_0 = \frac{5.67}{\frac{1}{0.052} + \frac{1}{0.052} - 1} \cdot \left[\left(\frac{300+273}{100} \right)^4 - \left(\frac{30+273}{100} \right)^4 \right] = 150.4 \quad (12.42)$$

동판 2매의 중간에 매끈한 동판(방사율 0.018)을 방열판으로 사용하여 1매를 평행되게 투입한 경우, 방사에 의한 전열량 변화는 다음과 같다. 1매 만을 투입할 때는 그림 12.13 (a)에서와 같이

$$Q_1 = 5.67 \cdot \frac{1}{\frac{1}{0.052} + \frac{1}{0.018} - 1} \cdot \left[\left(\frac{300+273}{100} \right)^4 - \left(\frac{t+273}{100} \right)^4 \right] \quad (12.43)$$

$$Q_2 = 5.67 \cdot \frac{1}{\frac{1}{0.018} + \frac{1}{0.052} - 1} \cdot \left[\left(\frac{t+273}{100} \right)^4 - \left(\frac{30+273}{100} \right)^4 \right] \quad (12.44)$$

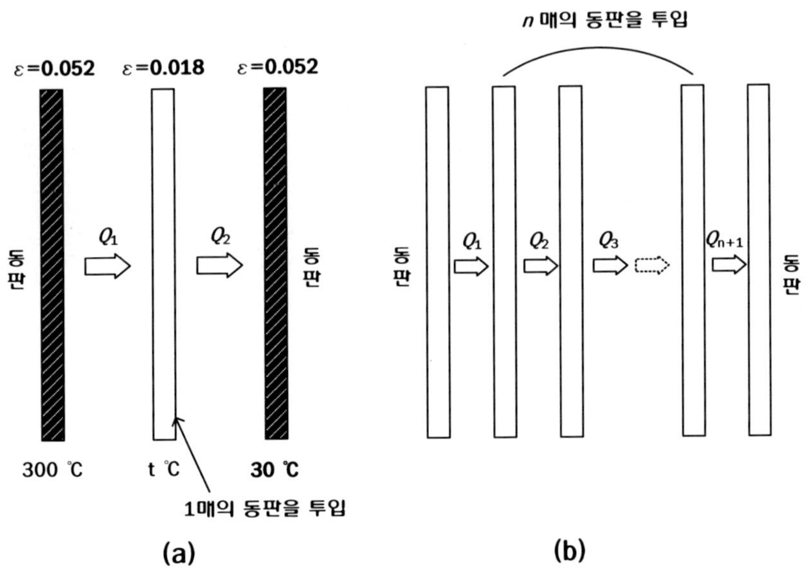

그림 12.13

정상 상태에서는 $Q_1 = Q_2$이다. 만약 $Q_1 \neq Q_2$라 하면, 방열판에 그 차만큼의 열량이 축적되고, 그 결과 차례로 온도가 변화되어 일정 온도 t가 유지된다.

$$\therefore \left(\frac{300+273}{100}\right)^4 - \left(\frac{t+273}{100}\right)^4 = \left(\frac{t+273}{100}\right)^4 - \left(\frac{30+273}{100}\right)^4 \qquad (12.45)$$

$\therefore$ 218 ℃

따라서, 방열판의 온도는 218 ℃가 되고, 따라서 $Q_1 = 38.2\ \mathrm{W/m^2}$가 구해진다. 이는 방열판을 놓지 않을 경우에 비해 약 (1 / 4)이 된다.

만약, 양측으로 동일한 재질의 동판으로 방열판을 구성하여 계산할 경우, $Q_1 = 75.2\ \mathrm{W/m^2}$이 된다. 즉, 방열판이 없을 경우에 비해 약 (1 /2)이 된다.

이와 같이 중간에 n개의 동일한 방열판을 시공하면 방사 전열량은 방열판이 없는 경우에 비해 $\frac{1}{(n+1)}$ 만큼 감소된다.

(4) 가스에 의한 방사

고체 표면에서 방사되는 방사열에 의해 설명하였지만, 화염으로부터의 방사는 어떤 과정인가에 대해 설명하고자 한다. 일반적으로 연료가 완전 연소되는 경우, 연소 가스의 성분은 주로 질소, 수증기 및 탄산가스로 구성되어 있다.

이 중에서 질소는 일반적으로 투과성 물질로서 무시할 수 있을 정도의 열선을 흡수하고 있지만, 수증기와 탄산가스(CO_2)는 3원자 가스이기 때문에 그 자유도가 크고, 적외선의 영역에 있어서 특정 파장은 상당한 양의 방사열을 흡수하여 방출한다.

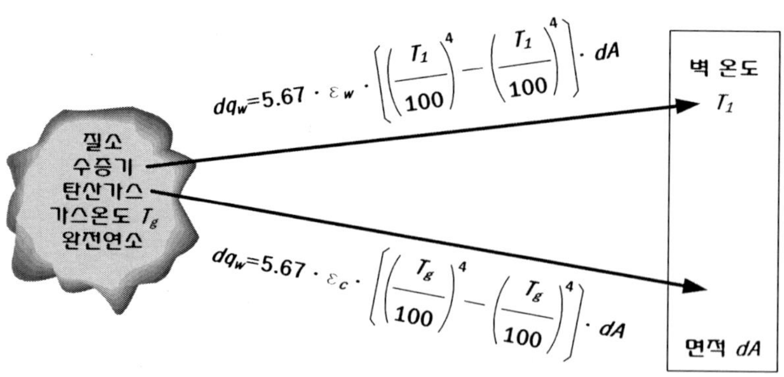

그림 12.14

일반적으로 완전 연소되고 있는 불꽃은 완전 흑체로 취급할 수 있고, 연소실의 면적 A와 교환되는 방사열은 그림 12.14를 참고로 수증기의 경우에는 식 (12.46), 탄산가스의 경우에는 식 (12.47)과 같이 계산된다.

$$Q_w = 5.67 \cdot \epsilon_w \cdot \left[\left(\frac{T_g}{100}\right)^4 - \left(\frac{T_1}{100}\right)^4\right] \cdot A \tag{12.46}$$

$$Q_c = 5.67 \cdot \epsilon_{ccdot}\left[\left(\frac{T_g}{100}\right)^4 - \left(\frac{T_1}{100}\right)^4\right] \cdot A \tag{12.47}$$

수증기 및 탄산가스의 방사율 ϵ_w, ϵ_c는 탄산가스의 온도, 파장, 분압 및 가스 유효두께 등의 함수로서 정해지는 것으로 관련 그림에서 ϵ_w, ϵ_c의 값을 읽을 수 있다. 이러한 그림은 각각의 가스가 단독으로 존재하는 경우, 1기압 하에 대한 분압 p, 유효두께 l로 하여 p · l(m · atm)을 파라메터로 한 것이다. 또한 가스 방사에 대한 유효두께 l에 대해서는 표를 이용하도록 한다. 단, 탄산가스와 수증기가 동시에 존재하는 경우에는 전방사 여량은 각기 계산한 값의 합보다 다소 작다. 이는 방사하는 적외선의 파장이 중복되는 장소가 있기 때문이다.

소형 보일러의 연소실에 대한 고온 가스의 방사율은 일반적으로 석탄 및 중요인 경우에는 0.2, 미분탄 연소의 경우에는 0.6m 중유 버너의 경우에는 0.7 정도이다.

12.2 평행 평판 사이의 복사 전열

그림 12.15에서와 같이 온도가 서로 다른 2매의 무한 평행 평판 사이에서의 전열을 고려하면 다음과 같다. 상부 평판의 온도 T_1이 하부 평판의 온도 T_2보다 높다고 하면, 열은 상부에서 하부로 전달된다. 열유속 q는 다음과 같다.

$$q = \frac{\sigma \cdot (T_1^4 - T_2^4)}{\dfrac{1}{\epsilon_1} + \dfrac{1}{\epsilon_2} - 1} \tag{12.48}$$

ϵ_1, ϵ_2는 각각 평판의 열복사율이고, σ는 스테판 볼쯔만 상수이다. T_1, T_2는 절대 온도(K)를 이용한다.

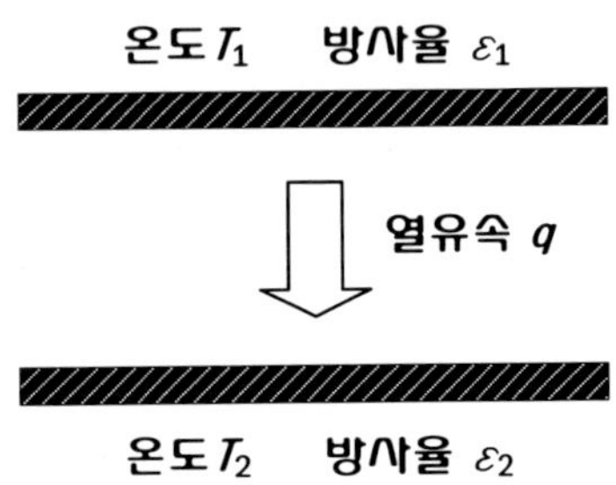

그림 12.15 무한 평판의 방사 전열

12.3 동심 원통 사이의 복사 전열

그림 12.16에서와 같이 무한 동심 원통 사이의 열전달은 단위 길이당 열유량 Q'은 식 (12.2)와 같이 정리된다.

$$Q' = 2\pi r_1 \cdot \frac{\sigma \cdot (T_1^4 - T_2^4)}{\frac{1}{\epsilon_1} + \frac{r_1}{r_2} \cdot \left(\frac{1}{\epsilon_2} - 1\right)} \tag{12.49}$$

특히, 주위가 무한히 넓은 경우에서는 $r_2 = \infty$ 이므로 다음과 같이 정리된다.

$$Q' = 2\pi r_1 \epsilon_1 \sigma (T_1^4 - T_2^4) \tag{12.50}$$

원통의 중심이 동일하지 않는 경우에도 식 (12.49)를 사용할 수 있다.

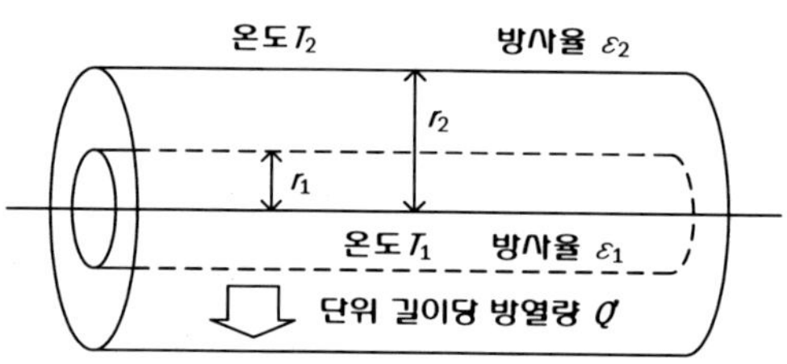

그림 12.16 무한 동심 원통 사이의 방사 전열

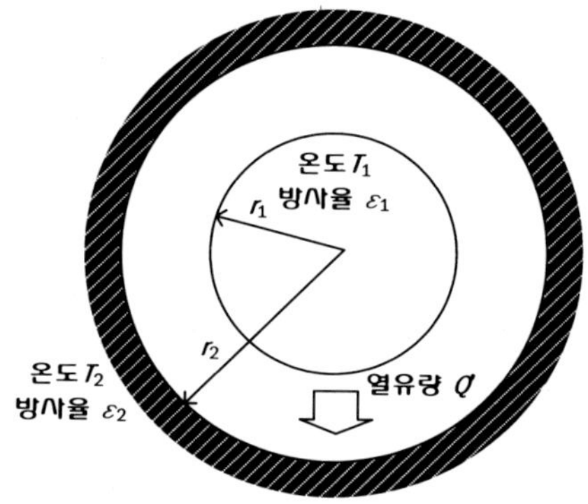

그림 12.17 동심구 사이의 방사 전열

12.4 동심구 사이의 복사 전열

그림 12.17에서와 같이 동심구 사이의 열유량 Q는 식 (12.51)과 같이 정리된다. 식 (12.51)은 두 구의 중심이 일치하지 않는 경우에도 사용할 수 있다.

$$Q = 4\pi r_1^2 \cdot \frac{\sigma \cdot (T_1^4 - T_2^4)}{\frac{1}{\epsilon_1} + \frac{r_1^2}{r_2^2}\left(\frac{1}{\epsilon_2} - 1\right)} \tag{12.51}$$

【 연 습 문 제 】

1. 연소 가스실의 불꽃 평균 온도가 1,000 ℃일 때, 불꽃 연소 온도를 몇 ℃로 상승시키면 불꽃으로부터 방사 전열량이 2배가 되겠는가? 단, 주위 연소실 벽의 온도는 400 ℃로 화염의 방사율 및 연소실 벽의 방사율은 일정한 것으로 가정한다.

2. 소성로의 고내 온도가 1300 ℃일 때, 석탄이 소성된다. 소성로에는 직경 10 cm의 관찰구를 통해 고내의 연소 상태를 확인할 수 있도록 되어 있다. 소성로 외부의 온도 20 ℃에서 관찰구를 열어 놓은 경우, 관찰구를 통해 방사되는 손실 열량은 얼마인가?

3. 1000 ℃인 가열로 내에 길이 1 m, 직경 2 cm의 철봉을 투입한다. 철봉의 초기 온도가 20 ℃에서 500 ℃로 될 때까지의 시간은 얼마가 걸리겠는가? 단, 철의 밀도는 7.86×10^3 kg/m³, 비열은 0.640kJ/kg·K이다.

4. 방사율 0.9, 온도 1200 ℃인 평면벽과 방사율 0.8, 온도 120 ℃인 평면벽이 매우 좁은 간격으로 평행되게 놓여져 있다. 두 평판의 면적이 각각 10 ㎡일 때, 하루에 얼마만큼의 열량이 방상에 의해 전달되는가?

5. 177 ℃의 온도로 물을 끓이고 있는 보일러가 있다. 보일러 바닥은 불꽃 바닥과 접해 있고, 불꽃 바닥 온도는 1327 ℃이다. 이러한 상태에서 보일러의 전흡수 열량의 85 %는 방사에 의해, 15 %는 대류에 의해 이루어지고 있다. 보일러 내면에 평균 두께 3 mm인 스케일이 일정하게 부착되어 있다고 하면 보일러의 증발 능력은 얼마나 저하되겠는가? 단, 보일러의 수열면 방사율은 0.9, 스케일의 열전도율은 1.74 kW/m·K이다.

13. 열교환기

열교환기란 하나의 유체로 다른 하나의 유체를 가열 혹은 냉각시키기 위한 목적으로 사용되는 기기를 의미한다. 이와 같은 열교환과정은 고체벽으로 분리된 온도가 다른 두 유체 사이의 열교환이나 온도가 다른 두 유체의 직접적인 접촉(혼합)에 의한 열교환 방식이 있으며, 열교환기는 유체의 종류, 유체 사이의 격벽 여부, 열교환기의 종류 및 흐름 방향 등에 의해 분류된다.

그림 13.1은 일반적인 쉘앤튜브 열교환기를 나타낸 것으로 온도 변화에 따라 냉각기 혹은 가열기, 열교환기에서 흐르는 유체의 상태 변화에 따라 응축기 혹은 증발기로 정의되며, 사용 유체인 오일 온도를 낮추는 경우에는 오일쿨러, 공기 온도를 상승시키는 경우에는 공기 가열기로 정의된다.

그림 13.1 열교환기

이와 같은 열교환기 사용은 자연계에서 열에너지 이동이 항상 진행되고 있으므로 태양열, 지열 등을 제외한 열 이동 현상에 대해 인공적으로 조절하고 제어할 필요가 있을 때 열교환기가 응용된다. 즉, 열교환기란 양 유체간에 열에너지를 전도와 대류로서 유용하게 이동시키는 데 사용되는 장치이다. 이러한 열교환기는 산업용뿐만 아니라 우리의 주변에서 알게 모르게 많이 사용되고 있다. 예를 들면, 자동차 방열기에서 엔진으로 나오는 고온의 물은 대기에 의해 냉각되고, 가정용 냉장고에서는 압축기로부터 나온 고온 냉매가 핀(fin)관을 통과하면서 자연대류에 의해 대기로 냉각된다. 그리고 증기응축기에서는 응축잠열이 응축기를 흐르는 냉각수에 의해 제거된다. 이러한 열교환기는 적용 목적에 따라 다른 형태의 열교환기를 필요로 하므로 각기 다른 적용 목적에 적합한 열교환기를 설계하는 일은 매우 복잡하고도 중요한 문제 중에 하나다. 이와 더불어 경제성을 고려하여 사용 분야 및 각종 산업분야에서의 생산시설 대규모화와 함께 효율이 높은 열교환기를 제작하여 열에너지 절약을 고려해야만 한다.

산업설비로 이용되고 있는 열교환기의 사용 목적을 보면 고온물질의 열을 재이용하기위한 열 회수용, 차후 공정의 반응조건을 제어하거나 단위조작을 위한 프로세스용, 그리고 동력원인 증기(steam) 발생량을 최대로 하기 위한 발전용으로 분류해 볼

수 있다. 이러한 열교환기를 제작함에 있어서 전열관(tube)과 관판(tubesheet)의 이음부가 매우 중요시되고 있다. 열교환기의 전열관을 관판 구멍(tubesheet hole)에 장착시키는 방법에는 확관 및 용접을 하는 방법이 있으나 일반적인 방법으로 전열관 내경에서 확관하는 방법이 사용되고 있으며 보통 낮은 범위의 온도와 압력 하에서 운전되는 열교환기에는 확관 정도가 문제가 되지 않으나 생산 시설의 대규모화와 효율을 높이기 위해 보다 높은 온도와 압력을 가진 열교환기에는 누수 현상이 발생시 대형사고로 이어질 수 있으므로 열교환기 제작 시 신중을 기해야 할 부분이다.

13.1 열교환기의 분류

열교환기는 열교환기에서 사용되는 유체 종류에 따른 분류, 전열면적의 유무에 따른 분류, 형식에 따른 분류, 열교환 방법에 따른 분류 등으로 구분할 수 있다.

13.1.1 유체 종류에 따른 분류

유체 종류에 따른 열교환기 구분은 표 13.1과 같다. 표 13.1에서 1차 유체는 고온 유체, 2차 유체는 저온 유체이다.

표 13.1 유체 종류에 따른 열교환기

1차 / 2차	기체	기액이상(응축)	유체	고체
기체	공기예열기 연소가스/공기	공기응축기 수증기(물)/공기	라디에이터 물/공기	코크스 건식냉각탑 코크스/불활성가스
기액 이상(비등)	보일러 연소가스/물(수증기)	열매 보일러 수증기(물)/물(수증기)	Na 가열 증기발생기 액체 Na/물(수증기)	연소장치 금속/물(수증기)
액체	가스온두수 연소가스/물	복수기 수증기(물)/물	용액 열교환기 용액/용액	가압수형 원자로 노심 연료봉/물
고체	절단기 연소가스/금속	-	전해 가공기 용액/금속	-

13.1.2 전열면 형식에 따른 분류

고온 유체와 저온 유체의 열교환 과정에 전열면으로 구분되어 있는 경우와 전열면이 없이 직접 접촉하는 경우로 구분할 수 있다.

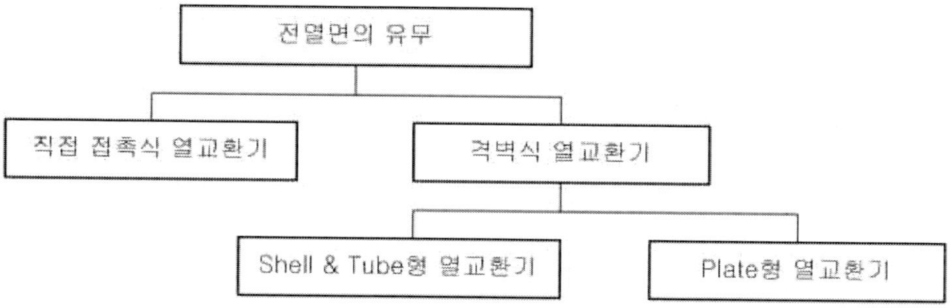

그림 13.1 열교환 형식에 따른 열교환기 분류

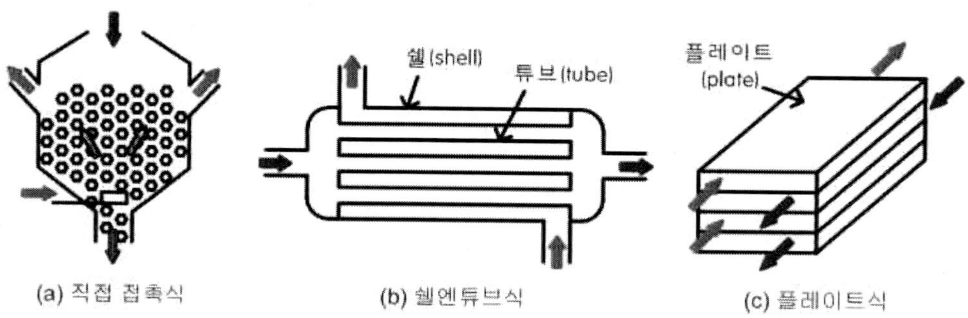

그림 13.2 열교환형식에 따른 열교환기 종류

즉, 고온 유체와 저온 유체가 열교환되는 과정에 격벽, 즉 전열면을 통해 간접적으로 열교환되는 형식의 격벽식 열교환기와 고온 유체와 저온 유체가 직접적으로 접촉되면서 열교환되는 직접 접촉식 열교환기가 있다.

직접 접촉식 열교환기는 전열면이 없는 구조이므로 탑상 형식이 일반적이며, 경우에 따라서는 1차 유체와 2차 유체가 혼합되는 경우에는 별도의 분류기가 필요한 경우도 있다.

격벽식 열교환기의 쉘엔튜브 형식의 열교환기는 한쪽 방향에서 튜브 내부로 유체가 흐르고 다른 유체가 튜브 외부의 환상 공간인 쉘로 흐르는 형식이고, 플레이트 형식은 전열면인 플레이트로 여러 개의 층을 겹칙 형식으로 유체는 플레이트와 플레이트 사이의 구분된 유로를 따라 흐르면서 열교환하는 형식이다.

(1) 격벽식 열교환기(surfacce heat exchanger)

벽에 의해 분리된 공간에 온도가 다른 유체가 흐르고 통한 열전도 및 벽 표면에서의 유체 대류에 의해 전열시키는 형식의 열교환기로서 다관식 열교환기, 이중관식열교환기 및 여러 구조의 열교환기가 있다.

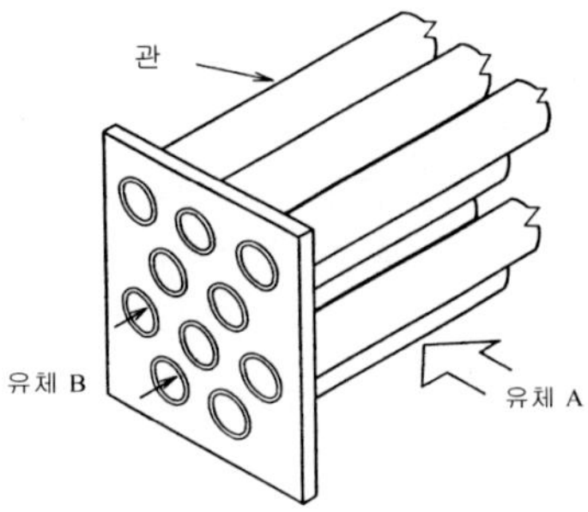

그림 13.3 관열형 열교환기

① 관열형 열교환기

관을 사용하고 있기 때문에 제작이 간단하고, 관내 유체의 압력이 높은 경우에 적합하다. 또한, 관 내.외의 전열 면적이 동일하기 때문에 기체-기체, 액체-액체의 열교환에서와 같이 양 유체의 열전달율이 같은 경우에 유효하다. 관에는 원관 이외에 편평관(偏平管)도 이용된다.

② 핀튜브형 열교환기

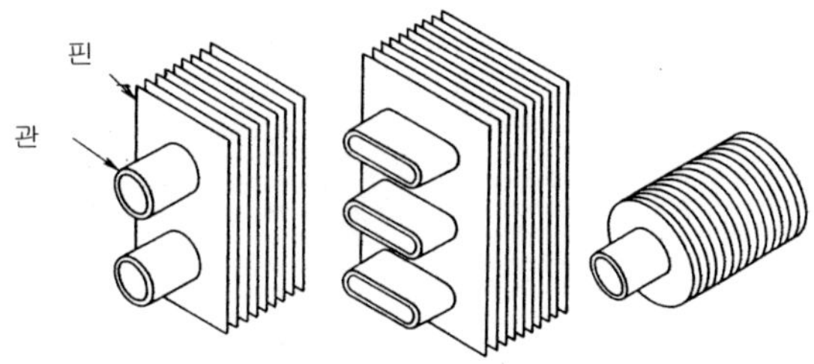

그림 13.4 핀튜브형 열교환기

관 외면에 확대 전열면(핀)을 부착하여 관외의 전열 면적을 확대시킨 것이다. 관 외측에 열전달율이 낮은 기체, 관 내측에 열전달율이 높은 액체를 작동 유체로 사용하는 것과 같이 관 내.외 유체의 열전달율이 상당히 다른 경우에 적합하다. 그림 13.4는 유체의 흐름 방향에 대한 관 배열이 1열인 경우를 나타내고 있다. 열교환량에 따라 여러 개의 핀튜브 열교환기를 조합하여 다열(多列) 열교환기로 사용되기도 한다. 단, 현재 가장 많이 이용되고 있는 다열 열교환기는 생산성의 측면에서 그림 13.5(a)와 같이 핀 자체를 독립시키지 않고 연속시킨 열교환기이다.

그림 13.5(a)는 원관을 사용하고, 공기조화기에서 가장 많이 이용되고 있는 플레이트 핀튜브 열교환기이다. 관내로 R-22 등의 프레온계 냉매, 냉.온수, 브라인, 기름 등

의 냉열 매체(작동 유체)가 흘러가고, 관외로 공기가 흐르면서 공기와 냉열 매체 사이에서 열교환이 일어난다. 플레이트 핀튜브 열교환기에서 일반적으로 핀은 두께 0.1 ~ 0.2 mm의 알루미늄, 관은 두께 0.2 ~ 0.4 mm의 동관으로 구성되어 있고, 핀과 관은 관을 기계적으로 확대(확관)시키는 것보다 압력접합(pressure fitting)되어 있다. 그림 13.3(b)는 편평관을 이용한 콜케이트 핀튜브 열교환기로서, 자동차용 라디에이터에 많이 이용되고 있다. 콜케이트란 파형에 붙은(corrugated) 핀을 사용하고 있다는 것에서 유래되었다. 모두 알루미늄 재질을 사용하고, 편평관에 납땜으로 콜케이트 형상의 핀을 부착하였다. 핀에는 플레이트 핀튜브 열교환기와 마찬가지로 여러 가지 핀 형상이 연구되면서 열전달율이 향상되고 있다. 그림 13.5의 (a), (b)는 공기조화기, 자동차용 라디에이터 등으로 양산되고 있기 때문에 가격도 저렴하고, 공조용, 자동차용 열교환기에 한정되지 않고 히트파이프, 전자기기용 히트싱크(heat sink) 등 열이 출입하는 프로세스에서 많이 이용되고 있다.

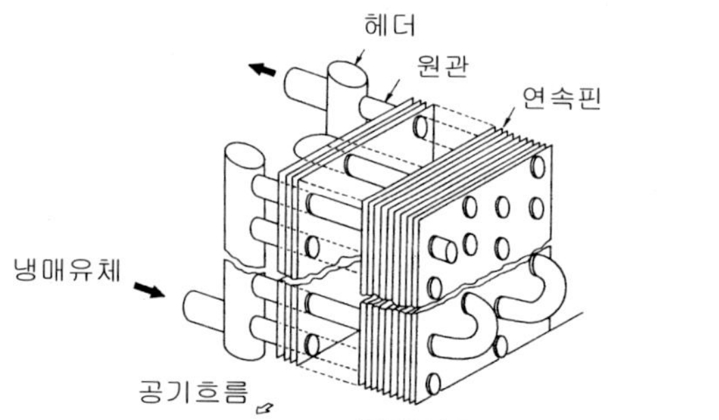

(a) 플레이트 핀튜브 열교환기

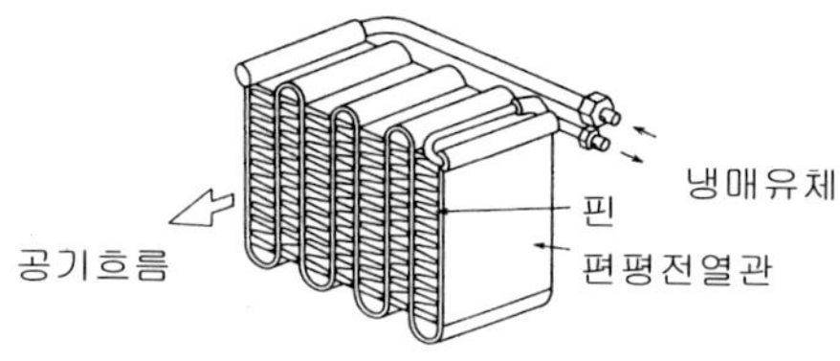

(b) 콜게이트 핀튜브 열교환기

그림 13.5 핀튜브형 열교환기

③ 플레이트핀형

그림 13.6과 같이 평판 형상의 관로와 파형 핀을 조합한 구조로 되어 있고, 기체-기체, 혹은 액체-액체 열교환용으로 이용되고 있는 직교류 열교환기가 대표적이다.

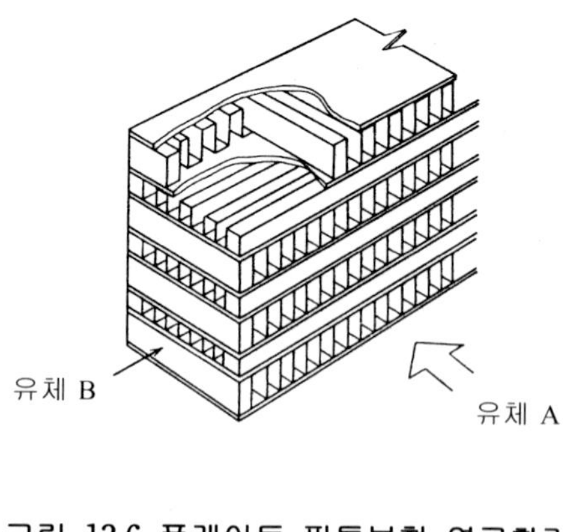

그림 13.6 플레이트 핀튜브형 열교환기

(2) 축열식 열교환기(regenerator)

고체의 축열제 (열을 저장하는 매체)를 고온의 유체에 접촉시켜 고온 유체의 열을 흡수한 다음 저온 유체와 접촉하여 저온 유체에 열을 전달하는 열교환기로서 회전형

축열식 열교환기, 밸브식 환형 축열식 열교환기 등이 있다.

일반적으로 연소 가스로부터 폐열을 이용하는 경우에 많이 이용된다.

(3) 액체연결 간접식 열교환기(liquid coupled indirect type heat exchanger)

두 개의 표면식 열교환기에 열매체를 순환시키는 방식의 열교환기 형식이로, 젯트 콘덴서(jet condenser), 냉각탑 등이 있다.

(4) 직접 접촉식 열교환기(direct contact heat exchanger)

2가지 유체를 직접 접촉시켜 열교환 시키는 열교환기이다.

13.1.3 적용 범위에 따른 분류

좁은 의미의 열교환기는 일반적으로 상변화가 없는, 두 공정 흐름사이에 열을 교환하는 장치를 말하고, 넓은 의미로는 냉각기, 응축기 등을 포함한다.

① 가열기 : 유체를 필요한 온도까지 가열하는 목적으로 사용되는 열교환기로서, 액체 혹은 기체 연료를 버너를 이용하여 연소시키고 이 때 발생하는 연소열을 이용하여 튜브 내의 유체를 가열하는 방식이다. 가열기는 가장 큰 열량을 얻을 수 있으며 열전달 과정은 복사 및 대류를 포함하므로 설계하기가 매우 어렵다. 공해의 문제가 있으나 매우 큰 열량을 얻기 위한 공정에서 많이 쓰인다.

② 예열기 : 유체를 사전에 가열해서 다음 조작(공정)에서의 효율을 좋게 하기 위해 사용되는 열교환기

③ 과열기 : 유체(일반적으로 기체)를 과열상태가 되기까지 가열하기 위해 사용되는 열교환기

④ 증발기 : 액체를 가열해서 증발시키기 위해 사용되는 열교환기

⑤ 재가열기 : 장치중 (공정상)에서 응축된 액체를 재가열해서 증발시키기 위해 사용되는 열교환기로서, 스팀 등의 가열매체를 이용하여 증류탑의 바닥에서 유입되는 공정유체를 Boiling시켜 증기를 발생시킴으로써 증류탑으로 공급되어야 할 열을 전달하는 열교환기로서, 증기발생은 단일상 또는 2상 혼합물로 할 수 있다

⑥ 냉각기 : 유체를 필요 온도까지 냉각하기 위해 사용되는 열교환기로서, 냉각수 등의 냉각매체를 이용하여 Process Stream을 냉각한다.

⑦ 응축기 : 응축성 기체를 냉각하고 응축 액화시키기 위해 사용되는 열교환기, 증기를 응축시켜 물로 만드는 열교환기를 복수기라고도 한다. 냉각수 등의 냉각매체를 이용하여 Process Stream을 부분응축 (Partial Condensation) 또는 총응축(Total Condensation)시키기 위한 열교환기이다.

13.1.4 구조에 의한 분류

(1) 사관식 열교환기(submerged pipe coil exchanger)

탱크 내부에 가열 또는 냉각용 사관(submerged pipe coil)을 설치한 열교환기로서 구조가 간단하고 가격이 저렴한 특징이 있으며, 소용량 혹은 부식성이 강한 유체를 다루는 경우의 냉각기 등에 사용된다. 사관식 열교환기는 정밀가공의 필요가 없고 사관으로는 강관, 동관을 비롯하여 가공이 곤란한 도기, 자기, 유리, 고규소 주철, 흑연, 합성수지 등도 사용할 수 있는 이점이 있으며, 관내 유체가 고압의 경우에 특히 편리한 반면에 전열 면적을 외형 치수에 비하여 크게 할 수 없는 결점이 있으므로 교환열량이 탱크 용량에 비하여 적으면서 항상 일정 온도를 유지하고자 하는 저장 탱크 등에 흔히 사용된다. 관 형상과 배열은 탱크의 형상에 맞추어 원통 탱크에는 코일 관을 주로 이용하고 각형 탱크에는 관 헤더(tube header)를 이용한 평행 관 배열이 사용된다.

탱크나 기타 용기내의 유체를 가열하기 위하여 용기 내에 전기 코일이나 스팀 라인을 넣어 감아둔 방식으로서, 교반기를 사용하면 열전달 계수가 더욱 커지므로 큰 효과를 볼 수 있다.

(2) 개방식 열교환기(Open type exchanger)

냉각기로서 쓰이는 열교환기, 상부 수평관에서 냉각수를 분사시켜 관내 유체를 냉각시키는 열교환기이다. 냉각 대상 유체가 흐르는 관을 수평방향으로 배열하고 상부에서부터 물을 흘려 관내 유체를 냉각시키는 구조로서, 직관과 U자 밴드를 이용한 간단한 구조이다.

여러 단으로 겹쳐서 용량을 증가할 수 있으며 누설의 염려가 적고 또한 누설하면 즉시 알 수 있으므로 고압 부식성 유체의 냉각에 적합하다. 고도의 내식성이 요구되는 곳에는 자기제 관이나 흑연관이 사용된다.

(3) 이중관식 열교환기(Double pipe exchanger)

외관 속에 전열관을 동심원상태로 삽입하여 전열관내 및 외관동체의 환상부에 각각 유체를 흘려서 열교환시키는 구조이다. 구조는 비교적 간단하며 가격도 싸고 전열면적을 증가시키기 위해 직렬 또는 병렬로 같은 치수의 것을 쉽게 연결시킬 수 있으며, 고압, 고점도 또는 부식성이 강한 유체의 가열 및 냉각용으로 사용되는 열교환기이다. 적당한 유속으로 관내외의 흐름을 향류형으로 유지하면 가장 높은 전열 효율과 적은 압력손실을 얻을 수 있으며, 소용량의 열교환기에 적당하다. 2중관식 열교환기에서 외관 동체에서 유체가 누설되더라도 위험하지 않은 냉각수 등과 같은 유체 혹은 저압 유체를 흐르게 하는 것이 일반적이다.

이중관식 열교환기에서는 전열 면적이 증대됨에 따라 다관식에 비해 전열면적당의 소요용적이 커지며 가격도 비싸게 되므로 전열면적이 20 ㎡ 이하의 것에 많이 사용된다.

이중관식 열교환기에서는 내관 및 외관의 청소점검을 위해 그랜드 이음으로 전열관을 떼어낼 수 있는 구조로 하는 수가 많다. 이 같은 구조에서는 열팽창, 진동, 기타 여러 가지 원인으로 인해 이음부분에서 동측유체가 누설되는 수가 있으므로 동측 유체는 냉각수와 같은 위험성이 없는 유체 혹은 저압유체를 흘린다.

U자형 전열관과 관상 동체 및 동체 커버로 이루어지며 전열관은 온도에 의한 신축이 자유롭고 관내를 빼낼 수 있는 이중관 헤어핀형 열교환기 등이 있다. 또 전열효과를 증가시키기 위해 전열관 외면에 핀(fin)을 부착시킨 것도 있다.

(4) 원통다관식 열교환기(Shell and tube exchanger)

가장 널리 사용되고 있는 열교환기로 폭넓은 범위의 열전달량을 얻을 수 있으므로 적용 범위가 매우 넓고, 신뢰성과 효율이 높다. 일반적으로 열교환기로 지칭되는 대부분의 열교환기는 원통다관식 열교환기로서, 가장 일반적으로 사용되는 형식으로, 동체 내부에 많은 전열관 및 배플을 배치하여 동체측 유체와 관내 유체간에 열교환시키는 형식이다.

다음은 TEMA에 의한 열교환기의 분류표이다. TEMA(Tubular Exchanger Manufacturer Association)는 원통 다관식 열교환기 (Shell & Tube Heat Exchanger) 제작자들이 결성한 모임으로 1968년부터 자신들의 표준규격을 발표하고 있다. 이 규격은 원통다관식 열교환기의 구조, 설계에서부터 제작, 설치에 이르기 까지 거의 모든 범위를 언급하고 있으며 플랜트 설계시 열교환기의 표준으로 이용되고 있다.

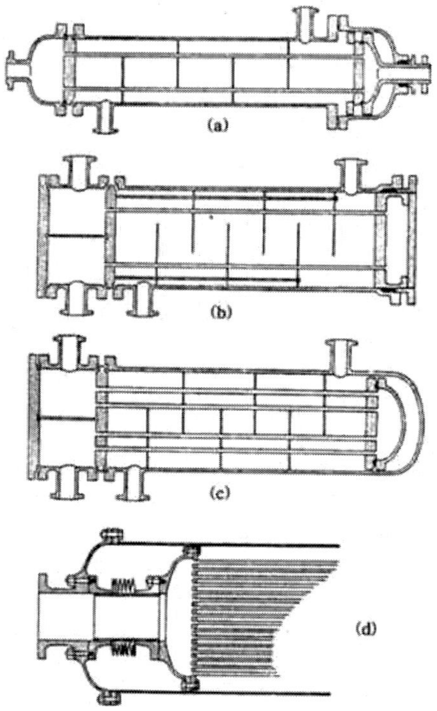

그림 13.7 유동두형

① 유동두형열교환기(Floating head type)

전열관이나 방해판을 양측의 관판에 끼워 넣은 상태를 관속(Tube Bundle)이라고 하며 이 관속의 한쪽에 관판(고정측 관판)은 동체의 한쪽에 플랜지로 고정시키고 다른쪽 관판은 동체에 아무런 구속도 받지않는 구조로 되어있으므로 유체의 온도에 따라 동체및 전열관이 열팽창 하여도 거기에 대응할 수 있는 구조이며 또 관속을 동체에서 빼내서 청소 및 점검할 수 있는 구조의 열교환기이다.

유동두식 열교환기에서 전열관은 확관 또는 용접으로 고정관판 및 유동관판에 고정된다. 동체와 관다발은 열팽창에 대하여 자유이며 관다발은 필요에 따라 동체로부터 뽑아 관내외 및 동체와 더불어 청소, 점검을 할 수 있다. 고정 관판식과 U자관식에 비하여 구조가 복잡하고 중량, 제작비 모두 다소 증가하나 흐름의 통과수를 적당히 선택할 수 있으므로 유체 유속을 합리적으로 설계하면 높은 열효율을 얻을 수 있다.

- 전열관내외 모두 청소가 가능하므로 오염이 생기기 쉬운 유체에 대해서도 적합하여 사용범위가 넓다.
- 전열관이나 동체가 각기 열팽창 되므로 온도차가 큰 경우에도 사용할 수 있다.
- 이상과 같은 특징으로 인해 어느 형식보다도 설계조건 및 운전조건에 상응할 수 있는 기능을 가진 구조이며 가장 융통성이 크다.
- 구조가 복잡하므로 제작비가 비싸게 되는 단점이 있다.

② 고정 관판형 열교환기(Fixed tube sheet type)

관판을 동체의 양측에 용접 등의 방법으로 고정시킨 구조의 열교환기이다. 동체측 유체와 관측 유체의 온도에 의해 전열관과 동체는 열팽창차가 생기고 그 때문에 열응력이 큰 경우에는 동체에 신축이음을 설치하여 열팽창을 흡수하는 구조가 필요하다.

표 13.2 TEMA - Type designations for Shell & Tube Heat Exchangers

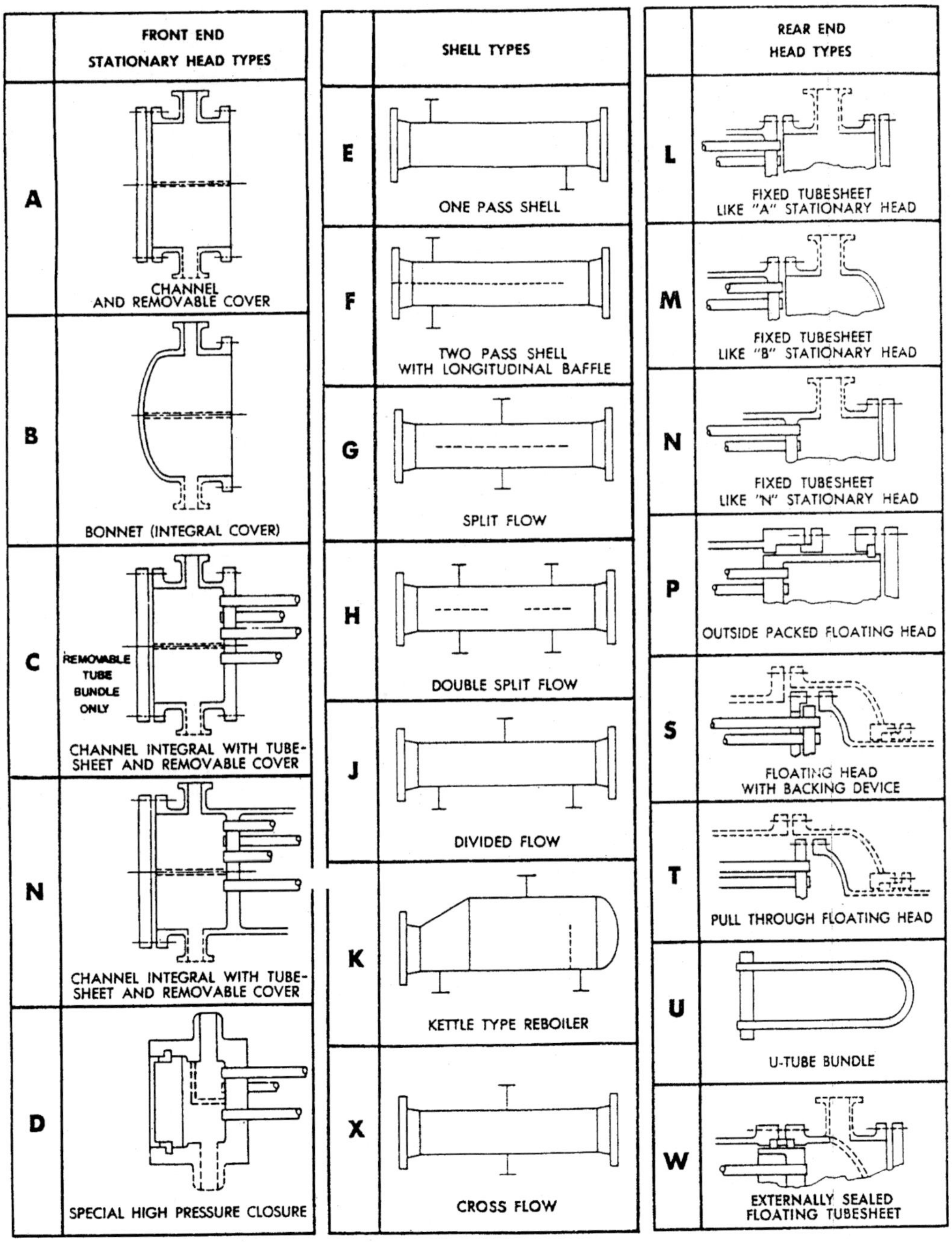

이 형식은 동체측의 청소, 점검 및 보수가 곤란하므로 부식성과 오염이 적고 침전물이 생기지 않는 유체에 적당하다. 관내 통과유로가 1단인 경우와 2단인 경우가 있다.

고정 관판식 열교환기에는 관내 통과수가 1단인 경우와 관내 통과수가 2단인 경우가 있으며, 구조상 전열관 외면 및 동체 내부의 검사와 청소를 할 수 없으므로 고정 관판식 열교환기에 있어서는 동측 유체로서 부식성이 적은 것, 또는 침전물, 스케일 등이 생기지 않는 것을 선택할 필요가 있다.

고정관판형의 특징은 다음과 같다.

- 동체의 오염이적고 유체에 의한 동체 및 전열관의 온도차가 작을 때 또는 열팽창차가 작을 때에는 최적의 구조이다.
- 종형의 관식반응기로서 용도가 넓다.

③ U-자관형 열교환기(U-bend type)

U자관형의 전열관을 사용한 형식의 것이며 전열관은 동체와는 관계없이 유체의 온도에 따른 신축이 자유로우며, 또 관속을 그대로 빼내서 청소 및 점검할 수 있는 구조로서 유동두형의 경우와 같다. 그러나 유동두형의 경우 직관이기 때문에 청소가 쉬우나 U자형의 경우는 관내의 청소가 곤란하다.

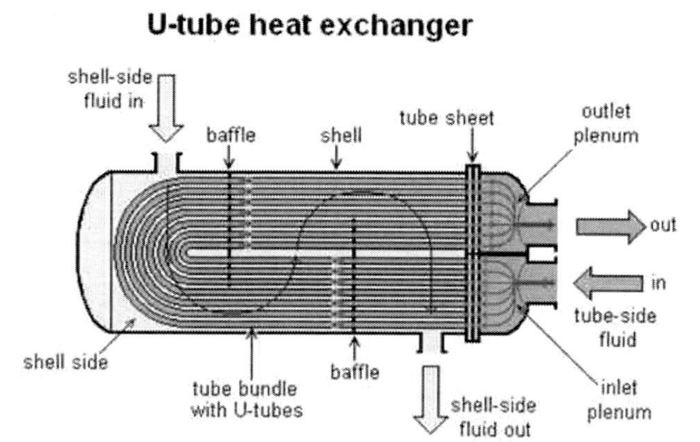

그림 13.8 U-자관형

원통다관식 열교환기의 U자관식 열교환기(U-bend type heat exchanger)는 전열관을 U자형으로 구부리고 이의 양 끝을 고정 관판에 조립하는 것으로서, 전열관과 동체는 별개로 되어 있으므로 신축이음은 필요 없다. 또한, 동일 동체 지름에 대하여 다른 형식보다 많은 전열관을 배치할 수 있는 것도 특징이다.U자관형의 특징은 다음과 같다.

- 열팽창에 대해 자유롭다.
- 관속을 빼낼 수가 있으므로 관외면의 청소도 쉽게 할 수 있다.
- 고압유체에 적합하다. 고압유체를 관내에 흘리면 내압부분이 적어도 되므로 중량

을 경감 시킬 수가 있다.

- 구조가 간단하여 관판이나 동체측 플랜지가 적어도 되므로 제작이 비교적 간단하다.

④ 케틀형 열교환기 (Kettle type)

동체의 상부측은 증발이 잘되도록 빈공간의 증기실이 있다. 액면의 높이는 최상부관보다 적어도 50mm높게 하는 것이 보통이다. 특징은 다음과 같다.

- 폐열보일로러서는 가장 구조가 간단하다.
- 손쉽게 값싼 증기를 얻는데 널리 사용된다.
- 관속은 유동두식, U자관식으로 할 수가 있으므로 오염되기 쉬운 유체, 압력이 높은 유체에도 적용할 수 있다.

그림 13.9는 일반적인 쉘엔튜브 열교환기를 나타낸 것이다.

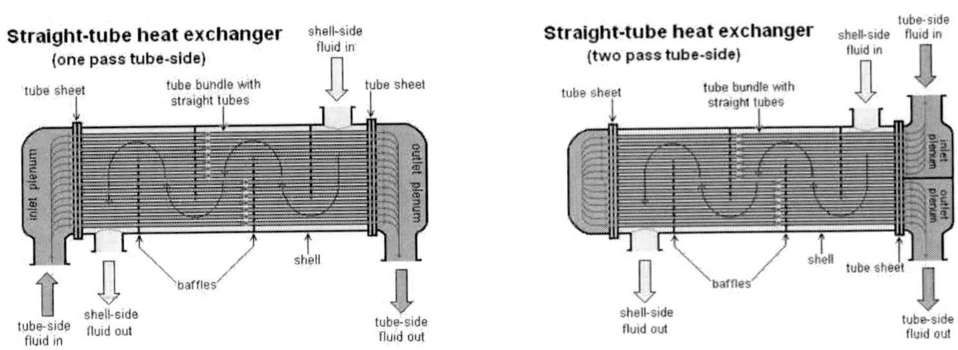

그림 13.9 쉘엔튜브 열교환기

(5) Bayonet exchanger

관측유로는 선단에 뚜껑이 있는 외측관과 그 속에 삽입된 내관에 의해 구성되어 있다. 관측유체는 외측관과 내측관과의 틈새를 흐르는 사이에 동체측 유체와 열교환한다. 동체 측 유체에 관계없이 내관은 분해 조립이 되므로 용기 또는 배관에 직접 설치하여 동체측 유체를 가열 혹은 냉각시키는 열교환기이다.

(6) Spiral tube type exchanger

구리, 알루미늄, 스테인레스 등의 관을 나선상으로 감은 관속을 원통에 담은 구조의 열교환기. 열손실을 가능한대로 작게 하기 위해 방열표면적을 작게 하면서도 큰 전열면적을 얻을 수 있는 열교환기이다.

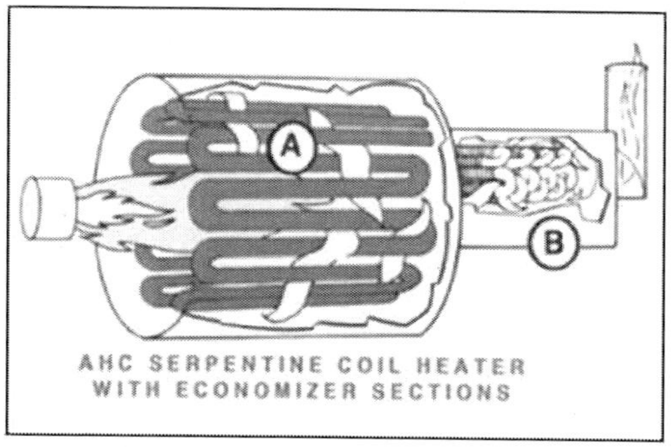

그림 13.10

(7) 공냉식 열교환기

액체인 냉각수 대신에 기체인 공기를 냉각유체로 하고 팬을 사용하여 전열관의 외면에 공기를 강제 통풍시켜 내부 유체를 냉각시키는 구조의 열교환기이다.

공기는 전열계수가 매우 작으므로 보통 전열관에는 핀이 달린 관이 사용된다. 공랭식 열교환기에는 배관 다발에 공기를 삽입하는 삽입 통풍형과 공기를 흡입하는 유인 통풍형이 있다. 공랭식 열교환기에는 냉각수가 필요 없으므로 최근 그 이용이 급격히 증가되고 있다. 그러나 넓은 설치면적이 필요하며 건설비가 비싸고, 관에서의 누설을 발견하기 어렵고, 전열관의 교환이 곤란한 점 등의 단점이 있다.

(8) 재킷식 열교환기(Jacketed type exchanger)

이중관 또는 자켓트 관으로 불리 우며 오래 전부터 화학장치에 많이 사용되었으나, 총괄 전열계수가 다관식 및 기타의 열교환기에 비해 작고, 설치 면적과 내부 용적이 크기 때문에 열교환기의 역할보다는 저장 용기 또는 계량탱크의 목적으로 사용되는 경우가 많다.

구조는 내연기관의 실린더 냉각형식의 열교환기로서 전열효과를 증가하기 위하여 교반기를 설치하여 내부 유체를 교반하거나 전열면적의 부족을 보충하기 위하여 사관을 병용하기도 한다. 재킷내부를 청소할 수 없으므로 오염이 적은 수증기, 물, 프레온 및 암모니아 등을 사용한다.

(9) 플레이트형 열교환기(Plate type exchanger)

다수의 평판을 일정한 간격으로 세워놓고 한 칸씩 건너서 각각의 유체를 통과시켜 열교환을 이루는 열교환기이다.

판형 열교환기는 유로 및 강도를 고려하여 요철(凹凸)형으로 프레스 성형된 전열판을 포개서 교대로 각기 유체가 흐르게 한 구조의 열교환기이다. 전열판은 분해할 수 있으므로 청소가 완전히 되고 보존 점검이 용이하면서, 전열판 매수를 가감함으로써 용량을 조절할 수 있다.

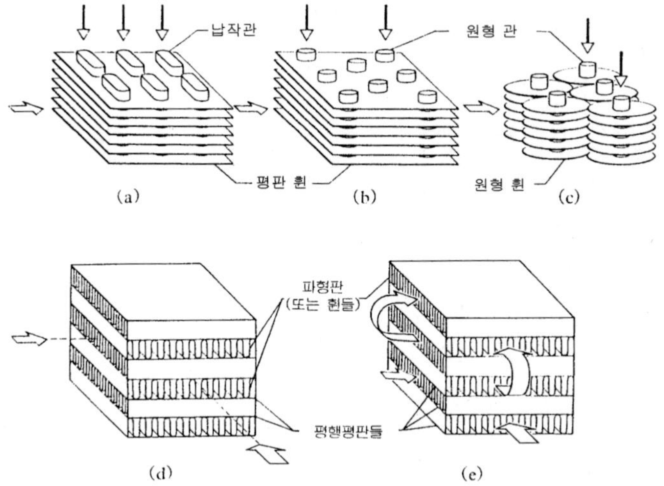

그림 13.11 플레이트형 열교환기

전열면을 개방할 수 있는 형식의 것은 고무나 합성수지 가스켓을 사용하고 있으므로 고온 또는 고압용으로서는 적당하지 않다. 액체와 액체와의 열교환에 많이 사용된다.

주로 식품공정과 같이 자주 세척하여 청결을 유지할 필요가 있는 경우에 사용되며 아래와 같은 경우에는 적절하지 못하다.

- 0.5 mm 이상의 고체 입자를 함유한 액체
- 열전달 면적이 2500 ㎡ 이상
- 유체의 속도 0.1 m/sec이하인 경우

가스켓을 사용하지 않고 용접 또는 납땜에 의해 일체로 제작된 것은 온도의 제한이 완화되지만 전열면의 점검이나 청소를 할 수 없으므로 부식성 또는 오염이 심한 유체에는 사용할 수 없다.

(10) 와권식 열교환기(Volute type exchanger)

2장의 평판을 와류형으로 가공해서 유체의 통로를 형성시킨 열교환기로서 펄프, 식품공업 등에 사용되는 열교환기로서, 와권상으로 만들어진 특수 형상의 가열체 내부에 고온 유체를 흐르게 하고 동체측 유체를 가열하는 구조로서 액체-액체의 열교환기에 많이 사용되고, 제작이 어렵고 보수 및 청소 등 다루기도 번잡하므로 특수 용도에 사용되는 열교환기이다.

(11) Block type exchanger

부식성이 서로 다른 각종 약품의 열교환은 내식재료 (흑연, 기타)의 덩어리에 1 열씩 번갈아 서로 직각이 되도록 다수의 구멍을 뚫고 각각의 방향으로 다른 유체를 통과시켜 열교환시키는 형식이다.

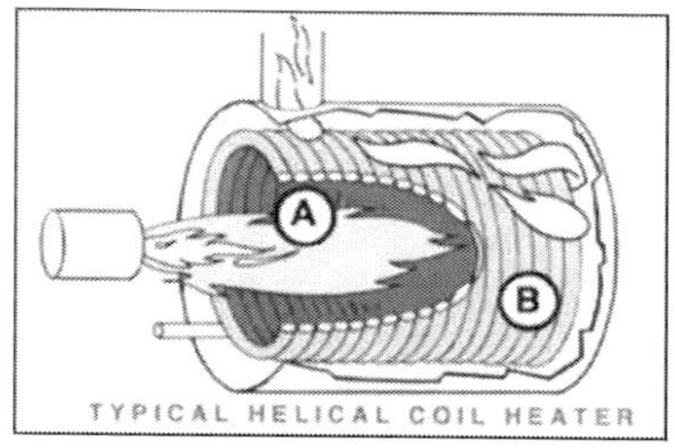

그림 13.12 Block type

(12) 컴팩트 열교환기(Compact exchanger)

열교환기의 용적을 극히 작게 하여 큰 전열면적을 얻게끔 고안된 열교환기로서 전열 면적과 용적비가 200 이상인 것을 열교환기를 의미한다.

13.2 열교환기에서의 유체 흐름

표 13.3 열교환 형식에 따른 유체 흐름

	대향류형	병행류형	교류형
쉘엔튜브식	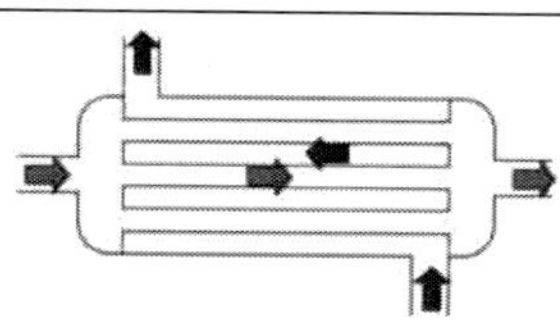	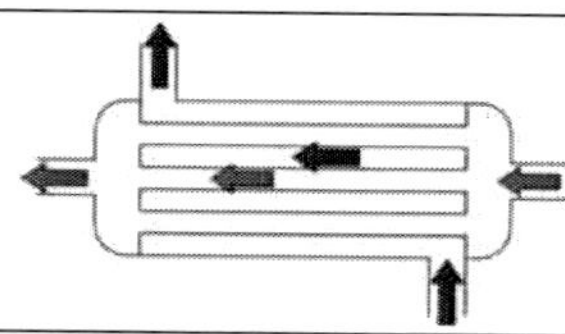	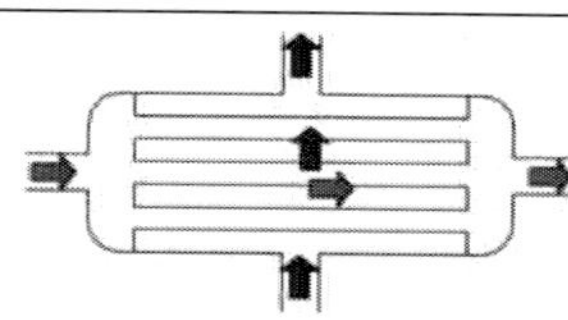
플레이트식	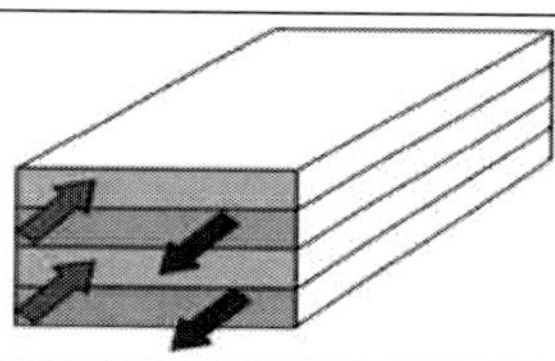	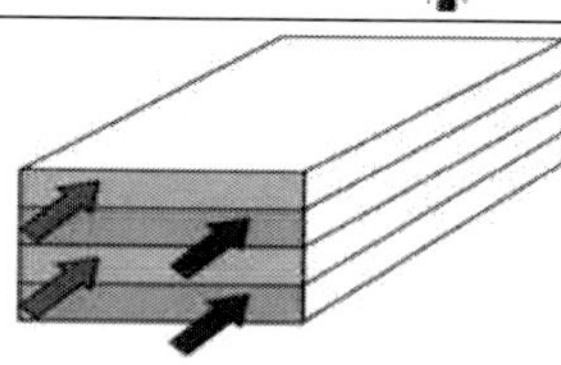	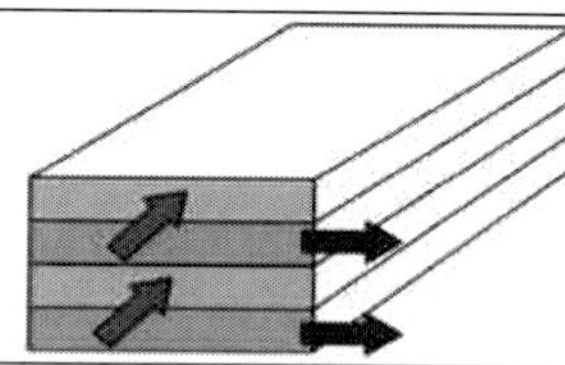
직접 접촉식	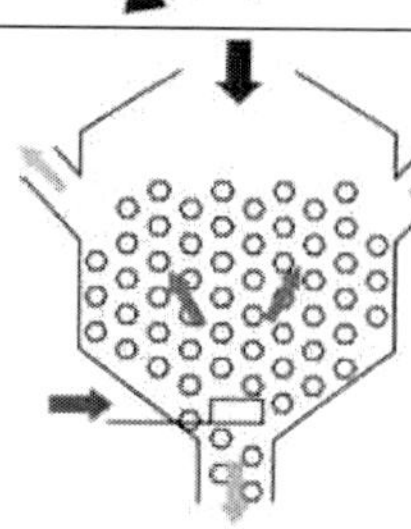	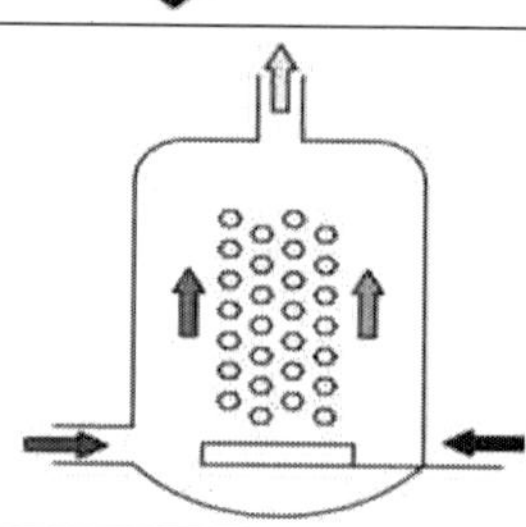	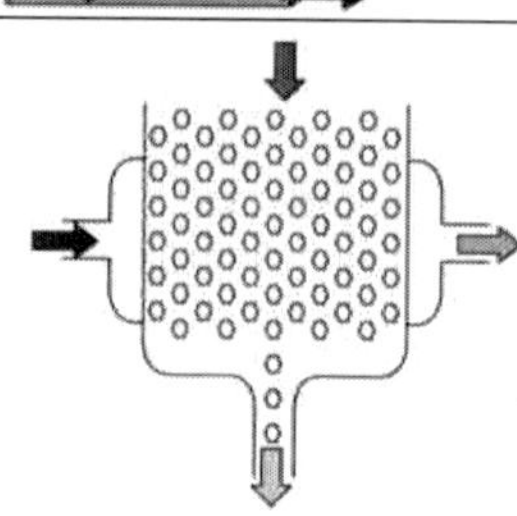

열교환기내에서 고온 유체와 저온 유체의 흐름 방식에 따라 대향류형, 병행류형, 교류형 열교환기로 구분된다.

표 13.3은 열교환기에서의 유체 흐름을 나타낸 것이고, 표 13.4는 열교환 과정에서의 온도 변화를 나타낸 것이다.

표 13.4 열교환 과정에서의 온도 변화

		대향류형	병행류형	교류형
온도 변화 (1차 유체/2차 유체)	단상/단상	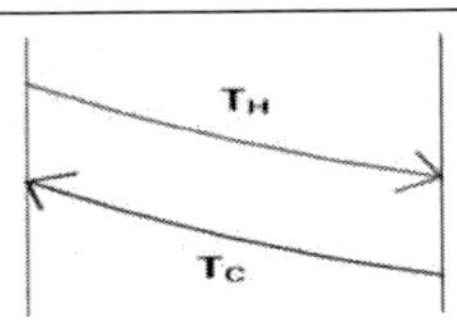	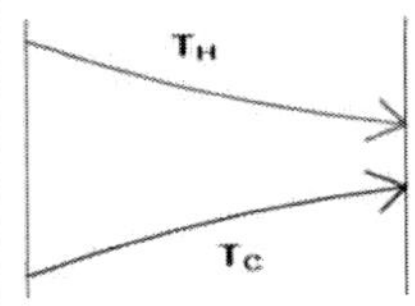	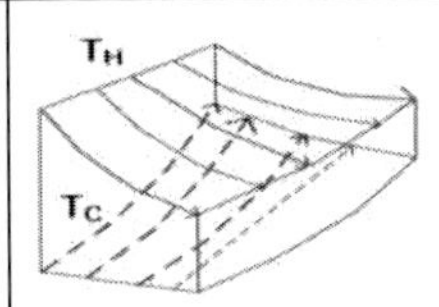
	기액이상/단상	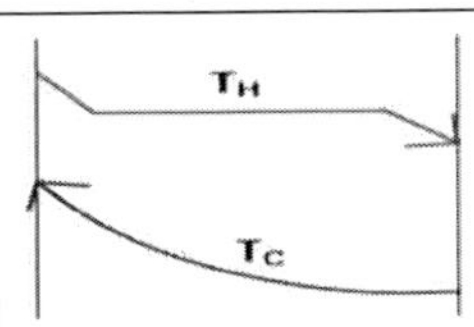	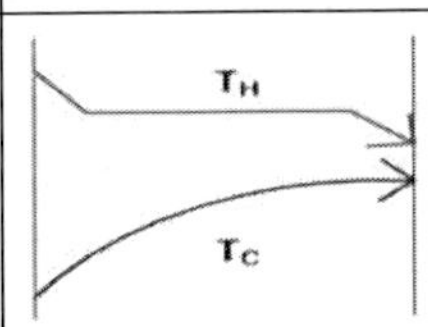	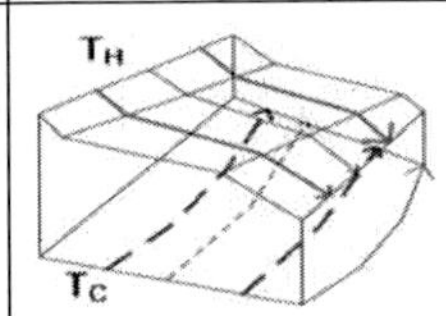
	단상/기액이상	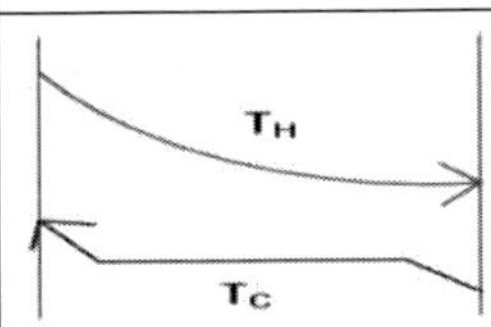	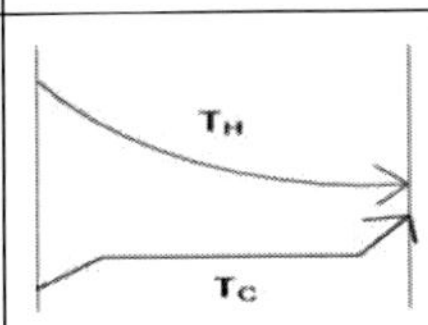	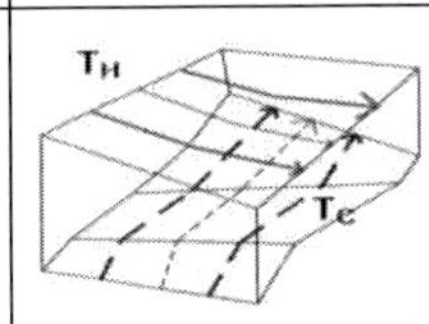
	기액이상/기액이상	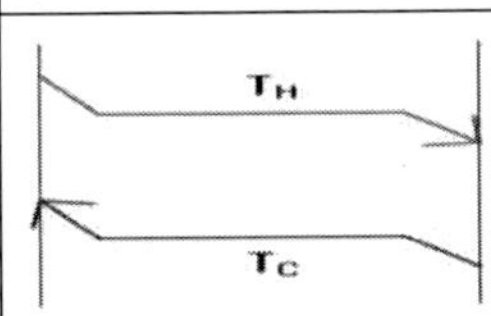	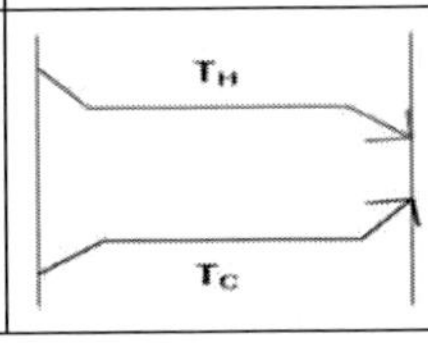	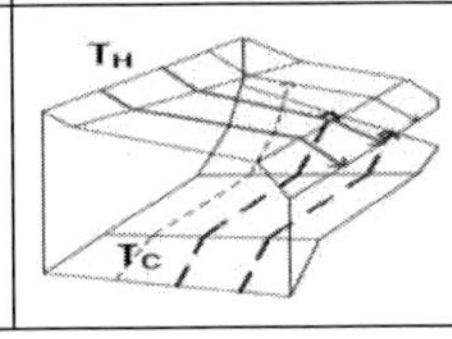

대향류형 열교환기에서는 고온 유체와 저온 유체의 흐름 방향이 역방향으로, 한쪽 유체의 출구 온도를 다른 유체의 입구 온도에 근접시킬 수 있기 때문에 열교환 특성을 양호하게 할 수 있다. 병행류형 열교환기에서는 양유체의 흐름 방향이 동일하기 때문에 한쪽 유체의 출구 온도를 다른 유체의 입구 온도에 근접시킬 수 없기 때문에 열교환 특성은 대향류형보다 좋지 않다. 따라서, 양유체에 상변화가 없을 경우에는 향류형 열교환기를 거의 사용하지 않는다. 교류형 열교환기는 양유체의 흐름 방향이 직교 혹은 경사지게 되고 있기 때문에 그림에서와 같이 온도 분포가 2차원적이 되면서 양유체의 출구 온도가 일정하지는 않지만, 플레이트형 열교환기 등에서는 구조상 유체의

출입구 부분이 직교 혹은 경사지는 경우가 많다.

13.2.1 열교환기에서의 열량 변화

열교환기에서 전열면을 통한 열이동 과정에서의 교환 열량은 다음과 같다.

$$Q = K \cdot (T_H - T_C) \cdot A \quad (W) \tag{13.1}$$

Q : 교환 열량 (W)

K : 열통과계수 (W/m²K)

T_H, T_L : 고온 유체 및 저온 유체의 온도 (℃)

A : 전열면적 (m²)

식 (13..1)에서 Q는 국소적인 열량을 나타내는 것으로, 열교환기에서의 교환 열량은 국소 열량을 전열면적으로 적분시킴으로서 얻을 수 있다.

열교환장치를 설계하거나 이용하는 과정에는 2가지의 목적이 있다. 즉, ① 양유체의 입구 및 출구 조건을 파악하여 열교환량을 계산하여 전열 면적을 구하는 경우와 ② 열교환기에 있어 양 유체의 입구 조건을 파악하여 출구 조건과 열교환량을 계산하는 경우이다. 단상류의 열교환기에 대해 설명하면 다음과 같다.

(1) 대향류 열교환기

그림 13.13은 대향류 열교환기에서의 온도 변화를 나타낸 것이다.

① 입출구 온도 조건이 주어진 경우

$$W_H = G_H \cdot c_{pH} \ , \quad W_C = G_C \cdot c_{pC} \tag{13.2}$$

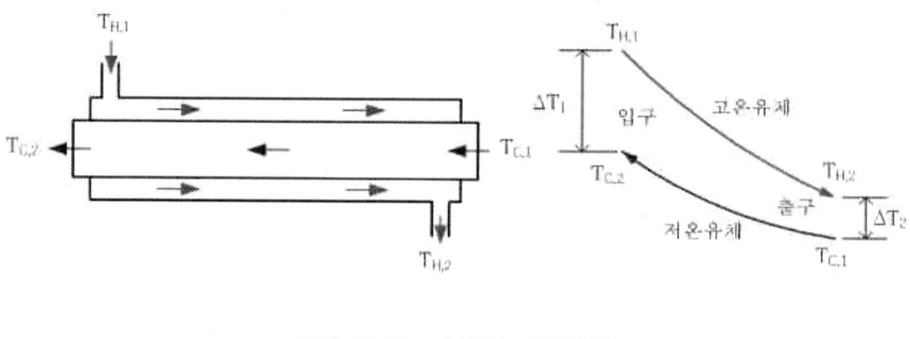

그림 13.13 대향류 열교환기

G_H, G_C : 고온측 및 저온측 유체의 유량 (kg/h)

c_{pH}, c_{pC} : 고온측 및 저온측 유체의 비열 (J/kg · K)

W_H, W_C : 고온측 및 저온측의 열당량(W/K)

미소 면적 dA를 통한 열평형에 의해 다음 식이 성립된다.

$$dQ = K \cdot (T_H - T_C) \cdot dA = -W_H \cdot dT_H = -W_C \cdot dT_C \quad (13.3)$$

$$d\Delta T = d(T_H - T_C) = dT_H - dT_C \quad (13.4)$$

식 (13.3)에서 구한 dT_H, dT_C를 식 (13.4)에 대입하여 정리하면 다음과 같다.

$$dA = \frac{1}{K\left(\frac{1}{W_C} - \frac{1}{W_H}\right)} \cdot \frac{d\Delta T}{\Delta T} \quad (13.5)$$

식 (13.5)를 $A = 0$에서부터 $A = A_0$까지 적분하면 다음과 같다.

$$A_0 = \ln\left(\frac{T_{H2} - T_{C1}}{T_{H1} - T_{C2}}\right) \bigg/ K \cdot \left(\frac{1}{W_C} - \frac{1}{W_H}\right) \quad (13.6)$$

따라서, 총 교환 열량은 식 (13.7)과 같고, 식 (13.7)과 식 (13.6)에서 W_H, W_C를 소거시키면 식 (13.8)과 같이 정리된다.

$$Q = W_H \cdot (T_{H1} - TH_2) = W_C \cdot (T_{C2} - T_{C1}) \quad (13.7)$$

$$Q = K \cdot A_0 \cdot \frac{\Delta T_1 - \Delta T_2}{\ln\left(\frac{\Delta T_1}{\Delta T_2}\right)} \quad (13.8)$$

식 (13.8)에서 ΔT_1, ΔT_2는 열교환기에 있어서 유체의 흐름 방식에 따라 달라지며, 식 (13.8)을 다시 정리하면 식 (13.9)와 같고, 식 (13.9)의 ΔT_m는 대수 평균 온도차로서 열교환기에서 있어서 평균 열전달 온도차를 의미한다.

$$Q = K \cdot A_0 \cdot \Delta T_m \quad (13.9)$$

이상의 과정이 양유체의 입구 및 출구 조건을 파악하여 열교환량을 계산하여 전열면적을 구하거나 전열면적이 주어질 경우에는 어느 정도의 열량이 교환되는가를 파악할 수 있다.

② 입구 조건만 주어진 경우

식 (13.3)의 2항과 3항을 식 (13.10)과 같이 정리할 수 있다.

$$T_C = \frac{W_H}{K} \cdot \frac{dT_H}{dA} + T_H \tag{13.10}$$

식 (13.10)을 전열면적으로 적분하고, 식 (13.3)의 3항과 4항에 대입하면 다음과 같다.

$$\frac{d^2T_H}{dA} + K \cdot \left(\frac{1}{W_H}\frac{1}{W_C}\right) \cdot \frac{dT_H}{dA} = 0 \tag{13.12}$$

여기서, 식 (13.12A)와 식 (13.12B)를 정의하여 식 (13.12)의 미분 방정식 해를 구하면 식 (13.14)와 같다.

$$N = K \cdot A \cdot \left(\frac{1}{W_C} - \frac{1}{W_H}\right) \tag{13.13A}$$

$$N_0 = K \cdot A_0 \cdot \left(\frac{1}{W_C} - \frac{1}{W_H}\right) \tag{13.13B}$$

$$T_H = C_1 \cdot \exp\ N + C_2 \tag{13.14}$$

식 (13.14)를 식 (13.11)에 대입하면 식 (13.15)와 같다.

$$T_C = C_1 \cdot \frac{W_H}{W_C} \cdot \exp\ N + C_2 \tag{13.15}$$

$A = 0$인 경우에는 $T_H = T_{H1}$, $A = A_0$인 경우에는 $T_C = T_{C1}$를 식 (13.14) 및 식 (13.15)에 대입하여 C_1, C_2를 구하여 정리하면 다음과 같다.

$$T_H = \frac{(T_{H1} - T_{C1})\exp\ N + T_{C1} - T_{H1} \cdot \frac{W_H}{W_C}\ \exp\ N_0}{1 - \frac{W_H}{W_C}\exp N_0} \tag{13.16}$$

$$T_C = \frac{(T_{H1} - T_{C1})\frac{W_H}{W_C}\exp\ N + T_{C1} - T_{H1} \cdot \frac{W_H}{W_C}\ \exp\ N_0}{1 - \frac{W_H}{W_C}\exp N_0} \tag{13.17}$$

식 (13.16)에서 $N=N_0$인 경우에는 T_{H2}, 식 (13.17)에서 $N=0$인 경우에는 T_{C2}를 구할 수 있다. 또한 교환열량은 다음과 같다.

$$Q = W_H \cdot (T_{H1} - T_{C1}) \cdot \frac{1-\exp N_0}{1-\dfrac{W_H}{W_C}\cdot \exp N_0} \tag{13.18}$$

따라서, 입구 조건만 주어진 열교환기에서의 출구 온도, 교환 열량 등을 계산할 수 있다.

(2) 병행류 열교환기

그림 13.14에서와 같은 단상류 병행류형 열교환기의 경우에도 양유체의 입구 및 출구 조건에서 열교환량 및 전열면적을 구하는 과정은 대향류형 열교환기의 경우와 동일하게 식 (13.9) 및 식 (13.10)을 이용하여 계산할 수 있으며, 입구 조건만을 이용하여 출구 조건과 열교환량을 계산하는 경우에 대해서도 계산이 가능하다.

$$M = -K \cdot A \cdot \left(\frac{1}{W_H} + \frac{1}{W_C}\right) \tag{13.19A}$$

$$M_0 = -K \cdot A_0 \cdot \left(\frac{1}{W_H} + \frac{1}{W_C}\right) \tag{13.19B}$$

$$T_H = \frac{(T_{H1} - T_{C1}) \cdot \exp M + T_{C1} + T_{H1} \cdot \dfrac{W_H}{W_C} \cdot T_{H1}}{1 + \dfrac{W_H}{W_C}} \tag{13.20}$$

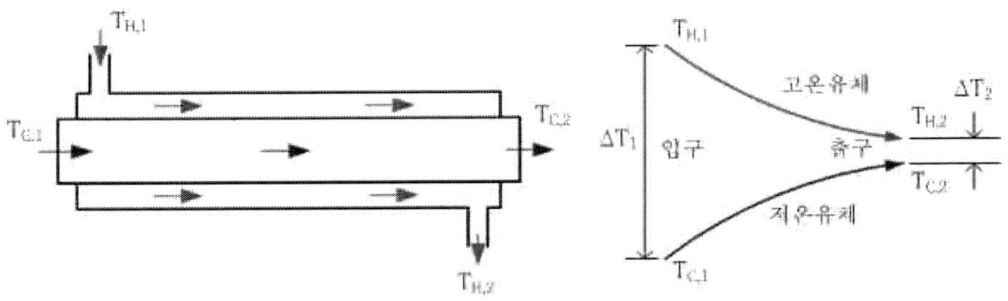

그림 13.14 병행류 열교환기

$$T_C = \frac{-(T_{H1}-T_{C1})\cdot\frac{W_H}{W_C}\cdot \exp M + T_{C1} + \frac{W_H}{W_C}\cdot T_{H1}}{1+\frac{W_H}{W_C}} \tag{13.21}$$

$$Q = W_H\cdot(T_{H1}-T_{C1})\cdot\frac{1-\exp M_0}{1+\frac{W_H}{W_C}} \tag{13.22}$$

$$\phi_H = \frac{T_{H1}-T_{H2}}{T_{H1}-T_{C1}} \tag{13.23}$$

$$\phi_C = \frac{T_{C2}-T_{C1}}{T_{H1}-T_{C1}} \tag{13.24}$$

(3) 교류형 열교환기

교류형 열교환기의 경우에는 대향류형이나 병행류형과 같이 T_H, T_C, ΔT_m 등과 같이 하나의 식으로 나타낼 수 없다. 실제로는 전열면을 메시(mesh) 분할하고, 분할된 각 메시에 대해 열평형을 계산하고, 전열면에 따른 온도 변화를 구하게 된다.

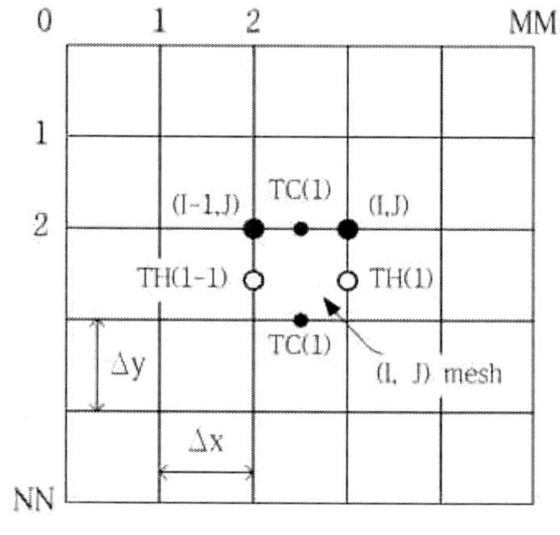

그림 13.15 교류형 열교환기

그림 1.15에 직교류형 플레이트 열교환기의 양유체 및 간벽의 온도 분포를 계산하기 위한 메시 분할도를 나타내었다. $\Delta x\times\Delta y$의 미소 전열면적 요소(메시)에 대하여 이 메시를 통과하는 열교환을 고려하도록 한다. 고온측 및 저온측의 유체가 이 메시를 통과하기 전의 온도를 T_{H1}, T_{C1}, 통과후의 온도를 T_{H2}, T_{C2} 라 가정한다. 또한, 계산을 간단하게 하기 위해 메시 내의 온도 분포는 평면을 가정하면 메시를 통과하는 교환열량 Q는 다음과 같이 정리할 수 있다.

$$Q = W_H(T_{H1}-T_{H2}) = W_C(T_{C2}-T_{C1}) = K\left(\frac{T_{H1}+T_{H2}}{2}-\frac{T_{C1}+T_{C2}}{2}\right)A \tag{13.25}$$

W_H, W_C는 고온측, 저온측 메시에 대한 수당량(W/K), K는 열통과율(W/㎡·K), A

는 메시의 전열면적(= $\Delta x \cdot \Delta y$)이다. 식 (13.25)의 제 4항은 열전달의 온도차를 고온측과 저온측 유체의 입·출구 평균 온도차로 고려한 간단한 가정에 의해 얻어진 항이다. 식 (13.25)을 정리하면 T_{H2}, T_{C2}가 T_{H1}, T_{C1}의 함수로서 다음과 같이 정리될 수 있다.

$$T_{H2} = \frac{\left[2W_H - KA\left(1 - \frac{W_H}{W_C}\right)\right] \cdot T_{H1} + 2KAT_{C1}}{KA\left(1 + \frac{W_H}{W_C}\right) + 2W_H} \tag{13.26A}$$

$$T_{C2} = T_{C1} + \frac{W_H}{W_C} \cdot (T_{H1} - T_{H2}) \tag{13.26B}$$

식 (13.27)를 이용하여 그림 1.15에서 왼쪽 위의 메시로부터 순차적으로 각 메시를 통과한 후의 온도 T_{H2}, T_{C2}를 계산함으로서 양 유체의 온도 분포를 알 수 있고, 총교환 열량을 알 수 있다. 이러한 온도 분포는 식 (13.27)을 이용하여 급수로서 나타낼 수 있지만, 실제로는 컴퓨터로 처리하는 것이 일반적이다.

13.3 응축기의 종류 및 특징

응축기는 냉각매체의 종류에 따라 수냉식, 공냉식, 증발식으로 분류할 수 있다.

(1) 수냉식 응축기

냉각수의 현열로 냉매를 냉각 액화시키는 응축기로서 일반적으로 사용되는 응축기의 종류는 횡형 쉘엔튜브형, 입형 쉘엔튜브형, 이중관형 응축기 등이 있다.

(2) 공냉식 응축기

외기로 냉매를 냉각액화시키는 응축기로서, 관내로 냉매, 관외로 공기를 흘려 열교환시킨다. 수냉응축기와 비교하여 전열성능이 낮기 때문에 응축온도가 높고, 압축동력이 증대되게 된다. 또한, 크기도 대형이라는 단점도 있지만, 냉각수를 얻을 수 없는 경우에 적합하다.

공냉식 응축기의 공기측 열전달율은 냉매측 열전달율과 비교하여 상당히 작기 때문에 열교환기로서는 공기측에 전열면적을 부가시킬 필요가 있고, 냉매관의 외측에 큰 면적을 가진 핀을 설치한 플레이트핀 열교환기를 사용하는 것이 일반적이다.

표 13.5 응축기의 종류와 특징

	수냉식		증발식	공냉식	
	횡형	입형		강제통풍식	자연통풍식
냉매의 종류	R22, NH3	NH3	NH3, R22	R22	R12
장점	열통과율 확대 소형화, 유닛화	설치면 小 전열관의 청소용이	냉각수소비량 최소 낮은 응축온도	냉각수 불필요 수배관 불필요	냉각수,불필요 소음 없음 동력 불필요
단점	냉각관 부식 냉각탑 수질관리	냉각수량 大 크기 大	설치면 大 소음 大 수질관리 필요 냉각수측 청소	대형 전열면적 大 냉동기 동력 大	가장 대형 전열면 최대 냉동기동력 최대
능력변동	냉각수온 냉각수량 수질	←	공기 습구온도 송풍량	공기 건구온도 송풍량	공기 건구온도
전열관의 종류	로핀 Thermoexcel-C Inner Fin	나관	←	plate fin	←
열통과율 (kcal/m²h℃)	로핀 700~1 160 나관 930~1 160	나관 700~930	나관 350~410	plate fin 23~35	plate fin 6~9
전열면적 (m²/RT)	로핀 : 0.6~0.8 나관 : 1.0~1.4	나관 1.2(냉각수입구 23 ℃)	나관 : 2.0~2.4	plate fin:10~15	plate fin 30~40

(3) 증발식 응축기

냉각수의 증발잠열을 이용하여 냉매를 냉각액화시키는 응축기로서, 일반적으로 암모니아 냉매용으로 많이 사용되고 있다. 냉각수의 소비량은 냉각탑을 조합하여 사용하는 수냉식 응축기와 비슷하다.

13.3.1 수냉식 응축기

(1) 횡형 쉘엔튜브형 응축기

원형단면의 동체 내부에 여러 개의 관을 배치하고, 관의 양 끝을 동체 양단에 있는 관판에 확관 밀착 혹은 용접시켜 냉매의 기밀을 유지하는 구조이다. 관 내외의 유체 사이에서 열교환을 시키고 있다. 이 형식의 응축기에서는 관내로 물, 관외는 냉매를 흘리는 것이 일반적으로, 관 판의 외측에 부착된 물쟈켓 내의 구분에 의해 냉각수의 통로가 여러 개의 패스로 구분되고 있다.

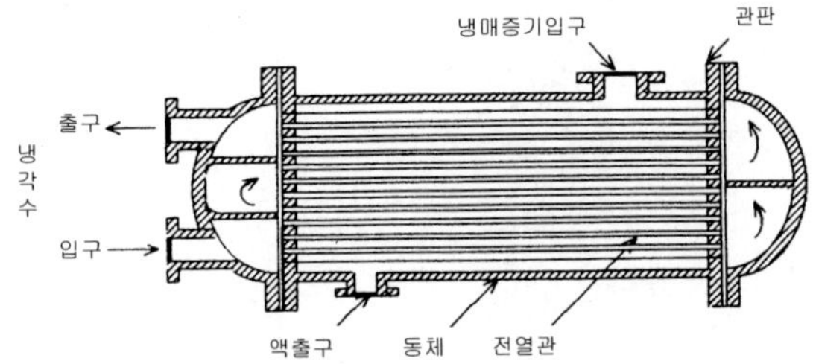

그림 13.16 횡형 쉘엔튜브 응축기

- 컴팩트하여 설치 면적비가 상당히 작다
- 기계실의 어떤 장소에도 설치 가능
- 수배관이 용이
- 설치 비용 저렴

(2) 입형 쉘엔튜브형 응축기

주로 대용량의 암모니아용 응축기로서 사용되고 있다. 냉각수는 상부로부터 들어와서 수조로 흡입되는 형식이다. 옥외에 설치되는 것이 일반적이지만, 다음과 같은 특징이 있다.

- 용량이 큰 데 비해 설치 면적이 작다
- 냉각관의 청소가 용이
- 설치 비용이 저렴

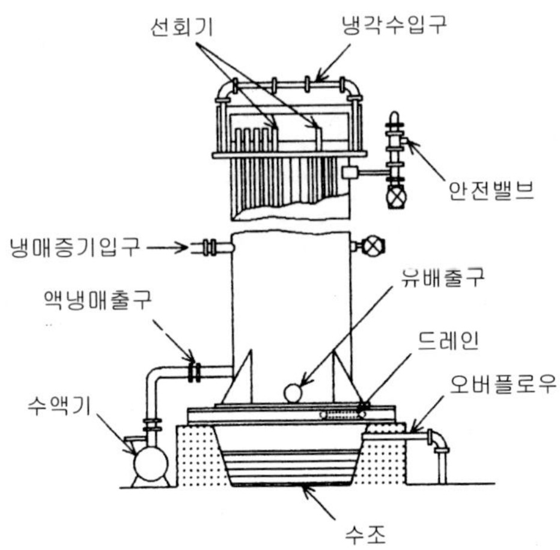

그림 13.17 입형 쉘엔튜브 응축기

(3) 이중관 응축기

주로 소용량의 응축기로서 사용되는 것으로, 구조는 동심 이중관으로 구성되어 있고, 냉매는 외관과 내관 사이를 흐르고, 냉각수는 내측의 관 내를 냉매와는 반대 방향으로 흐르는 것이 일반적이다. 구조는 간단하지만, 크게 될수록 관의 지지 등에 문제가 있다. 따라서, 소용량으로 많이 사용된다. 냉각수의 유속은 0.5 ~ 2.0 m/s에서 가장 양호한 열통과율이 얻어진다.

이중관 응축기의 결점은 냉각관을 청소할 경우, 관이 구부러져 있기 때문에 약품을 이용하는 것만이 청소를 할 수 있다는 점이다. 따라서, 물때가 생기지 않도록 미리 주의할 필요가 있다.

13.3.2 공냉식 응축기

외기로 냉매를 냉각하는 응축기로서 냉각수를 얻을 수 없는 경우에 사용한다. 공냉식 응축기는 관내로 냉매, 관외로 공기가 흐르면서 열교환하는 형태이지만, 수냉식의 경우와 비교하여 공기측의 열전달율이 상당히 낮기 때문에 대형이 된다. 그러나, 냉각수가 필요없다는 점, 가정용 등의 소용량의 냉방기에는 많이 이용된다.

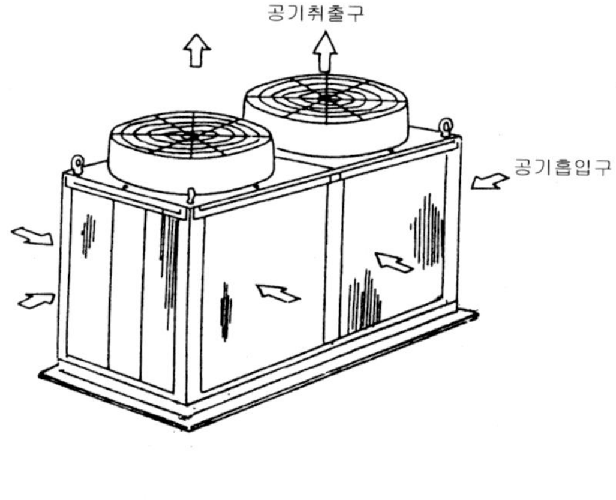

그림 13.18 공냉식 응축기

대표적인 구조는 열교환기, 송풍기를 조합시킨 구조이다. 공냉식 열교환기에서는 공기측의 열전달율은 냉매의 응축열전달율과 비교하여 매우 낮기 때문에 이를 보상하기 위하여 공기측에 확대 전열면으로서 큰 전열면적을 가진 핀을 설치한 핀튜브나 플레이트핀튜브가 이용된다. 이렇게 함으로서 공기측에 냉매측 전열면적과 비교하여 20 ~ 30배라는 큰 면적을 가진 핀을 설치할 수 있다. 이와 같이 공기측에 큰 전열면적을 필요로 하기 때문에 공냉식 응축기에서는 관내로 냉매를 흘리고, 관외로 공기가 흐르는 구조이다.

최근에는 중소용량의 기기를 중심으로 공냉식 응축기가 많이 이용되고 있고, 공냉식 응축기의 소형화를 위해 각종 핀이나 전열관이 개발되고 있다.

13.3.3 증발식 응축기

증발식 응축기의 냉각방식은 수냉식 응축기와 공냉식 응축기의 중간 성격을 가진 응축기로서, 전열관의 외표면을 분무수로 적시고, 여기에 공기를 흘려 물의 증발잠열을 이용하여 냉각하는 응축기이다.

증발식 응축기의 특징은 실내, 실외 구분없이 설치할 수 있고, 물의 사용량은 냉각 작용의 대부분이 물의 증발잠열을 이용하기 때문에 수냉식 응축기의 순환식과 비슷한 정도이다. 또한, 증발식 응축기는 구조 변환없이 그대로 공냉식으로도 사용할 수 있고, 년간 운전의 경우에는 유리하다. 증발식 응축기를 사용할 때의 특징은 다른 응축기를 사용하는 경우와 비교하여 응축온도를 낮게 유지할 수 있다는 점이다.

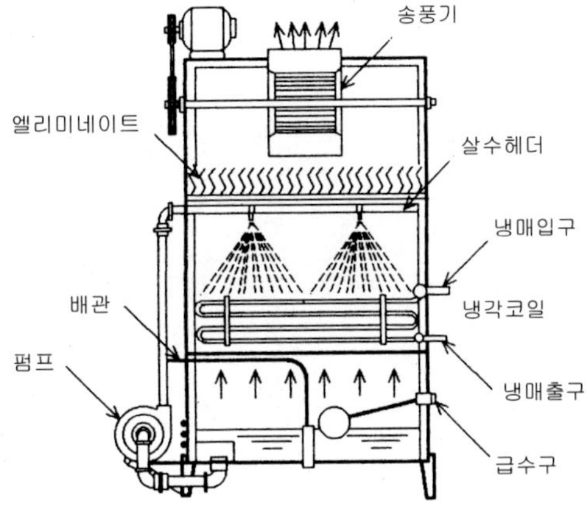

그림 13.19 흡입형 증발식 응축기

증발식 응축기의 구조는 냉각코일에 노즐로부터 물을 분무하고, 또한 상부의 송풍기로 코일에 공기를 불어 코일 표면으로부터 증발하는 수증기를 배출하는 형식이다. 코일에 분무되는 물 중에서 증발하지 않고 하부로 모이는 물은 탱크 내의 물과 함께 순환 펌프에 의해 상부로 토출되어 다시 노즐로부터 분무되게 된다.

13.3.4 냉각수 관리

(1) 냉각수의 수질

수냉식 응축기에서 사용하는 냉각수에는 냉각탑을 사용하는 순환수와 지하수 등을 사용하는 일과식이 있지만, 현재는 순환수를 사용하는 경우가 대부분이다.

(2) 오염계수

수냉식 응축기를 장시간 사용할 경우, 냉각수 내의 스케일이 전열관 표면에 부착되어 전열관의 성능을 저하시키게 된다. 냉각수의 종류에 따라 오염 계수는 열통과율에 대해 상당한 영향을 미치게 된다. 냉각수의 종류와 유속에 대한 오염 계수는 다음과 같다.

표 13.6 냉각수의 수질 기준

항목	기준치
pH (25 ℃)	6.0 ~ 8.0
도전율 (25 ℃) (μΩ/cm)	500 이하
Cl− 이온 (ppm)	200 이하
SO42− (ppm)	200 이하
Fe (ppm)	1.0 (0.5)
M알카리도 CaCO3 (ppm)	100 이하
경도 CaCO3 (ppm)	200 이하
S2− 이온 (ppm)	미검출
NH4+ 이온 (ppm)	미검출
SIO2 (ppm)	50 이하

표 13.7 물의 오염계수 (㎡h℃/kcal)

과열유체 온도	115 ℃ 이하	
물의 온도	50 ℃ 이하	
물의 유속	0.9 m/s 이하	0.9 m/s 이상
해수	0.00010	0.00010
냉각탑 또는 분무수	0.00021	0.00021
처리수	0.00061	0.00061
하처리수	0.00021	0.00021
수돗물, 우물물, 하수		
최소치	0.00041	0.00021
평균치	0.00061	0.00041
경수 (250 ppm 이하)	0.00061	0.00061

13.4 증발기의 종류

증발기는 냉각기라고도 한다. 냉각대상인 물체를 냉매로 직접 냉각하는 경우에는 증발기와 냉각기는 동일한 의미를 가지지만, 냉매로 냉각한 물이나 브라인 등을 순환시켜 냉각대상물을 냉각하는 경우, 냉매로 브라인 등을 냉각하는 열교환기가 증발기이다.

증발기는 용도에 따라 다양한 형식과 종류가 있지만 구조적으로는 응축기와 비슷한 것이 많다. 증발기는 일반적으로 건식 증발기와 만액식 증발기로 구분된다.

13.4.1 건식 증발기

일반적으로 건식 증발기에서는 냉매는 관내, 피냉각매체는 관외로 흐른다. 팽창밸브에 의해 저온저압의 액과 증기의 냉매가 증발기 입구로 유입되고, 증발기 내를 흐르면서 피냉각매체와 열교환하여 냉매액을 증발시켜 증발기 출구에서는 이미 과열 상태의 냉매증기가 되는 방식이다. 냉매유량 제어에는 온도자동 팽창밸브를 사용하고, 증발기 출구에서 냉매는 과열상태로 되어 압축기로의 액백을 방지한다.
건식증발기의 일반적인 특징은 다음과 같다.

① 수회로의 유로저항이 작다

② 냉매제어는 온도식 자동팽창밸브로 간단하게 할 수 있다

③ 사용 냉매량이 작다

④ 관내로 냉매가 흐르기 때문에 냉매증기의 속도가 크기 때문에 압축기로의 유회수가 양호하다

⑤ 물이 일부 동결되어도 관외이기 때문에 관을 폐쇄 파열시킬 위험성이 작다

13.4.2 만액식 증발기

만액식 증발기는 팽창밸브를 나온 저온저압의 냉과 증기의 혼합상태인 냉매 중에서 냉매액만을 모아 전열관외를 냉매액으로 적시고, 관내를 흐르는 피냉각매체와의 열교환에 의해 냉매액을 증발시키는 형식이다. 이때 제어는 냉매의 액면 높이를 일정하게 하는 방식이다. 만액식 증발기는 냉매측의 열전달율이 크다는 이점이 있으나, 물을 냉각하는 경우에 냉매의 증발온도가 빙점 이하로 낮다면 전열관 내의 물이 부분적으

로 동결되어 전열관을 폐쇄시킬 위험성이 있기 때문에 주의해야 한다.

13.4.3 액순환식 증발기

증발기 내의 전열관으로의 냉매액 공급을 크게 하는 방식이다. 액순환식은 팽창밸브를 나온 액과 증기의 혼합상태인 냉매 중에서 냉매액만을 분리 저장하고, 이 냉매액을 펌프로서 증발기로 흡입시켜 액의 일부를 증발시키는 것이다. 관내에 액을 보내는 경우와 관외로 액을 살포하는 경우가 있다. 관내로 액을 보내는 경우는 만액식 증발기와 같이 냉매가 적신 면이 많기 때문에 냉매측의 열전달율이 좋다. 관외로 냉매액을 살포하는 경우는 만액식 증발기와 비교하여 냉매량이 적어도 된다.

13.4.4 액냉각기

공기조화나 일반 화학공업에서 액체 냉각용으로 사용되는 액냉각기이다.

(1) 쉘엔튜브형 냉각기

전열관내를 냉매가 흘러 직접 팽창방식으로 사용된다. 대부분의 경우, 냉동기와 조합된 칠링유닛으로 형성된다. 냉각되는 액체도 물, 브라인 외에 알콜류, 에칠렌글리콜류, 프레온 등이 있디.

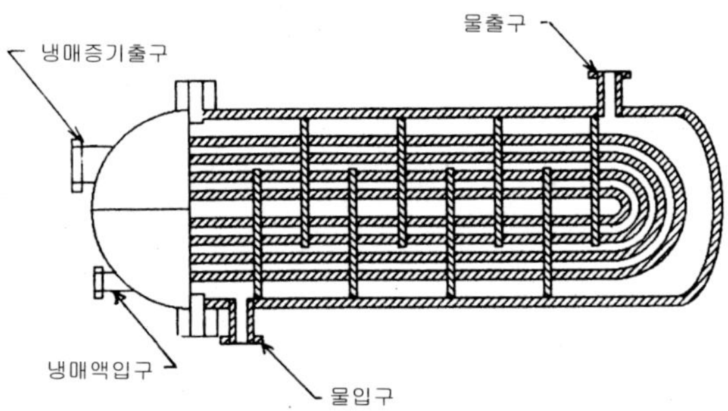

그림 13.20 건식 쉘엔튜브식 냉각기

그림 13.20에서와 같이 만액식 쉘엔튜브형 냉각기와 거의 동일한 구조로, 단지 전열관 내를 냉매, 전열관 외를 피냉각유체가 흐르는 점이 다른다. 관외의 흐름을 제어하는 판은 피냉각유체의 흐름을 관에 대해 직각 방향으로 바꿔 유속을 증대시키는 것으로, 판의 간격이 작다면 유속이 증대되어 전열이 좋아지지만, 통로저항도 급격하에 증대되어 관의 침식이 일어나기 때문에 유속 한계가 있다. 유속은 일반적으로 0.3 ~ 2.4 m/s이고, 동관의 경우에는 평균 1.0 m/s이다.

이 방식의 냉각기를 만액식 냉각기와 비교하면 냉매측의 압력손실이 크고, 또한 원심 압축기에서는 압력 자체가 용적 압축기보다 낮기 때문에 원심 압축기를 사용할 때에는 쉘엔튜브형 냉각기가 적합하다고 할 수 없다.

(2) 쉘엔코일형 냉각기

그림 13.21에서와 같이 피냉각매체가 흐를 수 있도록 강 또는 합금강제의 탱크 중에 코일형태의 전열관을 수납하고, 관내를 냉매가 흐르도록 한 것이다. 코일에 대해 물의 유동속도가 작기 때문에 열전달율은 양호하지 않지만, 구조가 간단하여 비용면에서 유리하기 때문에 소용량 기종에 많이 이용된다. 또한 제어는 온도식 자동팽창밸브나 모세관을 이용한다.

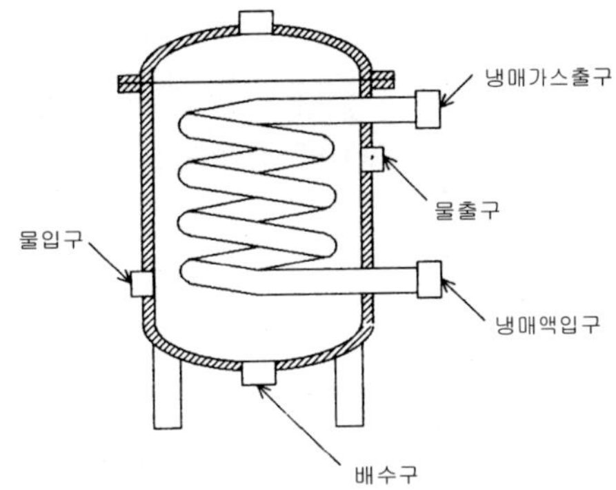

그림 13.21 쉘엔코일형 냉각기

쉘엔코일형 냉각기의 특징은 탱크에 피냉각매체가 저장되기 때문에 부하의 급변화시에 피냉각매체의 온도변화를 방지할 수 있다는 점이다.

(3) 이중관형 냉각기

구조는 이중관 응축기과 같이 동심 이중관으로 구성되어 있다. 냉매는 내측의 관을 흐르는 경우와 두 개의 관 사이를 흐르는 경우가 있다. 어떤 경우에도 유속을 크게 할 수 있으므로 열전달율이 크고, 소용량 기기에 많이 이용된다. 단, 청소가 곤란하다는 점과 물의 동결에 의한 관 파손의 위험이 있다.

13.4.5 공기 냉각기

공기조화나 냉장고 등에서 공기를 직접 냉각하는 열교환기이다.

암모니아용과 프레온용으로 있다. 암모니아용은 주로 냉장고용으로 이용되고, 프레온용은 냉장고, 공조기용으로 이용된다. 구조는 나관으로 관군을 형성하고 있는 것도 있지만, 관외로 큰 전열면적을 가진 핀을 부착한 것이 많다. 암모니아 냉각기는 직경 16 ~ 19 mm의 동관을 이용하고, 강판제 핀을 접합시킨 경우가 많으며, 핀피치는 착상을 고려하여 6 ~ 12 mm가 일반적이다. 프레온용 냉각기의 경우는 9 ~ 16 mm의 동관에 핀을 부착한 것이 사용된다. 핀피치는 냉장고에 착상이 많기 때문에 6 ~ 12 mm,

가정용 공조기에서는 1.5 mm가 사용되고 있다.

공기 냉각용의 증발기로서는 관내로 냉매, 관외로 공기가 흐르는 것이 일반적이다. 또한 관외를 흐르는 공기는 극소용량기를 제외하고 송풍기로 강제 대류시키는 것이 대부분이다.

13.4.6 만액식 냉각기

(1) 쉘엔튜브형 냉각기

공기조화장치, 화학공업, 식품공업 등에서 물이나 브라인을 냉각하는 경우에 사용되는 경우가 많고, 대용량의 것도 사용된다.

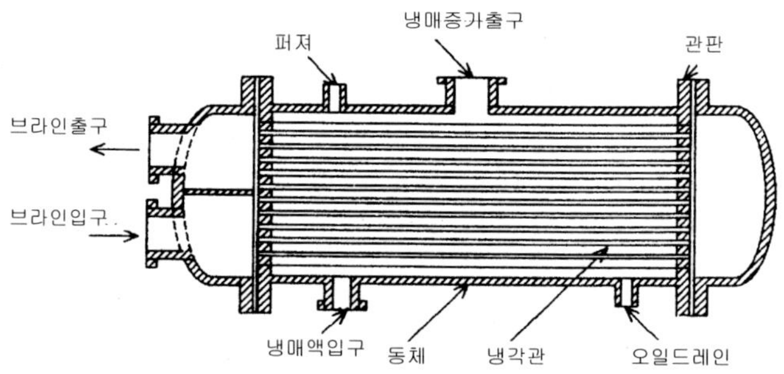

그림 13.22 만액식 쉘엔튜브형 냉각기

구조는 횡형 쉘엔튜브형 응축기와 같이 강제 동체와 양단에 동체와 용접된 관판에 여러 개의 전열관을 설치하여 관외로 냉매, 관내로 피냉각유체가 흐르는 형식이다. 여기에 냉매의 분배를 균일하게 하기 위하여 석션헤더와 리퀴드헤터, 냉매의 공급량을 제어하기 위한 제어기, 액면계 등이 부속된다. 최근에는 열교환기의 소형을 목적으로 전열관 외면에 미세가공한 고성능 전열관도 사용되기 시작하였다. 만액식 냉각기를 사용하는 경우에 특히 주의해야 될 사항은 관내에서 물이나 브라인의 동결과 냉매와 함께 압축기로부터 나온 윤활유의 환수가 문제이다.

(2) 보데로형 냉각기

보데로형 냉각기는 수평인 다단식 냉각관으로 구성되어 있고, 그 내부를 냉매가 순환하고 있다. 한편, 피냉각매체인 액체는 상부의 수조 하부에 설치된 여러 개의 작은 구멍으로부터 냉각관 외면에 막상으로 적하되어 냉각된다.

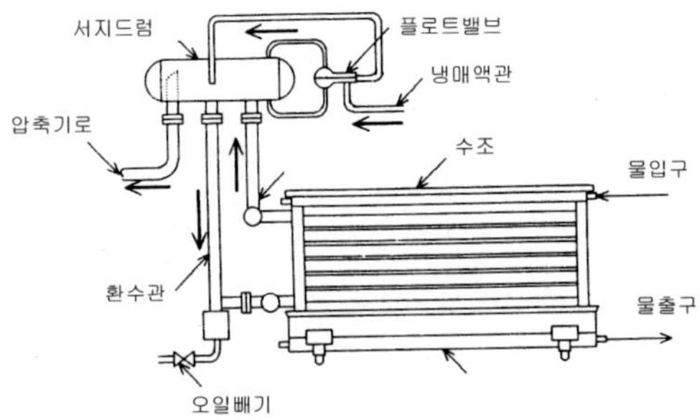

그림 13.23 보데로형 냉각기

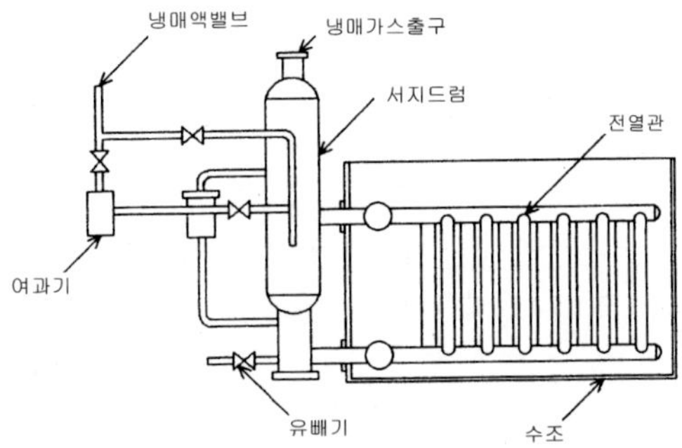

그림 13.24 탱크형 냉각기

(3) 탱크형 냉각기

대형의 브라인 또는 수냉각장치로 사용되는 것으로, 대량의 액체를 수용하는 용기와 냉각용 전열관으로 구성되어 있다. 탱크형 냉각기에서는 관외로 브란인 등의 액체, 관내로 냉매를 흘리고, 냉매 제어는 플로트밸브 등을 사용하는 만액식이 일반적이다.

13.4.7 액순환식 냉각기

(1) 냉매 살포식 냉각기

만액식 냉각기에서는 냉매액 헤더보다 하부의 전열관 표면의 증발온도가 높게 된다. 따라서, 원심 압축기 등으로 압력이 낮은 냉매를 사용하는 경우나 압력이 높더라도 증발온도가 낮은 곳에서 사용하는 경우에는 액헤터에 의한 증발온도 상승으로 평균 유효온도 감소 영향은 무시할 수 없고 이 결점을 보완하기 위해 사용된다.

구조는 만액식 쉘엔튜브형 냉각기의 관다발 상부에 여러 개의 스프레이 노즐을 설치하고, 밑바닥의 탱크에 모은 냉매액을 펌프를 사용하여 노즐로부터 순환액을 살포하는 방식이다. 살포량은 관 표면을 완전히 적셔 열전달을 좋게 하기 위해 증발량의 3 ~ 4배로 한다. 증발이 되지 않은 여분의 냉매액은 밑바닥의 탱크로 순환시키는 방식으로 증발기에서는 액면제어도 과열제어도 필요하지 않다.

이 형식은 열전달율이 향상되고 사용 냉매량이 작으면서 부하변동에 의한 영향이 작다는 장점도 있으나, 비용이 높고 제작이 어렵다는 점에서 특수 용도 이외에는 많이 사용되지 않는다.

(2) 액순환방식(액이 증발기 관내를 통과할 때)

저압 수액기 중에 냉매액을 모으고, 냉매액을 펌프 등으로 증발기로 보내는 방식으로 증발기 내는 증발량의 2 ~ 3배의 냉매가 흐른다. 구조는 건식 공기냉각기와 비슷하며, 그림 13.27은 냉매액이 증발기 관내를 통과하는 경우를 나타낸 것이다.

13.5 판형 열교환기

13.5.1 판형 열교환기의 원리 및 특징

(1) 판형 열교환기의 원리

스테인레스강 또는 티타늄 등의 내식성 금속판(두께 0.4 ~ 1.2 mm)에 요철 부분이 형성되도록 프레스 성형된 전열판에 가스켓(gasket)을 부착하여 필요한 전열 면적만큼 프레임 가이드바에 피팅시켜 전후면의 프레임을 볼트로 조립한 구조이다. 각 전열판의 간격은 2.5 ~ 4 mm 정도이고, 이 간격을 통하여 고온 유체와 저온 유체가 전열판을 통하여 흐르면서 열교환이 이루어진다. 전열판에 부착된 가스켓은 양유체의 혼합을 방지하여 고온 및 저온 유체가 교대로 흐르도록 유로를 형성해준다.

(2) 특징

① 전열효과 : 전열면을 통과하면서 강한 난류가 형성되어 높은 경막계수(film coefficient)를 가지게 되어 열전달계수가 높아진다.

② 난류 형성 및 흐름의 정체 부분이 없기 때문에 오염 영향이 적다

③ 소형 경량화이면서 완전 분해가 가능하므로 유지 관리가 우수함

④ 동일 능력의 단관식보다 점유 공간 (1 / 4) ~ (1 / 10), 중량 (1 / 2) ~ (1 /5)

(3) 적용 범위

① 내압성 : · Corrugate type : 10 kg/cm2 · Herringbone type : 25 kg/cm2

② 가스켓 재질의 내열, 내한성에 의해 −20 ~ 150 ℃까지 사용할 수 있으나,

특수 재질을 이용하면 200 ℃까지 사용 가능하다.

③ 가스켓의 유기용제에 대한 저항성의 제한으로 사용 범위에 한계가 있었으나, Gasket 재질의 다양한 개발로 인해 제한 범위가 축소되고 있다.

④ 진공이나 밀폐형 가스 사이클에는 Gasket의 통기성으로 기체의 밀폐성 보장

⑤ 전열판 통로의 간격이 좁기 때문에 1.5 mm 이상의 고형물은 곤란

13.5.2 판형 열교환기의 구조

플레이트는 SUS304, SUS316 등의 스테인레스강, 티타늄 등의 내식성 금속판을 두께 0.5 ~ 1.0 mm의 박판을 냉각 프레스 성형한 후, 한매 한매에 seal용 가스켓을 장착하고 있다.

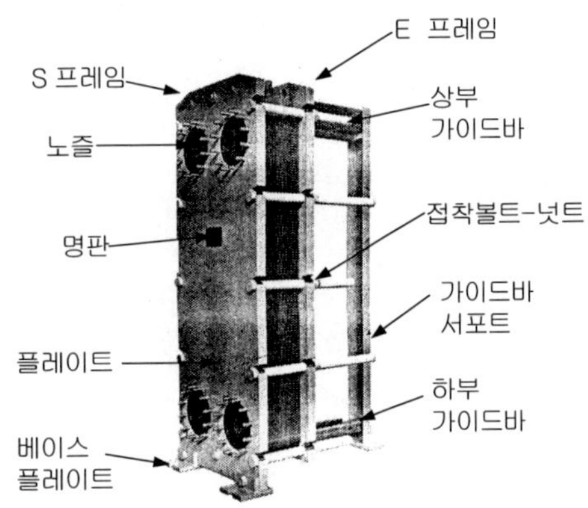

그림 13.25 판형 열교환기의 구조

그림 13.26에서와 같이 열교환에 필요한 매수를 가이드바에 고정시켜, 2매의 두께인 강판제 프레임에 끼운 후 볼트 - 넛트로 가스켓을 압축하면서 마무리한 형식으로, S프레인(고정 프레임)에는 고온측 유체의 입구·출구, 저온측 유체의 입구·출구 4개의 노즐(접속구)를 설치한 1패스 설계를 기본으로 하고, 배관 플랜지를 직접 접속시키면 유지 관리시에 배관을 분해하는 등의 작업이 필요 없는 간단한 구조이다.

① S Frame : 고정 프레임. 플레이트에 걸리는 내부 압력과 가이드 바(guide bar)의 하중을 지지한다.

② Nozzle : 배관 접속구. 플랜지 규격에 적합한 볼트를 배치하여 S 프레임의 플랜지 역할을 한다. 접속부에는 가스켓과 동일한 재질의 합성 고무, 혹은 플레이트와 동일한 재질의 금속 부즈를 장착하여 내식성을 확보한다

③ 명판 : 최고 사용 온도, 최고 사용 압력, 시험 압력, 내용적, 적용 규격 외에 유지 관리 시에 필요한 형식 등이 표시된다

④ 플레이트 : 전열판

⑤ 베이스 플레이트 : 앵커 볼트로서 확실하게 고정한다.

⑥ E Frame : 이동 프레임. S 프레임과 같이 플레이트에 걸리는 내부 압력을 지지한다. 상부 가이드바를 따라 이동이 가능하다.

⑦ 상부 가이드바 : 플레이트와 E 프레임을 지지하고, 동시에 위치를 결정·고정 시키는 레일 역할을 한다

⑧ 접착 볼트·넛트 : S 프레임과 E 프레임을 접착시키고, 가스켓를 압축시켜 유체에 대한 seal 작용을 한다.

⑨ 가이드바 support : 상·하부 가이드바의 후방을 지지하는 역할을 한다.

⑩ 하부 가이드 바 : 플레이트와 E 프레임의 하단 위치를 결정하는 레일이다.

(1) 플레이트

① 유체 전열로 : 플레이트 사각에 뚫린 유체가 통과하는 구멍. 플레이트의 원통상의 통로를 형성하고 있으며, 입구 노즐로부터 흡입된 유체를 각 플레이트로 분배하거나 각 플레이트로부터 유체를 다시 모아 출구 노즐로 보내는 헤더 역할을 한다.

② 전열부 : 독특한 파도 형상을 냉각 프레스로 성형한 것이다. 파도 형상에 플레이트식 열교환기가 고성능이면서 다음과 같은 특징을 나타내게 된다.

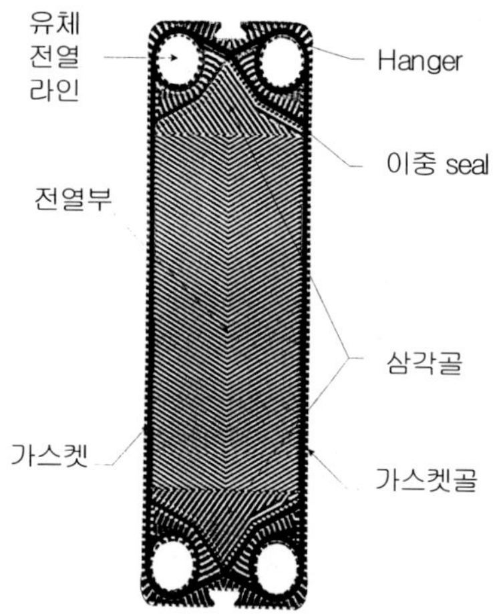

그림 13.26 플레이트의 구조

- 유체가 흐르는 간격 형성
- 급격한 와류 발생으로 높은 전열계수
- 와류에 의한 플레이트 표면의 스케일 절감(자기 세정 작용)
- 크기 대비 가장 큰 전열면적
- 플레이트 끼리의 접촉점을 만들고, 박판의 두께에 상관없이 고내압을 실현시킨다

③ 가스켓 : 고품질의 합성 고무를 플레이트 형상에 맞춰 성형시킨 것으로, 유체의

sealing 및 형상이 다른 고온측 유체와 저온측 유체를 교차시켜 흐를 수 있도록 하는 역할도 한다.

④ Hanger : 가이드바에 걸리는 부분으로, 하부의 하부 가이드바에 맞춰 위치를 결정시키는 역할을 한다

⑤ 이중 seal : 고온측과 저온측 2유체가 가장 근접되는 부분으로, 각각 독립된 가스켓·seal·line을 분배하고, 이 사이의 가스켓 높이를 일단 낮게 함으로서 대기압으로 유지할 수 있다. 가스켓의 노후로 누설이 생겨도 2유체가 혼합되지 않고, 외부로의 누설도 조기 발견할 수 있도록 한 안전 구조물이다.

⑥ 삼각골 : 유체 전열로부터 흡이된 유체가 빠른 시간 내에 플레이트 폭에 꽉 차도록 하고, 또한 저항을 최소한으로 억제하면서 다시 유체를 모아 보내는 형상이다.

⑦ 가스켓 골 : 가스켓을 장착하면서 이면에는 가스켓과 접촉한 seal line으로 되어 있다.

(2) 플레이트 파형 구조

성형 깊이, 피치를 변화시킴으로서 다른 전열 특성을 얻을 수 있다. 또한, 파도의 각도를 바꿔도 전열 특성을 달리 할 수 있다.

동일한 크기의 플레이트에 2종류 이상의 각도가 다른 플레이트를 채용할 수 있으며, 각도가 다른 플레이트 조합에 의해 중간 특성을 얻을 수도 있다.

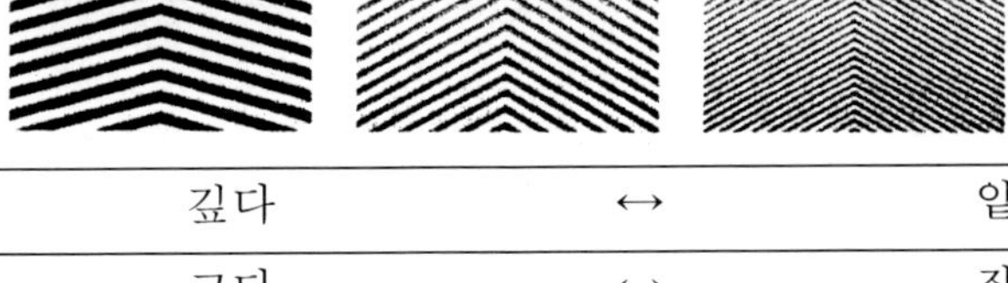

성형 깊이	깊다	↔	얕다
피치	크다	↔	작다
간격	넓다	↔	좁다
NTU	낮다	↔	높다
압력손실	낮다	↔	크다

그림 13.27 플레이트 파형 구조

(3) 전열판

① 형식

◎ 콜게이트 형식(Corrugate type)

◎ 헤링본 형식(Herringbone type)

② 전열판의 재질 : 일반적으로 스테인레스강이 사용되나, 티타늄, 니켈, 인코넬 등 적용 유체의 부식성에 따라 선택 가능

③ Gasket 재질 : 합성고무로서 NBR이 일반적으로 사용되며, 온도 조건 및 내약품성에 따라 BUTYL, ERDM, 실리콘 등을 선택할 수 있으며, 강산이나 유기용제에 대해서는 VITON 등이 사용된다.

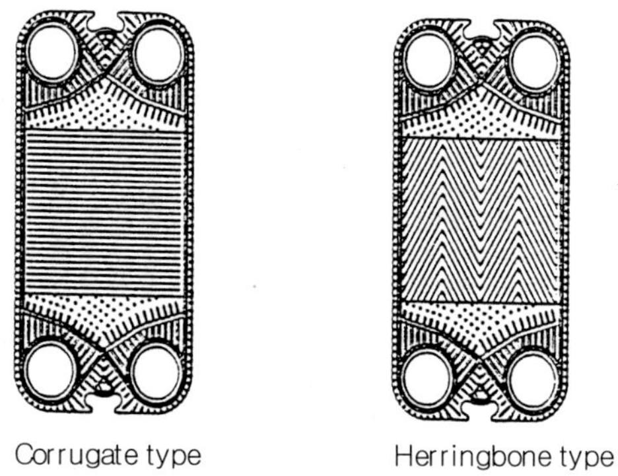

그림 13.28 판형 열교환기의 전열부

13.5.3 판형 열교환기와 쉘엔튜브(Shell & Tube) 열교환기의 비교

표 13.8 동일 조건에서의 사양 비교

	플레이트 판형 HEx	Shell & Tube HEx
전열면적	90 ㎡ (100 %)	270 ㎡ (300 %)
Length	2,150 mm (100 %)	3,920 mm (182 %)
Width	800 mm (100 %)	750 mm (94 %)
Height	2,100 mm (100 %)	1,050 mm (50 %)
설치 면적	1.72 ㎡	5.9 ㎡ (350 %)
중량	720 kg (100 %)	2,700 kg (375 %)

① 판형 열교환기는 쉘엔튜브식 열교환기에 비해 열전달계수가 최대 3 ~ 5배 이상이면서 쉘엔튜브 열교환기에 비해 소형·경량화가 가능

② 쉘엔튜브 열교환기 경우, 일반적인 온도 approach가 4 ~ 5 ℃로 제한되고 있으

나, 대향류 판형 열교환기의 최대 온도 approach 가능 범위는 1.8 ~ 3.6 ℃이다.

③ 플레이트 사이를 통과하는 유체는 독특한 유로 형태에 의해 난류가 형성되고, 열교환기 내에서의 이물질 등의 축적을 방지하므로 오염 진척을 최소화시키고, 쉘엔튜브 열교환기에 비해 주기적인 세정 회수가 적어 경제적이다.

표 13.9 동일 조건에서의 열교환기 비교

	플레이트 판형 열교환기	Shell & Tube 열교환기
전열계수	최고 8,000 kcal/㎡h℃	200 ~ 1,000 kcal/㎡h℃
설치 면적	10 ~ 50 %	100 %
가격	특수 재질의 경우 아주 저렴	동일 조건 비교시 Steel 재질의 경우에만 저렴
용량 확장성	단순 볼트 작업만으로 분해 조립이 가능하며, 용량에 대한 변동 가능	불가능
세정	화학적 세정 및 비숙련공에 의한 세정작업 가능	전문적인 세정 관리 필요

13.5.4 흐름 형식

판형 열교환기로 흡입된 냉매 및 물(혹은 브라인)은 각 플레이트의 유로를 각각 하부에서 상부, 혹은 상부에서 하부쪽으로 한쪽 방향으로 흐르는 것을 기본으로 하고 있다(1-1 패스). 그러나, 다음과 같은 이유로 인해 두 가지 유체 중에서 한쪽 혹은 양쪽 유체가 흐름 방향을 한번 이상 구부려지는 경우(복수 패스)가 있다.

- 냉각유체와 피냉각유체의 평균 온도차가 작음에도 불구하고, 피냉각유체(물, 브라인 등)이 냉각되는 온도폭이 가장 크다.
- 유체의 관내 유속을 높여 스케일의 부착을 억제한다.
- 증발기에 있어 물측의 전열벽면 온도를 올려 동결 위험을 억제시킨다.

① 1 - 1 패스

가장 기본적이면서 일반적인 유체 흐름이다. 냉매는 S3으로부터 들어 와서, 열교환기의 냉매측 유로(Channel)를 따라 상승하면서 증발하고, S4로부터 열교환기 외부로 나간다. 물(브라인)은 S_1 으로 들어 와서, 열교환기의 물측 유로를 따라 밑으로 흘러 S_2 에서 나오게 된다. 냉매는 하부에서 상부, 물은 상부에서 하부인 1회 흐름이므로 1 - 1 패스라 하고, 응축기의 경우에는 역방향이다.

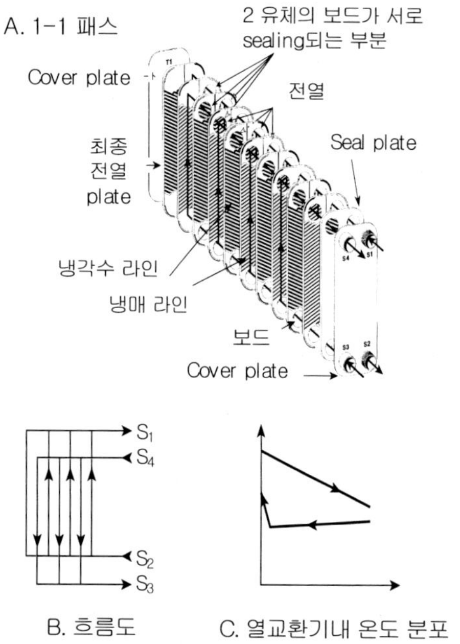

그림 13.29 1 - 1 패스

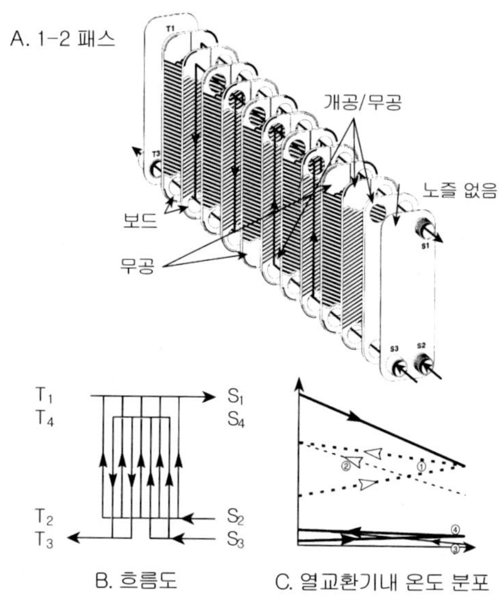

그림 13.30 1 - 2 패스

② 복수(1 - 2) 패스

과열 증기 냉매는 S_3 를 통해 열교환기 내로 들어오고, 냉매측의 상향 유로를 따라 상승하면서 포화온도까지 냉각된다. 이어서, 하향 유로를 따라 하강하면서 응축되고, T_3 을 통해 열교환기 외부로 나가게 된다. 물(브라인)은 S_2 로부터 들어 와서, 물측 유로를 따라 위쪽으로 흘러 S_1 을 통해 나가게 된다. 물은 하부로부터 상부로의 1 패스 흐름, 냉매는 하부로부터 상부, 상부로부터 하부 2패스로 흐르기 때문에 1 - 2 패스라 한다.

③ 3유체 이상의 유체를 취급하는 경우

판형 열교환기는 전열 플레이트의 구멍 조합을 변화시킴으로서 1대의 열교환기로 3가지 이상의 유체를 취급할 수 있다. 이와 같은 장점으로 인해 히터와 응축기 역할을

1개의 열교환기로 담당할 수 있고, 아울러 별도의 증발기를 하나의 열교환기에 삽입시킬 수 있기 때문에 냉동장치 전체의 소형화 및 배관의 간소화를 얻을 수 있다.

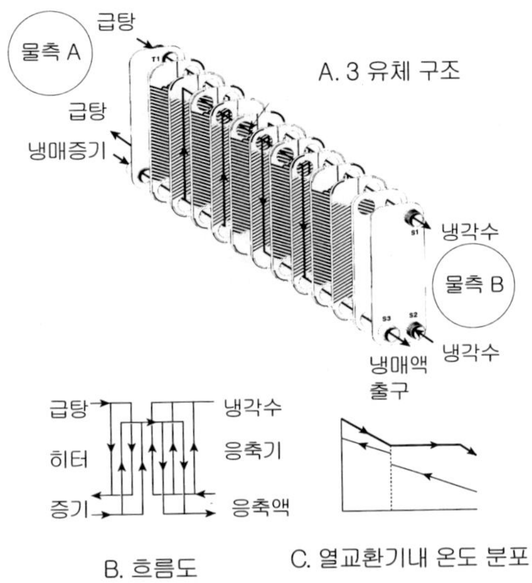

그림 13.31 3유체 패스

13.5.5 판형 열교환기의 종류

판형 열교환기의 종류는 납땜형 판형 열교환기와 트윈(Twin) 판형 열교환기가 있다. 이들 두 가지 열교환기는 각각 150,000kcal/h이하의 냉동기에는 brazed plate열교환기, 50,000 kcal/h 이상의 냉동기에는 twin plate 열교환기가 사용된다. 각각의 특징에 대해 간단히 정리하면 다음과 같다.

(1) Brazed Plate HEx

일반적인 플레이트 판형 열교환기의 가스켓이나 볼트-넛트 등이 없기 때문에 각종 플레이트형 열교환기 중에서 가장 컴팩트하다. 응축기나 증발기에 사용함으로서 냉동장치의 크기를 줄일 수 있다.

그림 13.32 Brazed type

① 열교환을 행하는 2유체가 완전 향류식이므로, 헤링본 플레이트를 사용함으로서 높은 난류를 얻을 수 있으므로 높은 효율의 열교환을 얻을 수 있고, 오염의 벽면 부착도 방지할 수 있다. 또한, 기기내 용적이 작고, 유체의 체류 시간이 짧기 때문에 응답성이 좋으며, 정도가 좋은 온도 제어가 가능하다. 증발기로서 사용할 경우, 난류에 의한 냉매의 증발이 효과적으로 일어날 수 있기 때문에 전량 증발로서 과열 증기에 의한 압축기 운전이 효과적으로 될 수 있다.

② 동일 열교환 능력을 가진 열교환기 중에서 가장 소형·경량화이다. 얇은 재료라도 강도적으로 우수하기 때문에 장치 전체를 컴팩터하게 할 수 있고, 장치의 유닛화도 간단하다.

③ 가스켓을 사용하지 않는 납땡 구조이기 때문에 내압성, 내저온성, sealing 성능이 대단히 우수한 내구성이다.

④ 필요 냉매량의 대폭적인 절감이 가능하기 때문에 공간 절약 및 열교환 효율의 신장과 더불어 경제적으로도 유리하다.

⑤ 열교환 효율이 좋기 때문에 높은 증발 온도에서의 운전이 가능하고, 동결 위험성이 대폭적으로 감소된다.

⑥ Nickel brazing을 하면 암모니아를 사용할 수 있다. 필요 냉매량이 감소되기 때문에 암모니아의 법적 규제도 받지 않는다. 이는 또한 흡수식 냉동기용의 열교환기로서도 사용될 수 있다.

(2) Twin Plate HEx

고무 가스켓을 부식시키는 유체나 프레온, 암모니아 등의 침투성이 강한 냉매용으로 개발되는 열교환기이다.

2매의 플레이트 sealing 부분을 용접하고, 복수의 카셋트 플레이트을 만든다. 여기에 가스켓을 설치.조합시키면 용접에 의한 sealing된 유로와 가스켓에 의한 sealing된 유로가 상호 형성된다. 2유체 중에서 프레온, 암모니아 등 침투성이 높은 냉매는 전자의 유로를 흐르고, 침투성이 약한 브라인이나 물 등은 후자의 유로를 흐르게 된다.

그림 13.33 Twin plate type

냉매가 유일하게 접촉되는 카셋트 사이의 링 가스켓에는 -40 ~ 120 ℃의 설계 온도에 따라 각종 가스켓을 사용할 수 있고, 만일 가스켓의 교환이 필요한 경우에는 용접이 아닌 클립에 의해 고정되어 있기 때문에 간단하게 교환할 수 있다.

대부분의 특징은 brazed plate와 유사하나, twin plate 만의 특징을 정리하면 다음과 같다.

① 유지관리 및 유연성 : 볼트만으로 분해할 수 있고, 액측 전열면의 세정이 간단하다. 또한, 카셋트 플레이트를 증감시킴으로서 용이하게 운전 능력을 변화시킬 수 있다.

② 소형·경량화 : 다관식 열교환기에 비해 비슷한 정도의 열교환 효율로서 50 ~ 60 % 소형화시킬 수 있고, 유지관리 공간도 작고, 초기 비용, 운전 비용도 억제시킬 수 있다.

13.6 세관 열교환기

최근 냉동 공조 기기 분야를 비롯하여 우주항공 분야, 원자력 산업분야, 자동차용 공조기기 분야, 정보통신용 전자기기의 냉각용 열교환기 등에서 기존의 관경 6.35 mm ~ 9.52 mm(¼″ ~ ⅜″) 대신에 7 mm 이하의 세관(small diameter tube)을 많이 사용하고 있다. 이는 고성능화되는 장치의 소형.경량화 추세에 맞춰 제반 기술의 발전 및 신규 적용 분야의 확대에 힘입어 세관 열교환기에 대한 수요가 급증하면서 많이 사용되고 있다.

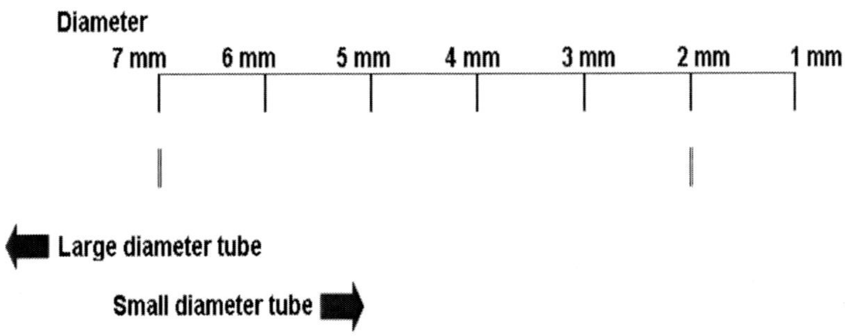

그림 13.34 세관의 범위

그림 13.34은 세관의 범위를 나타낸 것으로 일반적으로 2 mm ~ 7 mm 정도의 관경을 가진 관을 세관이라 한다. 그림 13.35는 판형 열교환기에 적용된 원통형 판형 열교환기의 예이고, 그림 13.36은 세관 열교환기가 자동차용 공조기기의 응축기 및 증발기에 사용되는 경우이다. 세관 열교환기는 세관이 가지는 기하학적인 특징으로 인해

열전달 및 유동 특성을 예측하기가 매우 어렵고 이에 대한 연구가 미미하기 때문에 열교환기 설계가 대부분 경험에 의해 이루어지고 있는 실정이다.

그러나, 종래의 열교환기에 비해 세관 열교환기가 가지고 있는 고성능화, 소형화, 경량화 등과 같은 높은 성능상의 우위를 가지고 있기 때문에 세관 열교환기에 대한 보다 체계적인 연구와 제작 기술의 향상이 이루어진다면 에너지 절약, 가격 경쟁 심화 등과 같은 외부적인 환경으로 인해 현재보다 훨씬 넓은 분야에서 세관 열교환기가 적용될 것으로 전망된다.

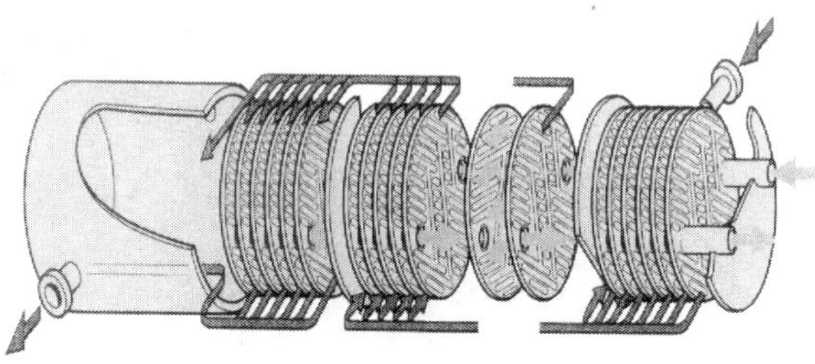

그림 13.35 원통형 판형 열교환기

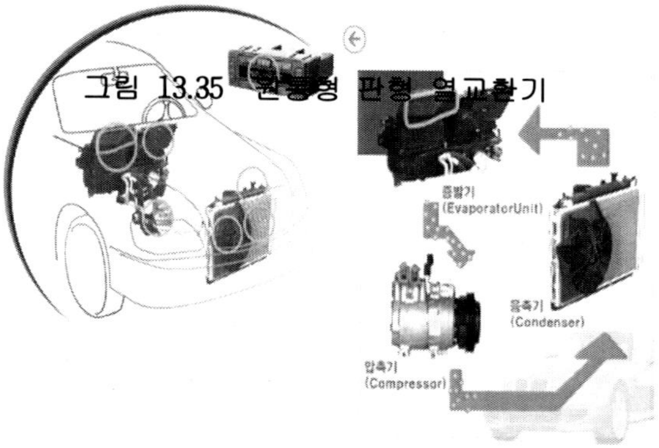

그림 13.36 자동차 공조용 세관 열교환기

13.7 전열관

13.7.1 전열관의 특징

전열관은 열교환기에서 가장 중요한 부분으로 전체 중량의 40 ~ 50 %를 차지한다. 또한, 전열관은 동측 유체와 관측 유체에 견디는 재질로 선정이 되어져야 한다. 전열관의 종류로는 평활관 및 여러 가지 전열촉진을 위한 특수사양의 튜브로 구분할 수 있다. 전열관 사양(두께, 길이)은 기본적으로 전열조건, 강도조건, 유체의 오염 정도와 경제성 등에 따라 최적의 치수를 선정하여야 하며, 치수에서 중요한 것은 전열관 직경과 길이로서, 직경과 길이는 열교환기의 경제성을 크게 좌우한다. 외경이 작은 전열관은 동일한 동체 내경에 외경이 큰 경우보다 많은 전열관을 배열 할 수 있고, 또한 유체의 유속이 같다고 하면 전열관 직경이 작은 쪽이 전열계수가 커지므로 전열량은 증가하는 장점이 있으나, 전열관의 보수, 유지 등이 곤란하다는 단점도 있다. 일반적으로 많이 사용되는 동관의 규격은 표 13.10과 같다.

표 13.10 동관의 표준 규격

형 식 TYPE	호칭경		실외경 (mm)	두 께 (mm)	중량 (kg/m)	상용압력(kg/cm^2)		용도
	(A)	(B)				경질	연질	
K	8	1/4	9.52	0.89	0.216	111.0	71.6	상수도관 의료배관 기타
	10	3/8	12.70	1.24	0.339	123.0	79.7	
	15	1/2	15.88	1.24	0.510	95.3	61.6	
	19	5/8	19.05	1.24	0.620	78.7	50.9	
	20	3/4	22.22	1.65	0.953	90.8	58.7	
	25	1	28.58	1.65	1.250	69.7	45.1	
	32	1 1/4	34.92	1.65	1.540	56.6	36.6	
	40	1 1/2	41.28	1.83	2.030	53.7	34.7	
	50	2	53.98	2.11	3.070	46.1	29.8	
	65	2 1/2	66.68	2.41	4.350	43.2	27.9	
	80	3	79.38	2.77	5.960	42.4	27.4	
	90	3 1/2	92.08	3.05	7.630	39.8	25.7	
	100	4	104.78	3.40	9.680	38.7	25.0	
	125	5	130.18	4.06	14.400	37.2	24.0	
	150	6	155.58	4.88	20.700	38.1	24.7	
	200	8	206.38	6.88	30.600	41.2	26.6	
L	8	1/4	9.52	0.76	0.187	95.4	61.7	상수도관 냉온수배관 가스배관 온돌배관 기타
	10	3/8	12.70	0.89	0.295	81.7	52.8	
	15	1/2	15.88	1.02	0.426	74.5	48.1	
	19	5/8	19.05	1.07	0.540	65.3	42.2	
	20	3/4	22.22	1.14	0.675	60.1	38.8	
	25	1	28.58	1.27	0.974	52.6	34.0	
	32	1 1/4	34.92	1.40	1.320	47.9	31.0	
	40	1 1/2	41.28	1.52	1.700	43.3	28.0	
	50	2	53.98	1.78	2.610	38.5	24.9	
	65	2 1/2	66.68	2.03	3.690	35.5	22.9	
	80	3	79.38	2.29	4.960	34.1	22.0	
	90	3 1/2	92.08	2.54	6.380	33.0	21.3	
	100	4	104.78	2.79	7.990	31.5	20.4	
	125	5	130.18	3.18	11.300	28.8	18.6	
	150	6	155.58	3.56	15.200	27.3	17.6	
	200	8	206.38	5.08	28.700	29.7	19.2	
	250	10	257.18	6.35	44.700	29.8	19.2	
M	10	3/8	12.70	0.64	0.217	57.2	37.0	냉온수배관 온돌배관 배수배관 기타
	15	1/2	15.88	0.71	0.302	51.5	33.3	
	20	3/4	22.22	0.81	0.487	39.6	25.6	
	25	1	28.58	0.89	0.692	34.4	22.2	
	32	1 1/4	34.92	1.07	1.020	35.0	22.6	
	40	1 1/2	41.28	1.24	1.390	35.1	22.7	
	50	2	53.98	1.47	2.170	30.7	19.8	
	65	2 1/2	66.68	1.65	3.010	28.4	18.3	
	80	3	79.38	1.83	3.990	26.8	17.3	
	90	3 1/2	92.08	2.11	5.330	26.7	17.3	
	100	4	104.78	2.41	6.930	26.6	17.2	
	125	5	130.18	2.77	9.910	25.1	16.2	
	150	6	155.58	3.10	13.300	23.3	15.1	
	200	8	206.38	4.32	24.500	24.8	16.0	

(1) 전열관 배열

전열관의 배열방법에는 30° , 60° 의 삼각배열과 45° , 90° 의 사각배열이 있다. Shell측의 의 오염이 적은 유체는 삼각배열을 사용하고 오염이 많은 유체는 사각배열을 사용하여 물리적으로 청소가 용이하도록 하다.

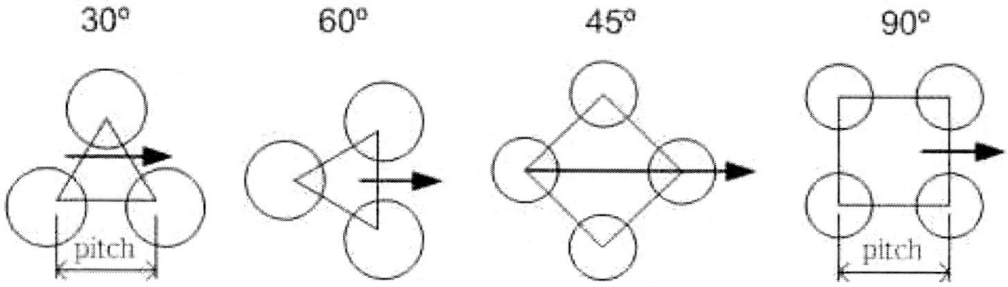

그림 13.37 전열관 배열 방식

(2) 전열관 장착

전열관을 튜브시트에 장착하는 방법에는 확관 및 용접을 하는 방법이 있으며 주로 확관에 의한 방법이 사용되고 있다.

확관에 의한 방법은 기밀성, 내압성 및 신뢰성이 높으며 작업이 비교적 간단하고 전열관 손상시 교체 및 수리가 용이하며 특히 가격이 저렴한 장점이 있다. 또한 유체의 기밀성을 높이기 위해 전열관 확관 후 용접을 하는 경우가 많으나, 전열관 장착시 몇 가지 고려해야 할 사항이 있다.

표 13.11 튜브 재질별 확관율

튜브 재질	확관율	허용범위	최대치
카본스틸	7	6~8	12
저 합금강	8	7~8	12
스테인레스스틸	8	7~9	12
동 합금강	6	5~7	10
티타늄강	9	8~10	5

① 확관 : 확관 장착은 확관에 의해 생긴 장착부분의 잔류 응력에 의해 기밀 및 보지력을 가지나 고온에서는 기능을 상실하여 사용 할 수 없으며 재질에 차이는 있으나, 탄소강, 저합금강 및 고합금강에 대하여 350 ℃ 이하에서 사용 가능하다. 일반적으로 0.21 kg/㎟ 압력과 177 ℃ 이하의 온도에서는 관판 구멍에 흠을 두지 않는다. 그러나, 기밀성이 확보되어야 할 경우에는 홈을 설치하여야 한다.

② 확관 + 용접 : 누설이 있어서는 안 되는 유체를 사용할 경우에 사용되며 온도는 350 ℃ 이하이며 0.6 kg/㎟ 이상의 압력의 경우에 이 방법을 사용한다.

③ 용접 : 고온(350 ℃ 이상)과 고압(0.6 kg/㎟ 이상)에 사용하며 충분한 강도가 요구 될 때 적용한다.

13.7.2 열교환기용 특수관

열교환기는 하나의 유체로 다른 하나의 유체를 가열 혹은 냉각시키기 위한 목적으로 사용되는 기기로서, 보다 고성능을 얻기 위해 여러 가지 형상 및 재료의 특수관을 사용하고 있다.

(1) 로핀 튜브(Low Finned tube)

로핀 튜브는 평활관에 연속적인 나선을 만들어 제작하는 관으로서 표면적이 크기 때문에 열교환기 튜브로 폭넓게 사용되며 평활관에 비해서 전열성능이 우수하기 때문에 열교환기를 소형 경량화시킬 수 있다는 장점이 있다. 또한 튜브와 핀이 완전 일체형이므로 내구성과 진동에 대한 저항성이 우수하고, 절단, 굽힘 등의 가공이 용이하여 튜브 끝단의 미가공 부분이나 중간 띄움 부분은 용도에 맞게 선택할 수 있다는 특징이 있다. 장점이 있다.

로핀 튜브는 에어컨과 냉장고의 응축기, 증발기, 전열관을 비롯하여 오일 쿨러(oil cooler)나 기타 열교환기의 전열관으로 많이 사용된다.

(2) 하이핀 튜브(High Finned tube)

하이핀 튜브는 가열 가스나 냉각 가스처럼 내부와 외부의 표면적비가 큰 곳에 적용할 수 있도록 주로 고안된 표면 확장 튜브이다.

(3) 스파이럴 튜브(Spiral tube)

스파이럴 튜브는 평활관을 꼬아서 만든 것으로, 깊고 예리한 나선형 물결 모양의 구조를 가지고 있기 때문에 콜케이트 튜브(Corrugated tube)보다 더 높은 전열 특성을 가지고 있다. 또한 스파이럴 튜브는 유연성이 뛰어나기 때문에 코일로 사용할 수 있으며, 액체-액체, 기체-기체, 고점도 유체에 사용할 수 있는 특징이 있다.

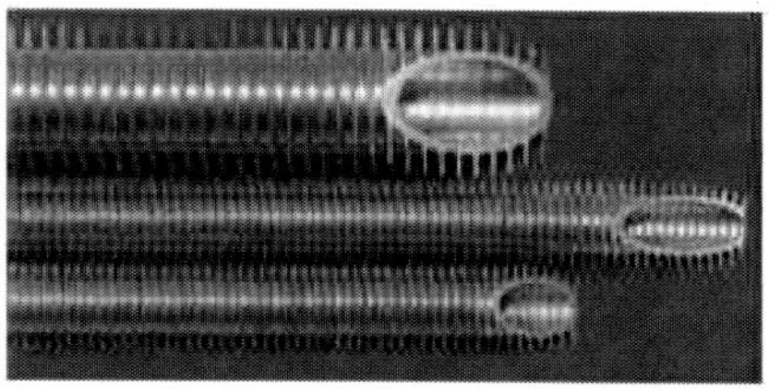

그림 13.39 하이핀 튜브

그림 13.40 스파이럴 튜브

(4) 인너핀 튜브(Inner Finned tube)

인너핀 튜브는 하이핀 튜브는 가열 가스나 냉각 가스처럼 내부와 외부의 표면적비가 큰 곳에 적용할 수 있도록 주로 고안된 표면 확장 튜브이다.

인너핀 튜브는 인너그루브드 튜브(Inner Grooved tube) 혹은 인너리지 튜브(Inner Ridged tube)라고도 하며, 주로 직접 팽창식 수냉각기용으로 사용되는 것으로 내부에 골이 파인 형상이다. 직접 팽창식의 물냉각기는 에어컨에 사용되는 데 내부에 있는 냉매의 기화 작용에 의해 물이 냉각된다. 인너핀 튜브는 튜브 다발에 쉽게 삽입하기 위해 일반적으로 곧은 상태의 경질의 튜브로 공급되며, 평활관에 비해 약 1.5 ~ 2 배 정도의 높은 열전도율을 가지고 있다.

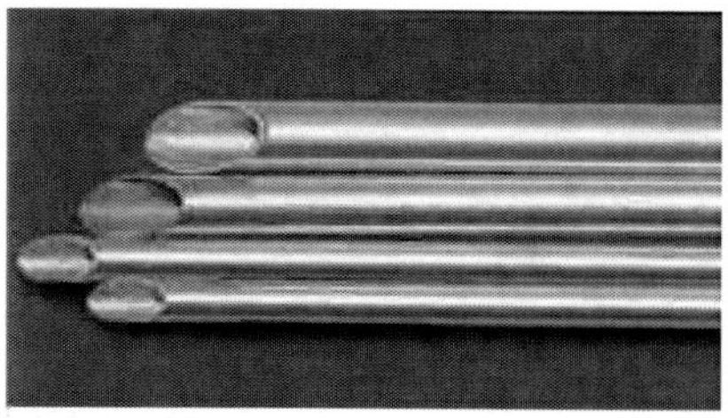

그림 13.41 인너핀 튜브

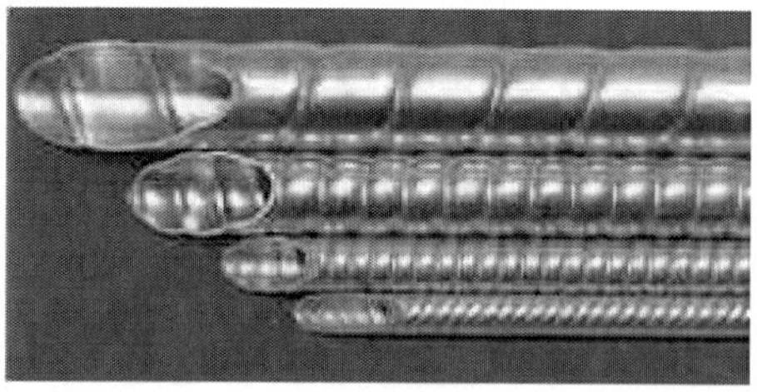

그림 13.42 콜게이트 튜브

(5) 콜게이트 튜브(Corrugated tube)

콜게이트 튜브는 수냉각기에서 주로 사용되는 것으로, 수냉각기는 관 내부에서 냉매가 증발 팽창하면서 관 외부의 물을 냉각시키는 공조기에 많이 사용된다. 적정 조건 하에서 내부에 교반 장치가 부착된 일반 평활관보다 높은 전열 특성을 나타내며, 튜브에서의 압력 저하를 줄일 수 있는 장점이 있다. 또한, 콜게이트 튜브는 콜게이션의 두께가 얇아짐이 없이 형성됨으로 튜브 전체에 걸쳐 두께가 일정하다는 특징이 있다.

(6) 터보-C 튜브(Turbo-C tube)

터보-C 튜브는 관의 외부 표면에서 응축 현상이 일어나는 전열 튜브로서 응축 현상에 이상적인 특수한 핀이 형성되어 있기 때문에 열전달 효율이 매우 우수하다. 터보-C 튜브는 고점도의 냉매에 적합하며, 이중 열교환기 형식에 매우 효과적이다.

그림 13.43 터보-C 튜브

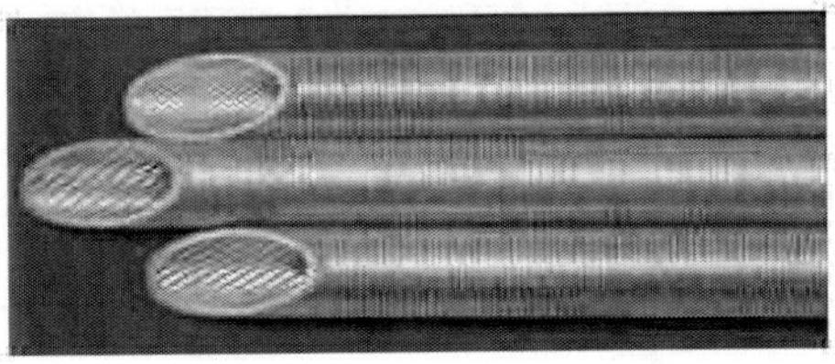

그림 13.44 터보-E 튜브

(7) 터보-E 튜브(Turbo-E tube)

터보-E 튜브는 튜브 표면에서 증발을 일으키게 하는 혁신적인 열전달 튜브로 인식되고 있으며, 기본적으로 증발 현상에 기초해서 만들어진 독특한 미세 구조로 인해 열전도율이 매우 뛰어난 것으로 알려져 있다. 다른 핀 튜브와 달리 표면적을 증가시키면서도 증발 현상이 촉진될 수 있는 구조를 가졌다는 것에 특징이 있다.

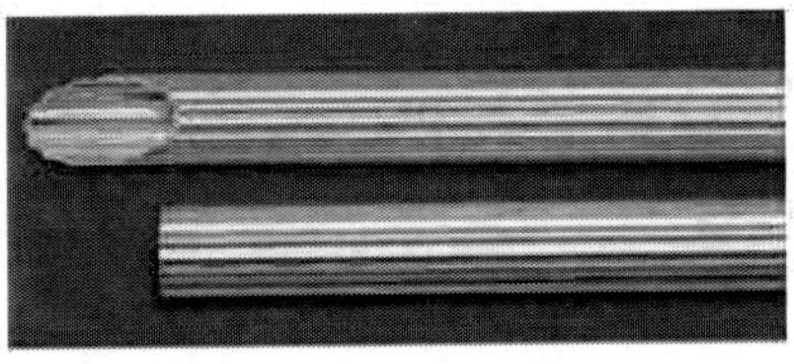

그림 13.45 플라워 튜브

(8) 플라워 튜브(Flower tube)

플라워 튜브는 흡수식 냉동기 및 흡수식 히트펌프의 열교환기에 주로 이용된다. 플라워 튜브는 성능계수가 높은 데 비해 저렴하면서 미세 다공관을 사용하거나 계면 활성제를 첨가하게 되면 냉동효과가 증대되는 것으로 알려져 있다.

(9) 알루미늄 인너핀 튜브(Al Inner Finned tube)

하이핀 튜브는 가열 가스나 냉각 가스처럼 내부와 외부의 표면적비가 큰 곳에 적용할 수 있도록 주로 고안된 표면 확장 튜브이다.

표 13.12 알루미늄 인너핀 튜브의 예

No.1	1		2		3	4	5
단면 형상							
핀 수	5		10		4	8	12
외경 (mm)	16	19	16	19	12	16	19
관 두께 (mm)	0.8	0.9	0.8	0.9	0.9	0.9	0.9
내외 면적비	2.2	2.2	3.2	3.4	1.79	2.56	3.55

13.7.3 핀튜브 열교환기의 핀 특성

(1) I 핀

가장 기본적이면서 간단한 핀이다. 접촉 표면적은 핀 재질의 두께에 해당되므로 결합 면적 및 핀 튜브의 강도가 제한된다. 이 형식에서는 핀을 튜브에 용접 결합하거나 약간의 회전으로 핀을 튜브에 끼워 넣는다. 일반적으로 핀은 열적 팽창 문제를 최소화시키기 위해 납땜으로 코팅되어 있다.

○ 핀의 재질 : 탄소강, 스테인레스 스틸, 알루미늄, 동

○ 튜브 재질 : 제한이 없음

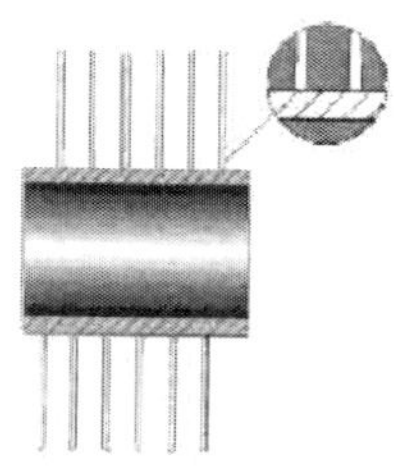

그림 I 핀

(2) 돌기 핀(Extruded high Fin)

돌기 핀은 외부의 알루미늄 튜브와 내부에 제한이 없는 금속으로 이루어진 핀 튜

브이다. 이 핀은 외관 튜브로부터 내면 핀쪽으로 뛰어난 열전달 특성이 장기간 전달될 수 있도록 되어 있으며, 돌기 핀 튜브가 내부 튜브를 완전히 감싸고 있기 때문에 내부 튜브는 부식에 강한 특징이 있다. 돌기 핀의 최대 운전 온도 범위는 290 ~ 300 ℃이다.

○ 핀의 재질 : 알루미늄
○ 튜브 재질 : 제한이 없음

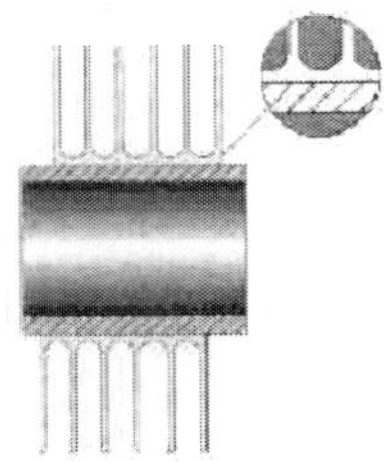

그림 돌기핀

(3) G 핀(Embedded Fin)

G 핀은 그림에서와 같이 핀의 작은 조각이 평활관의 작은 홈에 끼워지는 형태로 되어 있다. 따라서 G 핀은 높은 온도에서도 최대 열전달이 유지될 수 있다. G 핀의 최대 운전 온도는 450 ℃이다.

○ 튜브 재질 : 탄소강, 스테인레스 스틸, 동관, 동합금강, 등

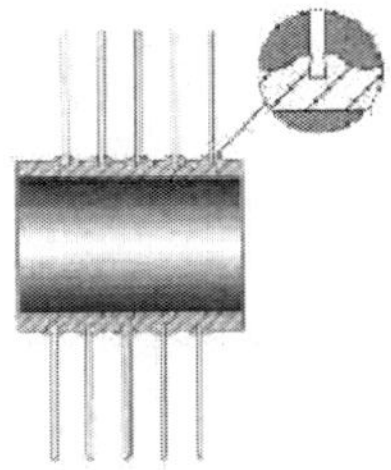

그림 G 핀

(4) L 핀

L 핀은 최대 전열 효과를 얻기 위해 핀을 튜브에 압착시키는 과정에 있어, 내압성을 가질 수 있도록 한 핀이다. L 핀은 돌기 핀의 경우와 마찬가지로 핀이 튜브를 감싸는 형태이기 때문에 튜브의 내부식성이 매우 뛰어나다. L 핀의 최대 운전 온도는 150 ℃이다.

○ 핀의 재질 : 알루미늄 혹은 동
○ 튜브 재질 : 제한이 없음

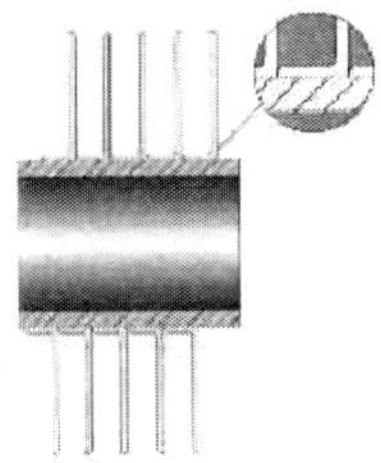

그림 L 핀

(5) KL 핀

L 핀에서 핀의 밑단을 마디가 형상된 튜브에 결합시킴으로서 핀과 튜브의 접착력을 향상시킴과 동시에 열전달 특성을 향상시킬 수 있는 핀이다. KL 핀의 최대 운전 온도는 260 ℃이다.

○ 핀의 재질 : 알루미늄
○ 튜브 재질 : 제한이 없음

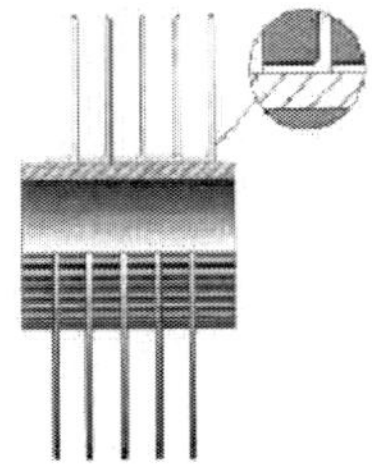

그림 KL 핀

(6) LL 핀

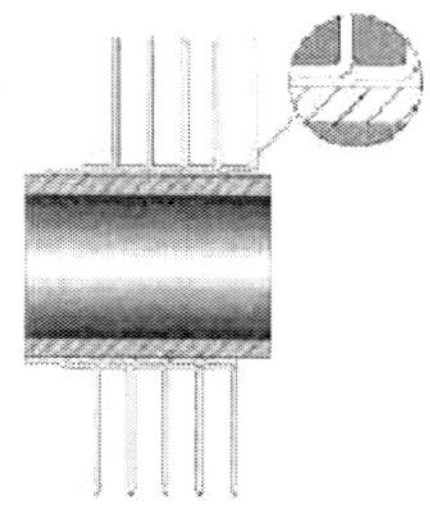

그림 LL 핀

L 핀에서 핀의 말단으로 튜브를 완전히 덮게 하면서 뛰어난 내 부식성을 가지게 된 핀이다. LL 핀은 부식을 일으킬 수 있는 열악한 환경에서 사용되기도 한다. LL 핀의 최대 운전 온도 범위는 170 ~ 180 ℃이다.

○ 핀의 재질 : 알루미늄 혹은 동

○ 튜브 재질 : 제한이 없음

(7) 반주름 핀(Semi crimped Fin)

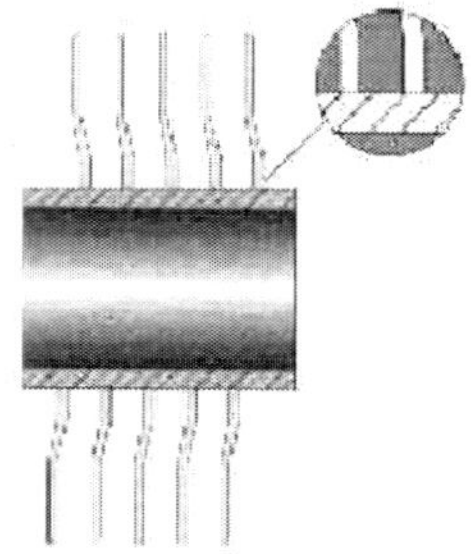

그림 반주름 핀

반주름 핀은 튜브를 따라 일정 장력 하에서 핀을 용접시킨 핀이다. 반주름 핀의 최대 운전 온도는 250 ℃이다.

○ 핀의재질 : 탄소/스테인레스스틸, 알루미늄 혹은 동

○ 튜브 재질 : 제한이 없음

표 13.13 핀 튜브의 사양 (19 fins/pitch)

공칭 치수 (mm)		관단부 치수 (mm)		Fin부 치수 (mm)			외표면적 (m^2/m)	표면적비	관내 단면적 ($m^2 \times 10$)
외경	두께	외경	두께	외경	근원경	최소두께			
	0.81		1.24			0.71		4.79	0.49
12.7	1.07	12.7	1.47	12.7	9.53	0.94	9.75	5.13	0.43
	1.24		1.65			1.12		6.38	0.30
	0.71		1.07			0.64		3.48	1.00
	0.89		1.32			0.79		3.60	0.94
15.88	1.07	15.88	1.47	15.88	12.7	0.94	12.34	3.72	0.88
	1.24		1.65			1.12		3.85	0.82
	1.65		2.11			1.47		4.18	0.70
	0.71	19.05	1.24			0.64		3.33	1.64
	0.89		1.32			0.79		3.41	1.56
19.05	1.07		1.47	19.05	15.88	0.94	15.12	3.50	1.48
	1.24		1.65			1.12		3.60	1.41
	1.65		2.11			1.47		3.84	1.24
	2.11		2.41			1.88		4.13	1.07

표 13.14 핀 튜브의 사양 (26 fins/pitch)

공칭 치수 (mm)		관단부 치수 (mm)		Fin부 치수 (mm)			외표면적 (m^2/m)	표면적비	관내 단면적 (m^2× 10)
외경	두께	외경	두께	외경	근원경	최소두께			
12.7	0.81	12.7	1.42	12.7	9.53	0.71	11.91	4.79	0.43
	1.07		1.68			0.92		5.13	0.43
	1.24		1.88			1.12		6.38	0.39
15.88	0.71	15.88	1.25	15.88	12.7	0.60	15.34	4.30	0.97
	0.89		1.42			0.79		4.47	0.94
	1.07		1.68			0.94		4.63	0.89
	1.24		1.88			1.12		4.78	0.82
19.05	0.81	19.05	1.42	19.05	15.88	0.70	18.79	4.37	1.65
	0.89		1.50			0.79		4.24	1.56
	1.07		1.68			0.94		4.36	1.48
	1.24		1.88			1.10		4.47	1.41
	1.47		2.11			1.25		4.37	1.35
	1.65		2.28			1.47		4.26	1.30
	1.83		2.44			1.65		4.20	1.26

예제 문제 해설

1. 열역학 이해

[예제 1.1]

59 °F, 288.15 K

[예제 1.2]

$℃ = \frac{5}{9} \times (°F - 32)$ ℃ = °F = x라 가정하면, x = −40 ℃ = −40 °F

[예제 1.3]

대기압 = $1.033 \times \left(\frac{600}{760}\right) = 0.815$ kg/㎠.abs

절대 압력 = 대기압 − 계기압

$= 0.815 - \left(\frac{100}{760}\right) \times 1.033 = 0.815 - 0.136 = 0.679$ kg/㎠.abs

[예제 1.4]

$P_g = \frac{F}{A} = \frac{100}{(\pi/4) \times 0.1^2} = 12{,}732\ N/m^2$

$P_{abs} = P_{atm} + P_g = 101{,}325 + 12{,}732 = 0.114\ MPa$

[예제 1.5]

$P_{abs} = 1000 + \frac{740}{760} \times 101.325 = 1{,}099\ kPa$

[예제 1.6]

비중량 $\gamma = \frac{W}{V} = \frac{4500}{5.5} = 818.2\ kgf/s^2$

밀도 $\rho = \frac{\gamma}{g} = \frac{818.2}{9.8} = 83.5\ kgf \cdot s^2/m^4$

[예제 1.7]

비중량 $\gamma = \frac{W}{V} = \frac{24000}{3} = 8000\ N/m^3$

밀도 $\rho = \frac{\gamma}{g} = \frac{8000}{9.8} = 816.2\ kgf \cdot s^2/m^4 = 816.2\ kg/m^3$

[예제 1.8]

$W = \gamma \times V = 880 \times 150 \times 10^{-3} = 132\ kg$

[예제 1.9]

$$E_K = \frac{G \cdot v^2}{2g} = \frac{1}{2} \times \frac{100}{9.8} \times \left(\frac{100 \times 10^3}{60 \times 60}\right) \times \frac{9.8}{100} = 38.6 \text{ kJ}$$

[예제 1.10]

$$E_P = m \cdot g \cdot z = 3{,}000^{kg} \cdot 100^{m} \cdot 9.8^{m/s^2} = 2.94 \text{ MJ}$$

[예제 1.11]

물의 위치 에너지 $E_P = m \cdot g \cdot z$, 물의 가열에 필요한 열량 $Q = m \cdot C \cdot \Delta T$

$E_P = Q$이어야 하므로 $m \cdot g \cdot z = m \cdot C \cdot \Delta T$

$$\Delta T = \frac{m \cdot g \cdot z}{m \cdot C} = \frac{10^{kg} \times 9.8^{m/s^2} \times 420^{m}}{10^{kg} \times 4.2^{kJ/kgK} \times 1000} = 0.98 \quad ℃$$

2. 열에 대한 이해

[예제 2.1]

평균비열 구하는 공식 $C_m = \frac{1}{T_2 - T_1} \int_{T_1}^{T_2} C \ dt$

$$C_m = \frac{1}{300} \int_0^{300} (0.2405 + .000019t) dT$$

$$= \frac{1}{300} \left(0.2405 \cdot 300 + 0.000019 \cdot \frac{300^2}{2}\right) = 0.2433 \text{ kcal/kg} \cdot ℃$$

필요열량 $q = m \int_{T_1}^{T_2} C \ dT = \int_0^{300} (0.2405 + .000019t) \ dT$

$$= \left(0.2405 \cdot 300 + 0.000019 \cdot \frac{300^2}{2}\right) = 73 \text{ kcal}$$

$\therefore 3 \times 73 = 219$ kcal

[예제 2.2]

구하고자 하는 열량 Q는 식 (2.4)에서

$$Q = G \int_{T_1}^{T_2} C dT = 1 \cdot \int_{273}^{298} (0.985077 + 0.00008T) dT$$

$$= \left[0.985077 \cdot T + \frac{1}{2} \cdot T^2 \cdot 0.00008\right]_{273}^{298} = 25.2 \text{ kJ}$$

[예제 2.3]

SI 단위 : $Q = m \cdot C \cdot \triangle T = 10 \times 0.239 \times (353 - 293) = 143.33$ kJ

MKS 단위 : $Q = m \cdot C \cdot \triangle T = 10 \times 1 \times (80 - 20) = 600$ kcal

[예제 2.4]

SI 단위 : $Q = m \cdot h_{fg} = 10 \times 19.03 = 190.3$ kJ

MKS 단위 : $Q = m \cdot h_{fg} = 10 \times 79.68 = 796.8$ kcal

[예제 2.5]

-10 ℃ 얼음 ⇒ 0 ℃ 얼음 : $Q_1 = m \cdot C \cdot \Delta T = 10 \times 0.5 \times 10 = 50$ kcal

0 ℃ 얼음 ⇒ 0 ℃ 물 : $Q_2 = m \cdot h_{fg} = 10 \times 79.68 = 796.8$ kcal

0 ℃ 물 ⇒ 100 ℃ 물 : $Q_3 = m \cdot C \cdot \Delta T = 10 \times 1.0 \times 100 = 1{,}000$ kcal/kg

100 ℃ 물 ⇒ 100 ℃ 증기 : $Q_4 = m \cdot h_{fg} = 10 \times 539 = 5{,}390$ kcal

총 열량 $Q = Q_1 + Q_2 + Q_3 + Q_4 = 7{,}236.8$ kcal ≒ 1,741.2 kJ

[예제 2.6]

식 (2.12)를 이용하여 계산하면 다음과 같다.

$$Q_{cd} = \frac{\lambda}{L} \cdot A \cdot \Delta T = \frac{0.04}{0.2} \cdot 1 \cdot (60 - 40) = 12 \text{ kcal/h}$$

[예제 2.7]

$$Q = \frac{\lambda}{L} \cdot A \cdot \Delta T = \frac{0.5}{0.1} \cdot 10 \cdot (10 + 5) = 750 \text{ kcal/h}$$

[예제 2.8]

열전도율의 단위를 살펴보면, 시간(hour), 미터(meter)를 사용하고 있기 때문에 주어진 계산 조건에서 이들 단위를 고려하여 열전도율을 계산하면 다음과 같다.

$$\lambda = \frac{Q \cdot L}{A \cdot \Delta T} = \frac{\left[(30 \times 60) \times \left(\frac{4}{100}\right)\right]}{1 \times (100 - 40)} = 1.2 \text{ kcal/m} \cdot \text{h} \cdot ℃$$

[예제 2.9]

50 ℃인 고체 표면을 10 ℃ 공기로 냉각시키는 과정은 강제 대류 열전달과정이고, 열유속은 다음과 같다.

$$q = \alpha \cdot (T_{Wall} - t_{Air}) = 10 \times (323 - 283) = 400 \text{ W/m}^2$$

[예제 2.10]

탱크의 표면적 $A = 6 \times 6 = 36$ m²

$$Q_1 = \frac{\lambda_1}{L_1} \cdot A \cdot \Delta T = \frac{0.1}{0.3} \times 36 \times (80 - 30) = 600 \times 24 = 14{,}400 \text{ kcal/day}$$

1 kW = 860 kcal/h이므로 전열기의 용량은 다음과 같다.

$$Q_{Heater} = \frac{14{,}400}{860 \times 24} = 0.70 \text{ kW}$$

[예제 2.11]

전열량 $Q = \frac{\lambda}{L} \cdot A \cdot \Delta T$

$$\lambda = \frac{Q \cdot L}{L \cdot A \cdot \Delta T} = \frac{2{,}000 \times 0.02}{12 \times (2-(-5))} = 4.76 \text{ W/m℃}$$

[예제 2.12]

$$Q = \frac{2\pi \cdot L \cdot (T_1 - T_2)}{\frac{1}{\lambda} \cdot \ln\frac{r_2}{r_1}} = \frac{[2\pi \times 2 \times (300-20)]}{\frac{1}{0.2} \times \ln\frac{0.2}{0.05}} = 507.37 \text{ kcal/h}$$

[예제 2.13]

$$Q = \alpha \cdot A \cdot (T_{Wall} - T_{Air})$$

$$\alpha = \frac{Q}{A \cdot \Delta T} = \frac{2}{(50 \times 10^{-6}) \times 2} = 20{,}000 \text{ W/m}^2\text{℃}$$

3. 열역학 제 1 법칙

[예제 3.1]

4 kg/cm^2 = 4 × 10^4 kg/m^2이므로

$$PV = 4 \times 10^4 \times 2 = 8 \times 10^4 \text{ kg·m}$$

이를 열량 단위로 환산하면 $8 \times 10^4 \times \frac{1}{427} = 187$ kcal

$$H = U + APV = 100 + 187 = 287 \text{ kcal}$$

[예제 3.2]

P = 490 kPa, v = 0.02 m^3/kg, u = 420 kJ/kg을 식 (3.5)에 대입하면

$$h = u + Pv = 420 + 490 \times 0.02 = 429.8 \text{ kJ/kg}$$

[예제 3.3]

엔탈피에 관한 식 $h = u + P \cdot v = (u_2 - u_1) + (P_2 \cdot v_2 - P_1 \cdot v_1)$, $u_2 = u_1$

$$h = (P_2 \cdot v_2 - P_1 \cdot v_1) = 1000 \times 0.5 - 50 \times 3 = 350 \text{ kJ/kg}$$

[예제 3.4]

dQ = dU + dW = dU + P · dV이므로 W를 알아야 한다.

$$W = P \cdot (v_2 - v_1) = 0.3 \times 10^4 \times (4-1) = 9000 \text{ kg·m}$$

일량 W를 열량으로 환산하기 위해서는 일의 열당량(A)를 곱하면 되므로

일의 열량 = (9,000 / 427) = 21.08 kcal

∴ Q = 10 + 21.08 = 31.08 kcal

[예제 3.5]

$$\Delta U = Q - W = 30 - 0.8 = 29.2 \text{ kJ}$$

[예제 3.6]

$W_{1\ 2}$ = −19.6 kJ, U_2 − U_1 = 4.2 kJ,

$Q_{12} = (U_2 - U_1) + W_{12} = 4.2 - 19.6 = -15.4$ kJ

따라서, 15.4 kJ의 열량이 외부로 방출되었다.

[예제 3.7]

ⓐ 물이 증기로 팽창되면서 한 일 W를 계산하면

$P_1 = P_2 = 1$ atm $= 101.325$ kPa, $v_1 = 0.0010437$ m³/kg, $v_2 = 1.693$ m³/kg를 다음의 일을 구하는 식에 대입한다.

$W = P \times (v_2 - v_1) = 101.325 \times (1.693 - 0.0010437) = 169.4$ kJ/kg

따라서, 흡열량의 단위를 MJ → kJ로 치환하여 내부 에너지의 변화를 구하면

$u_2 - u_1 = q - W = 2256.9 - 169.4 = 2087.5$kJ/kg $= 2.09$ MJ/kg

ⓑ 엔탈피의 변화는 $h_2 - h_1 = (u_2 - u_1) + P \cdot (v_2 - v_1)$에 대입하면

$h_2 - h_1 = 2087.5 + 169.4 = 2256.9$kJ/kg $= 2.2569$ MJ/kg

즉, 흡열량(증발열)만큼 엔탈피가 증가하였다.

[예제 3.8]

$P = 3.92 \times 106$ Pa, $V_1 = 0.5$ m³, $W_{12} = 1.471 \times 106$ J, $U_{12} = 3.81 \times 10^3$ J로 정리.

ⓐ 정압 변화의 식으로부터 $\int_1^2 Pdv = P(v_2 - v_1) = W_{12}$, $V_2 - V_1 = W_{12} / P$

$$\therefore V_2 = W_{12}/P + V_1 = \left(1.471 \times \frac{106}{3.92} \times 106\right) + 0.5 = 0.875 \text{ m}^3$$

ⓑ Q = U + W에서

$Q_{12} = U_2 - U_1 + W_{12} = 3.81 \times 10^3 + 1.471 \times 106 = 1.475 \times 106\text{J} = 1.475$ MJ

[예제 3.9]

열역학 제1법칙 dQ = dU + dW에서 열량을 구하면

1시간당 내부에너지 증가는 dU = 2.5 × 5 × 60 = 750 kJ/h

1시간당 일량 dW = 0.4 × 3600 = 1440 kJ/h

외부에서 공급받아야할 열량 dQ = dU + dW = 750 + 1440 = 2190 kJ/h

[예제 3.10]

$$W = \int_{0.1}^{0.5} P \cdot dV = \int_{0.1}^{0.5} (100 + 120V) \cdot dV = [100 \cdot V + 60 \cdot V^2]_{0.1}^{0.5} = 680 \text{ kJ}$$

4. 이상기체

[예제 4.1]

$G = 2$ kg, $P_1 = 98$ kPa, $V_1 = 1.723$ m³, $P_2 = 196$ kPa, $T_2 = 373$ ℃, R

$= 0.2871\ \text{kJ/kg}\cdot\text{K}$

$$T_1 = \frac{(P_1 \cdot V_1)}{G \cdot R} = \frac{98 \times 1.723}{2 \times 0.2871} = 294\ \text{K}$$

∴ $\Delta T = 373 - 294 = 79\ \text{K} = 79\ ℃$ (온도 상승)

$$V_2 = \frac{G \cdot R \cdot T}{P_2} = \frac{2 \times 0.2871 \times 373}{196} = 1.093\ \text{m}^3$$

∴ $\Delta V = 1.093 - 1.723 = -0.63\ \text{m}^3$(체적 감소)

[예제 4.2]

$$PV = mRT,\ m = \frac{P \cdot V}{R \cdot T} = \frac{0.01 \cdot 1000}{0.287 \times (273.15 + 130)} = 0.0864\ \text{kg}$$

[예제 4.3]

$$\frac{P_1 \cdot V_1}{T_1} = \frac{P_2 \cdot V_2}{T_2}, \qquad T_2 = T_1 \times \frac{P_2 V_2}{P_1 V_1} = 303.15 \times \frac{400 \times 4}{1000 \times 2} = 245.52\ \text{K}$$

[예제 4.4]

식 (4.11)에서 $R = \frac{8.314}{M} = \frac{8.314}{44.01} = 0.1889\ \text{kJ/kg}\cdot\text{K}$

[예제 4.5]

$$R = \frac{8.31434}{35} = 0.2375\ \text{kJ/kg}\cdot\text{K}$$

$$C_P - C_V = R,\ C_p - R = C_v,\ C_V = 0.2675,\ \kappa = \frac{C_p}{C_v} = \frac{0.5}{0.2625} = 1.90$$

[예제 4.6]

$$m \cdot (C_p - C_v) \cdot \Delta T = 300\ \text{kJ}$$

$$R = C_p - C_v = \frac{430}{m \cdot \Delta T} = \frac{430}{10 \cdot 250} = 0.172\ \text{kJ/kgK}$$

[예제 4.7]

$T_2 - T_1 = 40 - 15 = 25\ ℃$를 식 (4.15)와 식 (4.16)에 대입하면

정압 비열 $C_V = \frac{Q_{12}}{(T_2 - T_1)} = \frac{80}{25} = 3.2\ \text{kJ/kg}\cdot\text{K}$

$$C_P = C_V + \frac{8.314}{M} = 3.2 + \frac{8.314}{4} = 5.28\ \text{kJ/kg}\cdot\text{K}$$

[예제 4.8]

$G = 5\ \text{kg},\ T_1 = 293\ \text{K},\ T_2 = 673\ \text{K}$로 하고

ⓐ 필요 열량 $Q_{12} = G \cdot C_P \cdot (T_2 - T_1) = 5 \times 1.005 \times (673 - 293) = 1.91\ \text{MJ}$

ⓑ 엔탈피의 변화 $H_{21} = G \cdot C_P \cdot (T_2 - T_1) = 5 \times 1.005 \times (673 - 293) = 1.91\ \text{MJ}$

ⓒ 내부 에너지 변화 U_{21}는 정적 비열로 계산하여야 하며, 이를 위해 식

(1.16)을 이용하면

$$\frac{C_P}{C_V} = \kappa \rightarrow C_V = \frac{C_P}{\kappa} = \frac{1.005}{1.402} = 0.7168 \text{ kJ/kg·K}$$

$$U_{21} = G \cdot C_V \cdot (T_2 - T_1) = 5 \times 0.7168 \times (673 - 293) = 1.36 \text{ MJ}$$

[예제 4.9]

이 문제를 풀기 위해서는 기체의 질량 G를 이상 기체 상태 방정식에서, 최종 온도 T_2 는 정적 변화의 관계식에서 구해야 한다.

$$G = \frac{P_1 \cdot V_1}{R_1 \cdot T_1} = \frac{245 \times 1}{461.51 \times 293} = 1.812 \text{ kg}$$

$$T_2 = T_1 \cdot \frac{P_2}{P_1} = 293 \times \frac{490}{245} = 586 \text{ K}$$

따라서, 구하고자 하는 열량 $Q_{1\ 2}$ 는

$$Q_{12} = G\dot{C}_V \cdot (T_2 - T_1) = 1.812 \times 1.388 \times (586 - 293) = 737 \text{ kJ}$$

[예제 4.10]

등온 압축이므로 $P_1 V_1 = P_2 V_2$ 이므로, 공기의 흡입 체적 V_1 은

$$V_1 = \frac{P_2}{P_1} \cdot V_2 = \frac{800}{101.3} \times 1 = 7.90 \text{ m}^3/\text{s}$$

이론 등온 압축일 $W_{12} = P_1 V_1 \cdot \ln\left(\frac{P_2}{P_1}\right) = 101.3 \times 7.9 \times \ln\left(\frac{800}{101.3}\right) = 1.654 \text{ MJ/s}$

[예제 4.11]

등온 압축이므로 $P_1 \cdot V_1 = P_2 \cdot V_2$이므로, 공기의 흡입 체적 V_1 은

$$V_1 = \frac{P_2}{P_1} \times V_2 = \frac{600}{101.3} \times 2 = 11.85 \text{ m}^3/\text{s}$$

이론 등온 압축일 $W_{12} = P_1 V_1 \ln\left(\frac{P_2}{P_1}\right) = 101.3 \times 11.85 \times \ln\left(\frac{600}{101.3}\right) = 2.14 \text{ MJ/s}$

[예제 4.12]

ⓐ $W_{12} = GRT_1 \cdot \ln\left(\frac{P_1}{P_2}\right)$를 변형하여

$$T_1 = \frac{W_{12} \times 1}{GR \cdot \ln(P_1/P_2)} = \frac{15 \times 1}{0.1 \times 0.2871 \times \ln(600/101.3)} = 293\ K ≒ 20\ K$$

ⓑ $V_1 = \frac{GRT}{P_1} = \frac{0.1 \times 0.2871 \times 293}{600} = 0.014 \text{ m}^3$

ⓒ $V_2 = \frac{P_1}{P_2} \cdot V_1 = \left(\frac{600}{101.3}\right) \times 0.014 = 0.083 \text{ m}^3$

[예제 4.13]

$G = 2$ kg, $P_1 = 100$ kPa, $T = 293$ K, $P_2 = 2940$ kPa, $R = 0.2871$

kJ/kg · K

등온 변화의 식에서 $W_{12} = GRT\ln\left(\frac{P_1}{P_2}\right) = 2 \times 0.2871 \times 293 \times \ln\left(\frac{100}{2940}\right) = -569$ kJ

외부로부터 공기에 대해 569 kJ의 절대일이 필요하다.

[예제 4.14]

P_1 = 1000 kPa, T = 353 K, P_2 = 100 kPa, R = 0.2871 kJ/kg · K에서 등온 변화식

절대일 $W_{12} = RT \cdot \ln\left(\frac{P_1}{P_2}\right) = 0.2871 \times 353 \times \ln\left(\frac{1000}{100}\right) = 233$ kJ

열량 $Q_{12} = W_{12} = 233$ kJ

[예제 4.15]

T_1 = 293 K, $v_2 = v_1 + 1$ m³/kg, $S_2 - S_1$ = 0.4 kJ/kg · K, R = 0.2871 kJ/kg · K

$$S_2 - S_1 = R \cdot \ln\left(\frac{v_2}{v_1}\right) = R \cdot \ln\left(\frac{v_1+1}{v_1}\right) \rightarrow \ln\left(\frac{v_1+1}{v_1}\right) = \frac{(S_2 - S_1)}{R} = \frac{0.4}{0.2871} = 1.393$$

$$\therefore \quad \frac{(v_1+1)}{v_1} = e^{1.393} = 4.03 \quad \rightarrow \quad v_1 = 0.33 \text{ m}^3/\text{kg}$$

따라서, 최초 압력 $P_1 = \frac{RT_1}{v_1} = \frac{0.2871 \times 293}{0.33} = 255$ kPa

[예제 4.16]

공기의 질량을 G kg, 체적을 V m³이라 하면 PV = GRT에서

$$V_1 = \frac{GRT_1}{P_1} = 0.1 \times 0.2871 \times \left(\frac{273.16+18}{101.3}\right) = 0.082 \text{ m}^3$$

정압 변화이므로 $V_2 = \frac{T_2}{T_1} \cdot V_1 = \frac{363}{291} \times 0.082 = 0.102$ m³

[예제 4.17]

공기의 질량을 G kg, 체적을 V m³이라 하면 PV = GRT에서

$$V_1 = \frac{GRT_1}{P_1} = \frac{0.01 \times 0.2871 \times 298}{120} = 0.00713 \text{ m}^3$$

정압 변화이므로 $V_2 = \frac{T_2}{T_1} \times V_1 = \frac{353}{298} \times 0.00713 = 0.00845$ m³

[예제 4.18]

P = 390 kPa, T_1 = 303 K, T_2 = 473 K, C_P = 14.245 kJ/kg · K, R = 0.2871 kJ/kg · K

ⓐ $Q_{12} = C_P \cdot (T_2 - T_1) = 1.005 \times (473 - 303) = 170.9$ kJ

ⓑ $W_{12} = R \cdot (T_2 - T_1) = 0.2871 \times (473 - 303) = 48.8$ kJ

ⓒ $H_{12} = C_P \cdot (T_2 - T_1) = 1.005 \times (473 - 303) = 170.9$ kJ

ⓓ $S_{12} = C_P \cdot \ln\left(\frac{T_2}{T_1}\right) = 1.005 \times \ln\left(\frac{473}{303}\right) = 0.448$ kJ

[예제 4.19]

$G = 5$ kg, $V_1 = 0.4$ m³, $V_2 = 2$ m³, $C_P = 14.245$ kJ/kg · K, $V_2 / V_1 = 5$

∴ 엔트로피의 변화 $S_2 - S_1 = G \cdot C_P \cdot \ln\left(\frac{V_2}{V_1}\right) = 5 \times 14.245 \times \ln 5 = 114.6$ kJ/K

[예제 4.20]

$P_1 = 490$ kPa, $V_1 = 1000$ l $= 1$ m³, $T_1 = 293$ K, $T_2 = 313$ K, $R = 0.2871$ kJ/kg · K, $C_V = 0.716$ kJ/kg · K에서

ⓐ 공기의 질량 G는 $G = \frac{P_1 V_1}{R T_1} = \frac{490 \times 1}{0.2871 \times 293} = 5.82$ kg

ⓑ 최종 압력 P_2 는 정적 변화의 식에서 $P_2 = P_1 \cdot \frac{T_2}{T_1} = \frac{490 \times 313}{293} = 523$ kPa

따라서, 압력 증가분 $P_2 - P_1 = 523 - 490 = 33$kPa

ⓒ 가열에 필요한 열량 Q_{12} 는 정적 변화의 식에서

$Q_{12} = G \cdot C_V \cdot (T_2 - T_1) = 5.82 \times 0.716 \times (313 - 293) = 83.3$ KJ

[예제 4.21]

$G = 4$ kg, $T_1 = 298$ K, $S_2 - S_1 = 2.5$ kJ/K, $C_V = 0.716$ kJ/kg · K에서

ⓐ $\ln\left(\frac{T_2}{T_1}\right) = \frac{S_2 - S_1}{G \cdot C_V} = \frac{2.5}{(4 \times 0.716)} = 0.873$, $\frac{T_2}{T_1} = e^{0.873} = 2.394$

∴ $T_2 = 2.394 \times T_1 = 2.394 \times 298 = 713$ K

가해진 열량 $Q_{12} = G \cdot C_V \cdot (T_2 - T_1) = 4 \times 0.716 \times (713 - 298) = 1.189$ MJ

ⓑ 내부 에너지의 변화 $U_2 - U_1 = G \cdot C_V \cdot (T_2 - T_1) = Q_{12} = 1.189$ MJ

따라서, 정적 변화에서 가해진 열량은 전부 내부 에너지의 증가로 된다.

[예제 4.22]

$T_1 = 293$ K, $T_2 = 523$ K, $C_V = 0.716$ kJ/kg · K에서

ⓐ 정적 변화에서 가해진 열량

$Q_{12} = C_V \cdot (T_1 - T_2) = 0.716 \times (523 - 293) = 164.7$ kJ

ⓑ 엔트로피의 변화 $S_2 - S_1 = C_V \cdot \ln\left(\frac{T_2}{T_1}\right) = 0.716 \times \ln\left(\frac{523}{293}\right) = 0.42$ kJ/kg · K

[예제 4.23]

ⓐ 최종 압력 P_2 는 $\left(\frac{P_2}{P_1}\right) = \left(\frac{T_2}{T_1}\right)^{\kappa/(\kappa-1)}$

$$P_2=\left(\frac{T_2}{T_1}\right)^{\kappa/(\kappa-1)}\cdot P_1=\left(\frac{473}{288}\right)^{1.4/(1.4-1)}\times 101.3=575\ \text{kPa}$$

ⓑ 압축기의 일 W_{12} 는 단열 압축 과정의 절대일에 대한 식과 이상 기체 상태 방정식에서

$$W_{12} = \frac{\kappa}{\kappa-1}P_1v_1\left[\left(\frac{P_2}{P_1}\right)^{\frac{\kappa}{\kappa-1}}-1\right]=\frac{\kappa}{\kappa-1}RT_1\left[\left(\frac{P_2}{P_1}\right)^{\frac{\kappa}{\kappa-1}}-1\right]$$

$$= \frac{1.4}{1.4-1}\times 0.2871\times 288\times\left[\left(\frac{575}{101.3}\right)^{\frac{1.4}{1.4-1}}-1\right]=185.9\ \text{kJ/kg}$$

[예제 4.24]

P_1 = 98 kPa, V_1 = 1 m³, P_2 = 490 kPa, 공기의 비열비 κ = 1.4로 하여 최종 체적 V_2 를 계산하면, $(P_2\cdot V_2)=(P_1\cdot V_1)^{\kappa}$에서

$$V_2=\left(\frac{P_1}{P_2}\right)^{1/\kappa}\cdot V_1=\left(\frac{98}{490}\right)^{1/1.4}\times 1=0.317\ \text{m}^3$$

따라서, 절대일 W_{12} 는

$$W_{12}=\frac{1}{(\kappa-1)}\times(P_1\cdot V_1-P_2\cdot V_2)=\frac{1}{0.4}\times(98\times 1-490\times 0.317)=-143.3\ \text{kJ}$$

[예제 4.25]

ⓐ 절대일

$$W_{12}=\frac{1}{(n-1)}\cdot(P_1\cdot v_1-P_2\cdot v_2)=\frac{1}{0.3}\times(100\times 0.841-500\times 0.244)=-126.3\ \text{kJ}$$

ⓑ 최종 온도 $T_2=T_1\cdot\left(\frac{P_2}{P_1}\right)^{(n-1)/n}=293\times\left(\frac{500}{100}\right)^{(1.3-1)/1.3}=425\ \text{K}$

따라서, 열량 변화

$$Q_{12}=C_V\cdot(T_2-T_1)+W_{12}=0.716\times(425-293)-126.3=-31.8\ \text{kJ}$$

즉, 폴리트로프 변화 중에 31.8 kJ의 열량이 공기로부터 방출되었다.

[예제 4.26]

P_1 = 102 kPa, T_1 = 298 K, n = 1.35, T_2 = 673 K

ⓐ $\left(\frac{v_1}{v_2}\right)^{n-1}=\frac{T_2}{T_1}\rightarrow\ \varepsilon=\frac{v_1}{v_2}=\left(\frac{T_2}{T_1}\right)^{1/(n-1)}=\left(\frac{673}{298}\right)^{1/(1.35-1)}=10.25$

ⓑ 엔트로피의 변화 S_2-S_1 은 κ = 1.4, C_V = 0.716 kJ/kg · K로 하여

$$S_2-S_1=\frac{n-\kappa}{n-1}\cdot C_V.\ln\frac{T_2}{T_1}=\frac{(1.35-1.4)}{(1.35-1)}\times 0.716\times\ln\frac{673}{298}=-0.0833\ \text{kJ/kg}\cdot\text{K}$$

즉, 0.083 kJ/kg · K의 엔트로피 감소가 있다.

[예제 4.27]

V = 2 m³, P_1 = 2000 kPa, T_1 = 473 K, R = 0.462 kJ/kg · K, C_V = 1.4 kJ/kg · K, Q_{12} = −420 kJ에서 정적 변화의 식 $Q=G\cdot C_V\cdot(T_2-T_1)$에

서 T_2 를 계산하고, 상태 변화 식 $\frac{P_2}{T_2}=\frac{P_1}{T_1}$ 을 이용하여 P_2 를 계산한다.

기체의 질량은 $G=\frac{P_1V}{RT_1}=\frac{2000\times 2}{0.462\times 473}=18.3\ \text{kg}$

420 kJ의 열량이 제거된 후의 온도 T_2 의 계산은

$$T_2-T_1=\frac{Q_{12}}{G\cdot C_V}=\frac{-420}{18.3\times 1.4}=-16.39\ \text{K}$$

$$\therefore\ T_2=-16.39+T_1=-16.39+473=456.6\ \text{K}$$

최종 압력 P_2 는 정적 변화의 식으로부터

$$P_2=\frac{P_1\cdot T_2}{T_1}=\frac{2000\times 456.6}{473}=1931\ \text{kPa}=1.931\ \text{MPa}$$

[예제 4.28]

$V_1 = 1\ \text{m}^3$, $T_1 = 293$ K, $V_2 = 2\ \text{m}^3$, $C_P = 1.04$ kJ/kg · K, R = 0.3 kJ/kg · K에서 정압 변화의 식에서 최종 온도 T_2 를 계산하면

$$T_2=\frac{T_1\cdot V_2}{V_1}=293\times\left(\frac{2}{1}\right)=586\ \text{K}$$

가해지는 열량 $Q_{12}=C_{P\cdot(T_2-}T_1)=1.04\times(586-293)=305\ \text{kJ}$

절대일 $W_{12}=R\cdot(T_2-T_1)=0.3\times(586-293)=87.9\ \text{kJ}$

[예제 4.29]

공기 1 kg에 대해 N_2, O_2, Ar의 질량을 G_1, G_2, G_3 이라 하면

$G_1 = 0.755$ kg, $R_1 = 0.2968$ kJ/kg · K, $C_{V1} = 0.741$ kJ/kg · K

$G_2 = 0.232$ kg, $R_2 = 0.2598$ kJ/kg · K, $C_{V2} = 0.653$ kJ/kg · K

$G_3 = 0.013$ kg, $R_3 = 0.2081$ kJ/kg · K, $C_{V3} = 0.318$ kJ/kg · K

ⓐ 공기의 기체 정수 R은

$$R=\frac{G_1R_1+G_2R_2+G_3R_3}{G}$$

$$=\frac{0.755\times 0.2968+0.232\times 0.2598+0.013\times 0.2081}{1}=0.287\ \text{kJ/kg}\cdot\text{K}$$

ⓑ 공기의 정적 비열 C_V C_V는

$$C_V=\frac{G_1CV_1+G_2CV_2+G_3CV_3}{G}=\frac{0.755\times 0.741+0.232\times 0.653+0.013\times 0.318}{1}=0.72\ \text{kJ/kg}\cdot\text{K}$$

[예제 4.30]

$G_1 = 20$ kg, $G_2 = 5$ kg, $T_1 = 353$ K, V = 20 m^3, $Q_2 = 2500$ kJ, $R_1 = 0.2871$ kJ/kg · K, $R_2 = 0.4651$ kJ/kg · K, $C_{V1} = 0.716$ kJ/kg · K, $C_{V2} = 1.398$ kJ/kg · K이므로

ⓐ 각각의 분압은 기체 상태 방정식으로부터

$$P_1 = \frac{G_1R_1T_1}{V} = \frac{20 \times 0.2871 \times 353}{20} = 101.3\ \text{kPa}$$

$$P_2 = \frac{G_2R_2T_2}{V} = \frac{5 \times 0.4651 \times 353}{20} = 40.7\ \text{kPa}$$

따라서, 탱크 내의 압력은 $P = P_1 + P_2 = 142\ \text{kPa}$

ⓑ 혼합 기체의 정적 비열 C_V는

$$C_V = \frac{G_1CV_1 + G_2CV_2}{G} = \frac{20 \times 0.716 + 5 \times 1.398}{/} 25 = 0.8524\ \text{kJ/kg} \cdot \text{K}$$

따라서, $T_2 - T_1$ 은 $T_2 - T_1 = \frac{Q_{12}}{G \cdot C_V}$

$$T_2 = \frac{Q_{12}}{G \cdot C_V} + T_1 = \frac{2500}{25 \times 0.8524} + 353 = 470\ \text{K} = 197\ ℃$$

[예제 4.31]

$G_1 = 1$ kg, $G_2 = 0.01$ kg, $G = 1.01$ kg, $R = 0.2871$ kJ/kg · K, $R_2 = 0.4615$ kJ/kg · K, $P = 1$ atm $= 101.325$ kPa에서

$$R = \frac{G_1R_1 + G_2R_2}{G} = \frac{1 \times 0.2871 + 0.01 \times 0.4615}{1.01} = 0.2888\ \text{kJ/kg} \cdot \text{K}$$

$$\therefore\ P_2 = \frac{P \cdot G_2}{G} \cdot \frac{R_2}{R} = 101.325 \times \frac{0.01}{1.01} \times \frac{0.4615}{0.2888} = 1.603\ \text{kPa}$$

5. 열역학 제 2 법칙

[예제 5.1]

1 kW = 1 kJ/s = 3600 kJ/h이므로

$Q_1 - Q_2 = 73.5 \times 3.6 \times 10^3$ kg/h, $Q_1 = 20 \times 41.9 \times 10^3$ kJ/h이므로

열효율 $\eta = \frac{L}{Q_1} = \frac{(73.5 \times 3.6 \times 10^3)}{(20 \times 41.9 \times 10^3)} - 0.316 = 31.6\ \%$

[예제 5.2]

$Q_1 = 21$ kJ, $T_1 = 973$ K, $T_2 = 298$ K이므로

ⓐ $W = Q_1 \cdot \eta_C = Q_1 \cdot \left[1 - \left(\frac{T_2}{T_1}\right)\right] = 21 \times \left(1 - \frac{298}{973}\right) = 14.57\ \text{kJ}$

ⓑ $Q_2 = 8.4$ kJ이므로 $Q_1 = \left(\frac{T_1}{T_2}\right) \cdot Q_2 = \left(\frac{973}{298}\right) \times 8.4 = 27.4\ \text{kJ}$

$\therefore\ W = Q_1 - Q_2 = 27.4 - 8.4 = 19\ \text{kJ}$

[예제 5.3]

$T_1 = 773$ K, $T_2 = 293$ K, $T_1{}' = 873$ K, $P_2 = P_4 = 392$ kPa, $R =$

0.2871 kJ/kg · K, κ = 1.41이라 하면

ⓐ 단열 변화의 식에서 $\frac{P_1}{P_4}=\left(\frac{T_1}{T_2}\right)^{(\kappa-1)}=\left(\frac{773}{293}\right)^{(1.4-1)}=11.31$

$\therefore\ P_1 = 11.31\times P_4 = 11.31\times 392 = 4434\ kPa$

수열량 Q_1 은 P_2 = P_4 이므로 $\frac{P_1}{P_2}=\frac{P_2}{P_4}=11.31$이 되고, 1 → 2는 등온 변화이므로

$$Q_1 = RT_1\cdot \ln\left(\frac{P_1}{P_2}\right)=0.2871\times 773\times \ln(11.31)=538\ kJ$$

$$W = Q_1 - Q_2 = Q_1\cdot\left[1-\left(\frac{T_2}{T_1}\right)\right]=538\times\left(1-\left(\frac{293}{773}\right)\right)=334\ kJ$$

여기서, 이 사이클은 매분 60 사이클 즉, 매초 1 사이클마다 334 kJ의 일을 하고 있는 것으로, 발생하는 출력을 P라 하면, t = 1 sec에서

$$P=\frac{L}{t}=\frac{334}{1}=334\ kW$$

ⓑ T_1 = 773 K일 때의 열효율 $\eta_1 = 1-T\frac{2}{T_1}=1-\frac{293}{773}=0.621=62.1\ \%$

$T_1{}'$ = 873 K일 때의 열효율 $\eta_2 = 1-T\frac{2}{T_1'}=1-\frac{293}{873}=0.664=66.4\ \%$

$\therefore\ \eta_2-\eta_1 = 66.4-62.1 = 4.3\ \%$

따라서, 고열원의 온도를 500 ℃에서 600 ℃로 높이면 효율이 4.3 % 향상된다

[예제 5.4]

G = 1 kg, T_1 = 873 K, T_2 = 298 K, P_1 = 980 kPa, v_2 = 2 · v_1 , κ = 1.4, R = 0.2871 kJ/kg · K

ⓐ 상태 1의 공기 비체적 v_1 은 기체 상태 방정식에서

$$v_1=\frac{RT_1}{P_1=}\frac{0.2871\times 873}{980}=0.256\ m^3/kg,$$

$\therefore\ P_1 = 980\ kPa,\quad v_1 = 0.256\ m^3/kg,\quad T_1 = 873\ K$

ⓑ 상태 2의 비체적 v_2 = 2 · v_1 이므로 등온 변화의 식에서 P_2 를 계산하면

$$P_2 = P_1\cdot\frac{v_1}{v_2}=P_1\cdot\frac{v_1}{2\cdot v_1}\cdot=\frac{P_1}{2}=490 m^3/kg$$

$\therefore\ P_2$ = 490 kPa, v_2 = 0.512 m^3 /kg, T_2 = 873 K

ⓒ 상태 3의 비체적 v_3 는 2 → 3 과정이 단열 변화이기 때문에 $T_1\cdot v_2^{\kappa-1}=T_2\cdot v_3^{\kappa-1}$

$$(v_3/v_2)^{\kappa-1}=\frac{T_1}{T}{}_2\rightarrow\frac{v_3}{v_2}=\left(\frac{T_1}{T}{}_2\right)^{1/(\kappa-1)}$$

$$\therefore\ v_3=\left(\frac{T_1}{T_2}\right)^{1/(\kappa-1)}\cdot v_2=\left(\frac{873}{298}\right)^{1/(1.4-1)}\cdot 0.512=7.52\ m^3/kg$$

$\therefore\ P_3 = \frac{RT_2}{v_3 =}(0.2871 \times 2\frac{98)}{7.52} = 11.38\ kPa$

$\therefore\ P_3 = 11.38\ kPa,\quad v_3 = 7.52\ m^3/kg,\quad T_2 = 298\ K$

ⓓ 상태 4의 비체적 v_4 는 4 → 1 과정이 단열 변화이므로 $T_2 \cdot v_4^{\ \kappa-1} = T_1 \cdot v_1^{\ \kappa-1}$

$\therefore\ v_4 = \left(\frac{T_1}{T_2}\right)^{1/(\kappa-1)} \cdot v_1 = \left(\frac{873}{298}\right)^{1/(1.4-1)} \cdot 0.256 = 3.76\ m^3/kg$

$\therefore\ P_4 = \frac{RT_2}{v_4 =}\frac{0.2871 \times 298}{3.76} = 22.8\ kPa$

$\therefore\ P_4 = 22.8\ kPa,\quad v_4 = 3.76\ m^3/kg,\quad T_4 = 298\ K$

ⓔ 수열량 Q_1 및 방열량 Q_2 은

$Q_1 = RT_1 \cdot \ln\frac{v_2}{v_1} = 0.2871 \times 873 \times \ln\frac{0.512}{0.256} = 173.7\ kJ$

$Q_2 = RT_2 \cdot \ln\frac{v_3}{v_4} = 0.2871 \times 298 \times \ln\frac{7.52}{3.76} = 59.3\ kJ$

ⓕ 일량 $W = Q_1 - Q_2 = 173.7 - 59.3 = 114.4\ kJ$

ⓖ 열효율 $\eta_C = \frac{(Q_1 - Q_2)}{Q_1} = \frac{114.4}{173.7} = 0.659 = 65.9\ \%$

ⓗ 엔트로피 변화 $S_2 - S_1$ 및 $S_4 - S_3$ 은 등온 변화, $S_3 - S_2$ 및 $S_1 - S_4$ 는 단열 변화이다.

$S_2 - S_1 = \frac{Q_1}{T_1 =}\frac{173.7}{873} = 0.199\ kJ/kg$

$S_3 - S_2 = 0 kJ/kg$

$S_4 - S_3 = \frac{Q_2}{T_2 =}\frac{-59.3}{298} = -0.199\ kJ/kg$

$S_1 - S_4 = 0\ kJ/kg$

$\therefore\ (S_2 - S_1) + (S_3 - S_2) + (S_4 - S_3) + (S_1 - S_4) = 0\ kJ/kg$

[예제 5.5]

$T_1 = 873$ K, $T_2 = 293$ K이므로

ⓐ 열효율 rm $\eta_C = 1 - \frac{T_2}{T_1} = 1 - \frac{293}{873} = 0.664 = 66.4\ \%$

ⓑ 방열량 Q_2 과 수열량 Q_1 의 비율은 $\frac{Q_2}{Q_1} = \frac{T_2}{T_1} = \frac{293}{873} = 0.336 = 33.6\ \%$

[예제 5.6]

1 kW = 1 kJ/s = 3 600 kJ/h = 3.6 MJ/h이므로 3.86 kW = 3.86 × 3.6 MJ/h

$\therefore\ \frac{139}{3.86 \times 3.6} = 10.0\ RT$

[예제 5.7]

얼음 500 kg을 제조하기 위하여 소비한 동력은 15 kW · h이므로, 일량 W 및 열량 Q_2 는 다음과 같다.

$W = 15 \times 3.6 \times 10^3$

$Q_2 = (h_{25} + h_m + h_8) \cdot G = (25 \times 4.1855 + 333.5 + 8 \times 2.05) \cdot 500$

h_{25}는 물의 엔탈피, h_m 은 얼음의 융해열, h_8은 얼음의 엔탈피이다.

$\therefore\ \eta = \dfrac{Q_2}{W} = 4.21$

[예제 5.8]

T_1 = 303 K, T_2 = 253 K이므로 식 (5.12)에서

$\therefore\ \eta = \dfrac{T_2}{T_1 - T_2} = \dfrac{253}{(303-253)} = 5.06$

[예제 5.9]

열효율은 η는 절대 온도를 이용하여 나타내면 $\eta = 1 - \dfrac{T_2}{T_1}$이다. η = 1이라는 것은 T_2 가 절대 영도인 것을 의미한다. 절대 영도의 물체는 현실적으로 존재하지 않기 때문에 η = 1이 될 수 없다.

[예제 5.10]

$ds = \dfrac{dQ}{T}$, $\ dQ = m \cdot C \cdot \Delta T$, $\ s_2 - s_1 = m \cdot C \cdot \ln\dfrac{T_2}{T_1}$

$s_2 - s_1 = m \cdot C \cdot \ln\dfrac{T_2}{T_1} = 10 \times 4.186 \times \ln\dfrac{343}{283} = 8.048\ \text{kJ}$

[예제 5.11]

① 0 ℃인 물에서 100 ℃인 물로 변화되는 과정의 엔트로피

$\Delta S_1 = m \cdot \displaystyle\int_{T_1}^{T_2} C \cdot \dfrac{dT}{T} = 10 \times 4.186 \times \ln\dfrac{373}{273} = 13.06\ \text{kJ/K}$

② 100 ℃물이 100 ℃ 증기로 변화되는 과정의 엔트로피

$\Delta S_2 = m \cdot \dfrac{\Delta Q}{T_2} = \dfrac{10 \times 2{,}256}{373} = 60.48\ \text{kJ/K}$

$\therefore\ \Delta S = \Delta S_1 + \Delta S_2 = 13.06 + 60.48 = 73.56\ \text{kJ/K}$

[예제 5.12]

$ds = C_P \cdot \ln\dfrac{T_2}{T_1} + R \cdot \ln\dfrac{P_1}{P_2} = 1 \times \ln\dfrac{450}{600} + 0.287 \times \ln\dfrac{800}{200} = 0.1091\ \text{kJ}$

[예제 5.13]

(1) 무효 에너지 : $Q_2 = Q_1 \cdot \dfrac{T_2}{T_1} = 100 \times \dfrac{473.15}{1273.15} = 37.2\ \text{kJ}$

(2) 유효 에너지 : $Q_A = Q_1 - T_2 \cdot \frac{Q_1}{T_1} = Q_1 - Q_2 = 100 - 37.2 = 62.8$ kJ

[예제 5.14]

(1) 가열 후의 온도 T_2 :

$Q = m \cdot C_P \cdot (T_2 - T_1)$, $600 = 0.5 \times 1 \times (T_2 - 773) = 1973$ K

(2) 유효 에너지 : $Q_A = Q_1 - T_0 \cdot \Delta T = Q_1 - T_0 m \cdot C_P \cdot \ln\left(\frac{T_2}{T_1}\right) = 316.2$ kJ

(3) 무효 에너지 : $Q_0 = Q_1 - Q_A = 600 - 316.2 = 283.8$ kJ

6. 증기

[예제 6.1]

식 (6.1)을 이용하여

$T_1 = 100℃ \rightarrow C_1 = 4.17838 - 0.000434 \cdot 100 + 0.000008677 \cdot 100^2 = 4.222$ kJ/kg · K

$T_1 = 150℃ \rightarrow C_1 = 4.17838 - 0.000434 \cdot 150 + 0.000008677 \cdot 150^2 = 4.308$ kJ/kg · K

[예제 6.2]

ⓐ 식 (6.7)을 이용하면

$v = v' + x \cdot (v'' - v') = 0.001127 + 0.7 \cdot (0.194293 - 0.001127) = 0.136$ m³/kg

ⓑ 식 (6.9)식을 이용하여

$h = h' + x \cdot (h'' - h') = 762.6 + 0.7 \cdot (2766.2 - 762.6) = 2.165$ MJ/kg

[예제 6.3]

주입해야 할 것은 수량을 W kg, 습포화증기량은 과열증기량 1 kg과 수량 W kg와의 합 (1 + W) kg이다. 또한, 과열증기의 비엔탈피 hs, 물의 비엔탈피 hw, 습포화증기의 비엔탈피를 hm이라 하면, 혼합에 의한 습포화증기의 비엔탈피 h는 과열증기와 물로부터 계신될 수 있기 때문에 15 ℃인 물의 엔달피를 15 × 4.1855 ≒ 62.8 kJ/kg으로 하여

$h = hs + hw \cdot W = 3052.1 + 62.8 \cdot W$ - ①

건도 0.7, 압력 1.0 MPa인 습포화증기로서 필요한 비엔탈피는

$h = hm \cdot (1 + W) = h' + x \cdot (h'' - h') \cdot (1 + W)$

$= 762.6 + 0.7 \times (2776.2 - 762.6) \cdot (1 + W)$

$\therefore\ h = 2172.1 \cdot (1 + W) = 2172.1 + 2172.1 \cdot W$ - ②

① 식과 ② 식을 치환하여 정리하면

$3052.1 + 62.8 \cdot W = 2172.1 + 2172.1 \cdot W$

$\therefore\ W = 0.4172$ kg

[예제 6.4]

ⓐ 비체적 v는 V = 300 l = 0.3 m^3 , G = 2 kg이므로

$$v = \frac{V}{G} = 0.15\ m^3/kg$$

따라서, 포화수의 비체적 v′ 및 포화증기의 비체적 v″ 의 관계는 v′ < v < v″ 이므로 탱크 내 수증기는 포화수와 포화증기 중간의 습증기 상태이라는 것을 알 수 있다.

ⓑ 건도 x는 식 (6.7)식을 이용하여

$$x = (v'' - v') = v - v' \rightarrow \quad x = \frac{(v - v')}{(v'' - v')} = 0.773 = 77.3\ \%$$

혹은 식 (6.8)을 이용하여 $x \fallingdotseq \frac{v}{v''} = 0.774 = 77.4\ \%$

[예제 6.5]

Gs = 2 kg, T_2 - T_1 = 15 K, r = 2085.0 kJ/kg, C_{Pa} = 1.005 kJ/kg · K, h′ = 670.4 kJ/kg, h_{40} = 40×4,1855 = 1674.4 kJ/kg

158.84 ℃인 건조 포화증기 2 kg이 40 ℃의 비포화수로 변화할 때까지 방출하는 열량 Qs는

$$Qs = Gs \cdot (h' - h_{40}) + r = 2 \times (670.4 - 167.4) + 2085 = 5176\ kJ$$

이 열량이 공기로 전달되기 때문에 구하고자 하는 공기 중량 Ga는 정압 변화 관계식으로부터

$$Qa = Ga \cdot C_{Pa} \cdot (T_2 - T_1) = Qs$$

$$\therefore\ Ga = \frac{Qs}{C_{Pa} \cdot (T_2 - T_1)} = 343.3\ kg$$

[예제 6.6]

증기량을 Gs kg이라 하고, 증기로부터 물에 주어질 비엔탈피 hs는 40 ℃ 물의 비엔탈피 h_{40} = 40×4.1855 ≒ 167.5 kJ/kg으로서

$$hs = Gs \cdot (h' - h_{40}) = Gs \cdot (2747.5 - 167.5)\ -\ ①$$

또한 물이 얻는 비엔탈피 hw는

$$hw = Gw \cdot (h_{40} - h_{15}) = 700 \times (40 - 15) \times 4.1855 = 73246.3\ kJ\ -\ ②$$

① 식과 ② 식이 같다고 하면 Gs · (2747.5 - 167.5) = 73246.3

$$\therefore\ Gs = \frac{73246.3}{(2747.5 - 167.5)} = 28.4\ kg$$

[예제 6.7]

교축 전후의 엔탈피는 변함이 없다. 교축 후의 증기 건도를 x라 하면, 습포화증기의 엔탈피 h_2 는 식 (6.9)에 의해

$h_2 = h_2' + x \cdot (h_2'' - h_2')$

$$x = \frac{(h_2 - h_2')}{(h_2'' - h_2')} = \frac{(798.4 - 417.5)}{(2675.4 - 417.5)} = 0.169$$

교축 후의 증기 비체적 v_2 는 식 (6.7)에 의해

$v_2 = v_2' + x \cdot (v_2'' - v_2') = 0.00104 + 0.169 \cdot (1.69373 - 0.00104) = 0.2871\ m^3/kg$

[예제 6.8]

ⓐ 과열 열량 $q_s = C_{Pm} \cdot (T - Ts) = 2.9 \times (400 - 250.33) = 434\ kJ/kg$

ⓑ 비엔트로피 s는 물의 상태 변화 마다 엔트로피의 증가량으로부터 계산한다.

㉠ 0 ℃ ~ 250.33 ℃ ; $s' = C \cdot \ln\frac{Ts}{273} = 4.186 \times \ln\frac{523}{273} = 2.72\ kJ/kg$

㉡ 증발 과정의 엔트로피 증가량 :

$$s'' - s' = \frac{r}{Ts} = \frac{(h'' - h)}{Ts} = \frac{(2800.3 - 1087.4)}{523} = 3.28\ kJ/kg$$

㉢ 250.33 ℃의 건조 포화증기로부터 과열되어 400 ℃의 과열증기로 될 때까지의 비엔트로피 증가량 :

$$s - s'' = C_{Pm} \cdot \ln\frac{T}{Ts} = 2.9 \times \ln\frac{673}{523} = 0.731\ kJ/kg \cdot K$$

$\therefore\ s = s' + (s'' - s') + (s - s'') = 6.73\ kJ/kg \cdot K$

[예제 6.9]

구하고자 하는 물의 양을 W kg, 물의 평균 정압 비열을 4.186 kJ/kg · K이라 하면, 20 ℃의 물로부터 2 MPa, 350 ℃인 과열증기가 될 때까지 필요한 열량 Q_1 은

$Q_1 = (q_L + r + q_S) \cdot W = q_L + r + C_{Pm} \cdot (T - Ts) \cdot W$

$= 4.196 \times (212.37 - 20) + 1888.6 + 2.8 \times (350 - 212.37) \cdot W = 3079.2 \cdot W\ kJ$

2 MPa, 온도 350 ℃인 과열 증기가 동일 압력의 250 ℃의 과열증기로 되기 위해 방출해야 하는 열량 $Q_2 = C_{Pm} \cdot (T - T_m) = 2.8 \times (350 - 250) = 280\ kJ$

$Q_1 = Q_2$ 이므로 $3079.2 \cdot W = 280$, $\therefore\ W = \frac{280}{3079.2} = 0.09\ kg$

[예제 6.10]

주입한 물의 양을 W, 비엔탈피를 hO, 과열 증기의 양을 Ws, 비엔탈피를 h, 포화수의 엔탈피를 h′, 증발열을 r, 건도를 x라 하면

$h \cdot Ws + h_O \cdot W = (h' + x \cdot r) \cdot (Ws + W)$

$2995.1 \times 30 + 4.186 \times 15 \times W = (1008.4 + 0.8 \times 1793.9) \times (30 + W)$

$\therefore\ W = 6.95kg$

[예제 6.11]

v_1 = v_2 = 0.09053 m^3 , P_1 = 3 MPa, P_2 = 0.5 MPa, 압력 0.5 MPa 및 3 MPa에 대한 물성치를 증기표에서 구하면

0.5 MPa : $v_2' = 0.00109\ m^3/kg$, $v_2'' = 0.37468\ m^3/kg$,

$h_2' = 640.1\ kJ/kg$, $r_2 = 2107.4\ kJ/kg$

3 MPa : $h_1 = 3117.5\ kJ/kg$

ⓐ $x_2 = \frac{v_2 - v_2'}{v_2'' - v_2'} = \frac{0.09053 - 0.00109}{0.37468 - 0.000109} = 0.239$

ⓑ $u_1 = h_1 - (P_1 \cdot v_1) = 3117.5 - (3000 \times 0.09053) = 2845.9\ kJ/kg$

ⓒ $h_2 = h_2' + (x_2 \cdot r_2) = 640.1 + (0.239 \times 2107.4) = 1143.8\ kJ/kg$

따라서, 내부 에너지 $u_2 = h_2 - (P_2 \cdot v_2) = 1143.8 - (500 \times 0.09053) = 1098.5\ kJ/kg''$

ⓓ 열량 변화 $Q_{12} = u_2 - u_1 = 1098.5 - 2845.9 =- 1747.4\ kJ/kg$(방열)

[예제 6.12]

x_1 = 0.4, x_2 = 0.8, P = 2 MPa, 압력 2 MPa의 물성치에 대해 증기표에서 정리하면 $v = 0.00118\ m^3/kg$, $v'' = 0.09954\ m^3/kg$, $r = 1888.6\ kJ/kg$

ⓐ 정압 변화의 열량 계산식에서

$Q_{12} = r \cdot (x_2 - x_1) = 1888.6 \times (0.8 - 0.4) = 755.4\ kJ/kg$

ⓑ 외부에 대한 일

$W_{12} = (x_2 - x_1) \cdot P \cdot (v_2 - v_1)$

$= (0.8 - 0.4) \times 2 \times 10^3 \times (0.09954 - 0.0018) = 78.7\ kJ/kg$

[예제 6.13]

P_1 = 4 MPa, P_2 = 0.1 MPa에 대한 압력 기준 포화 증기표에서

4 MPa : $s_1 = s_1'' = 6.06851\ kJ/kg \cdot K$, $T_2 = 2257.9\ K$

0.1 MPa : $s_2 = s_2'' = 1.30271\ kJ/kg \cdot K$, $T_2 = 373K, r_2 = 2257.9\ kJ/kg$

단열 변화의 식을 이용하여 최종 건도를 계산하면

$$x_2 = \left(\frac{T_2}{T_1}\right) \cdot (s_1 - s_2') = \left(\frac{T_2}{T_1}\right) \cdot (s_1'' - s_2') = \frac{373}{2257.9} \times (6.06851 - 1.30271) = 0.787$$

7. 내연 기관

[예제 7.1]

T_3 = 2233 K, T_1 = 293 K, P_1 = 100 kPa, ε = 9, κ = 1.35

ⓐ 이론 열효율 $\eta = 1 - \left(\frac{1}{\epsilon^{\kappa - 1}}\right) = 1 - \left(\frac{1}{9^{1.35-1}}\right) = 0.537$

ⓑ 2 → 3 과정은 정적 과정이므로 최고 압력 $P_3 = P_2 \cdot \frac{T_3}{P_2}$ − ①

1 → 2 과정은 단열 과정이므로

$$P_2 = P_1 \cdot \left(\frac{V_1}{V_2}\right)^{\kappa} = P_1 \cdot \epsilon^{\kappa} = 100 \times 9^{1.35} = 1942 \text{ kPa}$$

$$T_2 = T_1 \cdot \left(\frac{V_1}{V_2}\right)^{\kappa-1} = T_1 \cdot \epsilon^{\kappa-1} = 293 \times 9^{1.35-1} = 632 \text{ kPa}$$

이상의 값들을 ① 식에 대입하면 $P_3 = P_2 \cdot \frac{T_3}{T_2} = 1942 \times \frac{2223}{632} = 6830 \text{ kPa}$

ⓒ 압력비 $\xi = \frac{P_3}{P_2} = \frac{6830}{1942} = 3.52$

따라서, 구하고자 하는 이론 평균 유효 압력 Pm은

$$Pm = \frac{P_1}{(\kappa-1)} \cdot (\xi-1) \cdot \frac{(\epsilon^{\kappa}-\epsilon)}{(\epsilon-1)} = \frac{100}{(1.35-1)}) \cdot (3.52-1) \cdot \frac{(9^{1.35}-1)}{(9-1)} = 937 \text{ kPa}$$

[예제 7.2]

ε = 10.4, κ· = 1.35이므로 식 (7.10)에서

$$\eta = 1 - \left(\frac{1}{\epsilon^{\kappa-1}}\right) = 1 - \left(\frac{1}{10.4^{1.35-1}}\right) = 0.559$$

[예제 7.3]

$V_1 - V_2$ = 0.0022 m^3, ε = 19, ρ = 2, P_1 = 190 kPa, T_1 = 423 K, κ = 1.35, C_V = 0.9 kJ/kg · K

ⓐ 이론 열효율

$$\eta = 1 - \left(\frac{(\rho^{\kappa}-1)}{(\epsilon^{\kappa-1} \cdot \kappa \cdot (\rho-1)}\right) = 1 - ((2^{1.35}-1)/(19^{1.35-1} \times 1.35 \times (2-1)) = 0.591$$

ⓑ 이론 평균 유효 압력 Pm은

$$Pm = P_1 \cdot \epsilon^{\kappa} \cdot \kappa \cdot (\rho-1) - \epsilon \cdot (\rho^{\kappa}-1)/(\kappa-1) \cdot (\epsilon-1)$$

$$= 190 \times 19^{1.35} \times 1.35 \times (2-1) - 19 \times (2^{1.35}-1)/(1.35-1) \times (19-1) = 1280 \text{ kPa}$$

ⓒ 1 사이클 당 외부에 대한 일

$$W = Pm \cdot (V_1 - V_2) = 1280 \times 0.0022 = 2.82 \text{ kJ/CYCLE}$$

[예제 7.4]

T_4 = 2173 K, T_1 = 308 K, P_3 = P_4 = 6.4 MPa, P_1 = 0.1 MPa, ε = 16, κ = 1.4

ⓐ 압력비 ξ는 최초 압력 P_2 를 구하는 것이므로

$$P_2 = P_1 \cdot \left(\frac{V_1}{V_2}\right)^{\kappa} = P_1 \cdot \epsilon^{\kappa} = 100 \times 16^{1.4} = 4850 \text{ kPa}$$

$$\therefore \xi = \frac{P_3}{P_2 =} \frac{(6.4 \times 10^3)}{(4.85 \times 10^3)} = 1.32$$

ⓑ 단락비 $\rho = \frac{T_4}{(T_1 \cdot \epsilon^{\kappa-1} \cdot \xi)} = \frac{2173}{(308 \times 16^{1.4-1} \times 1.32)} = 1.76$

ⓒ 이론 열효율

$$\eta = 1-\left(\frac{1}{\epsilon^{\kappa-1}}\right)\cdot[(\xi\cdot\rho^{\kappa-1})/(\xi-1)+\kappa\cdot\xi\cdot(\rho-1)]$$

$$=1-(1/16^{1.4-1})\times[(1.32\times1.67^{1.4-1})/(1.32-1)+1.4\times1.32\times(1.76-1)]=0.634$$

[예제 7.5]

$\varepsilon = 17$, $\xi = 1.2$, $\rho = 1.8$, $\kappa = 1.4$, $P_1 = 100$ kPa

구하고자 하는 이론 평균 유효 압력은 식 (7.21)을 이용하여 계산하면

Pm = 813.6kPa

[예제 7.6]

Vs = 3 l, n = 4000 rpm, a = 0.5, c = 60, Pi = 1.7 MPa, $\eta_m = 0.85$

$$Ni = \frac{Pi\cdot Vs\cdot n\cdot a}{c} = \frac{1.7\times3\times4000\times0.5}{60} = 170\ \text{kW}$$

$$\therefore\ Ne = Ni\cdot\eta_m = 170\times0.85 = 144.5\ \text{kW}$$

[예제 7.7]

D = S = 9.2 cm, Z = 4

$$Vs = \frac{\pi}{4}\cdot D^2\cdot S\cdot Z\times10^{-3} = (\pi/4)\times9.2^2\times9.2\times4\times10^{-3} = 2.446\ \ell$$

n = 400, Pi = 1.2 MPa, Vs = 2.446 l, a = 0.5, c = 60

$$Ni = \frac{Pi\cdot Vs\cdot n\cdot a}{C} = 1.2\times2.446\times400\times0.5 = 9.784\ \text{kW}$$

[예제 7.8]

ⓐ 연료 소비율은 1 시간 · 1 kW 당의 양이기 때문에 B = 22 kg/h, Ne = 44.1 kW = 44.1 kJ

$$be = \frac{1000\cdot B}{Ne} = \frac{1000\times22}{44.1} = 498.9\ \text{g/(kW}\cdot\text{h)}$$

ⓑ 정미 열효율은 1 시간 당 축출력과 소비한 연료의 발열량과의 비이므로

$$\therefore\ \eta_e = \frac{60\cdot60\cdot Ne}{H_1\cdot be} = \frac{(3.6\times10^3\times1)}{(42.5\times10^3\times0.4989)} = 0.1698$$

ⓒ $Vs = \frac{\pi}{4}\cdot D^2\cdot \text{ScodtZ}\cdot10^{-3} = \frac{\pi}{4\times12^2\times12.}5\times10^{-3} = 1.414\ \ell$

따라서, 구하고자 하는 정미 평균 유효 압력 Pe는

$$Pe = \frac{C\cdot Ne}{Vs\cdot n\cdot a} = \frac{60\times44.1}{1.414\times1600\times0.5} = 2.34\ \text{MPa}$$

9. 유체 역학

[예제 9.1]

비중량 $\gamma = \frac{W}{V} = \frac{4500}{5.5} = 818.2\ kgf/m^2$

밀도 $\rho = \frac{\gamma}{g} = \frac{818.2}{9.8} = 83.5\ kgf \cdot s^2/m^4$

비중 $s = \frac{\gamma}{\gamma_W} = \frac{818.2}{1000} = 0.82$

[예제 9.2]

비중량 $\gamma = \frac{W}{V} = \frac{24000}{3} = 8000\ N/m^3$

밀도 $\rho = \frac{\gamma}{g} = \frac{8000}{9.8} = 816.2\ N \cdot s^2/m^4 = 816.2\ kg/m^3$

비중 $s = \frac{\gamma}{\gamma_W} = \frac{8000}{9800} = 0.816$

[예제 9.3]

$\sigma = \frac{p \cdot d}{4} = 2.08 \times 10^{-5} \times 5 = 2.6 \times 10^{-5}\ kgf/cm^2$

[예제 9.4]

모세관의 상승 높이는 관의 직경에 반비례하므로 $1 : \frac{1}{2} : \frac{1}{3} = 6 : 3 : 2$

[예제 9.5]

$h = \frac{4 \cdot \sigma \cdot \cos\beta}{\gamma \cdot d} = \frac{4 \times 2.95 \times 10^{-3} \times \cos\beta}{800 \times 0.003} = 4.84 \times 10^{-3} m$

[예제 9.6]

파스칼의 원리에서 $\frac{W_1}{A_1} = \frac{W_2}{A_2} \Rightarrow \frac{100}{\pi \times 2^2} = \frac{W}{\pi \times 12^2}$

$\therefore\ W = 3600\ kgf$

[예제 9.7]

$\gamma = \frac{p}{h} = \frac{2.04 \times 10^4}{15} = 1360\ kg/m^3$

[예제 9.8]

$p = 1000 \times 3 \times 0.2 + 1000 \times 0.2 = 800\ kg/m^2 = 0.08\ kg/cm^2$

$p = 9800 \times 3 \times 0.2 + 9800 \times 0.2 = 7760\ N/m^2$

따라서, 밑면에 작용하는 힘 $F = p \cdot A = 7760 \times 2 = 15520\ N \fallingdotseq 15.5\ kN$

[예제 9.9]

$p = 1000 \times 15 + 10^4 = 25000\ kgf/m^2$

[예제 9.10]

AD 면에 작용하는 압력 $p=3\times1000=3000\ kg/m^2$이 균일하게 작용하므로, AD 면에 작용하는 전압력 P_{AD} 는 $P_{AD}=3000\times(2-0.01)=5970\ kg/m^2$

BC면에 작용하는 압력 $p=4\times1000=4000\ kg/m^2$

BC 면에 작용하는 전압력 P_{BC}는 $P_{BC}=4000\times2\times1=8000\ kg/m^2$

[예제 9.11]

$$h=1.5\times0.75+\frac{0.1\times10^4}{1000}=2.125\ mAq$$

[예제 9.12]

$p=\gamma\cdot h\rightarrow p=\gamma\cdot h=1000\times1.9\times.5=950\ kg/m^2=0.095\ kg/cm^2$

[예제 9.13]

식 (9.13)를 이용하면 $p_A=-\gamma\cdot h$

$p_A=-\gamma\cdot h=-1000\times0.8\times.5=-400\ kg/m^2=-0.04\ kg/cm^2=-0.4\ mAq$

[예제 9.14]

$p_B=p_C$이므로 $p_A+\gamma_1\cdot h_1=\gamma_2\cdot h_2$

$p_A=\gamma_2\cdot h_2-\gamma_1\cdot h_1=9800\cdot(s_2\cdot h_2-s_1\cdot h_1)$

$=9800\cdot(2\times0.5-0.85\times0.3)=7301\ N/m^2=7.301\ kPa$

[예제 9.15]

식 (9.14)을 이용하면 $p_A-9800\times0.8\times1.6=9800\times13.6\times0.8$

$\therefore\ p_A=119168\ N/m^2=119.2\ kPa$

[예제 9.16]

식 (9.16)을 이용하면, $p_A+1000\times0.3=1000\times13.6\times0.15+1000\times0.2+p_D$

$\therefore\ p_A-p_D=1000\cdot(0.2+13.6\times0.15-0.3)=1940\ kg/m^2=0.194\ kg/cm^2$

[예제 9.17]

식 (9.15)을 이용하면 $p_A-\gamma_1\cdot h_1-\gamma_2\cdot h_2=p_D-\gamma_3\cdot h_3$

$\therefore\ p_D-p_A=\gamma_3\cdot h_3-\gamma_1\cdot h_1-\gamma_2\cdot h_2=1000\cdot(S_3h_3-S_1h_1-S_2h_2)$

$=1000\cdot(1\times0.9-1\times0.6-0.9\times0.3)$

$=30\ kgf/m^2=30\times10^{-4}\ kgf/cm^2=2.21\ mmHg$

[예제 9.18]

식 (9.15)를 이용하면 $p_A-\gamma_1\cdot h_1-\gamma_2\cdot h_2=p_D-\gamma_3\cdot h_3$

$\therefore\ p_D-p_A=\gamma_3\cdot h_3-\gamma_1\cdot h_1-\gamma_2\cdot h_2=1000\cdot(S_3\cdot h_3-S_1\cdot h_1-S_2\cdot h_2)$

$=1000\cdot(1\times0.9-0.8\times0.6-0.65\times0.3)=0.225\ mAq$

[예제 9.19]

식 (9.15)를 이용하면 $p_D = p_A + \gamma_3 \cdot h_3 - \gamma_1 \cdot h_1 - \gamma_2 \cdot h_2$

$$p_A - p_D = \gamma_1 \cdot h_1 + \gamma_2 \cdot h_2 - \gamma_3 \cdot h_3 = 1000 \cdot (S_1 \cdot h_1 + S_2 \cdot h_2 - S_3 \cdot h_3)$$

$$\frac{p_A - p_D}{1000} = S_1 \cdot h_1 + S_2 \cdot h_2 - S_3 \cdot h_3$$

$$-30 = 1.0 \times 0.3 + 0.94 \cdot h_2 - 1.0 \times 0.9 = 0.94 \times h_2 - 0.6$$

$$\therefore\ h_2 = \frac{(0.6 - 0.3)}{0.94} = 0.319\ \text{m} = 31.9\ \text{cm}$$

[예제 9.20]

$$\gamma = \frac{P}{RT} = \frac{(2 \times 10^4)}{(29.27 \times 288)} = 2.37\ \text{kg/m}^3$$

$$G = \gamma \cdot A \cdot u = 2.37 \times \left(\frac{\pi}{4}\right) \times 0.2^2 \times 20 = 1.49\ \text{kg/s}$$

[예제 9.21]

연속 방정식 $Q = A_A \cdot u_A = A_B \cdot u_B$에서

$$u_B = \left(\frac{A_A}{A_B}\right) \cdot u_A = 4\ \text{m/s}$$

A 점의 전수두 : $\left(\frac{p_A}{\gamma}\right) + \left(\frac{u_{A^2}}{2g}\right) = \left(\frac{10^4}{1000}\right) + \left(\frac{1^2}{2 \times 9.8}\right) = 10.051\ \text{m}$

B 점의 전수두 : $\left(\frac{p_B}{\gamma}\right) + \left(\frac{u_{B^2}}{2g}\right) + z_B = \left(\frac{0.2 \times 10^4}{1000}\right) + \left(\frac{4^2}{2 \times 9.8}\right) + 2 = 4.816\ \text{m}$

A 점의 전수두가 B 점의 전수두보다 크므로 유동은 A 점에서 B 점으로 흐른다.

[예제 9.22]

$$Q = A \cdot u,\ u = \frac{Q}{A} = \frac{0.45}{(0.3 \times 0.5)} = 3\ \text{m/s}$$

$$m = \rho \cdot A \cdot u - 1.225 \times 0.3 \times 0.5 \times 0.3 = 0.55125\ \text{kg/s}$$

[예제 9.23]

중량 유량 $G = \gamma \cdot A \cdot u$에서, $u = \frac{G}{\gamma \cdot A} = \frac{40}{(1000 \times \pi \times 0.2^2\ /\ 4)} = 1.27\ \text{m/s}$

[예제 9.24]

$G = \gamma \cdot A \cdot u$에서 $u = \frac{G}{\gamma \cdot A} = \frac{6.28}{(1 \times \pi \times 0.2^2 /\ 4)} = 200\ \text{m/s}$

[예제 9.25]

$$H = \frac{P}{\gamma} + \frac{u^2}{2g} + z = \left[\frac{(0.46 \times 10^4)}{1000}\right] + \left[\frac{2.8^2}{(2 \times 9.8)}\right] + 0 = 5\ \text{m}$$

$$PS = \frac{\gamma \cdot Q \cdot H}{75} = \frac{(1000 \times 0.84 \times 5)}{75} = 56\ \text{PS}$$

[예제 9.26]

$HP = 전수두 + 손실수두 = (1+20) + 5 = 26\ m$

따라서, 동력 $P = \gamma \cdot Q \cdot HP = 9800 \times \frac{0.6}{60} \times 26 = 2.548\ kW$

[예제 9.27]

속도 수두 $\frac{u^2}{2g} = \frac{19.6^2}{2 \times 9.8} = 19.6\ m$

[예제 9.28]

$$H = \frac{(p_1 - p_0)}{\gamma} = \frac{u_0{}^2}{2g} = \frac{4^2}{2 \times 9.8} = 0.82\ mAq$$

[예제 9.29]

베르누이 방정식을 적용하면 $\frac{P_1}{\gamma} + \frac{u_1{}^2}{2g} = \frac{P_2}{\gamma} + \frac{u_2{}^2}{2g} + \kappa \cdot \frac{(u_2{}^2 - u_1{}^2)}{2g}$

$$\frac{14 \times 10^3}{1000} + \frac{0.0425^2}{2 \times 9.8} = \frac{P_2}{1000} + \frac{0.0106^2}{2 \times 9.8} + 0.43 \cdot \frac{(0.0425^2 - 0.0106^2)}{2 \times 9.8}$$

$\therefore\ P_2 = 1.4\ kg/cm^2$

[예제 9.30]

베르누이 방정식을 적용하면 $H = \frac{P}{\gamma} + \frac{u^2}{2g} + z = \frac{0.5 \times 10^4}{1000} + \frac{5^2}{2 \times 9.8} + 5 = 11.28\ m$

[예제 9.31]

A 지점 및 B 지점에서의 유속을 계산하면

$$u_A = Q/A_A = \frac{0.36}{\frac{\pi}{4} \cdot 0.3^2} = 5.1\ m/s,\quad u_B = Q/A_B = \frac{0.36}{\frac{\pi}{4} \cdot 0.6^2} = 1.27\ m/s$$

A 지점과 B 지점에서의 베르누이 방정식을 적용하면

$$6.4 + \frac{5.1^2}{2g} + 3.6 = \frac{p_B}{\gamma} + \frac{1.27^2}{2 \times g} + 7.5, \quad \therefore\ \frac{p_B}{\gamma} = 3.74\ m$$

[예제 9.32]

$Q = 60\ \ell/min = 0.001\ m^3/s$

$$u = \frac{Q}{A} = \frac{0.01}{\pi \times 0.025^2} = 0.51\ m/s, \rho = \frac{\gamma}{g} = \frac{1000 \cdot S}{g}$$

$$Re = \frac{\rho \cdot D \cdot u}{\mu} = \frac{1000 \cdot S \cdot D \cdot u}{g \cdot \mu} = \frac{(1000 \times 0.9 \times 0.05 \times 0.51)}{(9.8 \times 5 \times 10^{-3}} = 468.4$$

[예제 9.33]

$$Re = \frac{\rho \cdot D \cdot u}{\mu} = \frac{\gamma \cdot D \cdot u}{g \cdot \mu} = \frac{(1200 \times 0.1 \times 10)}{(9.8 \times 10 - {}^{4})} = 1224490$$

[예제 9.34]

$$Re = \frac{D \cdot u}{\nu} = \frac{(0.03 \times 3)}{(1.31 \times 10^{-3})} = 6.87 \times 10^4, \quad \therefore \text{ 난류 흐름}$$

10. 전도 열전달

[예제 10.1]

열유속 $q = \frac{\lambda}{L} \cdot \Delta T = \frac{0.1}{0.01} \times 35 = 350 \ \mathrm{W/m^2}$

방열량 $Q = q \cdot A = 350 \times 25 = 8{,}750 \ \mathrm{W}$

[예제 10.2]

A, B, C, D로부터 X로 흐르는 열량 Q_A, Q_B, Q_C, Q_D의 대수합은 정상상태에서 X에서 0이 된다.

$\therefore \quad Q_A + Q_B + Q_C + Q_D = 0$

여기서, 재료의 열전도율을 λ라 하고, DX의 단면적을 A_D라 하면 다음 식이 성립된다.

$$\frac{2 \cdot \lambda(60-42)}{15} + \frac{2.5 \cdot \lambda(50-42)}{10} + \frac{3 \cdot \lambda(40-42)}{10} + \frac{A_D \cdot \lambda(30-42)}{10} = 0$$

$\therefore \quad A_D = 3.8 \ \mathrm{cm^2}$

[예제 10.3]

식 (10.20)을 이용하여 계산하면

$$Q' = \frac{200-20}{\frac{1}{40}\ln\left(\frac{0.11}{0.1}\right) + \frac{1}{0.05}\ln\left(\frac{0.2}{0.11}\right) + \frac{1}{10}\ln\left(\frac{0.21}{0.2}\right)} = 94.5 \ \mathrm{W/m}$$

식 (1.17)을 이용하여 각각의 온도를 계산하면 다음과 같다.

$$T_2 = T_1 \frac{Q'}{2\pi\lambda_1} \times \ln\left(\frac{r_2}{r_1}\right) = 200 - \frac{94.5}{2\pi \times 40} \times \ln\left(\frac{0.11}{0.1}\right) = 199.96 \ ℃$$

$$T_3 = T_2 \frac{Q'}{2\pi\lambda_2} \times \ln\left(\frac{r_3}{r_2}\right) = 199.96 - \frac{94.5}{2\pi \times 0.05} \times \ln\left(\frac{0.2}{0.11}\right) = 20.1 \ ℃$$

[예제 10.4]

식 (10.24)으로부터 10분 후에 온도 변화가 있는 두께는

$\delta = \sqrt{12 \cdot a \cdot t} = \sqrt{12 \times 4 \times 10^{-6} \times 10 \times 60} = 0.170 \ \mathrm{m} = 17 \ \mathrm{cm}$

$x = 0.1 \ \mathrm{m} < \delta = 0.17 \ \mathrm{m}$이므로 식 (1.25)을 이용하여

$$T = T_0 + (T_1 - T_0) \cdot \left[-\left(\frac{x}{\delta}\right)^2 + 2 \cdot \left(\frac{x}{\delta}\right)\right] = 10 + (100-10) \cdot \left(-\left(\frac{.1}{0.17}\right)^2 + 2 \cdot \left(\frac{0.1}{0.17}\right)\right] = 84.7 \ ℃$$

[예제 10.5]

$$0.05\frac{L^2}{\alpha}=0.05\times\frac{0.2^2}{4\times10^{-6}}=500\ \text{s}$$ 이므로

t = 20 × 60 = 1,200 s > 500 s이므로 식 (10.26)을 이용하면

$$T=T_0+(T_1-T_0)\times\frac{4}{\pi}\cdot e^{-\frac{\pi^2\alpha t}{L^2}}\cdot\sin\frac{\pi\cdot x}{L}$$

$$=10+(100-10)\times\frac{4}{\pi}\times e^{-\frac{\pi^2\times4\times10^{-6}\times20\times60}{0.2^2}}\times\sin\frac{\pi\times0.1}{0.2}=454.1\ ℃$$

[예제 10.6]

(a)의 경우 : 열유속 $$q=\frac{\lambda_1\cdot(T_1-T)}{L_1}=\frac{\lambda_2\cdot(T-T_2)}{L_2}$$

$\lambda_1=2\cdot\lambda_2$를 대입하면 $\frac{2\times(1000-T)}{5}=\frac{T-500}{3}$ $\quad\therefore\ T=773\ K$

(b)의 경우 : 단위 길이당 전열량 $$\frac{Q}{L}=\frac{2\pi\lambda_1\cdot(T_1-T)}{\ln\frac{r}{r_1}}=\frac{2\pi\lambda_2\cdot(T-T_2)}{\ln\frac{r_2}{r}}$$

$\lambda_1=2\cdot\lambda_2$를 대입하면 $\frac{2\times(1000-T)}{\ln\frac{7}{2}}=\frac{T-500}{\ln\frac{10}{7}}$ $\quad\therefore\ T=681.4\ K$

[예제 10.7]

$$Q=\frac{2\pi\lambda L\cdot(T_1-T_2)}{\ln\frac{d_2}{d_1}}=\frac{2\pi\times0.12\times30\times(100-300)}{\ln\frac{105}{55}}=2.45\ \text{kW}$$

[예제 10.8]

식 (10.22)를 이용하여 계산하면

$$T_2=T_3+\frac{Q'}{2\pi\lambda_2}\cdot\ln\left(\frac{r_3}{r_2}\right)=20+\frac{300}{2\pi\times0.1}\times\ln\left(\frac{0.4}{0.3}\right)=157\ ℃$$

$$T_1=T_3+\frac{Q'}{2\pi}\cdot\left[\frac{1}{\lambda_1}\cdot\ln\left(\frac{r_2}{r_1}\right)+\frac{1}{\lambda_2}\cdot\ln\left(\frac{r_3}{r_2}\right)\right]$$

$$=20+\frac{300}{2\pi}\times\left[\frac{1}{1}\cdot\ln\left(\frac{0.3}{0.2}\right)+\frac{1}{0.1}\cdot\ln\left(\frac{0.4}{0.3}\right)\right]=177\ ℃$$

11. 대류 열전달

[예제 11.1]

$$q=h\cdot(T_F-T_W)=450\times(45-28)=7.65\ \text{kW/m}^2$$

[예제 11.2]

바닥 판을 통과하는 열유속을 열관류의 계산 방법으로 고려한다. 또한 불꽃의 열

전달율을 구하면 표면 온도를 계산할 수 있다. 그릇의 바닥을 통과하는 열유속은 식 (11.3)에 의해

$$q = T_A - T_B = \frac{1}{h_A} + \frac{L}{\lambda} + \frac{1}{h_B} = \frac{1,200 - 99}{\frac{1}{10000} + \frac{0.002}{240} + \frac{1}{200}} = 2.16 \times 10^5 \text{ W/m}^2$$

불꽃측의 열전달은

$$q = h \cdot (T_A - T_W)$$

$$T_W - T_A = \frac{q}{h} = 1,200 - \frac{2.16 \times 10^5}{200} = 120 \text{ ℃}$$

연습 문제 해설

1. 열역학 이해

1. 추로 인한 계기압력 $P_g = \frac{G}{A} = 5.093\ kg/cm^2$

   ∴ 절대압력 $P_{abs} = P_{atm} + P_g = 1.0332 + 5.093 = 6.126\ kg/cm^2$

2. 절대압력 = 대기압 + 계기압력, 760 : 1.01325 = 650 : Pg → Pg = 0.867

   ∴ 절대압력 $P_{abs} = P_{atm} + P_g = 1.0332 + 0.867 = 1.9002\ kg/cm^2$

3. 절대압력 = $98 \times 10^3 + 2.1 \times 106 = 2198\ kPa$

4. 절대압력 = 대기압 − 진공압력 = $97000 - 0.7 \times 9.80655 \times 13600 = 3640.7\ Pa$

5. $P = \frac{G}{A} = \frac{m \times g}{A}$, ∴ $m = \frac{P \cdot A}{g} = \frac{50 \times 10^3 \times 980 \times 10^{-6}}{9.8} = 5\ kg$

6. $P_a = 1.0332 - \left(\frac{20}{76}\right) \times 1.0332 = 0.76\ ata$

7. 760 : 1.0332 = 753(1 − 0.9) : x

   $\left(\frac{753}{760}\right) \times 1.0332 - \left(\frac{753}{760}\right) \times 1.0332 \times .9 = 0.1023\ kg/cm^2$

8. (1) 입구의 절대압력 = 대기압 + 게이지압력

   $P_a = 1.0332 \times \left(\frac{750}{760}\right) + 25 = 26.019\ kg/cm^2$

   (2) 출구의 절대압력 = 대기압 − 진공압력 →

   $P_a = \left(\frac{750}{760}\right) \times 1.0332 - \left(\frac{720}{760}\right) \times 1.0332 = 0.0408\ kg/cm^2$

2. 열에 대한 이해

1. 흡입열량 = 방출열량

   ① 물의 흡입열량 : $Qa = Gw \cdot Cw \cdot (T_2 - T_1) = 200 \times 1 \times (Tm - 15)$

   ② 철구의 방출열량 : $Qb = Gs \cdot Cs \cdot (T_2 - T_1) = 50 \times 0.113 \times (1000 - Tm)$

   $Tm = 42.06$ ℃, ∴ $Tm - T_1 = 27.06$ ℃

2. 물의 흡입열량 = 쇠의 방출열량

   ① 물의 흡입열량 : $Qa = Gw \cdot Cw \cdot \Delta T = 1 \times 80 \times \Delta T$

   ② 철구의 방출열량 : $Qb = Gs \cdot Cs \cdot (T_2 - T_1) = 3 \times 0.145 \times (700 - 18)$

   1 m^3= 1000 × 1000 cm^3 = 1000 L =1000 kg = 1 "ton" ∴ 3.708 ℃

3. $Q = G \times C \times \Delta t$ → 흡입열량 = 물 + 철제그릇 ; $(29.22 - 22) \times (3 \times 0.106 + 20)$

   → 방출열량 = 알루미늄 ; $4 \times C \times (200 - 29.22)$

   ∴ 0.215kcal/kg · ℃

앞선 1, 2번, 혹은 나중의 4번 문제와 달리 조건에서는 열손실이 없는 것으로 가정(물과 용기와의 열교환이 없다, 그릇에서의 열손실은 없다)하였으나, 이번 문제에서는 이러한 가정이 없으므로 물의 온도 상승에 의한 그릇 온도도 상승한 것으로 고려하여 흡입 열량 계산에서 (물 + 그릇)으로 표시되고 있다.

4. 강체가 잃은 열량 = 물이 얻은 열량

$2\times0.145\times(500-10)=50\times1\times(10-T_1)$ $\therefore\ T_1=7.2\ ℃$

5. $Q_A=G_AC_A(T_2-T_1)$, $Q_B=G_BC_B(T_2-T_1)$, $Q_C=G_CC_C(T_2-T_1)$

① A와 B를 동일중량으로 혼합 : $Q_A=Q_B$, $G_A=G_B$

$C_A(50-42)=C_B(42-30)$, $\therefore\ C_A=\frac{3}{2}\cdot C_B$

② A와 C를 동일중량으로 혼합 : $Q_A=Q_C$, $G_A=G_C$

$C_A(50-25)=C_C(25-15)$, $\therefore C_A=\frac{2}{5}\cdot C_C$, $C_B/C_C=3/5$

③ B와 C를 동일중량으로 혼합 : $Q_B=Q_C$, $G_B=G_C$

$C_B(30-t_x)=C_B(t_x-15),(C_B/C_C)=\frac{(t_x-15)}{(30-t_x)}=\frac{4}{15}$

$\therefore\ Tx=18.16\ ℃$

6. 물의 열량 : $3^{kg}\times(100-15)^{℃}$, 전열기의 발생열량 : $0.6^{kW}\times860^{kcal/h}$

물의 열량과 전열기의 발생열량이 같으므로 29.65분

7. $0.5\times860\times0.45\times t=2\times1\times(100-10)$

$\therefore\ t=0.93\ h$

8. $E_K=\frac{G\cdot v^2}{2g}=\frac{1}{2}\times\frac{100}{9.8}\times\left(\frac{100\times10^3}{60\times60}\right)\times\frac{9.8}{100}=38.6\ kJ$

9. ① 물의 위치 에너지 $E_P=m\cdot g\cdot z$

② 물의 가열에 필요한 열량 $Q=m\cdot C\cdot\Delta T$

③ E_P = Q이어야 하므로 $m\cdot g\cdot z = m\cdot C\cdot\Delta T$

$\Delta T=\frac{m\cdot g\cdot z}{m\cdot C}=\frac{10\times9.8\times420}{10\times4.2\times1000}=0.98\ ℃$

3. 열역학 제 1 법칙

1. $W_{12}=-25\ kJ$, $U_2-U_1=5\ kJ$

$Q_{12}=U_2-U_1+W_{12}=-20\ kJ$

2. ⓐ 물이 증기가 되어 팽창되면서 하는 일 W는 $P_1-P_2=500\ kPa$, $v_1=v'=0.00109284\ m^3/kg$, $v_2=v''=0.374676\ m^3/kg$

$W = P \cdot (v_2 - v_1) = 186.8$ kJ/kg

가해진 열량 $q = 2107.4$ kJ/kg, ∴ $u_2 - u_1 = q - W = 1.921$ MJ/kg

ⓑ $h_2 - h_1 = (u_2 - u_1) + P \cdot (v_2 - v_1) = 2108$ kJ/kg

3. $P = 4.5$ MPa, $V_1 =$ m³, $W_{12} = 2$ MJ, $U_2 - U_1 = 4$ kJ

ⓐ 정압 변화 $\int_1^2 P \cdot dV = P \cdot (v_2 - v_1) = W_{12} \rightarrow V_2 - V_1 = \frac{W_{12}}{P}$

$\therefore V_2 = V_1 + \frac{W_{12}}{P} = 1.244 \text{ m}^3$

ⓑ $Q_2 = (U_2 - U_1) + W_{12} = 2.004$ MJ

4. $u_2 - u_1 = Q - AW = 50 - \left(\frac{8000}{427}\right) = 31.3$ kcal

5. $u_2 - u_1 = Q - AW = 538 - \frac{1}{427} \cdot (1.0332 \times 10^4) \times (1.673 - 0.001) = 499$ kcal

6. $W = p \cdot (V_2 - v_1)$, $\Delta V = \frac{W}{p} = \frac{22500}{(5 \times 10^4)} = 0.45 \text{ m}^3$

7. $\Delta h = \Delta u + A \cdot (p_1 \cdot V_1 - p_2 \cdot V_2)$

$\therefore \Delta h = \left(\frac{1}{427}\right) \cdot (12 \times 10^4 \times 0.2 - 0.5 \times 10^4 \times 2.5) = 27$ kcal

8. $W = 2.5 \times 10^4 \times (0.5 - 0.36) = 3750$ kg · m

9. $Q = U + AW = 22 + \left(\frac{3750}{427}\right) = 30.8$ kcal

10. $\Delta h = 38 + \left(\frac{1}{427}\right) \cdot (9 \times 10^4 \times 0.5 - 0.5 \times 10^4 \times 3) = 108.3$ kcal

11. $W = p \cdot (V_2 - V_1)$, $V_2 = V_1 + (12000/8 \times 10^4) = 1.15 \text{ m}^3$

12. $\frac{Qv}{Qp} = \frac{C_V}{C_P}$, $Qv = Qp \cdot \left(\frac{C_V}{C_P}\right) = 44.8 \times \left(\frac{0.177}{0.248}\right) = 32.1$ kcal

13. $U = G \cdot (u_2 - u_1) = Q - \frac{W}{J}$

$\Delta u = [Q - (W/J)]/G = \left[-4 - \left(\frac{-2000}{427}\right)\right] / 0.4 = 1.7$ kcal/kg

14. $\Delta h = \Delta u + \frac{\Delta (pv)}{J}$

$\Delta h = (-38.4) + \left[\frac{(18 \times 0.3 - 0.4 \times 3) \times 10^4}{427}\right] = 60$ kcal/kg

15. 과정 1~2의 내부 에너지 변화 : $\Delta U = U_2 - U_1 = Q - \left(\frac{W}{J}\right) = -5 - 15 = -20$ kcal

과정 1~2와 과정 2~1에서의 내부 에너지 변화는 $\Delta U_{12} = \Delta U_{21} = -20$ kcal

과정 2~1에서의 열량 Q = 0 이므로 $\frac{W}{J} = Q - U = 0 - 15 = -15$ kcal

∴ 15 kcal의 일량을 받는다.

16. $\Delta U = 526.1 - \left[\frac{1.0332 \times 10^4 \times (0.9018 - 0.001)}{427}\right] = 504.3\text{kcal}$

17. $W = \int_1^5 P \cdot dV = \int_1^5 (100 + 150 \cdot V) dV = (100 \cdot V + 75 \cdot V^2)_1^5 = 2290\ \text{kJ}$

18. $W = \int_1^2 v \cdot dP = 0.001 \times (1500 - 100) = 1.4\ \text{kJ/kg}$

19. 정상상태, 정상유동 과정에서의 열역학 제 1 법칙식은 다음과 같다.

$$q = w + (h_2 - h_1) + \frac{1}{2} \cdot (w_2^2 - w_1^2) + (z_2 - z_1)$$

$$q = \frac{Q}{m},\quad w = \frac{W}{m},\quad q = 0,\ w = 0, w_1 = 0,\ z_2 - z_1 = 0$$

$$w_2 = \sqrt{2 \cdot (h_1 - h_2)} = \sqrt{2 \cdot C_P \cdot (T_1 - T_2)}$$

$$= \sqrt{2 \times 1.0 \times 10^3 \times (150 - 75)} = 387.3\ \text{m/s}$$

20. 정상상태, 정상유동 과정에서의 열역학 제 1 법칙식은 다음과 같다.

$$q = w + (h_2 - h_1) + \frac{1}{2} \cdot (w_2^2 - w_1^2) + (z_2 - z_1)$$

$$q = \frac{Q}{m},\quad w = \frac{W}{m},\quad q = 0,\ w = 0, w_1 = 0,\ z_2 - z_1 = 0$$

$$q = h_2 - h_1 = C_p \cdot (T_2 - T_1) = 1.5 \cdot (1000 - 50) = 1425\ \text{kJ/kg}$$

4. 이상기체

1. $G = 1.5$ kg, $P_1 = 120$ kPa, $V_1 = 1.2$ m³, $P_2 = 250$ kPa, $T_2 = 373$ K, $R = 0.2871$ kJ/kg · K

$T_1 = \frac{P_1 V_1}{GR} = 334\ \text{K}$, ∴ $T_2 - T_1 = 373 - 334 = 39\ ℃$

$V_2 = \frac{GRT_2}{P_2} = 0.643\ \text{m}^3$, ∴ $V_2 - V_1 = 0.643 - 1.2 = -0.557\ \text{m}^3$

2. $G = 4$ kg, $T_1 = 298$ K, $T_2 = 473$ K

ⓐ $Q_{12} = G \cdot CP \cdot (T_2 - T_1) = 703.5\ \text{kJ}$

ⓑ $H_2 - H_1 = G \cdot CP \cdot (T_2 - T_1) = 703.5\ \text{kJ}$

ⓒ $C_V = \frac{C_P}{\kappa} = \frac{1.005}{1.402} = 0.7168$

∴ $U_2 - U_1 = G \cdot C_V \cdot (T_2 - T_1) = 501.8\ \text{kJ}$

3. $G_1 = 15$ kg, $G_2 = 5$ kg, $T_1 = 363$ K, $V = 16$ m³, $R_1 = 0.2871$ kJ/kg · K, $R_2 = 0.4615$ kJ/kg · K, C_{V1} 0.716 kJ/kg · K, $C_{V2} = 1.398$ kJ/kg · K

ⓐ $P_1 = \frac{G_1 \cdot R_1 \cdot T_1}{V} = 97.7\ kPa$, $P_2 = \frac{G_2 \cdot R_2 \cdot T_2}{V} = 52.4\ kPa$

$\therefore\ P = P_1 + P_2 = 150.1\ kPa$

ⓑ $C_V = \frac{(G_1 \cdot C_{V1} + G_2 \cdot C_{V2})}{G} = 0.8865\ kJ/kg \cdot K$

$T_2 - T_1 = \frac{Q_{12}}{(G \cdot C_V)} = 112.8\ K$

$\therefore$ rm $T_2 = 113 + 363 = 476$~ K

4. $V = 1\ m^3$, $P_1 = 1000\ kPa$, $T_1 = 353\ K$, $R = 0.1889\ kJ/kg \cdot K$, $C_V = 0.745\ kJ/kg \cdot K$, $Q_{12} = -200\ kJ$

$G = \frac{P_1 \cdot V}{R \cdot T_1} = 15\ kg$, $\quad T_2 - T_1 = \frac{Q_{12}}{G \cdot C_V} = -17.9\ K$

$\therefore\ T_2 = -17.9 + 353 = 335\ K$

$\therefore\ P_2 = \frac{P_1 T_2}{T_1} = 949\ kPa$

5. $V_1 = 2\ m^3$, $T_1 = 303\ K$, $V_2 = 3\ m^3$, $R = 0.2\ kJ/kg \cdot K$, $C_P = 0.82\ kJ/kg \cdot K$

$T_2 = T_1 \cdot V_2 / V_1 = 455\ K$

$\therefore\ Q_2 = C_P \cdot (T_2 - T_1) = 124.6\ kJ/kg$, $\therefore\ W_{12} = RP \cdot (T_2 - T_1) = 30.4\ kJ/kg$

6. $P_1 = 1200\ kPa$, $T = 363\ K$, $P_2 = 100\ kPa$, $R = 0.2871\ kJ/kg \cdot K$

ⓐ $W_{12} = R \cdot T \cdot \ln\frac{P_1}{P_2} = 259\ kJ/kg$

ⓑ $Q_{12} = W_{12} = 259\ kJ/kg$

7. $P_1 = 101\ kPa$, $V_1 = 0.5\ m^3$, $P_2 = 600\ kPa$, $\kappa = 1.4$

$V_2 = V_1 \cdot \left(\frac{P_1}{P_2}\right)^{1/\kappa} = 0.28\ m^3$

$\therefore\ W_{12} = \frac{1}{(\kappa - 1)} \cdot (P_1 \cdot V_1 - P_2 \cdot V_2) = -294\ kJ$

8. $m = \frac{PV}{RT} = \frac{100 \times 25}{0.287 \times (273.15 + 30)} = 28.7\ kg$

9. $W = m \cdot P \cdot (v_2 - v_1) = 0.1 \times 1000 \times (0.2 - 0.001) = 19.9\ kJ$

10. 공기질량 $m = \frac{P_1 V}{RT_1} = \frac{1000 \times 0.1}{0.287 \times (273.15 + 200)} = 0.132\ kg$

$T_2 = \frac{P_2}{P_1} \cdot T_1 = \frac{300}{1000} \times 573.15 = 171.9\ K$

$Q = U_2 - U_1 = m \cdot C_v \cdot (T_2 - T_1) = 0.132 \times 0.7 \times (171.9 - 573.15) = -37.1\ kJ$

이상의 결과에서 값이 (−)로 표시되는 것은 시스템에 열이 공급되었다는 의미로 열의 진행 방향을 나타내고 있다.

11. $Q = m \cdot V_v \cdot (T_2 - T_1)$

$$m = \frac{PV}{RT} = \frac{1\times10^5\times0.3}{287\times303.15} = 0.34\ \text{kg}$$

$$T_2 = \frac{Q}{m\cdot C_v} + T_1 = \frac{50000}{0.34\times700} + 303.15 = 513.2\ \text{K}$$

12. $W = \int p\cdot v = p_1v_1\ln\frac{v_2}{v_1} = mRT\cdot\ln\frac{P_1}{P_2}$

$$= 1\times0.25983\times303.15\times\ln\frac{200}{500} = -72.2\ \text{kJ}$$

13. m = 5 kg, V_2 = $3V_1$, T_1 = T_2 = 333.15 K

$PV = mRT = 5\times0.287\times333.15 = 487.1\ \text{kJ}$

$$W_{12} = \int_1^2 P\cdot dV = \int_1^2\left(\frac{487.1}{V}\right)\cdot dV = 487.1\times\ln\left(\frac{3V_1}{V_1}\right) = 525.2\ \text{kJ}$$

14. $\kappa = \frac{C_P}{C_v} = \frac{09}{0.7} = 1.29,\ \ T_2 = T_1\cdot\left(\frac{V_1}{V_2}\right)^{\kappa-1} = 303.15\times\left(\frac{1}{0.2}\right)^{0.4} = 577.1\ \text{K}$

15. $dq = dU + dw,\quad dw = -du = -C_v\cdot(T_2 - T_1) = 100\ \text{kJ}$

$$C_v = \frac{100}{250-100} = 0.6\ \text{kJ/kgK}$$

16. $W_{12} = \int_1^2 p\cdot dv = \frac{P_1V_1 - P_2V_2}{n-1} = \frac{5\times2 - 2\times0.9}{1.3-1} = 27.3\ \text{kJ}$

17. $Q_p - Q_v = G\cdot C_p\cdot(T_2 - T_1) = G\cdot C_v\cdot(T_2 - T_1)$

$$= G\cdot(C_p - C_v)\cdot(T_2 - T_1) = GAR\cdot(T_2 - T_1),\quad \because C_p - C_v = AR$$

$$\therefore R = \frac{(Q_P - Q_{V)}}{[GA\cdot(T_2 - T_1)]} = \frac{(135\times427)}{(10\times674.6)} = 10\ \text{kg}\cdot\text{m/kg}\cdot℃$$

18. ① 19. ① 20. ④ 21. ③ 22. ③

23. ④ 24. ① - 일의 열당량과 곱한 것과 같다

25. ① 26. ③ - 엔탈피는 온도만의 함수

5. 열역학 제 2 법칙

1. 1 kW = 3600 kJ/h,

$Q_1 - Q_2 = W = 10^2\times3.6\times10^3\ \text{kJ/h},\quad Q_1 = 36\times40\times10^3\ \text{kJ/h}$

$$\therefore\ \eta = \frac{W}{Q} = 0.25 = 25\ \%$$

2. T_1 = 1073 ℃, T_2 = 303 K

$\therefore\ \eta_C = 1-\left(\frac{T_2}{T_1}\right) = 0.718 = 71.7\ \%,\ \therefore\ \frac{Q_2}{Q_1} = \frac{T_2}{T_1} = 0.282$

3. $T_1 = 1173\ ℃,\ T_2 = 298\ K,\ Q_1 = 25\ kJ,\ Q_2 = 9\ kJ$

(1) $W = Q_1 \cdot \eta_C = Q_1 \cdot \left(1-\left(\frac{T_2}{T_1}\right)\right) = 18.65\ kJ$

(2) $Q_1 = \left(\frac{T_1}{T_2}\right) \cdot Q_2 = 35.4\ kJ$

4. $T_1 = 298\ K,\ T_2 = 473\ K,\ C_V = 0.716\ kJ/kg \cdot K$

(1) $Q_1 = C_V \cdot (T_2 - T_1) = 125.3\ kJ/kg$

(2) $S_2 - S_1 = C_V \cdot \ln\left(\frac{T_2}{T_1}\right) = 0.33\ kJ/kg \cdot K$

5. $v_1 = 0.6\ m^3/kg,\ v_2 = 1.5\ m^3/kg,\ C_P = 5.237\ kJ/kg \cdot K$

$S_2 - S_1 = C_P \cdot \ln\left(\frac{v_2}{v_1}\right) = 4.80\ kJ/kg \cdot K$

6. $P = 590\ kPa,\ T_1 = 353\ K,\ T_2 = 423\ K,\ C_P = 1.005\ kJ/kg \cdot K$

(1) $Q_{12} = C_P \cdot (T_2 - T_1) = 70.4\ kJ/kg$

(2) $W_{12} = R \cdot (T_2 - T_1) = 20.1\ kJ/kg$

(3) $h_2 - h_1 = C_P \cdot (T_2 - T_1) = 70.4\ kJ/kg$

(4) $S_2 - S_1 = C_P \cdot \ln\left(\frac{T_2}{T_1}\right) = 0.1818\ kJ/kg \cdot K$

7. $T_1 = 303\ K,\ v_2 = v_1 + 2,\ S_2 - S_1 = 0.5\ kJ/kg \cdot K,\ R = 0.2871\ kJ/kg \cdot K$

$S_2 - S_1 = R \cdot \ln\left(\frac{v_2}{v_1}\right) = R \cdot \ln\left(\frac{(v_1+2)}{v_1}\right) = 0.5$

$\ln\left(\frac{(v_1+2)}{v_1}\right) = 1.742,\quad \frac{(v_1+2)}{v_1} = e^{1.742} = 5.709$

$v_1 = \frac{2}{(5.709-1)} = 0.425\ m^3/kg,\quad \therefore\ P_1 = \frac{R \cdot T_1}{v_1 =} 205\ kPa$

8. $P_1 = 200\ kPa,\ T_1 = 353\ K,\ n = 1.35,\ T_2 = 573\ K$

(1) 폴리트로프 변화에서 $\left(\frac{v_1}{v_2}\right)^{n-1} = \left(\frac{T_1}{T_2}\right)$

$\therefore\ \varepsilon = \frac{v_1}{v_2} = \left(\frac{T_1}{T_2}\right)^{1/(n-1)} = 3.99$

(2) $\kappa = 1.4,\quad C_V = 0.716\ kJ/kg \cdot K$

$S_2 - S_1 = \frac{(n-\kappa)}{(n-1)} \cdot C_V \cdot \ln\left(\frac{T_2}{T_1}\right) = -0.0495\ kJ/kg \cdot K$

9. $\eta = \frac{Q_1 - Q_2}{Q_1} = \frac{W}{Q_1} = 1 - \frac{T_2}{T_1}$

$$W = Q_A = Q_1 \cdot \left(1 \frac{-T_0}{T_1}\right) = \int_{T_1}^{T_2} \left(1 - \frac{T_0}{T_1}\right) C_P dT$$

$$= C_P \cdot (T_2 - T_1) - C_P \cdot T_0 \cdot \ln\left(\frac{T_2}{T_1}\right) = 88.8\ \text{kJ/kg}$$

10. ③ 액체 A 엔트로피의 증가는 $\Delta S_A = \frac{Q}{T_1}$

액체 B의 엔트로피 감소는 $\Delta S_B = \frac{Q}{T_2}$, → $T_1 < T_2$이므로 $\Delta S_A - \Delta S_B > 0$

11. ③ 12. ④ 13. ①
14. ③ 15. ①

6. 증기

1. ⓐ 비체적 $v = v' + x \cdot (v'' - v') = 0.084782\ \text{m}^3/\text{kg}$
ⓑ 비엔탈피 $h = h' + x \cdot (h'' - h') = 2513.9\ \text{kJ/kg} \fallingdotseq 2.514\ \text{MJ/kg}$
2. ⓐ $V = 500\ \text{L} = 0.5\ \text{m}^3$, $G = 3.2\ \text{kg}$
$\therefore\ v = \frac{V}{G} = 0.111111\ \text{m}^3/\text{kg}$
ⓑ $x = \frac{(v - v')}{(v'' - v')} = 0.873$
3. 주입된 수량을 W kg, 물의 비엔탈피 hw, 습포화증기의 비엔탈피 hm이라고 하면
$hm = hs + hw \cdot W = 3248.7 + 83.7 \cdot W$ － ①
건도 0.75, 압력 2.0 MPa의 습포화증기에서 필요한 비엔탈피는
$h = hm + (1 + W) = h' + x \cdot (h'' - h') \cdot (1 + W)$ － ②
$= 2999.1 \cdot (1 + W) \fallingdotseq 3000 + 3000 \cdot W$
①과 ②를 동일하다면 $\therefore\ W = 0.0853\ \text{kg}$
4. 필요 증기량을 G_S kg, 수량 G_W = 600~ kg, 증기가 잃은 엔탈피를 H_S, 42 ℃ 물의 엔탈피를 h_{42}, 12 ℃ 물의 엔탈피를 h_{12}라면,
$h_{42} = 42 \times 4.1855 = 175.8\ \text{kJ/kg}$, $h_{12} = 12 \times 4.1855 = 50.2\ \text{kJ/kg}$
$H_S = G_S \cdot (h'' - h_{42}) = G_S \cdot (2737.6 - 175.8)$
또, 물이 얻은 엔탈피를 H_W라고 하면,
$H_W = G_W \cdot (h_{42} - h_{12}) = 600 \cdot (175.8 - 50.2)$
이상의 값들이 같기 때문에
$G_S \cdot (2737.6 - 175.8) = 600 \cdot (175.8 - 50.2)$, $\therefore\ G_S = 29.4\ \text{kg}$
5. $T_2 - T_1 = 15\ \text{K}$, $\gamma = 2107.4\ \text{kJ/kg}$, $C_{Pa} = 1.005\ \text{kJ/kg} \cdot \text{K}$, $h' =$

2747.5 kJ/kg, G_a = 300 kg, 또, 필요 건조 포화증기량을 G_S라 한다면, 10 ℃의 공기 300 kg을 25 ℃로 만들기 위한 열량 Q_a는

$Q_a = G_a \cdot C_{Pa} \cdot (h_{25} - h_{10})$

건포화증기가 방출한 열량 Qs는 $Q_S = G_S \cdot (h' - h_{25}) + \gamma$

따라서, $\therefore\ G_S = \dfrac{(G_a \cdot C_{Pa})}{(h' - h) + \gamma} = 3.98$ kg

6. $h_2 = h_2' + x \cdot (h_2'' - h_2') = h_1'$, $x = \dfrac{(h_1' - h_2')}{(h_2'' - h_2')} = 0.117$

$\therefore\ v_2 = v_2' + x \cdot (v_2'' - v_2') = 0.10453\ m^3/kg$

7. ⓐ 가열된 열량 q_S는 $q_S = C_{Pm} \cdot (T - Ts) = 249.7$ kJ/kg

ⓑ 비엔트로피 s의 증가량은 상태변화에 따라 계산한다.

a. 0 ℃ ~ 263.91 ℃사이의 증가량 ; $s' = C \cdot \ln\dfrac{Ts}{273} = 2.83$ kJ/kg · K

b. 증발되는 사이의 증가량 ; $s'' - s' = \dfrac{\gamma}{T_2} = \dfrac{(h'' - h'')}{Ts} = 3.05$ kJ/kg · K

∴ 가열증기의 비엔트로피 $s = s' + (s'' - s') + (s - s'') = 6.31$ kJ/kg · K

8. V = 10 m³, x = 0.65, 그리고 압력 기준 포화표에 의해서,

$v' = 0.00117\ m^3/kg$, $v'' = 0.11032\ m^3/kg$, $v = v'' + x \cdot (v'' - v') = 0.07212\ m^3/kg$

$\therefore\ G = \dfrac{V}{v} = 138.7kg$

9. $v_1 = v_2 = 0.07338\ m^3/kg$, P_1 = 4 MPa, P_2 = 0.5 MPa, 압력 기준 포화표에서

압력 0.4 MPa : $v_2' = 0.00108\ m^3/kg$, $v_2'' = 0.46222\ m^3/kg$,

$h_2' = 604.7$ kcal/kg , $\gamma_2 = 2133.0$ kJ/kg

압력 3 MPa, 온도 400 ℃ : rm h_1 = 3215.7~ kcal/kg

ⓐ 압력 0.5 MPa인 상태 : $v_2' < v_2 < v_2''$로서, 최종 상태는 습포화증기로 $0 < x_2 < 1$

$x_2 = \dfrac{(v_2 - v_2')}{(v_2'' - v_2')} = 0.157$

ⓑ 최초 내부 에너지 $u_1 = h_1 - P_1 \cdot v_1 = 2992.2$ kJ/kg

ⓒ 처음의 h_2에서 구한다. $h_2 = h_2' + x_2 \cdot \gamma_2 = 939.6$ kJ/kg

∴ 내부 에너지 $u_2 = h_2 - P_2 \cdot v_2 = 902.9$ kJ/kg

ⓓ 열량 변화 Q_{12}는 정적 변화이므로 $Q_{12} = u_2 - u_1 = -2019.3$ kJ/kg(방열))

10. T = 47 K, $v_1 = 0.04\ m^3/kg$, $v_2 = 0.08\ m^3/kg$

온도 기준 포화표의 200 ℃ : $v' = 0.00116\ m^3/kg$, $v'' = 0.12716\ m^3/kg$,

$P_2 = 473.15$ kPa, $s' = 2.33066$ kJ/K, $s'' = 6.42776$ kJ/K

비체적의 관계는 $v' < v_1 < v_2 < v''$이며, 상태 1, 2는 똑같이 습포화증기이다.

$x_1 = \frac{(v_1 - v')}{(v'' - v')} = 0.308$, $x_2 = \frac{(v_2 - v')}{(v'' - v')} = 0.626$

$s_1 = s' + x_1 \cdot (s'' - s') = 3.59257$ kJ/kg · K

$s_2 = s' + x_2 \cdot (s'' - s') = 4.89544$ kJ/kg · K

등온 변화에서의 $Q_{12} = T \cdot (s_2 - s_1) = 615.8$ kJ/kg

11. $x_1 = 0.5$, $x_2 = 0.9$, $P = 3$ MPa, 압력 기준 포화표의 압력 3 MPa에 대해서,

$v = 0.00122$, $v'' = 0.06663$, $\gamma = 1793.9$

ⓐ $Q_{12} = (x_2 - x_1) \cdot \gamma = 717.6$ kJ/kg

ⓑ $W_{12} = (x_2 - x_1) \cdot P \cdot (v'' - v') = 78.5$ kg

12. $P_1 = 2$ MPa, $P_2 = 0.1$ MPa, 압력 기준 포화표에서 압력 2 MPa에 대해서,

$s_1 = s_1'' = 6.33665$ kJ/kg · K

압력 0.1 MPa에 대해서, $s_2 = s_2' = 1.30271$ kJ/kg, $T_2 = 373$ K, $\gamma_2 = 2257.9$ kJ/kg

건도 x_2는 단열 변화이므로 $x_2 = \left(\frac{T_2}{\gamma_1}\right) \cdot (s_1 - s_2') = \left(\frac{T_2}{\gamma_1}\right) \cdot (s_1'' - s_2') = 0.832$

7. 내연 기관

1. $\varepsilon = 9.5$, $\kappa = 1.35$,

$\therefore \ \eta = \frac{1}{\varepsilon^{\kappa-1}} = 0.545$

2. $Ts = 2373$ K, $T_1 = 298$ K, $\varepsilon = 10$, $P_1 = 100$ kPa, $\kappa = 1.35$

ⓐ $\eta = \frac{1}{\varepsilon^{\kappa-1}} = 0.553$

ⓑ 2 → 3은 정적변화이기 때문에 $P_3 = P_2 \cdot \frac{T_3}{T_2}$ − ①

1→2는 단열변화이기 때문에 $P_2 = P_1 \cdot \left(\frac{V_1}{V_2}\right)^{\kappa} = P_1 \cdot \varepsilon^{\kappa} = 2239$ kPa

$T_2 = T_1 \cdot \left(\frac{V_1}{V_2}\right)^{\kappa-1} = 667$ K

이들의 값을 ① 식에 대입하면,

$P_3 = 2239 \times \frac{2373}{667} = 7966$ kPa

ⓒ $\xi = \frac{P_3}{P_2} = 3.56$

$\therefore \ P_m = \left(\frac{P_1}{(n-1)}\right) \cdot \frac{[(\xi - 1) \cdot (\varepsilon^{\kappa} - \varepsilon)]}{(\varepsilon - 1)} = 1006.7$ kPa

3. $V_1 - V_2 = 0.0025\ m^3$, $\varepsilon = 18$, $\rho = 2$, $P_1 = 200$ kPa, $T_1 = 453$ K, $\kappa = 1.35$, $C_V = 0.95$ kJ/kg · K

ⓐ $\eta = 1 - \dfrac{\rho^{\kappa-1}}{(\varepsilon^{\kappa-1} \cdot (\kappa \cdot (\rho - 1)))} = 0.583$

ⓑ $P_m = P_1 \cdot \dfrac{[(\varepsilon^{\kappa} \cdot \kappa \cdot (\rho-1)] - [\varepsilon \cdot (\rho^{\kappa}-1)]}{[(\kappa-1) \cdot (\varepsilon-1)]} = 1309$ kPa

ⓒ $W = P_m \cdot (V_1 - V_2) = 3.27$ kJ/K

4. 고열원의 온도 T_{C1}, 저열원의 온도 T_{C2}라 하면, $T_{C1} = T_3 = T_1 \cdot \varepsilon^{\kappa-1} \cdot \rho$, $T_{C2} = T_1$, $\kappa = 1.35$, $\rho = 2$

∴ $\eta_C = 1 - \dfrac{T_{C2}}{T_{C1}} = 1 - \left(\dfrac{T_1}{(T_1 \cdot \varepsilon^{\kappa-1} \cdot \rho)}\right) = 0.818$

5. $T_4 = 2273$ K, $T_1 = 293$ K, $P_3 = P_4 = 7$ MPa, $P_1 = 0.1$ MPa, $\varepsilon = 19$, $\kappa = 1.4$

ⓐ $P_2 = P_1 \cdot \left(\dfrac{V_1}{V_2}\right)^{\kappa} = P_1 \cdot \varepsilon^{\kappa} = 6.17 \times 103$ kPa

$\therefore \xi = \dfrac{P_3}{P_2 =} 1.13$

ⓑ $\rho = \dfrac{T_4}{(T_1 \cdot \varepsilon^{\kappa-1} \cdot \xi)} = 2.11$

ⓒ $\eta = \dfrac{1}{\varepsilon^{\kappa-1} \cdot (\xi \cdot \rho^{\kappa} - 1)/((\xi - 1) + \kappa\text{codt}\xi \cdot (\rho - 1))} = 0.638$

6. $\varepsilon = 18$, $\xi = 1.2$, $\rho = 1.9$, $\kappa = 1.4$, $P_1 = 0.1$ MPa

∴ $P_m = P_1 \cdot (\epsilon^{\kappa} \cdot (\xi - 1) + \kappa \cdot \xi \cdot (\rho - 1) - \dfrac{\epsilon(\rho^{\kappa} \cdot (\xi - 1))}{(\kappa - 1) \cdot (\epsilon - 1)} = 924.6$ kPa

7. Vs = 4 L, n = 4200 rpm, a = 0.5, c = 60, Pi = 1.8 MPa, $\eta m = 0.85$

$Ni = \dfrac{(Pi \cdot Vs \cdot na)}{C} = 252$ kW

∴ $Ne = Ni \cdot \eta_m \fallingdotseq 214$ kW

8. 증기 원동소 사이클

1. $P_1 = 3$, $T_1 = 450$, $P_2 = 0.05$

h − s 선도와 증기표에 의해서 $h_1 = 3345$ kcal/kg, $h_2 = 2480$ kcal/kg, $h_3 = 341$ kcal/kg

$\eta_R = \dfrac{(h_1 - h_2)}{(h_1 - h_3)} = 0.288$

2. $h_1 = 3345$ kcal/kg, $h_2 = 2480$ kcal/kg, $h_3 = 341$ kcal/kg, $P_1 = 3$ MPa,

P_2 = 0.05 MPa

증기표에 의해서, 압력 0.05 MPa에서 v′를 구하면, $V_3 = v' = 0.001$

$W_P = (P_1 - P_2) \cdot v_3 = 2.95$ kJ/kg

$$\eta_R = \frac{(h_1 - h_2 - W_P)}{(h_1 - h_3 - L_P)} = 0.287$$

3. 증기표에 의해서,

$s_2 = s_1'' = 5.253$, $s_2' = 0.476$, $\gamma_2 = 2424$ kcal/kg, $T_{S2} = 273+33 = 306$ K

$$\therefore \ x_2 = (s_1'' - s_2') \cdot \left(\frac{T_{S2}}{\gamma_2}\right) = 0.603$$

4. $h_1 = 3159$ kcal/kg, ha = 2680 kcal/kg, hb = 3180 kcal/kg, $h_2 = 2530$, $h_3 = h_2' = 138$

$$\eta_{th} = \frac{(h_1 - ha) + (hb - h_2)}{(h_1 - h_3) + (hb - ha)} = 0.321$$

5. $h_1 = 3159$ kcal/kg, $h_2 = 2220$ kcal/kg, $h_3 = 138$ kcal/kg

$$\eta_R = \frac{(h_1 - h_2)}{(h_1 - h_3)} = 0.311$$

6. h − s선도에서 알아보면,

재생 사이클의 상태 2의 건도 $x_1 = 0.987$

랭킨사이클의 상태 2의 건도 $x_2 = 0.860$

$\therefore \ x_1 - x_2 = 0.987 - 0.860 = 0.127$ → 재생 사이클이 12.7 %정도 건도가 향상되었다.

7. h − s 선도와 증기표에 의해서

$h_1 = 3345$ kcal/kg, $h_2 = 2460$ kcal/kg, $Pa_1 = 0.60$ MPa, $hb_1 = ha_1' = 670$ kcal/kg, $hb_2 = h_2' = h_3 = 341$ kcal/kg

(1) 1단 재생이기 때문에, $hb_2 = h_3$이므로,

$$\text{rm} \ g_1 = \frac{G_1}{G} = \frac{(hb_1 - hb_2)}{(ha_1 - hb_2)} = \frac{(hb_1 - h_3)}{(ha_1 - h_3)} = 0.128 \text{ kg/kg}$$

(2) $$\eta_{th} = \frac{((h_1 - h_2) - g_1 \cdot (ha_1 - h_2))}{(h_1 - hb_1)} = 0.309$$

8. $h_1 = 3345$ kcal/kg, $h_2 = 2460$ kcal/kg, $h_3 = 341$ kcal/kg,

$$\eta_R = \frac{(h_1 - h_2)}{(h_1 - h_3)} = 0.295$$

9. ① 10. ① 11. ② 12. ① 13. ①

14. ② 15. ③, ⑤ 16. ② 17. ② 18. ④

19. ③ → 랭킨사이클의 효율을 크게 하기위해서는 초압 초온을 크게 하고, 배압을 낮게 해야 한다. 즉, 배압을 낮추면 낮출수록 터빈 효율은 커지고 건도는 감소한다.

20. ②	21. ①	22. ①	23. ③	24. ③
25. ④	26. ③	27. ②	28. ③	29. ①
30. ②	31. ③	32. ④	33. ③	34. ④
35. ④	36. ②	37. ③	38. ④	39. ②
40. ②	41. ③	42. ④	43. ②	44. ③
45. ④	46. ③	47. ①	48. ②	49. ①
50. ④	51. ①			

9. 유체역학

1. $\gamma = s \cdot \gamma_W = 1000 \times 13.6 = 13600$ kgf/m³

2. $W = \gamma \cdot V = 880 \times 150 \times 10^{-3} = 132$ kg

3. $s = \dfrac{\gamma}{1000} = \dfrac{g \cdot \rho}{1000} = \dfrac{9.8 \times 129}{1000} = 1.264$

4 $\sigma = \dfrac{p \cdot d}{4} = 20 \times 5 \times 10^{-3} = 0.25$ N/m²

5. $d = \dfrac{4 \cdot \sigma}{p} = \dfrac{4 \times 0.007 \times 10^{-3}}{0.007} = 0.4$ mm, ∴ 반지름 $= 0.2$ mm

6. $\beta = 0°$, $d = 10^{-3}$ m, $h = 10.5 \times 10^{-3}$ m, $\gamma = \gamma_W \times s = 9800 \times 0.81 = 7938$ N/m²

   ∴ $\sigma = \dfrac{\gamma \cdot h \cdot d}{4 \cdot \cos\beta} = \dfrac{7983 \times 10.5 \times 10^{-3} \times 10^{-3}}{4} = 0.0208$ N/m $= 20.8$ dyne/cm

7. $p_A = -\gamma \cdot h = -1000 \times 2 = -2000$ kg/m² $= -0.2$ kg/cm²

   $p_B = \gamma \cdot h = 1000 \times 2 = 2000$ kg/m² $= 0.2$ kg/cm²

   $p_B = p_C$ 이므로 $p_C = 0.2$ kg/cm²

   $p_D = p_C + \gamma \cdot h = 0.2 + \dfrac{1000 \times 0.8 \times (3+2+1)}{10^4} = 0.68$ kg/cm²

8. 그림에서 $p_1 = p_2$, $p_1 = p_A + 1000 \times 0.8 \times 3.5 + 1000 \times 1.5$, $p_2 = 1000 \times 13.6 \times 0.3$

   $p_A = 1000 \times 13.6 \times 0.3 - (1000 \times 0.8 \times 3.5 + 1000 \times 1.5) = -0.022$ kg/cm²

9. $p = -\gamma \cdot h = -9400 \times 2 = -1880$ N/m²

   ∴ $F = p \cdot A = \dfrac{1880 \times (\pi \cdot 0.0025^2)}{4} = 9.23 \times 10^{-3}$ N

10. $p = p_O + \gamma \cdot h = 3 \times 10^4 + 1000 \times 4.5 = 34500$ kg/m² $= 3.45$ kg/cm²

11. 초기의 기포 지름을 d라 하면 $V_1=\left(\frac{4\pi}{3}\right)\cdot d^3$

수면에서 기포 지름 $V_2=\left(\frac{4\pi}{3}\right)\cdot(2d)^3=8\cdot V_1$

Boyle의 법칙에서 $P_1\cdot V_1=P_2\cdot V_2$이므로 $p_1=8\cdot p_2$

수면의 압력이 p_2, 지름이 d인 공기 기포의 수심을 h라 하면

$p_1=p_2+\gamma\cdot h=8\cdot p_2$

12. $p_A+\gamma_1\cdot h_1=p_B+\gamma_2\cdot h_2+\gamma_3\cdot h_3$

$p_A=p_B$, $h_2=\frac{1}{\gamma_2}\cdot(\gamma_1\cdot h_1-\gamma_3\cdot h_3)=\left(\frac{0.82\times1000}{1000\times13.6)}\right)\cdot(0.38-0.15)=1.39\ \text{cm}$

13. 그림에서 B점의 압력 $p_B=p_A+\gamma_1\cdot h_1$이므로, 이와 같은 방법으로 각 점에서의 압력을 정리하면, C 점의 압력 : $p_C=p_B-\gamma_2\cdot h_2$, D 점의 압력 : $p_D=p_C+\gamma_3\cdot h_3$, E 점의 압력 : $p_E=p_D-\gamma_4\cdot h_4$, F 점의 압력 : $p_F=p_E-\gamma_5\cdot h_5$

따라서, 이상의 식들을 p_A-p_F에 대해서 정리하면

$$p_A-p_F=(p_A-p_B)+(p_B-p_C)+(p_C-p_D)+(p_D-p_E)+(p_E-p_F)$$

$$=-\gamma_1\cdot h_1+\gamma_2\cdot h_2-\gamma_3\cdot h_3+\gamma_4\cdot h_4+\gamma_5\cdot h_5$$

$$=1000\cdot(-0.1+13.6\times0.03-0.8\times0.04+13.6\times0.05+0.08)$$

$$=1036\ \text{kg/m}^2=0.1036\ \text{kg/cm}^2$$

14. 그림에서 B점의 압력은 $p_B=p_A+\gamma_1\cdot h_1$이므로, 이와 같은 방법으로 각 점에서의 압력을 정리하면, C 점의 압력 : $p_C=p_B-\gamma_2\cdot h_2$, D 점의 압력 : $p_D=p_C+\gamma_3\cdot h_3$, E 점의 압력 : $p_E=p_D-\gamma_4\cdot h_4$, F 점의 압력 : $p_F=p_E-\gamma_5\cdot h_5$

따라서, 이상의 식들을 p_A-p_F에 대해서 정리하면

$$p_A-p_F=(p_A-p_B)+(p_B-p_C)+(p_C-p_D)+(p_D-p_E)+(p_E-p_F)$$

$$=24438\ \text{kg/m}^2=2.44\ \text{kg/cm}^2$$

15. $p_B=p_C$ 이므로 $p_A+9800\times0.8\times1=9800\times13.6\times h$, p_A는 $196\times10^3\ \text{N/m}^2$이므로 $\therefore\ h_1=1.529\ \text{m}$

16. $p_A-p_D=(13.6\times1000-1\times1000)\cdot0.95=1.197\ \text{kg/cm}^2$

17. p_B-p_C 이므로, $p_A-1000\cdot h=p_B-1000\cdot(h+1)+13.6\times1000\times1$

$p_A-p_B=13600-1000=126000\ \text{kg/m}^2=1.26\ \text{kg/cm}^2$

$\therefore\ h=\frac{7\cdot p_2}{\gamma}=\frac{7\times(1000\times13.6\times0.72)}{1000}=68.54\ \text{m}$

18. 체적 유량 $Q=A \cdot u=\pi \times \left(\frac{0.6^2}{4}\right) \times 3=0.8478\ m^3/s$

19. $Q=A \cdot u=\frac{\pi}{4} \times 0.08^2 \times 4 \times 0.9 \times 1000=18.09\ kg/s$

20. $u_1=\frac{Q}{A_1}$, $Q=A_2 \cdot u_2=\frac{\pi}{4} \times 0.5^2 \times 5=0.98\ m^3/s$

$\therefore\ u_2=\frac{0.98}{(\pi/4) \times 0.05^2}=500\ m/s$

21. $Q=A \cdot u,\ u=\frac{\frac{2.5}{60}}{\frac{\pi}{4} \times 0.15^2}=2.36\ m/s$

22. $Q=A \cdot u,\ u=\left[0.03 \times \left(\frac{\pi}{4}\right) \times 0.13^2\right] / \frac{\pi}{4} \times (0.15^2-0.13^2)]=0.09\ m/s$

23. 단위폭당 유량 $50 \times 10^{-3} \times 30=35 \times 10^{-3} \times u_B$, $\therefore\ u_B=42.857\ m/s$

24. 물의 온도 변화가 없다면 $h_1=h_2$, $u_1=u_2$이다. 그리고, $Q=0$, $W=0$이므로 정상 유동 에너지 방정식에서 $\frac{u_1^2}{2g}+g \cdot z_1=\frac{u_2^2}{2g}+g \cdot z_2$

최대 상승 높이에서 $u_2=0$이므로 $\frac{15^2}{2}=9.8 \cdot (z_2-z_1)=9.8 \cdot z$, $\therefore\ z=3.48\ m$

25. $u=(2 \cdot g \cdot h)^{1/2}=(2 \times 9.8 \times 3)^{1/2}=7.67\ m/s$

$Q=A \cdot u=\left(\frac{\pi}{4}\right) \times 0.03^2 \times 7.67=0.0054\ m^3/s$

26. 수면(A)과 구멍(B)에 베르누이 방정식을 적용하면

$\frac{p_A}{\gamma}+\frac{u_{A^2}}{2g}+z_A=\frac{p_B}{\gamma}+\frac{u_{B^2}}{2g}+z_B$에서

$p_A=p_B=0$, $u_A=0$, $z_A-z_B=H=9.8\ m$ 이므로 $\frac{u_{B^2}}{2g}=z_A-zB=H$

$\therefore\ u_B=(2 \cdot g \cdot H)^{1/2}=(2 \times 9.8 \times 9.8)^{1/2}=13.86\ m/s$

2 m의 수두 손실을 고려하여 계산하면

$\therefore\ u_B=(2 \cdot g \cdot \Delta H)^{1/2}=[2 \times 9.8 \times (9.8-2)]^{1/2}=12.4\ m/s$

※ $u_B=\sqrt{2gH}$: 토리첼리의 정리

27. $u=\left(\frac{2 \times 9.8 \times 0.1 \times 1000}{1.25}\right)^{1/2}=39.6\ m/s$

28. $u=\left(\frac{2 \times 9.8 \times 52}{1.226}\right)^{1/2}=28.8\ m/s$

29. 수면(A)과 구멍(B)에 베르누이 방정식을 적용하면

$$\frac{p_A}{\gamma}+\frac{u_{A^2}}{2g}+z_A=\frac{p_B}{\gamma}+\frac{u_{B^2}}{2g}+z_B$$

$p_A=p_B=0$, $u_A=0$, $z_A-z_B=H=5$ m이므로 $\frac{u_{B^2}}{2g}=z_A-z_B=H$

$\therefore\ u_B=(2\cdot g\cdot H)^{1/2}=(2\times 9.8\times 5)^{1/2}=13.86$ m/s

$Q=A\cdot u=\frac{\pi}{4}\cdot 0.03^2\cdot 9.8=6.99\times 10^{-3}$ m³/s

30. $u=(2\times 9.8\times 0.4)^{1/2}=2.8$ m/s

31. $u=\left(\frac{2\cdot g\cdot \Delta p}{\gamma}\right)^{1/2}=\left(\frac{2\times 9.8\times 52}{1.226}\right)^{1/2}=28.8$ m/s

32. $\gamma=\frac{P}{RT}=\frac{(1.013\times 10^4)}{(29.27\times 293)}=1.181$ kg/m³, $\therefore$ $S_{공기}=\frac{1.81}{1000}=0.00181$ kg/m³

$u=2\cdot g\cdot H\cdot\left(\frac{S_{알콜}}{S_{공기}}-1\right)^{1/2}=32.21$ m/s

33. $u=C\cdot\left[2\cdot g\cdot H\cdot\left(\frac{S_{수은}}{S_{물}}-1\right)\right]^{1/2}=7.98$ m/s

34. $u=C\cdot(2\cdot g\cdot H)^{1/2}=0.97\times(2\times 9.8\times 2)^{1/2}=6.1$ m/s

35. 연속 방정식에서 $u_A=\frac{A_A}{A_B}\cdot u_B=0.25\cdot u_B$

A와 B에 베르누이 방정식을 적용하면 , $\frac{p_A}{\gamma}+\frac{u_A{}^2}{2g}+z_A=\frac{p_B}{\gamma}+\frac{u_B{}^2}{2g}+z_B$

$p_A=\gamma\cdot h=1000\times 0.6=600$ kgf/cm², $p_B=\gamma\cdot h=1000\times 0.3=300$ kgf/cm²

$z_A=z_B$, $u_B=4\cdot u_A$, $\frac{600}{1000}+\frac{u_A{}^2}{2g}=\frac{300}{1000}+\frac{u_B{}^2}{2g}$

$\therefore\ u_A=0.626$ m/s, $u_B=2.504$ m/s

36. 자유 표면과 B 점에 대하여 베르누이 방정식을 적용하면

$\frac{p_O}{\gamma}+\frac{u_O{}^2}{2g}+z_O=\frac{p_B}{\gamma}+\frac{u_B{}^2}{2g}+z_B$, $p_O=p_B=0, u_O=0, z_O-z_B=3$ m

$u_B=[2\cdot g\cdot(z_O-z_B)]^{1/2}=7.67$ m/s

$\therefore\ Q=A\cdot u=\left(\frac{\pi\cdot 0.05^2}{4}\right)$codt$7.67=0.015$ m³/s그림$9.26=15$ ℓ/s$=900$ ℓ/min

37. 비중 0.8인 유체에 의해 생기는 압력과 같은 압력을 만드는 물의 깊이

즉 상당 깊이 he는 $1000\times 0.8\times 10=1000\times he$ $\therefore$ $he=8$ m

따라서, 노즐 깊이 $H=10+8=18$ m

토리첼리 공식에 의해 $u=(2\cdot g\cdot H)^{1/2}=(2\times 9.8\times 18)^{1/2}=18.78$ m/s

38. $u = \sqrt{(2 \cdot g \cdot \Delta H)}$, $\Delta H = \frac{u^2}{2g} = \frac{0.5^2}{19.6} = 0.013\text{m}$

39. $h_L = H - h = 0.25$ m, 유속 $u = \sqrt{2 \cdot g \cdot h}$ 이므로

유량 $Q = A \cdot u = \frac{\pi \times 0.08^2}{4} \times \sqrt{2 \times 9.8 \times 5.75} = 0.053 \text{ m}^3/\text{s}$

40. 속도수두 $\frac{u^2}{2g} = \frac{12^2}{19.6} = 7.35$ m, 압력수두 $h = \frac{p}{\gamma} = \frac{1.05^{\text{kg/cm}^2}}{0.001^{\text{kg/cm}^3}} = 952 \text{ cm} = 9.52 \text{ m}$

41. $2.6 \times 10 = 26 \text{ mH}_2\text{O}$

42. $Re = \frac{D \cdot u}{\nu} = 2320$이므로, $u = 2320 \cdot \left(\frac{\nu}{D}\right) = \frac{2320 \times 0.0101}{2} = 11.7 \text{ cm/s}$

43. $Re = \frac{D \cdot u}{\nu}$에서 $u = \frac{\nu \cdot Re}{D} = \frac{0.0131 \times 2100}{3} = 9.17 \text{ cm/s}$

44. 평균 유속 $u = \frac{Q}{A} = 1.146 \text{ m/s}$

점성계수 $\mu = 0.56\text{poise} = 0.56 \times \frac{1}{98} = 5.714 \times 10^{-3} \text{ kg} \cdot \text{s/m}^2$

$\rho = \frac{\gamma}{g} = \frac{1000 \cdot S}{g} = \frac{1000 \times 0.92}{9.8} = 93.88 \text{ kg} \cdot \text{s}^2/\text{m}^4$

$Re = \frac{\rho \cdot D \cdot u}{\mu} = 941.4 =$ 층류

$\Delta p = \frac{(128 \cdot \mu \cdot L \cdot \cdot\ Q)}{\pi \cdot d^4} = 0.419 \times 10^4 \text{ kg/m}^2 = 0.419 \text{ kg/cm}^2$

45. $Re = \frac{D \cdot u}{\nu} = 2100$에서 $u = \frac{\nu \cdot Re}{D} = \frac{1.8 \times 10^{-6} \times 2100}{0.05} = 0.076 \text{ m/s}$

46. 평균 유속 $u = \frac{Q}{A} = 0.34 \text{ m/s}$, $Re = \frac{\rho \cdot D \cdot u}{\mu} = 31.2 =$ 층류

층류에 대한 마찰 손실 계수 $f = \frac{64}{Re} = \frac{64}{31.2} = 2.05$

마찰 손실 $h = f \cdot \left(\frac{L}{D}\right) \cdot \left(\frac{u^2}{2 \cdot g}\right) = 2.18 \times 106 \text{ kg/m}^2$

∴ 소요 동력 $\frac{\Delta p \cdot Q}{75} = \frac{(2.18 \times 106 \times 160 \times 10^{-3})}{(75 \times 60)} = 77.5 \text{ PS}$

10. 전도 열전달

1. 식 (10.13)을 이용하여

$$q = \frac{T_1 - T_4}{\frac{L_1}{\lambda_1} + \frac{L_2}{\lambda_2} + \frac{L_3}{\lambda_3}} = \frac{1000 - 40}{\frac{0.5}{0.05} + \frac{0.4}{1} + 0.01 + 45} = 218 \text{ W/m}^2$$

식 (10.11)을 이용하면 $T_2 = T_1 - \dfrac{q \cdot L_1}{\lambda_1} = 1000 - \dfrac{218 \times 0.2}{0.05} = 128$ ℃

$$T_3 = T_2 - \frac{q \cdot L_2}{\lambda_2} = 128 - \frac{218 \times 0.4}{0.05} = 40.8 \text{ ℃}$$

2. 식 (10.15)를 이용하여 온도를 계산하면 다음과 같다.

$$T_2 = 40 + \frac{1000 \times 0.005}{50} = 40.1 \text{ ℃} \qquad T_1 = 40.1 + \frac{1000 \times 0.003}{10} = 43.1 \text{ ℃}$$

3. $A_1 = 2\pi \cdot r_1 \cdot L$, $A_2 = 2\pi \cdot r_2 \cdot L$에서 $A_2 - A_1 = 2 \cdot \pi \cdot L \cdot (r_2 - r_1)$

$$\therefore \quad r_2 - r_1 = \frac{A_2 - A_1}{2 \cdot \pi \cdot L} \qquad ① \qquad 또한 \ \frac{r_2}{r_1} = \frac{A_2}{A_1} \qquad ②$$

원통벽을 열전도 형식으로 이동하는 열량 $Q_1 = \dfrac{2\pi\lambda \cdot L \cdot (T_1 - T_2)}{\ln \dfrac{r_2}{r_1}}$ ③

평판벽을 열전도 형식으로 이동하는 열량 $Q_2 = \dfrac{\lambda \cdot (T_1 - T_2) \cdot A_m}{r_2 - r_1}$ ④

여기서, $Q_1 = Q_2$일 때, 식 ③과 식 ④에 의해

$$\frac{2\pi L}{\ln \dfrac{r_2}{r_1}} = \frac{A_m}{r_2 - r_1} \qquad ⑤ \qquad \therefore \quad A_m = \frac{2\pi L \cdot (r_2 - r_1)}{\ln \dfrac{r_2}{r_1}} \qquad ⑥$$

식 ⑥에 식 ① 및 식 ②를 대입하면 다음과 같다.

$$A_m = \frac{2\pi L \cdot \dfrac{A_2 - A_1}{2\pi L}}{\ln \dfrac{A_2}{A_1}} = \frac{A_2 - A_1}{\ln \dfrac{A_2}{A_1}} \qquad ⑦$$

식 ⑦의 A_m을 대수 평균 면적(logarithmic-mean area)라고 한다.

4. (a)의 경우

벽의 두께 $4 \cdot h_1 + 3 \cdot h_2$ ①

열유속 $q = \dfrac{T_1 - T_2}{\sum_{i=1}^{n} \dfrac{h_i}{\lambda_i}} = \dfrac{T_1 - T_2}{4 \times \dfrac{h_1}{\lambda_1} + 3 \times \dfrac{h_2}{\lambda_2}}$ ②

겉보기 열전도율을 λ라고 하면 $q = \dfrac{(T_1 - T_2) \cdot \lambda}{4 \cdot h_1 + 3 \cdot h_2}$ ③

식 ②, ③을 정리하면 다음과 같다.

$$\frac{1}{\dfrac{4 \cdot h_1}{\lambda_1} + \dfrac{3 \cdot h_2}{\lambda_2}} = \frac{\lambda}{4 \cdot h_1 + 3 \cdot h_2} \qquad ④$$

$$\therefore \quad \lambda = \frac{\lambda_1 \cdot \lambda_2 \cdot (4 \cdot h_1 + 3 \cdot h_2)}{4 \cdot h_1 \cdot \lambda_2 + 3 \cdot h_2 \cdot \lambda_1} \qquad ⑤$$

(b)의 경우

벽 A만을 통과하는 열유속 $q_A = \frac{\lambda_1}{m} \cdot (T_1 - T_2)$ ⑥

벽 B만을 통과하는 열유속 $q_B = \frac{\lambda_2}{m} \cdot (T_1 - T_2)$ ⑦

면적 $(4 \cdot h_1 + 3 \cdot h_2) \cdot L$을 통과하는 열량 Q는 다음과 같다.

$$Q = q_A \cdot 4(h_1 \cdot L) + q_B \cdot 3 \cdot (h_2 \cdot L) \qquad ⑧$$

$$= \left(\frac{4 \cdot \lambda_1 \cdot h_1 \cdot L}{m} + \frac{3 \cdot \lambda_2 \cdot h_2 \cdot L}{m} \right) \cdot (T_1 - T_2)$$

식 ⑧에 식 ⑥, ⑦을 대입하여 정리하면 다음과 같다.

$$Q = (T_1 - T - 2) \cdot L \cdot \left(\frac{4 \cdot \lambda_1 \cdot h_1 + 3 \cdot \lambda_2 \cdot h_2}{m} \right) \qquad ⑨$$

겉보기 열전도율을 λ라고 하면

$$Q = \frac{\lambda}{m} \cdot (T_1 - T_2) \times (4 \cdot h_1 + 3 \cdot h_2) \cdot L \qquad ⑩$$

식 ⑨와 식 ⑩을 치환시켜 정리하면 다음과 같다.

$$4 \cdot \lambda_1 \cdot h_1 + 3 \cdot \lambda_2 \cdot h_2 = \lambda \cdot (4 \cdot h_1 + 3 \cdot h_2) \qquad ⑪$$

$$\therefore \quad \lambda = \frac{4 \cdot \lambda_1 \cdot h_1 + 3 \cdot \lambda_2 \cdot h_2}{4 \cdot h_1 + 3 \cdot h_2} \qquad ⑫$$

11. 대류 열전달

1. $q = \dfrac{(T_A - T_B)}{\dfrac{1}{\kappa_A} + \dfrac{L_1}{\lambda_1} + \dfrac{L_2}{\lambda_2} + \dfrac{L_3}{\lambda_3} + \dfrac{1}{\kappa_B}} = \dfrac{60 - 20}{\dfrac{1}{300} + \dfrac{0.005}{60} + \dfrac{0.06}{0.03} + \dfrac{0.01}{0.5} + \dfrac{1}{8}} = 18.6 \ \mathrm{W/m^2}$

2. 열전달율을 계산하기 위해서는 Nu수를 계산해야 하며, 이를 위해 Re수와 Pr수를 계산해야 한다. 대표 길이는 판의 한쪽 끝에서 표면을 따라 거리, 대표 온도는 표면 온도와 유체 온도의 평균값이기 때문에 한쪽 끝에서 60 mm 되는 위치의 Re수는 다음과 같다.

$$Re = \frac{u \cdot x}{\nu} = \frac{\rho \cdot u \cdot x}{\mu} = \frac{1.093 \times 10 \times 0.06}{19.3 \times 10^{-6}} = 3.40 \times 10^4$$

$$Pr = \frac{\nu}{\alpha} = \frac{\frac{\mu}{\rho}}{\frac{\kappa}{\rho \cdot C_P}} = \frac{C_P \cdot \mu}{\kappa} = \frac{1.008 \times 10^3 \times 19.3 \times 10^{-6}}{2.80 \times 10^{-2}} = 0.695$$

식 (3.32)에 의해 $Nu_x = \frac{h_x \cdot x}{\kappa} = 0.332 \cdot Pr^{1/3} \cdot Re^{1/2} = 54.2$

국소 열전달율 $h_x = \frac{Nu_x \cdot \kappa}{x} = \frac{54.2 \times 2.80 \times 10^{-2}}{0.06} = 25.3\ \mathrm{W/(m^2 \cdot K)}$

식 (11.34)에 의해 $Nu_m = \frac{h_m \cdot x}{\kappa} = 0.664 \cdot Pr^{1/3} \cdot Re^{1/2} = 108.4$

평균 열전달율 $h_m = \frac{Nu_x \cdot \kappa}{x} = 50.6\ \mathrm{W/(m^2 \cdot K)}$

3. (1) 공기의 경우

레이놀즈수 $Re_d = \frac{u \cdot d_1}{\nu_1} = \frac{1 \times 0.01}{0.175 \times 10^{-4}} = 571$

원관내 임계 레이놀즈수 2,300보다 낮기 때문에 층류이므로

$$Nu_m = 3.65 + \frac{0.190 \cdot [Re_d \cdot Pr \cdot (d/L)]^{4/5}}{1 + 0.117 \cdot [Re_d \cdot Pr \cdot (d/L)]^{7/15}}$$

$$= 3.65 \cdot \frac{0.190 \cdot \left[571 \times 0.708 \times \frac{0.01}{0.1}\right]^{4/5}}{1 + 0.117 \cdot \left[571 \times 0.708 \times \frac{0.01}{1}\right]^{7/15}} = 4.12$$

$$d_m = \frac{\lambda}{d} \cdot Nu_d \ \frac{0.0272}{0.01} \times 4.12 = 11.25\ (\mathrm{W/m^2 \cdot K})$$

(2) 물의 경우

$$Re_d = \frac{u \cdot d}{\nu} = \frac{1 \times 0.01}{0.668 \times 10^{-6}} = 15{,}000$$

난류이므로 $Nu_m = 0.023 \times Re_d^{0.8} \cdot Pr^{1/3} = 0.023 \times 15000^{0.8} \times 4.41^{1/3} = 82.6$

$$h_m = \frac{\lambda}{d} \cdot Nu_m = \frac{0.628}{0.01} \times 82.6 = 5{,}180\ (\mathrm{W/m^2 \cdot K})$$

유체를 물로 하면 열전달율은 약 500배 증가한다.

4. 대표 길이는 관경, 대표 온도는 유체와 관 외면의 평균 온도이기 때문에 이에 대한 동점성계수 및 점성계수는 다음과 같다.

$\nu = 0.554 \times 10^{-6}\ (\mathrm{m^2/s})$, $\mu = 0.548 \times 10^{-3}\ (\mathrm{Pa \cdot s})$

$$Re = \frac{u \cdot d}{\nu} = \frac{0.4 \times 0.035}{0.554 \times 10^{-6}} = 2.53 \times 10^4$$

Re수가 $4{,}000 < Re < 40{,}000$이므로 식 (11.47)은 표 11.4에 의해

$Nu_m = 0.193 \cdot Re^{0.618} \cdot Pr^{1/3} = 0.193 \times (2.53 \times 10^4)^{0.618} \times 3.57^{1/3} = 155.2$

따라서, 열전달율은 다음과 같다.

$$h_m = \frac{Nu_m \cdot d}{\kappa} = \frac{155.2 \times 0.642}{0.035} = 2.85 \times 10^3\ \mathrm{W/(m^2 \cdot K)}$$

5. 우선 $Gr \cdot Pr$을 계산하여 층류인지 난류인지를 확인한다.

기체의 체적 팽창율 β는 절대 온도의 역수이기 때문에

$$\beta = \frac{1}{T} = \frac{1}{323} = 3.096 \times 10^{-3}\ (1/\mathrm{K})$$

대표길이는 관경이기 때문에

$$Gr = \frac{g \cdot d^3 \cdot \beta \cdot \Delta T}{\nu^3} = \frac{g \cdot d^3 \cdot \beta \cdot (T_W - T_A) \cdot \rho^2}{\mu^2}$$
$$= \frac{9.81 \times 0.2^3 \times 3.096 \times 10^{-3} \times (80-20) \times 1093}{(19.3 \times 10^{-6})^2} = 4.676 \times 10^7$$

$$Pr = \frac{\nu}{\alpha} = \frac{C_P \cdot \mu}{\kappa} = \frac{1.008 \times 10^3 \times 19.3 \times 10^{-6}}{2.80 \times 10^{-2}} = 0.695$$

$$Gr \cdot Pr = 4.676 \times 10^7 \times 0.695 = 3.25 \times 10^7 \quad < \ 10^8$$

따라서, 경계층은 층류이기 때문에 식 (11.54)에 의해

$$Nu_m = 0.53 \cdot (Gr \cdot Pr)^{1/4} = 0.53 \times (3.25 \times 10^7)^{1/4} = 40.02$$

$$h_m = \frac{Nu_m \cdot \kappa}{d} = \frac{40.02 \times 2.80 \times 10^{-2}}{0.23} = 5.60\ (\mathrm{W/m^2 \cdot K})$$

단위 길이당 방열량은 다음과 같다.

$$q = h_m \cdot A \cdot (T_W - T_A) = h_m \cdot \pi \cdot d \cdot (T_W - T_A) = 5.60 \times \pi \times 0.2 \times (80-20) = 211\ (\mathrm{W/m})$$

6. (1) 강제 대류의 열전달율

팬이 작동되고 있을 경우는 강제 대류이다. 공기의 물성치는 공기 온도와 벽면 온도의 산술 평균 온도차 $T_F = (T_\infty + T_W)\ /\ 2 = (20+60)\ /\ 2 = 40$ ℃인 경우에 대해 정리하면, 동점성계수 $\nu = 0.175 \times 10^{-4}$ ($\mathrm{m^2/s}$), 열전도율 $\lambda = 0.0272$ ($\mathrm{W/m \cdot K}$), 프란틀수 $Pr = 0.708$이 된다.

레이놀즈수를 계산하면 $Re_L = \dfrac{u \cdot L}{\nu} = \dfrac{1 \times 0.1}{0.175 \times 10^{-4}} = 5{,}710$

평판인 경우, 임계 레이놀즈수 3.2×10^5보다 낮기 때문에 층류이다. 따라서, 이를 정리하면 다음과 같다.

$$Nu_m = 0.664 \cdot Re_L^{1/2} \cdot Pr^{1/3} = 0.664 \times 5{,}710^{1/2} \cdot 0.708^{1/3} = 44.7$$

$$h_m = \frac{\lambda}{L} \cdot Nu_m = \frac{0.0272}{0.1} \times 44.7 = 12.2\ (\mathrm{W/m^2 \cdot K})$$

12. 복사 열전달

1. 연소 가스실 및 연소실 벽의 평균 온도를 각각 T_1, T_2 (K)라고 할 때, 피연물의 단위 면적당 단위 시간의 방사 수열량 Q는 다음과 같다.

$$Q = \alpha \cdot \left[\left(\frac{T_1}{100}\right)^4 - \left(\frac{T_2}{100}\right)^4\right] (\mathrm{W/m^2}) \quad ①$$

α는 불꽃, 피연물의 방사율이나 표면 상태와 관련된 정수로서 온도와는 상관없이

일정한 것으로 가정한다.

불꽃 온도를 T_1에서 T_1'으로 상승시켜 방사 전열량이 2배가 된다고 가정하면

$$2 \cdot Q = \alpha \cdot \left[\left(\frac{T_1'}{100}\right)^4 - \left(\frac{T_2}{100}\right)^4\right] (W/m^2) \quad ②$$

따라서, 식 ① 및 식 ②에 의해 $\left(\frac{T_1}{100}\right)^4 - \left(\frac{T_2}{100}\right)^4 = \frac{1}{2} \cdot \left[\left(\frac{T_1'}{100}\right)^4 - \left(\frac{T_2}{100}\right)^4\right]$ ③

$T_1 = 1000 + 273.15$, $T_2 = 400 + 273.15$를 대입하면 $T_1' = 1449$ K = 1226 ℃

따라서, 1226 - 10000 = 226 ℃만큼 상승시키면 된다.

2. 이와 같은 고온의 고내로부터 방사는 완전 흑체의 방사로 가정할 수 있기 때문에 관찰구의 방사율은 $\epsilon = 1$로 가정할 수 있다.

   따라서, 주위 온도 20 ℃로부터 고내 내부로 전달되는 열량은 다음과 같다.

$$Q = 5.67 \times 1 \times \left[\left(\frac{1300 + 273.15}{100}\right)^4 - \left(\frac{20 + 273.15}{100}\right)^4\right] \times \pi \times \left(\frac{0.1}{2}\right)^2 = 2724\,W$$

3. 1000 ℃인 고열의 고내에 투입된 공업 재료는 방사열 에너지를 수수하여 온도가 상승되는 것으로 고려할 수 있다.

   철봉의 표면적 $A = \pi \times 0.02 \times 1 + 2 \cdot \pi \cdot \left(\frac{0.02}{2}\right)^2 = 0.0635\ m^2$

   1000 ℃인 철봉의 방사율은 표 7.1에서와 0.14 ~ 0.38이므로 평균값 0.26을 방사율로 가정하였다. 따라서, 고내에 투입된 철봉에서의 수열량 Q'는 다음과 같다.

$$Q' = 5.67 \times 0.26 \left[\left(\frac{1000 + 273.15}{100}\right)^4 - \left(\frac{20 + 273.15}{100}\right)^4\right] \times 0.0635 = 2453\ W$$

   500 ℃된 경우의 방사에 의한 수열량 Q''는 다음과 같다.

$$Q'' = 5.67 \times 0.26 \left[\left(\frac{1000 + 273.15}{100}\right)^4 - \left(\frac{500 + 273.15}{100}\right)^4\right] \times 0.0635 = 2125\ W$$

   따라서, 이러한 과정의 평균 수열량은 다음과 같다.

$$Q = \frac{Q' + Q''}{2} = \frac{2453 + 2125}{2} = 2289\ W$$

   철봉의 열용량 $\pi \times \left(\frac{0.02}{2}\right)^2 \times 1 \times 7.86 \times 10^3 \times 0.640 = 1580\ J/K$

   따라서, 철봉이 500℃될 때 까지의 시간을 t라 하면 다음 식이 성립된다.

$$1580 \cdot (500 - 20) = 2289 \times t \qquad \therefore t = 331\ sec = 5.5\ min$$

4. 방사에 의한 전열량을 Q (kW/day)라고 하면 다음과 같다.

$$Q = \frac{5.67}{\frac{1}{0.9} + \frac{1}{0.8} - 1} \left[\left(\frac{1200 + 273.15}{100}\right)^4 - \left(\frac{120 + 273.15}{100}\right)^4\right] \times 10$$

$$= 1.95 \times 10^3 kW/s = 1.68 \times 10^8\ kW/day$$

5. 보일러의 전흡수열량 Q는 방사에 의한 열량 Q_r과 열전달에 의한 전열량 Q_c의 합과

동일하므로 스케일 부착 전후의 상태는 첨자 1, 2, 불꽃 바닥 및 보일러 벽의 온도를 T_a, T_w로 표시한다.

불꽃 바닥면이 보일러의 하면을 완전히 뒤덮고 있다고 하면 형태계수는 1로 고려하면 된다. 따라서, 스케일이 부착되기 전의 단위 면적당 단위 시간의 방사 전열량 Q_1은 다음과 같다.

$$Q_{r1} = \epsilon \times 5.67 \cdot \left[\left(\frac{T_g}{100}\right)^4 - \left(\frac{T_{W1}}{100}\right)^4\right]$$
$$= 0.9 \times 5.67 \cdot \left[\left(\frac{1327+273.15}{100}\right)^4 - \left(\frac{177+237.15}{100}\right)^4\right] = 3.32 \times 10^5 \ \ W/m^2$$

$$Q_{c1} = \frac{15}{85} \cdot Q_r = 0.586 \times 10^5 \quad W/m^2$$

따라서, $Q_1 = Q_{r1} + Q_{c1} = 3.32 \times 10^5 + 0.586 \times 10^5 = 3.906 \times 10^5$

이 때, 불꽃으로부터 보일러 바닥으로의 열전달율을 h라 하고, 보일러 바닥면의 온도를 177 ℃라 가정하면

$$h \cdot (T_g - T_{w1}) = Q_{c1} \qquad \therefore \ h = \frac{Q_{c1}}{T_g - T_{w1}} = \frac{0.586 \times 10^5}{1327-177} = 50.96 \quad W/m^2 \cdot K$$

스케일이 부착된 후의 전흡수 열량을 Q_2라 하고, 보일러 벽면 온도를 T_2, 스케일의 두께 및 열전도율을 L, λ라 하고, 이 때 불꽃으로부터 보일러 바닥면으로의 열전달율 h는 변화되지 않는 것으로 가정하면 다음과 같다.

$$Q_2 = h \cdot (T_g - T_{W2}) + \epsilon \cdot 5.67 \cdot \left[\left(\frac{T_g}{100}\right)^4 - \left(\frac{T_{W2}}{100}\right)^4\right] = \frac{\lambda}{L} \cdot (T_{W2} - 177)$$

$$\therefore \ 50.96 \cdot (1327 - T_{W2}) + 0.9 \times 5.67 \cdot \left[\left(\frac{1327+273.15}{100}\right)^4 - \left(\frac{T_{W2}-273.15}{100}\right)^4\right] = \frac{1.74}{0.003} \cdot (T_{w2} - 177)$$

이 식은 T_{W2}에 대해 4차 방정식이므로 풀 수 없다. 따라서, T_{W2}를 적당하게 가정하여 이 식을 만족할 때까지 Try and Error을 반복하면 $T_{W2} = 721$ ℃이 된다.

$$\therefore \ Q_2 = \frac{1.74}{0.003} \cdot (721 - 177) = 3.16 \times 10^5 \quad W/m^2$$

따라서, 증발 능력은 다음과 같다.

$$\frac{Q_1 - Q_2}{Q-1} = \frac{3.906 \times 10^5 - 3.16 \times 10^5}{3.906 \times 10^5} = 0.191 = 19.1 \ \%$$

따라서, 약 19 % 정도 저하된다.

부 록 A. SI 단위

1.1 단위의 이해

열역학에서 다루게 되는 여러 가지 현상들을 표현하기 위해 사용되는 것이 단위(unit)이다. 즉, 단위란 대상 물질이 가진 어떤 양의 특정한 분량인 특정량(particular quantity)을 정의하여 그와 같은 종류의 다른 양을 특정량과 비교하여 나타낼 수 있도록 약속된 것이다.

예를 들면 미터(meter)라는 단위는 길이(length)라는 양(속성)을 나타내기 위해 채택한 것으로, 길이라는 속성을 가진 어떤 것의 크기를 알고자 할 때 이 미터와 비교하여 똑같으면 그 길이는 1 m, 미터와 비교하여 3배가 되면 3 m라고 부르기로 약속된 것이다. 그러나, 이러한 단위는 어디까지나 개념적인 정의이므로 측정 대상을 이것과 직접 비교할 수는 없기 때문에, 측정 대상을 그 해당 단위와 실제로 비교하기 위해서는 이 단위의 크기를 가장 잘 나타내 줄 수 있는 물리적 실체가 필요하며, 이것이 바로 그 단위의 표준이라 할 수 있다.

1.2 표준의 이해

이상과 같이 단위를 나타내기 위해 사용되는 표준에 대해 국제적으로 합의된 정의는 다음과 같다. '어떤 양을 재는 기준으로 쓰기 위하여 어떤 단위나 어떤 양의 한 값 이상을 정의하거나 현시하거나 보존하거나 또는 재현하기 위한 물적 척도, 측정기기, 기준 물질이나 측정 시스템'으로 정의되어 있다. 즉, 표준을 형성하기 위해서는 기본적으로 단위가 있어야 하지만, 그렇다고 표준이 곧 단위의 표준만을 뜻하는 것은 아니며, 필요에 따라 단위보다 크거나 작은 양을 나타내는 표준이 있을 수 있다는 의미이다. 이는 단위의 표준인 경우에도 기본 단위의 표준만을 뜻하지 않고, 유도 단위의 표준도 사용될 수 있다는 의미이다. 예를 들어 킬로그램(kilogram) 원기(prototype)는 질량의 단위인 킬로그램(kg)의 표준이나, 킬로그램의 10분의 1을 나타내는 표준으로 100 g 분동을 사용할 수 있다는 의미이다.

이러한 단위나 표준은 어디까지나 어떤 공동체 안에서 약속에 의하여 채택한 것이므로 그 공동체가 공식적으로 인정을 하면 그 공동체의 구성 요소는 단위나 표준을 그대로 지켜야 의미가 있으며, 이러한 의미에서 국가적으로 공인된 표준을 국가(측정)

표준이라 하며, 이 국가표준은 그 나라에서 이 표준과 관계있는 양(속성)의 다른 표준들의 값을 부여하는 근거가 된다. 즉, 국가표준은 그 나라에서 가장 정확한 표준으로 국가표준기관이 유지하며 이를 바탕으로 그 나라의 다른 모든 표준들의 값이 정해지게 된다. 또한, 국가표준이 한 국가 안에서 이루어지는 모든 측정의 기준이 되어 그 정확성을 국내적으로는 확립할 수 있으나, 이것이 국제적으로 상호 인정을 받기 위해서는 국제 차원의 표준이 필요하게 되며, 이러한 목적을 달성하기 위해 국제적 합의에 의하여 공인된 표준이 국제(측정)표준이며, 이는 관련되는 양(속성)의 다른 표준들의 값을 부여하는 국제적 근거를 제공하게 된다. 세계 거의 모든 국가에서는 국가표준을 이 국제표준에 일치하도록 확립하고 지속적으로 유지하여 국제간에 측정 정확성을 상호 인정할 수 있는 체계를 가지고 있다.

1.3 SI 단위의 배경

고대의 측정 단위들은 어떤 계획에 의해서 이루어진 단위 체계가 아니었고 각기 필요에 따라 생긴 것이기 때문에 분야에 따라서 사용되는 단위도 자연 다르게 마련이었다. 인류 생활이 복잡해지고 사회가 발전함에 따라 고대 단위로부터 발전되어 체계를 이루게 된 것이 동양에서는 척관법(尺貫法)이며, 서양에서는 야드파운드법(yard-pound)으로, 현재 세계 거의 모든 나라가 쓰고 있는 국제단위계(SI)가 공식화되기까지 오랫동안 사용되어 왔고, 아직도 사용되고 있거나 그 영향이 남아 있다.

SI란 프랑스어 "Le Systeme International d'Unites"에서 온 약어로서 국제단위계를 의미한다. SI 단위계는 우리가 흔히 "미터법"이라고 부르며 사용하여 오던 단위계가 현대화된 것이다. SI 단위의 신초는 프랑스에서 발명된 십진 미터법이다. 1874년 과학 분야에서 사용하기 위해 도입된 CGS(centimeter-gram-second)계는 십진 미터법의 하부 단위계의 대표적인 예이고, 1875년의 미터 협약(Meter Convention) 혹은 미터 조약(Meter Treaty)에 의해 미터법이 국제적인 단위 체계로 발전되는 계기가 마련되었다고 할 수 있다. 그 후, MKS(meter-kilogram-second)계에 의해 실용적인 측정이 시작되기 시작하여 전기자문위원회(Comit Contre l'Esclavage Moderne, CCEM)에 의해 전기 단위로 암페어(ampere)가 추가되면서 MKSA 단위계가 1946년 국제도량형위원회(Centre International de Poésie Marseille, CIPM)에 의해 승인되었다.

1954년에는 국제도량형총회(Conférence Générale des Poids et Mesures, CGPM)에서 MKSA계의 기본 단위와 온도 단위인 켈빈도(° K, degree of Kelvin), 광도의 단위인

칸델라(candela) 6개의 단위에 바탕을 둔 일관성 있는 단위계를 채택하게 되면서 1960년에는 이러한 실용 단위계를 국제단위계, 국제적 약칭으로 SI로 명칭을 부여하면서 유도 단위, 보충 단위 및 그 밖의 여러 가지 사항들에 대한 규칙을 정하면서 측정 단위에 대한 전반적인 세부 사항을 마련하게 되었다.

1967년에는 온도의 단위가 켈빈도(° K)에서 켈빈(K)으로 바뀌고, 1971년 7번째의 기본단위인 몰(mole)이 추가되어 현재의 SI 단위계가 완성되었다. 이후에 정기적으로 열린 CGPM과 CIPM 회의에서 과학의 발전과 사용자들의 요구사항을 고려하여 필요한 사항들을 수정하거나 또는 SI의 원래 구조에 추가해 오고 있다.

1.4 SI 단위의 특징

전 세계가 공통으로 사용할 수 있는 단위계를 형성하기 위하여 시작되었고 국제적인 공동 노력의 결과로 이루어진 이 SI는 다음과 같은 특징을 가지고 있다.

(1) 각 속성(또는 물리량)에 대하여 한 가지 단위만 사용한다.

예로서 길이에 대하여는 미터만 사용하며, 자(尺) 또는 피트(foot)나 야드(yard) 같은 단위를 사용하지 않기 때문에 전체적으로 볼 때 단위의 수가 대폭 감소된다.

(2) 모든 활동 분야에 적용된다.

과학이나 기술 또는 상업 등 모든 분야에 적용될 뿐만 아니라 전 세계가 같은 방법으로 사용하여 상호 교류나 이해를 쉽게 하게 한다.

(3) 일관성 있는 체계이다.

몇 가지 기본단위를 바탕으로 하여 이들의 곱이나 비의 형식으로 모든 물리량을 나타내는 일관성 있는 체계를 형성하므로 다른 체계와의 혼합에서 오는 공식내의 인자들이 없어지게 된다. 여기서 일관성(coherent)이라는 표현은 1 외의 어떤 다른 수치적 인자 없이 순전히 SI 단위 끼리만의 곱하기와 나누기로 이루어진 단위의 체계라는 의미이다.

(4) 배우기와 사용하기가 쉽다.

위에 설명한 특징을 갖고 있기 때문에 일정한 규칙만 알고 그에 따라 적용하면 되므로 배우기와 사용하기가 쉽다. 이와 같은 특징 때문에 오늘날 세계 대부분의 국가에서 SI를 채택하여 사용하고 있으며, 종래의 단위계에 너무 오래 익숙하여 즉시 바꿀 수 없는 나라에서는 장기계획을 세워서 점차적으로 바꾸고 있는 중이다.

우리나라에서는 2007년 7월부터 넓이를 나타내는 '평'이나 무게를 측정하는 '돈' 등 비(非)법정단위를 계약서나 광고, 상품 등에 사용하거나 이를 이용해 계량하면 과태료가 부과되는 것으로 공시되어 있으며, 따라서 넓이를 나타낼 경우에는 m^2, 무게를 나타낼 경우에는 kg 등을 사용해야 한다.

이렇게 완성된 이 단위계의 명칭은 국제단위계(The International System of Units)로서 약칭 SI는 국제적으로 공통이다. 따라서, SI를 사용할 때 유의해야 할 것은 SI가 국제단위계를 뜻하므로 SI 단위계라는 표현은 바르지 않으나, SI 단위, SI 기본 단위, SI 유도 단위, SI 접두어 등은 바른 표현이다.

1.5 SI 단위의 분류

SI 단위는 기본 단위와 유도 단위의 두 가지 부류로 분류된다. 제11차 국제도량형총회에서 보충 단위로 구분되었던, 평면각의 단위 라디안(radian)과 입체각의 단위 스테라디안(steradian)은 구분의 의미가 희박해져 제20차 국제도량형총회에서 유도 단위로 구분되었다. 여기서 중요하게 강조되어야 할 사실은 하나의 SI 단위가 몇 가지 다른 형태로 표기될 수는 있어도 각각의 물리량은 단 하나의 SI 단위만을 가진다는 것이다. 하지만, 그 역은 성립하지 않는다. 즉, 어떤 경우에는 동일한 SI 단위가 몇 개의 다른 양의 값을 표현하는데 사용될 수 있다.

표 1.1 SI 기본단위

기 본 량	명 칭	기 호
길 이	미터(meter)	m
질 량	킬로그램(kilogram)	kg
시 간	초(second)	s
전 류	암페터(ampere)	A
열역학적 온도	켈빈(kelvin)	K
물 질 량	몰(mol)	mol
광 도	칸델라(candela)	cd

(1) 기본 단위

SI 단위가 기본 단위와 유도 단위로 구분된 것은 물리학적 기준이 아닌 임의로 구분된 것이다. 이는 국제 관계, 교육 및 과학적 연구 활동에 있어 실용적이면서 범세계적인 단일 단위체계가 갖는 이점을 고려한 후, 독립된 차원을 가진 것으로 간주된 일곱 개의 명확하게 정의된 단위들을 선택하여 국제단위계를 형성하는 데 기본으로 하였다. 즉, 이를 기본 단위라 하여, 미터(meter), 킬로그램(kilogram), 초(second), 암페어(ampere), 켈빈(Kelvin), 몰(mol), 칸델라(candela)의 7개 단위가 SI 기본 단위이다.

① 미터(길이 단위)의 정의 : 미터는 빛이 진공에서 (1 / 299792458)초 동안 진행한 경로의 길이(제17차 CGPM/1983)

② 킬로그램(질량 단위)의 정의 : 킬로그램은 질량의 단위이며 국제킬로그램원기의 질량(제3차 CGPM/1901)

위의 정의에서 질량(mass)의 단위라고 강조한 것은 무게(weight)와 구분하기 위해서이고, 경우에 따라 무게라는 의미가 질량 혹은 역학적 힘을 의미하기 때문이다. 편의상 한 물체의 질량과 표준 중력가속도(9.80665 m/s)를 곱한 표준 무게를 정의하여 사용되기도 한다.

③ 초(시간 단위)의 정의 : 초는 세슘-133 원자의 바닥상태에 있는 두 초미세 준위 사이의 전이에 대응하는 복사선의 9192631770 주기의 지속 시간(제13차 CGPM/1967-1968). 이상의 정의에서 세슘원자는 온도가 0 K인 바닥상태에 있는 원자를 의미(CIPM/1997)

1960년 국제천문학연맹이 태양년을 기초로 만든 시간의 단위에 대한 정의를 비준하였다. 이 때 사용된 시간 단위가 역표초로서, 역표초는 '초는 역표시로 1900년 1월 0일 12시에 대한 태양년의 (1 / 31556925.9747)이다'로 정의된다. 즉, 역표초는 지구의 공전 주기를 기준으로 성립된 기준으로서, 역표초에 의한 1 태양년은 약 31,556,926초이다. 또한 하루의 길이가 86400 초이므로 1년은 약 365.2422 일이기 때문에 365일을 빼고 남는 부분이 윤년의 근원이 되는 것이다.

역표초는 이전의 평균태양초에 비해 정확도는 뛰어났으나, 실제 측정에 너무 많은 시간(보통 수년)이 걸려 실용적이지 못한 면이 컸으며, 이 무렵에 등장한 원자시계를 이용한 즉, 원자나 분자의 두 에너지 준위 사이의 전이에 기초를 둔 원자시간 표준이 실현 가능해지면서 훨씬 더 정확하게 재현될 수 있다는 것이 실험 결과로 증명되면서, 1967년 제13차 CGPM은 초의 정확한 정의가 국제단위계에 필요 불가결하다는 점을 고려하여 초에 대한 정의를 규정지었다.

④ 암페어(전류 단위)의 정의 : 암페어는 무한히 길고 무시할 수 있을 만큼 작은 원형 단면적을 가진 두 개의 평행한 직선 도체가 진공 중에서 1 미터의 간격으로 유지될 때, 두 도체 사이에 매 미터당 2×10^{-7} 뉴턴의 힘을 생기게 하는 일정한 전류(제9차 CGPM/1948)

⑤ 켈빈(열역학적 온도)의 정의 : 열역학적 온도의 단위인 켈빈은 물의 삼중점의 열역학적 온도의 (1 / 273.16)(제13차 CGPM/1967-1968)

온도 눈금을 정의해 오던 종래의 방법 때문에, 기호 T 로 표시되는 열역학적 온도를 물의 어는점인 기준 온도 T_0(= 273.15 K)와의 차이로 나타내는 것이 일반 관례로 남아있다. 이 온도차를 섭씨온도라고 하며, 기호는 t 로 표시하고 다음 식으로 정의된다.

$$t = T - T_0 \tag{1.1}$$

온도차 혹은 온도 간격은 켈빈이나 섭씨도로 표현할 수 있다. 켈빈(K)과 섭씨도(℃)는 모두 1989년 CIPM 권고사항 5에서 채택된 "국제온도눈금 1990" (ITS-90)의 단위이다.

⑥ 몰(물질량 단위)의 정의 : 1959 ~ 1971년의 국제 순수 및 응용물리학 연맹(IUPAP), 국제 순수 및 응용화학 연맹(IUPAC) 및 CGPM에서 ㉠ 몰은 탄소 12의 0.012 킬로그램에 있는 원자의 개수와 같은 수의 구성 요소를 포함한 어떤 계의 물질량으로 기호는 mol, ㉡ 몰을 사용할 때에는 구성요소를 반드시 명시해야 하며 이 구성 요소는 원자, 분자, 이온, 전자, 기타 입자 또는 이 입자들의 특정한 집합체가 될 수 있다, ㉢ 탄소 12는 바닥상태에서 정지해 있으며 속박되어 있지 않은 원자(CIPM/1980)

⑦ 칸델라(광도 단위)의 정의 : 칸델라는 진동수 540×10^{12} Hz인 단색광을 방출하는 광원의 복사도가 어떤 주어진 방향으로 매 스테라디안 당 (1 / 683) W일 때 이 방향에 대한 광도(제16차 CGPM/1979)

(2) 기본 단위로 표시되는 유도 단위

유도 단위는 어떤 관련된 양들을 물리적 원리에 따라 연결시키는 대수 관계에 따라 여러 기본 단위들이 조합하여 형성되는 단위이다. 예로서, 속력은 단위 시간 동안에 간 거리로 나타낼 수 있으므로 길이의 단위인 미터를 시간의 단위인 초로 나누어 형성된 m/s로 나타내며, 힘의 단위는 질량 단위 kg과 가속도 단위 m/s^2 의 곱인 $kg \cdot m/s^2$ 로 나타낼 수 있다.

표 1.2 SI 유도 단위

유 도 량	명 칭	기 호
넓이	제곱미터	m^2
부피	세제곱미터	m^3
속력, 속도	미터 매 초	m / s
가속도	미터 매 초 제곱	m / s^2
파동수	역 미터	m^{-1}
밀도, 질량밀도	킬로그램 매 세제곱미터	kg / m^3
비(比)부피	세제곱미터 매 킬로그램	m^3 / kg
전류밀도	암페어 매 제곱미터	A / m^2
자기장 세기	암페어 매 미터	A / m
농도(물질량)	몰 매 세제곱미터	mol / m^3
굴절률	칸델라 매 제곱미터	cd / m^2

표 1.2에 직접 기본단위들로 표시된 유도 단위의 몇 가지 예를 들었다. 이 유도 단위는 기본 단위들의 곱이나 나누기에 의해 유도된다. 표 1.2에서 몇 가지 명칭에 관하여 설명하면, 넓이의 단위는 m를 제곱하여 만들어진 단위로 m^2 가 되었고, 부피의 단위도 마찬가지로 m^3 로 유도된다. 일반적으로 가속도(m/s^2)를 호칭할 경우, '미터 매 제곱초'으로 호칭하는 경우는 잘못된 경우로서 '미터 매 초 제곱'로 호칭되어야 하는 이유는 제곱초라는 단위가 있는 것이 아니고 다만 시간의 단위 초를 제곱한 것을 나타내기 때문이다.

(3) 특별한 명칭과 기호를 가진 단위

표 1.3은 편의상 특별한 명칭과 기호가 정해진 22개의 단위를 정리한 것이다. 표 1.3의 베크렐, 그레이, 시버트는 특별히 인간의 보건을 위하여 제15차 CGPM(1975)과 제16차 CGPM(1979)에서 승인된 양이고, 명칭과 기호는 자주 사용되는 단위를 표시하기 위하여 간결한 형태로 되어 있다.

표 1.4는 표 1.3에서 표기된 명칭과 기호를 이용하여 유도한 유도 단위 중에서 열역학과 관련된 대표적인 몇 가지 예를 정리하였다. 앞에서 언급한 바와 같이 하나의 SI 단위가 몇 개의 다른 물리량에 대응할 수 있다.

표 1.3 특별한 명칭과 기호를 가진 SI 유도 단위

유 도 량	SI 유도 단위			
	명 칭	기 호	SI 단위	SI 기본 단위
평면각	라디아(radian)	rad		$m \cdot m^{-1} = 1$
입체각	스테라디안(steradian)	sr		$m^2 \cdot m^{-2} = 1$
주파수	헤르츠(hertz)	Hz		s^{-1}
힘	뉴턴(Newton)	N		$m \cdot kg \cdot s^{-2}$
압력, 응력	파스칼(Pascal)	Pa	N / m^2	$m^{-1} \cdot kg \cdot s^{-2}$
에너지, 일, 열량	줄(Joule)	J	$N \cdot m$	$m^2 \cdot kg \cdot s^{-2}$
일률, 전력	와트(Watt)	W	J / s	$m^2 \cdot kg \cdot s^{-3}$
전하량, 전기량	쿨롱(Coulomb)	C		$s \cdot A$
전위차, 기전력	볼트(Volt)	V	W / A	$m^2 \cdot kg \cdot s^{-3} \cdot A^{-1}$
전기용량	패럿(Farad)	F	C / V	$m^{-2} \cdot kg^{-1} \cdot s^4 \cdot A^2$
전기저항	옴(Ohm)	Ω	V / A	$m^2 \cdot kg \cdot s^{-3} \cdot A^{-2}$
전기전도도	지멘스(Siemens)	S	A / V	$m^2 \cdot kg^{-1} \cdot s^3 \cdot A^2$
자기선속	웨버(Weber)	Wb	$V \cdot s$	$m^2 \cdot kg \cdot s^{-2} \cdot A^{-1}$
자기선속밀도	테슬라(Tesla)	T	Wb / m^2	$kg \cdot s^{-2} \cdot A^{-1}$
인덕턴스	헨리(Henry)	H	Wb / A	$m^2 \cdot kg \cdot s^{-2} \cdot A^{-2}$
섭씨온도	섭씨도	℃		K
광선속	루멘(Lumen)	lm	$cd \cdot sr$	$m^2 \cdot m^{-2} \cdot cd = cd$
조명도	럭스(Lux)	lx	lm / m^2	$m^2 \cdot m^{-4} \cdot cd = m^{-2} \cdot cd$
방사능	베크렐(Becquerel)	Bq		s^{-1}
흡수선량, 비에너지	그레이(Gray)	Gy	J / kg	$m^2 \cdot s^{-2}$
선량당량, 환경선량당량, 방향선량당량, 개인선량당량, 조직당량선량	시버트(Sievert)	Sv	J / kg	$m^2 \cdot s^{-2}$
촉매활성도	캐탈(Catalyst)	kat		$mol \cdot s^{-1}$

그에 대한 여러 가지 보기가 표 1.4에 나와 있는데 여기 나와 있는 양들이 그 전부는 아니다. 줄 매 켈빈(J/K)은 엔트로피뿐만 아니라 열용량의 SI 단위이며, 또한 암페어(A)는 유도 물리량인 기자력 뿐만 아니라 기본량인 전류의 SI 단위이기도 하다. 그러므로 어떤 양을 명시하기 위하여 단위만을 사용해서는 안 된다. 왜냐하면 그 단위는 다른 양의 단위도 될 수 있기 때문이다. 이러한 규칙은 비단 과학기술 서적뿐만 아니라

예를 들면, 측정 장비에도 적용된다.

표 1.4 특별한 명칭과 기호를 가진 SI 유도 단위가 포함된 SI 유도 단위 예

유 도 량	SI 유도 단위		
	명 칭	기 호	SI 기본 단위
점성도	파스칼 초	Pa · s	m^{-1} kg · s^{-1}
표면장력	뉴턴 매 미터	N / m	kg · m^{-2}
열용량, 엔트로피	줄 매 켈빈	J / K	m^2 · kg · s^{-2} · K^{-1}
비열용량 비엔트로피	줄 매 킬로그램 켈빈	J / (kg · K)	m^2 · s^{-2} · K^{-1}
비에너지	줄 매 킬로그램	J / kg	m^2 · s^{-2}
열전도도	와트 매 미터 켈빈	W / (m · K)	m · kg · s^{-3} · K^{-1}
에너지 밀도	줄 매 세제곱미터	J / m^3	m^{-1} · kg · s^{-2}

1.6 SI 단위의 사용

(1) 십진 배량 및 십진 분량에 대한 접두어

제11차 CGPM(1960)에서부터 SI 단위의 십진 배량과 십진 분량에 대한 명칭과 기호를 구성하기 위하여 일차로 10^{12} 부터 10^{-12} 범위에 대하여 일련의 접두어와 그 기호들을 채택하기 시작하여 현재까지 10^{24} 및 10^{-24} 까지의 접두어가 추가되었다.

표 1.5는 SI 단위에서 사용되는 십진 배량 및 십진 분량에 대한 배수 인자를 정리한 것이다. SI 접두어의 사용은 접두어가 SI 단위 기호 중 핵심 기호에만 붙여서 새로운 단위 기호를 형성한다는 것이다. 여기서 핵심 기호라 함은 표 1.1과 표 1.3에 실린 29개의 단위 기호인 기본 단위 7 개와 특별한 명칭과 기호를 가진 유도 단위 22개의 기호를 말한다. 따라서 모든 SI 단위는 앞의 29개의 단위 기호와 접두어 기호의 조합으로 이루어진다.

SI 접두어를 붙이는 데 있어 한 가지 예외가 있다. SI 기본 단위 가운데 질량 단위는 역사적인 이유로 그 명칭이 접두어를 이미 포함하고 있다. 그러므로 질량 단위의 십진 배량 및 분량에 대한 명칭 및 기호는 기본단위 명칭 킬로그램이 아닌 단위 명칭 그램에 접두어를 붙여 사용한다. 즉, 10^{-6} kg은 1 mg(밀리그램)이지 1 μkg(마이크로 킬로그램)이 아니다. 또한 SI 접두어는 엄밀히 10의 멱수를 나타내는데 사용하여야 하며, 2의 멱수를 가리키는데 사용해서는 안 된다.

예로서, 1 킬로비트(kilobit)는 1000 비트를 나타내며 10^{24} (= 2^{10}) 비트를 나타내는 것이 아니다. 그러나 정보기술 분야에서 메가나 기가라는 말을 사용할 때 실제로는 10^6, 10^9이 아닌 2^{20}, 2^{30}을 의미하는 것을 볼 수가 있는데, 이것은 엄밀히 말하면 SI 접두어를 잘 못 사용하는 것이다.

표 1.5 SI 접두어

배 수	접 두 어	기 호	배 수	접 두 어	기 호
10^{24}	요 타	Y	10^{-1}	데 시	d
10^{21}	제 타	Z	10^{-2}	센 티	Zc
10^{18}	엑 사	E	10^{-3}	밀 리	m
10^{15}	페 타	P	10^{-6}	마이크로	μ
10^{12}	테 라	T	10^{-9}	나 노	n
10^9	기 가	G	10^{-12}	피 코	p
10^6	메 가	M	10^{-15}	펨 토	f
10^3	킬 로	k	10^{-18}	아 토	a
10^2	헥 토	h	10^{-21}	젭 토	z
10^1	데 카	da	10^{-24}	욕 토	y

(2) 단위 명칭과 기호 표기

단위 기호의 표기에 대한 일반적인 원칙은 다음과 같다.

① 일반적으로 로마체(직립체) 소문자를 단위의 기호로 사용한다. 그러나 기호가 고유명사로부터 유래된 것이면 로마체 대문자를 사용한다. 이들 기호 다음에는 마침표를 찍지 않는다.

② 숫자에서 반점(프랑스식)이나 온점(영국식)은 숫자의 정수 부분과 소수 부분을 구분하는 경우에만 사용한다. 숫자는 읽기에 편리하게 세 자리씩 묶어 써도 무방하지만 각 묶음 사이의 띄어 쓴 자리에 온점이나 반점을 사용해서는 안된다.

이상에서 특히 기억해야 할 것은 숫자의 표기법인데, 현재도 위에 설명된 원칙을 따른다. 즉, 정수 부분과 소수 부분을 나누는 기호로 프랑스식은 반점(,), 영국식은 온점(.)이 사용되는데, 우리나라에서는 온점을 사용하고 있다. 또한 긴 숫자를 표기할 때

읽기에 편리하게 소수점을 중심으로 세 자리씩 묶어서 띄어 쓰게 되어있다. 이 때 띈 칸이 너무 크면 보기 싫으므로 사이를 약간만(반칸 정도) 띄는 것이 좋다. 현재 우리나라에서 세자리 마다(천, 백만, 십억 자리 등) 반점을 사용하는데 이것은 국제표준으로 보면 옳지 못한 방법이다.

(3) SI 단위 기호

SI 단위 기호(많은 SI 이외의 단위 기호 포함)는 다음과 같이 표기한다. 언어에 따라 단위 명칭은 달라도 단위 기호의 표시 방법은 국제적으로 동일한 방법이 사용된다.

① 단위 기호는 일반적으로 로마체(직립체)를 쓴다. 즉, 본문의 활자체와는 관계없이 양의 기호는 이탤릭체(사체), 단위 기호는 로마체로 써야한다는 의미이다. 일반적으로 단위 기호는 소문자로 표기하지만 단위의 명칭이 사람의 이름에서 유래하였으면 그 기호의 첫 글자는 대문자로 한다. 단위 명칭의 철자를 모두 써야 할 경우에는 문장의 첫 글자 또는 섭씨도(degree Celcius)를 제외하고는 항상 소문자로 표기한다.

[예] *1. 양의 기호 : 질량 ⇒ m, 시간 ⇒ t 등*
2. 단위 기호 : 무게 ⇒ kg, 시간 ⇒ s, 압력 ⇒ Pa 등
3. 단위 명칭 : newton = N, pascal = Pa, volt = V 등

② 단위 기호는 복수의 경우에도 변하지 않으며, 마침표 등 다른 기호나 다른 문자를 첨가해서는 안 된다. 다만 문장의 끝에 구두법상으로 오는 마침표는 예외이다.

[예] *1. 문장의 시작일지라도 kg을 사용한다. (Kg이 아님)*
2. 복수의 경우 : 5초의 올바른 표기 ⇒ 5 s 혹은 5 sec. 잘못된 표기 ⇒ 5 sec 혹은 5 secs

③ 어떤 양을 수치와 단위기호로 나타낼 때 그 사이를 한 칸 띄어야 한다. 다만 평면각의 도, 분, 초의 기호와 수치 사이는 띄지 않는다.

[예] *1. 올바른 표기 : 35 mm, 32 ℃, 36°, 48°12′, 59°25′22″*
2. 잘못된 표기 : 35mm, 32℃

④ 백분율(%)이 SI 단위는 아니지만 단위 기호로 사용할 때는 수치와 한 칸 띄어야 한다. 또한 이것을 사용할 때는 반드시 기호(%)를 사용해야 하며, 명칭(percent, 퍼센트, 프로)을 사용하지 않는다.

[예] *1. 올바른 표기 : 25 %*
2. 잘못된 표기 : 25%, 25 percent

(4) SI 단위 기호의 대수학

① 두 개 이상의 단위의 곱으로 표시되는 유도 단위는 가운뎃점을 찍거나 한 칸을 띄어 쓴다.

[예] *N·m 또는 N m*

이상의 예에서 두 번째의 경우, ISO의 규칙으로는 한 칸을 띄지 않고 붙여서 쓸 수도 있게 되어 있으나, 이 경우에는 사용하는 단위의 기호가 접두어의 기호와 같을 때는(meter와 milli의 경우) 혼동을 일으키지 않도록 특히 유의하여야 한다. 즉, 예로서, Nm이나 m·N을 써서 mN과 구별하여야 한다. 왜냐하면 mN은 밀리뉴턴(millinewton)을 뜻하기 때문에 mN은 밀리뉴턴인 경우에만 사용하여야 한다. 또 다른 예로서 속도를 표시하는 단위 기호인 m/s의 경우, $m \cdot s^{-1}$ 또는 $m\ s^{-1}$ 은 가능하나 ms^{-1} 으로 하면 안 된다. ms^{-1} 은 $(ms)^{-1}$ 의 의미를 가지기 때문이다. 따라서 항상 가운뎃점을 찍거나 한 칸을 띄어 쓰는 것이 좋은 방법이다.

② 두 개의 단위의 나누기로 표시되는 유도 단위를 나타내기 위하여 빗금, 횡선 또는 음의 지수를 사용한다.

[예] *m/s 혹은* $m \cdot s^{-1}$

③ 빗금은 곱하기 기호나 나누기 기호와 같은 줄에 사용할 수 없다. 빗금 다음에 두개 이상의 단위가 올 때는 반드시 괄호로 표시하여 모호함을 없애주어야 한다. 복잡한 경우에는 혼돈을 피하기 위하여 음의 지수나 괄호를 사용한다.

[예] *1. 올바른 표기 :* $m/s^2\ [=m \cdot s^{-2}],\ m \cdot kg/(s^3 \cdot A)[=m \cdot kg \cdot s^{-3} \cdot A^{-1}]$

2. 잘못된 표기 : $m/s/s,\ m \cdot kg/s^3/A,\ m \cdot kg/s^3 \cdot A$

④ 단위 기호와 단위 명칭을 같은 식에 혼합하여 사용하면 안 된다.

[예] *1. 올바른 표기 : joules per kilogram[=J/kg=J·kg⁻¹]*

2. 잘못된 표기 : joules/kilogram, joules/kg, joules·kg⁻¹

(5) SI 접두어 사용 규칙

① 접두어 기호는 로마체(직립체)로 하며 접두어 기호와 단위기호 사이에 칸을 띄지 않는다.

② 단위 기호에 접두어 기호를 붙여 만들어진 기호는 분리할 수 없는 새로운 (해당 단위의 배량 또는 분량) 단위 기호를 형성하며, 양이나 음의 지수 형태

로 표시할 수도 있고 다른 단위 기호와 함께 복합 단위 기호를 형성할 수도 있다. 즉, 접두어를 가진 단위에 붙는 지수는 그 단위의 배량이나 분량 전체에 적용되는 것이다.

[예] $1\ cm^3 = (10^{-2}\ m)^3 = 10^{-6}\ m^3$
$1\ V/cm = 1\ V/(10^{-2}\ m) = 10^2\ V/m,$

③ 복합 접두어, 즉 두 개 이상의 접두어를 나란히 붙여 쓸 수 없다.

[예] *1. 올바른 표기 : 1 nm, 1 pF*
2. 잘못된 표기 : 1 mμm, 1 μμF

④ 접두어는 결코 홀로 사용될 수 없다.

[예] *1. 올바른 표기 :* $10^6/m^3$
2. 잘못된 표기 : M/m^3

⑤ 일반적으로 접두어는 그 양의 크기의 정도를 나타내는데 적합하도록 되어야 한다. 따라서 유효숫자가 아닌 영(0)들을 없애고, 계산할 때 10의 멱수로 나타내는 대신에 접두어를 적절하게 사용할 수 있다.

[예] *12 300 mm ⇒ 12.3 m(마지막 두 개의 '0'이 유효 숫자가 아닌 경우)*
$12.3 \times 10^3\ m \Rightarrow 12.3\ km$
0.00123 mm ⇒ 1.23 μm

⑥ 어떤 양을 한 단위와 수치로 나타낼 때 보통 수치가 0.1과 1000 사이에 오도록 접두어를 선택한다. 또한 다양성을 최소화하기 위해 되도록 1000의 정수 제곱으로 된 접두어를 사용하고, 되도록 헥토(h), 데카(da), 데시(d), 센티(c)는 사용하지 않는 것이 바람직하다. 단, 다음의 경우는 예외로 한다.

같은 종류의 양의 값이 실린 표나 주어진 문맥에서 그 값들을 비교하거나 논의할 때에는 0.1에서 1000의 범위를 벗어나도 같은 단위를 사용하는 것이 좋다. 또한, 어떤 양을 특정한 분야에서 쓸 때 관례적으로 특정한 배량이나 분량이 사용된다. 예로서, 기계공학도면에서는 그 값이 0.1에서 1000 mm의 범위를 많이 벗어나도 mm가 사용되며, 신체의 측정이나 옷의 치수에는 cm가 사용된다.

⑦ 복합 단위의 배량을 형성할 때 한 개의 접두어를 사용하는 것이 바람직하다. 이때 접두어는 통상적으로 분자에 있는 단위에 붙여야 되는데, 단, kg이 분모에 올 경우에는 예외로 인정한다.

[예] *1. 올바른 표기 : V/m, MJ/kg* *2. 잘못된 표기 : mV/mm, kJ/g*

(6) 반올림

어떤 숫자의 자릿수를 줄여서 표시할 때는 다음 절차를 따라야 한다.

① 버리려는 수의 첫 자리의 수가 5보다 작을 때는 남아 있을 수의 끝자리 수는 변하지 않는다.

[예] 3.46325를 소수점 아래 3 자리까지 줄이면 3.463이 되고, 2 자리까지 줄이면 3.46이 된다.

② 버리려는 수의 첫 자리 수가 5보다 크거나 또는 5인데 그 뒤에 0이 아닌 수가 남아 있으면 남아 있을 수의 끝자리 수는 하나 증가시킨다. 다만, 반올림은 처음에 자리 수를 정해서 한번 해야 하며, 반올림 한 숫자를 다시 자리 수를 줄여서 반올림해서는 안 된다.

[예] 8.37452를 소수점 아래 3 자리까지 줄이면 8.375가 되고, 2 자리까지 줄이면 8.37이 된다. 여기서, 소수점 아래 세 자리까지 반올림 한 숫자를 두 자리로 다시 반올림하면 8.38이 되며, 이것은 옳지 않은 것에 주의해야 한다.

③ 버리려는 수의 첫 자리 수가 5이거나 또는 5이고 그 뒤에 0만 있을 경우는 남아있을 수의 끝자리 숫자가 홀수이면 1이 증가하고 짝수이면 변하지 않는다.

[예] 4.365(또는 4.36500)를 소수점 아래 2 자리까지 줄이면 4.36이 되고, 4.355(또는 4.35500)도 2 자리까지 줄이면 4.36이 된다.

(7) 그 밖의 SI 이외의 단위

그 밖의 SI 이외의 단위 가운데 어떤 것들은 아직도 가끔 사용되고 있다. 그중 몇 가지는 예전의 과학 문헌을 이해하는데 중요하다. 이에 대한 예를 표 1.6과 표 1.7에 정리하였으나, 이들 단위에 대한 사용을 권장하지 않고 있다.

표 1.6는 CGS 단위와 SI 단위와의 관계 및 특별한 이름이 지정된 CGS 단위를 열거한 것으로, 역학 분야에서 CGS 단위계는 3개의 양에 기초하였으며 그에 해당하는 기본 단위는 센티미터(centimeter), 그램(gram), 초(second)이다. 그리고 전기와 자기분야에서 단위는 이들 세 개의 기본단위로 표현되었다. 그런데 이는 다른 방법으로 표현될 수 있기 때문에 이로부터 몇 가지의 다른 체계가 이루어졌다. 예를 들면 CGS 정전계, CGS 전자기계, 그리고 CGS 가우스계가 이들이다. 이들 세 개의 단위계에서는 양의 체계와 그에 대응하는 방정식의 체계가 SI 단위를 사용한 체계와 다르다.

표 1.6 특별한 명칭을 가진 유도 CGS 단위 예

명 칭	기 호	SI 단위 값
다인(dyne)	dyn	1 dyne = 10^{-5} N
포아즈(poise)	P	1 P = 0.1 Pa · s

표 1.7에는 예전의 문헌에 흔히 나오는 단위들을 열거하였다.

표 1.7 그 밖의 SI 이외의 단위 예

명 칭	기 호	SI 단위 값
퀴리 (curie)	Ci	1 Ci = 3.7 × 10^{10} Bq
뢴트겐 (roentgen)	R	1 R = 2.58 × 10^{-4} C/kg
래드 (rad)	rad	1 rad = = 10^{-2} Gy
렘 (rem)	rem	1 rem = = 10^{-2} Sv
X 단위		1 X unit= 1.002 × 10^{-4} nm
감마 (gamma)	γ	1 γ = 10^{-9} T
잰스키 (jansky)	Jy	1 Jy = 10^{-26} W · m^{-2} · Hz^{-1}
페르미 (fermi)		1 페르미 = 10^{-15} m
메트릭 카라트 (metric carate)		1 메트릭 카라트 = 2 × 10^{-4} kg
토오르 (torr)	Torr	1 Torr = (101325 / 760) Pa
표준기압	atm	1 atm = 101325 Pa
칼로리	cal	바
마이크론	μ	1 μ = 10^{-6} m

현재의 문헌에서 이 단위들이 사용된다면 SI의 장점이 손실되므로, 이 단위들과 SI와의 관계는 이를 사용하는 모든 문서에 명시되어야 한다. 표 1.7의 퀴리는 방사성 핵종의 방사능을 나타내기 위해 핵물리학에서 사용하는 특수 단위, 뢴트겐은 X선 및 γ선의 조사선량을 나타내는데 쓰이는 특수 단위, 래드는 전리 방사선의 흡수선량을 나

타내는데 쓰이는 특수 단위로서 라디안의 기호와 혼동될 염려가 있을 때는 rd가 래드의 기호로 쓰일 수 있다. 또한, 렘은 방사선 방어에서 선량당량을 표현하기 위해 쓰이는 특수 단위, 감마는 X-선의 파장을 나타내기 위하여 사용되었다.

(8) SI 이외의 단위

SI에 속하지는 않지만 중요하면서 또한 널리 사용되는 몇 가지 단위를 유지되어야 할 단위, 잠정적으로 용인되어야할 단위, 사용하지 말아야 할 단위로 분류하기도 하였으나, 1996년 CIPM에서는 이러한 분류를 재검토하면서 SI 이외의 단위를 새로운 항목으로 분류하였다.

표 1.8은 SI 단위와 함께 사용되는 것이 용인된 단위, 표 1.9는 그 값이 실험적으로 얻어지며 SI와 함께 사용되는 것이 용인된 단위, 표 1.10은 특별한 용도의 필요성을 만족시키기 위하여 SI와 함께 사용되는 것이 현재로는 용인된 단위를 정리한 것이다.

표 1.8은 매일 계속해서 사용하는 단위, 특히 시간과 각에 대한 전통적인 단위 및 기술적으로 중요성을 가진 그 밖의 몇 가지 단위들이 이 표에 포함되어 있다.

표 1.8 SI 단위와 함께 사용되는 것이 용인된 SI 이외의 단위

명 칭	기 호	SI 단위 값
분	min	1 min = 60 s
시간	h	1 h = 60 min = 3600 s
일	d	1 d = 24 h = 86400 s
도	°	1° = (π/180) rad
분	′	1′ = (1/60)° = (π/10800) rad
초	″	1″ = (1/60)′ = (π/648000) rad
리터 (liter)	l, L	1 L = 10^{-3} m^3
톤 (ton)	t	1 t = 10^3 kg
네퍼 (neper)	Np	1 Np =1
벨 (bel)	B	1 B = (1/2) ln 10 Np

표 1.8에서 1도(1°) 보다 작은 양에 대하여는 분과 초를 사용하는 대신에 도를 소수의 형태로 사용하는 것, 즉 23° 30'보다 23.5° 로 표기하도록 권장하고 있다. 리터(liter) 단위의 영어 대문자 L 기호는 영어 소문자 l과 숫자 1과의 혼동을 피하기 위해 채택되었다. 네퍼(nepper, N_P)는 마당 준위, 일률 준위, 음압 준위, 로그 감소 같은 로그 량의 값을 표현하는데 사용된다. 네퍼로 표현된 양의 값을 얻기 위하여 자연로그가 사용된다. 네퍼는 SI와 일관성을 갖지만 아직 CGPM에서 SI 단위로 채택되지 않았다. 벨은 마당 준위, 일률 준위, 음압 준위, 감쇠 같은 로그 량의 값을 표현하는데 사용된다. 벨로 표현된 양의 값을 얻기 위하여 밑이 10인 로그가 사용된다. 분량인 데시벨, dB가 보통 사용된다.

표 1.9 SI 단위와 함께 사용되는 것이 용인된 SI 이외의 단위

명 칭	기 호	SI 단위 값
전자볼트	eV	1 eV = 1.60217733(49) × 10^{-19} J
통일원자질량단위	u	1 u = 1.6605402(10) × 10^{-27} kg
천문단위	ua	1 ua = 1.49597870691(30) × 10^{11} m

표 1.9에는 SI와 함께 사용되는 것이 용인된 SI 이외의 단위 3개를 열거하였으며, SI 단위로 표현된 그 값들은 실험적으로 얻어져야 하므로 정확히 알려져 있지 않다. 그 값들은 합성 표준 불확도(포함인자 k =1)와 함께 주어지는데, 그 불확도는 마지막 두 자릿수에 적용되며 괄호 속에 나타내었다. 이 단위들은 어떤 특정한 분야에서 흔히 사용된다. 표 1.9의 전자 볼트는 하나의 전자가 진공 중에서 1 볼트의 전위차를 지날 때 얻게 되는 운동 에너지, 통일원자질량 단위는 정지 상태에 있으며 바닥 상태에 있는 속박되지 않은 12C 핵종 원자질량의 (1 / 12)과 같다. 생화학 분야에서 통일원자질량단위는 또한 달톤(기호 Da)으로 불린다. 천문단위는 지구 ~ 태양의 평균 거리와 거의 같은 길이의 단위이다.

표 1.10은 상업상, 법률적 및 전문 과학적 용도에서의 필요성을 만족시키기 위하여 SI와 함께 사용되는 것이 용인된 SI 이외의 단위 예를 정리한 것이다. 이 단위들이 사용되는 모든 문서에는 SI와 관련하여 그 단위가 정의되어야 하나, 이들의 사용이 권장되지 않는다. 해리는 항해나 항공의 거리를 나타내는데 쓰이는 특수 단위이다. 아직

국제적으로 합의된 기호는 없다. 이 단위가 원래 선택된 이유는 지구 표면의 1 해리는 대략 지구 중심에서 각도 1 분에 상응하는 거리이기 때문이고, 1 해리는 정확히 1852 미터로 정의되었다. 따라서 1 노트는 정확히 1.852 km/h이며, 약 0.514 m/s가 된다. 압력의 SI 단위인 파스칼 (Pa)이 적절한 접두어와 함께 모든 분야에서 사용되어야 하는데 바아(bar)나 토오르(Torr)가 널리 쓰이고 있는 실정이다. 이들의 사용을 되도록 피해야 한다. 밀리바아가 기상인들 사이에 통용되었으나 헥토파스칼(hPa)이 밀리바아(mbar) 대신에 시도되고 있으나, 기상자료를 대중에게 제시할 때는 킬로파스칼(kPa)을 사용하여야 한다.

표 1.10 SI 단위와 함께 사용되는 것이 용인된 그 밖의 SI 이외 단위

명 칭	기 호	SI 단위 값
해리 (nautical mile)		1 해리 = 1852 m
노트 (knot)		1 knot = (1852/3600) m/s
아르 (are)	ah	1 a = 10^2 m^2
헥타르 (hectare)	a	1 ha = 10^4 m^2
바 (bar)	bar	1 bar = 0.1 MPa = 1000 hPa
옹스트롬 (angstrom)	Å	1 Å = 0.1 nm = 10^{-10} m

부 록 B. 차원 해석과 상사법칙

1.1 차원 해석과 상사 법칙

1.1.1 차원과 단위

자연 현상에 있어서 물리적 양은 같은 차원을 나타내는 양으로만 서로 비교할 수 있다. 이를 위해 기본 차원으로는 힘 F, 길이 L, 시간 T를 사용하는 방법과 질량 M, 길이 L, 시간 T를 사용하는 두 가지 방법이 있다.

어떤 물리 현상에 관한 방정식이 A = B 일 때, A 차원과 B 차원은 같아야 한다. 이를 차원의 동차성의 원리라고 한다. 예를 들면 뉴톤의 제 2 법칙은 F = m · α 이므로 [F의 차원] = [m의 차원] × [α의 차원]이 되어야 한다. 따라서, [F] = [M L T^{-2}]로 표시된다.

한 개의 차원은 여러 가지 단위로 표시될 수 있으며, 같은 차원을 표시하는 단위 상호간에는 언제나 환산이 가능하다. 이를 정리한 것이 표 1.1이다.

표 1.1 물리적인 양과 차원

양	기호	차원		양	기호	차원	
		공학단위	절대단위			공학단위	절대단위
길이	L	L	L	질량	M	FT^2K^{-1}	M
면적	A	L^2	L^2	밀도	ρ	FT^2K^{-4}	ML^{-3}
체적	V	L^3	L^3	중력	g	LT^{-2}	LT^{-2}
시간	t	T	T	표면장력	σ	FL^{-1}	MT^{-2}
속도	u	LT^{-1}	LT^{-1}	토오크	T	FL	ML^2T^{-2}
가속도	α	LT^{-2}	LT^{-2}	압력	p	FL^{-2}	$ML^{-1}T^{-2}$
각속도	ω	T^{-1}	T^{-1}	전단응력	τ	FL^{-2}	$ML^{-1}T^{-2}$
회전속도	N	T^{-2}	T^{-1}	동력	P	FLT^{-1}	ML^2T^{-3}
유량	Q	L^3T^{-1}	L^3T^{-1}	점성계수	μ	$FL^{-2}T$	$ML^{-1}T^{-1}$
힘(중량)	W	F	MLT^{-2}	동점성계수	ν	L^2T^{-1}	L^2T^{-1}
비중량	γ	FL^{-3}	$ML^{-2}T^{-2}$	체적탄성계수	K	FL^{-2}	$ML^{-1}T^{-2}$

1.1.2 버킹함(Buckingham) 파이 정리(π 定理)

n개의 물리적 양을 포함하고 있는 임의의 물리적 법칙에서 기본 차원의 수를 m개라고 할 때, 이 물리적 법칙은 (n - m)개의 서로 독립인 무차원수로 나타낼 수 있다. 즉, 물리적 양 A_1, A_2, …, An개에 대하여 물리적 법칙은 식 (1.1)과 같이 나타낼 수 있다.

$$F(A_1, A_2, \cdots, A_n) = 0 \tag{1.1}$$

식 (1.1)은 (n - m)개의 무차원수 π_1, π_2, …, π_{n-m}의 함수로 고쳐 쓸 수 있다.

$$f(\pi_1, \pi_2, \cdots, \pi_{n-m}) = 0 \tag{1.2}$$

이 때, 무차원수 π_1, π_2, …, π_{n-m}를 구하는 방법은 식 (1.3)과 같다.

$$\begin{aligned} \pi_1 &= A_1^{x1}A_2^{y1}A_3^{z1}A_4 \\ \pi_2 &= A_1^{x2}A_2^{y2}A_3^{z2}A_5 \\ &\cdots \\ \pi_{n-m} &= A_1^{x_{n-m}}A_2^{y_{n-m}}A_3^{z_{n-m}}A_n \end{aligned} \tag{1.3}$$

여기서, A_1, A_2, A_3 는 반복 변수로서 n 개의 물리적 양 중에서 택한 임의의 변수로서, 적어도 기본 차원 M, L, T를 모두 포함하고 있어여 한다.

1.1.3 상사 법칙

모형 실험을 할 때에는 모형과 원형 사이에 기하학적, 운동학적 그리고 역학적 상사가 이루어져야 한다.

(1) 기하학적 상사

모형과 원형 사이에 서로 상응하는 크기의 비가 서로 같아야 한다.

(2) 운동학적 상사

모형과 원형 주위에 흐르는 유체의 운동이 기하학적으로 상사 즉, 유선이 기하학적으로 상사이어야 한다. 그러므로, 운동학적으로 상사한 두 유동 사이에는 서로 대응하는 점에서의 속도가 평행하여야 하고, 속도, 가속도의 크기에 대한 비율은 모든 대응점에서 같아야 한다.

(3) 역학적 상사

기학학적으로 상사하고 또한 운동학적으로 상사한 모형과 원형 사이에 서로 대응하는 점에서의 힘(전단력, 압력, 관성력, 표면장력, 탄성력, 중력 등)의 방향이 서로 평행하고 크기의 비가 같아야 한다. 따라서, 모형과 원형 사이에 역학적 상사가 이루어지려면 표 1.12와 같이 힘의 비로 정의되는 무차원수가 같아야 한다. 표 1.12에서 u = 속도, L = 길이, g = 중력 가속도, μ = 점성계수, ρ = 밀도, σ = 표면장력, K = 체적 탄성계수, C = 음속, p = 압력이다.

표 1.2 무차원수

명 칭	정의	물리적 의미
레이놀즈수(Reynolds No.)	$\frac{uL\rho}{\mu}$	관성력 / 점성력
프라우드수(Froude No.)	$\frac{u}{\sqrt{Lg}}$	관성력 / 중력
웨버수(Weber No.)	$\frac{\rho Lu^2}{\sigma}$	관성력 / 표면장력
코우시수(Cauchy No.)	$\frac{\rho u^2}{K}$	관성력 / 탄성력
마하수(Mach No.)	$\frac{u}{C}$	속도 / 음속
관성력비	$\frac{F_m}{F_p} = \rho L^2 u^2 = \rho A u^2$	관성력 / 탄성력 = 원형의 관성력 / 모형의 관성력
오일러수(Eulcr No.)	$\frac{\rho u^2}{p}$	관성력 / 압력
압력계수	$\frac{\rho u^2}{p}$	압력 / 동력

1.2 단위 활용의 중요성

단위를 잘 활용하게 되면 여러 가지 문제 해결에 있어서 상당히 도움이 된다. 즉, 문제를 해결하는 과정에서 단위를 주의 깊게 다루지 않으면 잘못된 값을 얻어질 수 있으며, 1986년의 우주왕복선 챌린저의 폭발 원인으로서 여러 가지가 밝혀졌지만, 그

중의 하나는 SI 단위와 BTU 단위의 환산 잘못도 한 원인으로 거론되었다.

이와 같이 단위는 여러 가지 해결식들을 점검하는 데 사용될 수 있으며, 다음과 같은 예에서와 같이 해결 단서를 제공할 수 있다.

[예] 일정 탱크에 밀도가 850 kg/m^3 인 액체로 채워 져있다. 탱크의 체적이 3 m^3 이라면, 탱크 안에 있는 액체의 질량은 얼마인가?

[해설] 질량과 밀도와 체적과의 관계식에 대해 기억이 나지 않을 때라도, 질량의 단위는 킬로그램(kg)이라는 것을 알고 있을 것이다. 즉, 계산 과정을 어떻게 정립시키더라도 결과는 kg 단위로 끝나야 한다. 주어진 정보를 정리하면 다음과 같다. 즉, 밀도 ρ = 900 kg/m^3 , 체적 V = 3 m^3 의 주어진 단위를 활용하여 질량 단위인 kg을 얻을 수 있는 방법을 찾으면 구하고자 하는 해를 얻을 수 있다. 따라서, 다음과 같은 계산식으로 해를 구할 수 있다.

$$m = \rho \cdot V = \begin{pmatrix} 900 & kg/m^3 \\ 3 & m^3 \end{pmatrix} = 300\ kg$$

부 록 C. 포화증기표

계기압력 (kg/cm^2.g)	절대압력 (kg/cm^2.abs)	포화온도 (℃)	비용적 (m^3/kg)	현열 (kcal/kg)	잠열 (kcal/kg)	총열량 (kcal/kg)
	0.05	32.55	28.7184	32.560	579.12	611.68
	0.10	45.45	14.9467	45.438	571.76	617.20
	0.15	53.59	10.2084	53.569	567.07	620.64
	0.20	59.66	7.79127	59.637	563.54	623.18
	0.25	64.56	6.31916	64.528	560.67	625.20
	0.30	68.68	5.32592	68.650	558.24	626.89
	0.35	72.25	4.60929	72.228	556.11	628.34
	0.40	75.42	4.06715	75.400	554.22	629.62
	0.45	78.27	3.64225	78.255	552.51	630.76
	0.50	80.86	3.30001	80.855	550.94	631.79
	0.55	83.24	3.01917	83.144	549.49	632.73
	0.60	85.45	2.78214	85.465	548.13	633.60
	0.65	87.51	2.58188	87.531	546.87	634.40
	0.70	89.45	2.40834	89.474	545.68	635.15
	0.75	91.27	2.25812	91.301	544.55	635.85
	0.80	92.99	2.12544	93.034	543.48	636.51
	0.85	94.62	2.00848	94.676	542.45	637.13
	0.90	96.18	1.90365	96.244	541.48	637.72
	0.95	97.66	1.80993	97.735	540.54	638.28
	1.00	99.09	1.72495	99.172	539.64	638.81
0.0	1.03	100.00	1.673	100.092	539.06	639.15
0.2	1.23	105.03	1.41782	105.165	535.84	641.01
0.4	1.43	109.43	1.23208	109.605	532.99	642.60
0.6	1.63	113.35	1.09031	113.570	530.43	644.00
0.8	1.83	116.89	0.978472	117.160	528.07	645.23
1.0	2.03	120.13	0.898089	120.445	525.90	646.35
1.2	2.23	123.12	0.813309	123.480	523.89	647.37
1.4	2.43	125.90	0.750532	126.309	521.99	648.30
1.6	2.63	128.50	0.697014	128.953	520.20	649.15
1.8	2.83	130.94	0.650754	131.445	518.49	649.94
2.0	3.03	133.25	0.610505	133.796	516.88	650.68
2.2	3.23	135.43	0.575018	136.031	515.34	651.37
2.4	3.43	137.52	0.543509	138.159	513.86	652.02
2.6	3.63	139.50	0.515363	140.191	512.44	652.63
2.8	3.83	141.40	0.497985	142.136	511.06	653.20
3.0	4.03	143.22	0.467181	144.005	509.74	653.75
3.2	4.23	144.97	0.446364	145.804	508.47	654.27
3.4	4.43	146.65	0.427441	147.537	507.23	654.76
3.6	4.63	148.27	0.410054	149.205	506.02	655.23
3.8	4.83	149.74	0.395008	150.721	504.93	655.65
4.0	5.03	151.36	0.381516	152.386	503.71	656.10
4.2	5.23	152.83	0.371376	153.268	503.07	656.34
4.4	5.43	154.25	0.352924	155.377	501.52	656.90
4.6	5.63	155.64	0.341075	156.810	500.47	657.28
4.8	5.83	156.78	0.330014	158.203	499.44	657.64

5.0	6.03	158.29	0.319704	159.559	498.43	657.99
5.2	6.23	159.57	0.309995	160.882	497.44	658.32
5.4	6.43	160.81	0.30087	162.174	496.47	658.64
5.6	6.63	162.02	0.292292	163.433	495.52	658.95
5.8	6.83	163.03	0.285364	164.483	494.72	659.20
6.0	7.03	164.19	0.277617	165.696	493.80	659.50
6.2	7.23	165.32	0.269296	166.873	492.90	659.77
6.4	7.43	166.43	0.262423	168.031	492.02	660.05
6.6	7.63	167.52	0.256847	169.165	491.14	660.31
6.8	7.83	168.79	0.24938	170.497	490.12	660.62
7.0	8.03	169.78	0.243796	171.526	489.32	660.85
7.2	8.23	170.80	0.23817	172.592	488.50	661.09
7.4	8.43	171.80	0.232802	173.639	487.68	661.32
7.6	8.63	172.79	0.227622	174.678	486.86	661.54
7.8	8.83	173.74	0.222773	175.677	486.07	661.75
8.0	9.03	174.69	0.21808	176.671	485.29	661.95
8.2	9.23	175.61	0.213588	177.647	484.52	662.17
8.4	9.43	176.53	0.209278	178.607	483.76	662.37
8.6	9.63	177.43	0.205135	179.554	483.01	662.56
8.8	9.83	178.31	0.201158	180.485	482.26	662.75
9.0	10.03	179.18	0.197334	181.401	481.77	662.93
9.2	10.23	180.04	0.19374	182.307	480.80	663.11
9.4	10.43	180.88	0.190104	183.196	480.08	663.28
9.6	10.63	181.71	0.187791	184.074	479.38	663.45
9.8	10.83	182.53	0.183393	184.940	478.67	663.61
10.0	11.03	183.33	0.180218	185.793	477.98	663.77
10.2	11.23	184.13	0.17715	186.635	477.28	663.92
10.4	11.43	184.92	0.174177	187.467	476.60	664.07
10.6	11.63	185.69	0.171598	188.288	475.93	664.22
10.8	11.83	186.45	0.168537	189.098	475.26	664.36
11.0	12.03	187.20	0.165853	189.897	474.60	664.50
11.2	12.23	187.95	0.163146	190.688	473.95	664.64
11.4	12.43	188.68	0.160731	191.467	473.30	664.77
11.6	12.63	189.41	0.15829	192.239	472.66	664.90
11.8	12.83	190.12	0.155919	193.002	472.03	665.03
12.0	13.03	191.00	0.153618	193.755	471.39	665.15
12.2	13.23	191.52	0.151387	194.500	470.77	665.27
12.4	13.43	192.21	0.149219	195.238	470.15	665.39
12.6	13.63	192.90	0.147107	195.968	469.54	665.51
12.8	13.83	193.57	0.145063	196.688	468.93	665.62
13.0	14.03	194.24	0.143073	197.402	468.33	665.73
13.2	14.23	194.90	0.141129	198.109	467.72	665.83
13.4	14.43	195.56	0.139248	198.807	467.13	665.94
13.6	14.63	196.20	0.137413	199.499	466.54	666.04
13.8	14.83	196.84	0.135621	200.185	465.95	666.14
14.0	15.03	197.47	0.133882	200.863	465.37	666.23
14.2	15.23	198.09	0.132185	201.533	464.79	666.32
14.4	15.43	198.71	0.130525	202.200	464.22	666.42
14.6	15.63	199.33	0.129434	202.859	463.64	666.50
14.8	15.83	199.93	0.12785	203.513	463.08	666.59

15.0	16.03	200.53	0.125798	204.159	462.52	666.68
15.2	16.23	201.13	0.124297	204.801	461.96	666.76
15.4	16.43	201.72	0.122831	205.436	461.41	666.84
15.6	16.63	202.30	0.1214	206.066	460.85	666.92
15.8	16.83	202.88	0.119998	206.692	460.31	667.00
16.0	17.03	203.45	0.118641	207.310	459.77	667.08
16.2	17.23	204.02	0.117293	207.925	459.22	667.15
16.4	17.43	204.58	0.115989	208.533	458.69	667.22
16.6	17.63	205.14	0.11471	209.137	458.15	667.29
16.8	17.83	205.69	0.113458	209.737	457.69	667.36
17.0	18.03	206.24	0.112236	210.330	457.10	667.43
17.2	18.23	206.78	0.111037	210.919	456.57	667.49
17.4	18.43	207.32	0.109864	211.505	456.05	667.56
17.6	18.63	207.86	0.108715	212.085	455.53	667.62
17.8	18.83	208.39	0.10759	212.660	455.02	667.68
18.0	19.03	208.91	0.106486	213.232	454.51	667.74
18.2	19.23	209.51	0.105231	213.892	453.92	667.81
18.4	19.43	209.89	0.104459	214.302	453.55	667.85
18.6	19.63	210.46	0.10331	214.922	452.99	667.91
18.8	19.83	210.97	0.102288	215.477	452.48	667.96
19.0	20.03	211.47	0.101294	216.027	451.99	668.02
19.2	20.23	211.97	0.100315	216.573	451.50	668.07
19.4	20.43	212.47	0.091902	217.117	450.99	668.11
19.6	20.63	212.96	0.09841	217.657	450.51	668.17
19.8	20.83	213.45	0.097491	218.194	450.02	668.21
20.0	21.03	213.94	0.096575	218.725	449.52	668.25
20.5	21.53	215.14	0.094378	220.039	448.33	668.37
21.0	22.03	216.32	0.092274	221.332	447.14	668.47
21.5	22.53	217.48	0.09026	222.605	445.95	668.56
22.0	23.03	218.61	0.088331	223.858	444.79	668.65
22.5	23.53	219.73	0.086481	225.093	443.64	668.73
23.0	24.03	220.86	0.084705	226.308	442.50	668.81
23.5	24.53	221.91	0.082999	227.507	441.36	668.87
24.0	25.03	222.98	0.081359	228.688	440.25	668.94
24.5	25.53	224.03	0.079781	229.854	439.15	669.00
25.0	26.03	225.06	0.078264	231.002	438.05	669.05
25.5	26.53	226.08	0.076799	232.130	436.96	669.09
26.0	27.03	227.09	0.075387	233.256	435.88	669.14
26.5	27.53	228.07	0.074024	234.362	434.82	669.18
27.0	28.03	229.05	0.072708	235.454	433.76	669.21
27.5	28.53	230.01	0.071438	236.532	432.71	669.24
28.0	29.03	230.96	0.070368	237.598	431.67	669.27
28.5	29.53	231.90	0.069088	238.651	439.63	669.28
29.0	30.03	232.82	0.067869	239.692	429.61	669.30
29.5	30.53	233.74	0.066755	240.722	428.59	669.31
30.0	31.03	234.64	0.065675	241.740	427.58	669.32
30.5	31.53	235.53	0.064629	242.746	426.58	669.33
31.0	32.03	236.41	0.063614	243.742	425.59	669.33
31.5	32.53	237.28	0.062629	244.728	424.60	669.33
32.0	33.03	238.14	0.061673	245.704	423.62	669.32
32.5	33.53	238.98	0.060744	246.670	422.64	669.31

33.0	34.03	239.82	0.059841	247.626	421.67	669.30
33.5	34.53	240.65	0.058965	248.573	420.71	669.28
34.0	35.03	241.47	0.058112	249.511	419.76	669.27
34.5	35.53	242.28	0.057282	250.440	418.80	669.24
35.0	36.03	243.09	0.056475	251.360	417.86	669.22
36.0	37.03	244.67	0.054923	253.176	415.99	669.16
37.0	38.03	246.22	0.05345	254.959	414.13	669.09
38.0	39.03	247.74	0.052049	256.713	412.30	669.02
39.0	40.03	249.23	0.050716	258.437	410.49	668.93
40.0	41.03	250.69	0.049445	260.133	408.69	668.83
41.0	42.03	252.12	0.048233	261.803	406.91	668.72
42.0	43.03	253.53	0.047075	263.447	405.15	668.60
43.0	44.03	254.90	0.045968	265.068	403.40	668.48
44.0	45.03	256.26	0.044908	266.665	401.67	668.34
45.0	46.03	257.60	0.043892	268.240	399.95	668.20
46.0	47.03	258.92	0.042918	269.794	398.25	668.04
47.0	48.03	260.21	0.041984	271.326	396.56	667.88
48.0	49.03	261.48	0.041085	272.839	394.88	667.72
49.0	50.03	262.73	0.040222	274.333	393.22	667.54
50.0	51.03	263.97	0.039391	275.809	391.56	667.36
51.0	52.03	265.18	0.03859	277.267	389.92	667.18
52.0	53.03	266.38	0.037819	278.708	388.28	666.99
53.0	54.03	267.56	0.037075	280.132	386.66	666.79
54.0	55.03	268.73	0.0363569	281.541	385.05	666.58
55.0	56.03	269.88	0.0356636	282.935	383.44	666.37
56.0	57.03	271.01	0.0349936	284.346	381.84	666.15
57.0	58.03	272.13	0.0343458	286.644	380.26	665.93
58.0	59.03	273.23	0.0337191	287.027	378.67	665.70
59.0	60.03	274.32	0.0331123	288.364	377.10	665.46
60.0	61.03	275.39	0.0325247	289.688	375.54	665.22
61.0	62.03	276.45	0.0319552	291.000	373.98	664.98
62.0	63.03	277.50	0.031403	292.299	372.43	664.72
63.0	64.03	278.53	0.030867	293.586	370.88	664.47
64.0	65.03	279.56	0.0303474	294.863	369.34	664.21
65.0	66.03	280.57	0.0298427	296.127	367.84	663.94
66.0	67.03	281.57	0.0293523	297.382	366.29	663.67
67.0	68.03	282.56	0.0288757	298.626	364.76	663.39
68.0	69.03	283.53	0.0284123	299.859	363.25	663.11
69.0	70.03	284.50	0.0279616	301.083	361.74	662.82
70.0	71.03	285.46	0.027523	302.298	360.23	662.53
71.0	72.03	286.41	0.0270961	303.502	358.73	662.23
72.0	73.03	287.34	0.0266803	304.698	357.23	661.93
73.0	74.03	288.27	0.0262753	305.886	355.74	661.63
74.0	75.03	289.19	0.0258805	307.065	354.25	661.32
75.0	76.03	290.09	0.0254956	308.234	352.77	661.01
76.0	77.03	290.99	0.0251203	309.397	351.29	660.69
77.0	78.03	291.88	0.0247542	310.552	349.81	660.37
78.0	79.03	292.76	0.0243969	311.696	348.34	660.04
79.0	80.03	293.64	0.0240481	312.840	346.87	659.71
80.0	81.03	294.50	0.0237075	313.970	345.40	659.38
81.0	82.03	295.36	0.0233748	315.095	343.94	659.04

82.0	83.03	296.21	0.0230497	316.213	342.48	658.69
83.0	84.03	297.05	0.022732	317.324	341.02	658.35
84.0	85.03	297.88	0.0224214	318.429	339.56	658.00
85.0	86.03	298.71	0.0221177	319.528	338.11	657.64
86.0	87.03	299.53	0.0218205	320.621	336.66	657.29
87.0	88.03	300.34	0.0215298	321.708	335.21	656.92
88.0	89.03	301.14	0.0212453	322.788	333.77	656.56
89.0	90.03	301.94	0.0209668	323.863	332.32	656.19
90.0	91.03	302.73	0.0206941	324.932	330.88	655.82
91.0	92.03	303.51	0.020427	325.996	329.44	655.44
92.0	93.03	304.29	0.0201652	327.055	328.00	655.06
93.0	94.03	305.06	0.0199088	328.109	326.56	654.68
94.0	95.03	305.82	0.0196575	329.157	325.13	654.29
95.0	96.03	306.58	0.019411	330.200	323.69	653.90
96.0	97.03	307.33	0.0191694	331.239	322.26	653.51
97.0	98.03	308.07	0.0189324	332.274	320.83	653.11
98.0	99.03	308.81	0.0186999	333.304	319.40	652.71
99.0	100.03	309.55	0.0184723	334.328	317.97	652.30
100.0	101.03	310.26	0.0182654	335.332	316.54	651.87
110.0	111.03	317.26	0.0162291	345.336	302.26	647.59
120.0	121.03	323.79	0.0145036	355.022	287.91	642.93
130.0	131.03	329.91	0.0130151	364.477	273.32	637.80
140.0	141.03	335.67	0.0117107	373.780	258.35	632.13
150.0	151.03	341.11	0.0105536	383.011	242.84	625.84
160.0	161.03	346.26	0.0095177	393.293	226.65	618.91
170.0	171.03	351.15	0.0085815	410.672	209.60	611.30
180.0	181.03	355.81	0.0077098	411.827	190.87	602.70
190.0	191.03	360.25	0.006893	422.027	170.90	592.92
200.0	201.03	365.95	0.0062192	433.869	151.93	585.80
210.0	211.03	368.55	0.005282	446.052	120.01	556.07
220.0	221.03	372.44	0.0042871	465.811	76.10	541.91
224.5	225.56	374.15	0.00317	503.340	69.83	503.34

부 록 D. 과열증기표

압력 (kg/cm²abs)		온도 (℃) 50	80	100	120	150	200	240	280	320	360	400	450	500	포화온도 (℃)
0.04	v h s	37.975 619.6 2.0566	41.517 633.0 2.0966	43.876 642.1 2.1214	46.234 651.2 2.1451	49.768 664.8 2.1786	55.656 687.9 2.2301	60.365 706.5 2.2679	65.072 725.4 2.3033	69.780 744.4 2.3366	74.487 763.8 2.3681	79.193 783.3 2.3981	85.077 808.2 2.4336	90.960 833.4 2.4674	28.65
0.05	v h s	30.371 619.5 2.0319	33.207 633.0 2.0719	35.096 642.1 2.0968	36.983 651.1 2.1205	39.811 664.8 2.1540	44.523 687.8 2.2055	48.290 706.5 2.2433	52.056 725.4 2.2787	55.823 744.4 2.3120	59.588 763.8 2.3435	63.354 783.3 2.3735	68.061 808.2 2.4090	72.767 833.4 2.4428	32.55
0.06	v h s	25.302 619.5 2.0117	27.668 633.0 2.0517	29.242 642.0 2.0766	30.815 651.1 2.1003	33.173 664.8 2.1339	37.100 687.8 2.1853	40.240 706.5 2.2232	43.379 725.3 2.2586	46.518 744.4 2.2919	49.656 763.8 2.3234	52.794 783.3 2.3534	56.717 808.1 2.3889	60.639 833.4 2.4227	32.83
0.08	v h s	18.965 619.4 1.9797	20.743 632.9 2.0198	21.925 642.0 2.0448	23.106 651.1 2.0685	24.876 664.8 2.1021	27.822 687.8 2.1536	30.178 706.5 2.1914	32.533 725.3 2.2268	34.887 744.4 2.2602	37.241 763.8 2.2917	39.595 783.3 2.3217	42.537 808.1 2.3572	45.479 833.4 2.3910	41.16
0.1	v h s	15.163 619.3 1.9549	16.588 632.8 1.9951	17.535 641.9 2.0201	18.481 651.0 2.0438	19.898 664.7 2.0775	22.256 687.8 2.1290	24.141 706.5 2.1668	26.025 725.3 2.2022	27.908 744.4 2.2356	29.792 763.7 2.2671	31.675 783.3 2.2971	34.029 808.1 2.3326	36.382 833.4 2.3664	45.45
0.2	v h s	.001012 50.0 0.1680	8.278 632.5 1.917 9	8.754 641.6 1.9431	9.230 650.8 1.9670	9.941 664.6 2.0007	11.122 687.7 2.0524	12.066 706.4 2.0903	13.009 725.3 2.1257	13.951 744.4 2.1591	14.893 763.7 2.1906	15.835 783.3 2.2206	17.013 808.1 2.2562	18.190 833.3 2.2899	59.66
0.3	v h s	.001012 50.0 0.1680	5.508 632.1 1.8724	5.828 641.3 1.8977	6.145 650.5 1.9218	6.622 664.4 1.9557	7.411 687.6 2.0075	8.041 706.3 2.0455	8.670 725.2 2.0810	9.299 744.3 2.1143	9.927 763.7 2.1459	10.556 783.2 2.1759	11.341 808.1 2.2115	12.126 833.3 2.2452	68.68
0.4	v h s	.001012 50.0 0.1680	4.123 631.8 1.8398	4.364 641.0 1.8654	4.604 650.3 1.8896	4.962 664.2 1.9237	5.555 687.5 1.9756	6.029 706.2 2.0137	6.501 725.1 2.0492	6.973 744.3 2.0826	7.444 763.6 2.1141	7.916 783.2 2.1441	8.505 808.0 2.1797	9.093 833.3 2.2135	75.42
0.5	v h s	.001012 50.0 0.1680	.001 029 80.0 0.2568	3.486 640.7 1.8402	3.679 650.1 1.8645	3.966 664.0 1.8988	4.442 687.3 1.9508	4.821 706.1 1.9889	5.199 725.1 2.0245	5.577 744.2 2.0579	5.954 763.6 2.0895	6.332 783.2 2.1195	6.803 808.0 2.1551	7.274 833.3 2.1888	80.86
0.6	v h s	.001012 50.0 0.1680	.001 029 80.0 0.2568	2.901 640.5 1.8195	3.062 649.8 1.8440	3.303 663.9 1.8783	3.700 687.2 1.9306	4.016 706.0 1.9687	4.332 725.0 2.0043	4.647 744.2 2.0377	4.961 763.5 2.0693	5.276 783.1 2.0994	5.669 808.0 2.1350	6.061 833.2 2.1687	85.45
0.7	v h s	.001012 50.0 0.1680	.001 029 80.0 0.2568	2.482 640.2 1.8019	2.622 649.6 1.8265	2.828 663.7 1.8610	3.170 687.1 1.9134	3.441 706.0 1.9516	3.712 724.9 1.9872	3.982 744.1 2.0207	4.252 763.5 2.0523	4.521 783.1 2.0823	4.858 808.0 2.1179	5.195 833.2 2.1517	89.45
0.8	v h s	.001012 50.0 0.1680	.001 029 80.0 0.2568	2.169 639.9 1.7865	2.291 649.4 1.8113	2.473 663.5 1.8460	2.772 687.0 1.8985	3.010 705.9 1.9368	3.247 724.9 1.9724	3.483 744.1 2.0059	3.720 763.5 2.0375	3.956 783.1 2.0676	4.251 807.9 2.1032	4.545 833.2 2.1370	92.99
0.9	v h s	.001012 50.0 0.1680	.001 029 80.0 0.2568	1.925 639.6 1.7729	2.034 649.1 1.7978	2.196 663.3 1.8327	2.463 686.9 1.8853	2.674 705.8 1.9237	2.885 724.8 1.9594	3.096 744.0 1.9929	3.306 763.4 2.0245	3.516 783.0 2.0545	3.778 807.9 2.0902	4.040 833.2 2.1240	96.18
1	v h s	.001012 50.0 0.1680	.001 029 80.0 0.2568	1.730 639.3 1.7606	1.828 648.9 1.7857	1.975 663.1 1.8207	2.215 686.8 1.8735	2.406 705.7 1.9119	2.596 724.8 1.9477	2.785 744.0 1.9812	2.975 763.4 2.0128	3.164 783.0 2.0429	3.400 807.9 2.0785	3.636 833.1 2.1123	99.09
1.5	v h s	.001012 50.0 0.1680	.001 029 80.0 0.2568	.001 044 100.1 0.3121	1.211 647.6 1.7385	1.311 662.2 1.7744	1.473 686.2 1.8279	1.1601 705.3 1.8666	1.728 724.4 1.9025	1.855 743.7 1.9362	1.982 763.2 1.9679	2.108 782.8 1.9980	2.265 807.7 2.0337	2.423 833.0 2.0675	110.79
2	v h s	.001012 50.0 0.1680	.001 029 80.0 0.2568	.001 044 100.1 0.3121	0.9028 646.4 1.7043	0.9788 661.3 1.7409	1.102 685.6 0.7307	1.199 704.9 1.8343	1.295 724.1 1.8704	1.39 743.5 1.9042	1.485 762.9 1.9360	1.58 782.6 1.9661	1.698 807.6 2.0018	1.816 832.9 2.0357	119.61
3	v h s	.001012 50.0 0.1680	.001 029 80.0 0.2568	.001 044 100.1 0.3121	.001 061 120.3 0.3648	0.6466 659.4 1.6927	0.7307 684.5 1.7487	0.7961 704 1.7884	0.8606 723.5 1.8249	0.9246 742.9 1.8588	0.9883 762.5 1.8908	1.052 782.3 1.921	1.131 807.3 1.9568	1.21 832.6 1.9907	132.88
4	v h s	.001012 50.0 0.1680	.001 029 80.0 0.2568	.001 044 100.1 0.3121	.001 061 120.3 0.3648	0.4803 657.5 1.6573	0.545 683.3 1.7150	0.5948 703.2 1.7554	0.6437 722.8 1.7923	0.692 742.4 1.8265	0.74 762.1 1.8586	0.7878 781.9 1.8889	0.8474 807 1.9248	0.9068 832.4 1.9588	142.92
5	v h s	.001012 50.0 0.1680	.001 029 80.0 0.2568	.001 044 100.1 0.3121	.001 061 120.3 0.3648	0.001091 120.4 0.364 8	0.4336 682.1 1.6884	0.474 702.3 1.7295	0.5135 722.2 1.7668	0.5524 741.9 1.8013	0.591 761.7 1.8335	0.6294 781.6 1.8639	0.6772 806.7 1.8999	0.7249 832.1 1.9339	151.11

압력 (kg/cm².abs)		온도(℃)													포화온도 (℃)
		180	200	220	240	260	280	300	320	360	400	450	500	600	
8	v	0.2523	0.2662	0.2796	0.2927	0.3056	0.3182	0.3307	0.3430	0.3675	0.3918	0.4220	0.4520	0.5117	
	h	666.9	678.2	689.1	699.6	710.0	720.2	730.3	740.4	760.4	780.5	805.8	831.3	883.5	169.61
	s	1.6058	1.6302	1.6527	1.6737	1.6935	1.7123	1.7303	1.7475	1.7802	1.8110	1.8472	1.8814	1.9449	
9	v	0.2224	0.2351	0.2473	0.2591	0.2707	0.2820	0.2932	0.3043	0.3261	0.3478	0.3747	0.4014	0.4546	
	h	666.2	676.8	687.9	698.7	709.2	719.5	729.7	739.8	760.0	780.1	805.5	831.1	883.3	174.53
	s	1.5899	1.6150	1.6380	1.6593	1.6794	1.6984	1.7165	1.7339	1.7667	1.7976	1.8339	1.8682	1.9317	
10	v	0.1985	0.2103	0.2214	0.2322	0.2427	0.2530	0.2632	0.2732	0.2930	0.3126	0.3369	0.3610	0.4089	
	h	663.5	675.4	686.8	697.8	708.4	718.8	729.1	739.3	759.5	779.8	805.2	830.8	883.2	179.04
	s	1.5752	1.6010	1.6245	1.6463	1.6666	1.6859	1.7041	1.7216	1.7546	1.7856	1.8220	1.8563	1.9199	
12	v	.001 127	0.1709	0.1826	0.1919	0.2008	0.2096	0.2182	0.2267	0.2434	0.2598	0.2802	0.3004	0.3404	
	h	182.3	672.6	684.5	695.8	706.8	717.4	727.9	738.2	758.7	779	804.6	830.3	882.8	187.08
	s	0.5108	1.5761	1.6007	1.6233	1.6442	1.6638	1.6824	1.7002	1.7335	1.7647	1.8013	1.8357	1.8995	
14	v	.001 127	0.1461	0.1547	0.163	0.1709	0.1786	0.1861	0.1934	0.2079	0.2221	0.2396	0.257	0.2915	
	h	182.3	659.5	682	693.8	705.1	716	726.7	737.1	757.8	778.3	804	829.8	882.4	194.13
	s	0.5108	1.554	1.5798	1.6032	1.6248	1.6449	1.6638	1.6818	1.7155	1.7469	1.7837	1.8182	1.8822	
16	v	.001 157	.001 157	0.1338	0.1413	0.1484	0.1552	0.1619	0.1685	0.1813	0.1938	0.2093	0.2246	0.2548	
	h	203.6	203.6	679.5	691.7	703.3	714.5	725.4	736.0	756.9	777.6	803.3	829.3	882.0	200.43
	s	0.5567	0.5567	1.5610	1.5853	1.6075	1.6281	1.6474	1.6657	1.6998	1.7314	1.7683	1.8030	1.8671	
18	v	.001 127	.001 156	0.1175	0.1244	0.1309	0.1371	0.1431	0.1490	0.1606	0.1718	0.1856	0.1993	0.2263	
	h	182.4	203.6	676.8	689.6	701.6	713.0	724.1	734.9	756.0	776.8	802.7	828.8	881.6	206.15
	s	0.5107	0.5566	1.5437	1.5690	1.5920	1.6131	1.6327	1.6513	1.6857	1.7176	1.7547	1.7895	1.8538	
20	v	.001 127	.001 156	0.1044	0.1108	0.1168	0.1226	0.1281	0.1335	0.1440	0.1542	0.1667	0.1791	0.2035	
	h	182.4	203.6	674.1	687.3	699.7	711.5	722.8	733.8	755.1	776.1	802.1	828.2	881.2	211.39
	s	0.5106	0.5565	1.5276	1.5540	1.5777	1.5993	1.6194	1.6382	1.6731	1.7052	1.7425	1.7774	1.8418	
25	v	.001 156	.001 190	.001 156	0.08627	0.09148	0.09637	0.101	0.1055	0.1141	0.1225	0.1327	0.1427	0.1624	
	h	182.4	203.7	225.4	681.4	694.9	707.5	719.4	730.8	752.8	774.2	800.6	827	880.3	222.91
	s	0.5105	0.5563	0.6013	1.5202	1.5459	1.5691	1.5602	1.6099	1.6458	1.6785	1.7163	1.7516	1.8164	
30	v	.001 126	.001 155	.001 189	0.06977	0.07448	0.07882	0.08291	0.08681	0.09424	0.1014	0.1100	0.1184	0.135	
	h	182.5	203.7	225.4	675	689.7	703.2	715.8	727.8	750.5	772.3	799	825.6	879.3	232.76
	s	0.5103	0.5562	0.6011	1.49	1.5181	1.5429	1.5653	1.5858	1.6229	1.6563	1.6946	1.7302	1.7955	
35	v	.001 125	.001 155	.001 189	.001 229	0.06224	0.06623	0.06993	0.07343	0.08001	0.08625	0.09377	0.1011	0.1154	
	h	182.6	203.8	225.5	247.8	684.2	698.7	712.0	724.6	748.1	770.4	797.5	824.3	878.3	241.42
	s	0.5102	0.5560	0.6009	0.6453	1.4928	1.5195	1.5432	1.5647	1.6030	1.6372	1.6761	1.7120	1.7777	
40	v	.001 125	.001 154	.001 188	.001 228	0.05298	0.05673	0.06016	0.06336	0.06932	0.07491	0.08160	0.08810	0.1007	
	h	182.6	203.8	225.5	247.8	678.3	693.9	708.1	721.3	745.6	768.4	795.9	823.0	877.4	249.18
	s	0.5100	0.5558	0.6007	0.6451	1.4690	1.4979	1.5231	1.5456	1.5853	1.6203	1.6597	1.6960	1.7621	
45	v	.001 125	.001 154	.001 187	.001 227	0.04568	0.04929	0.05252	0.05551	0.06099	0.6609	0.07214	0.7799	0.08934	
	h	182.7	203.9	225.5	247.9	671.8	688.9	704.0	717.8	743.0	766.4	794.3	821.7	876.4	256.22
	s	0.5099	0.5556	0.6004	0.6448	1.4462	1.4775	1.5044	1.5281	1.5693	1.6050	1.6451	1.6817	1.7483	
50	v	.001 124	.001 153	.001 153	.001 187	0.001 227	0.04327	0.04637	0.0492	0.05432	0.05902	0.06457	0.0699	0.0802	
	h	182.7	182.7	203.9	225.6	247.9	683.5	699.6	714.2	740.4	764.3	792.7	820.4	875.4	262.69
	s	0.5097	0.5097	0.5554	0.6445	0.6445	1.4580	1.4867	1.5117	1.5545	1.5911	1.6318	1.6688	1.7358	
60	v	.001 123	.001 152	.001 186	.001 225	.001 273	0.03408	0.03706	0.03967	0.04428	0.04841	0.0532	0.05777	0.06651	
	h	182.9	204.0	225.6	247.9	271.0	671.5	690.3	706.6	734.9	760.1	789.4	817.7	873.5	274.28
	s	0.5094	0.5551	0.5998	0.6440	0.6883	1.4201	1.4534	1.4814	1.5277	1.7140	1.6083	1.6461	1.7140	
70	v	.001 151	.001 184	.001 224	.001 271	.001 331	.001 331	0.03026	0.03278	0.03707	0.0408	0.04508	0.04909	0.05673	
	h	183	204.1	225.7	247.9	271	295.4	679.7	698.2	729.1	755.7	786	815	871.6	284.47
	s	0.5091	0.5547	0.5994	0.6435	0.6876	0.7325	1.4214	1.4531	1.5035	1.5443	1.5878	1.6265	1.6953	
80	v	.001 122	.001 150	.001 183	.001 222	.001 269	.001 328	0.025	0.02753	0.03162	0.03509	0.03897	0.04259	0.04939	
	h	183.1	204.2	225.8	247.9	271	295.2	667.7	689.1	723	751.1	782.6	812.2	869.6	293.61
	s	0.5088	0.5543	0.599	0.643	0.687	0.7317	1.3891	1.4259	1.4812	1.5243	1.5695	1.6091	1.6789	

압력 (kg/cm^2.abs)		온 도 (℃)													포화온도 (℃)
		300	320	340	360	400	440	40	500	520	560	600	700	800	
90	v h s	.001 403 321.2 0.7772	0.02335 678.9 1.3987	0.02549 699.1 1.4322	0.02736 716.5 1.4600	0.03062 746.3 1.5059	0.03353 772.8 1.5440	0.03622 797.5 1.5777	0.03752 809.4 1.5934	0.03879 821.2 1.6084	0.04127 844.5 1.6371	0.04368 867.6 1.6642	0.04952 925.3 1.7267	0.05516 983.4 1.7836	301.91
100	v h s	.001 399 320.9 0.7762	0.01988 667.3 1.3706	0.02207 690.5 1.4091	0.02391 709.6 1.4397	0.02703 741.4 1.4885	0.02976 769.0 1.5283	0.03227 794.3 1.5629	0.03347 806.6 1.5790	0.03463 818.6 1.5943	0.03691 842.3 1.6234	0.03911 865.7 1.6509	0.04443 923.8 1.7139	0.04956 982.3 1.7712	309.53
110	v h s	.001 395 320.6 0.7751	0.01689 653.8 1.3406	0.01920 680.9 1.3856	0.02105 702.2 1.4197	0.02408 736.3 1.4720	0.02668 765.0 1.5135	0.02903 791.2 1.5492	0.03015 803.7 1.5656	0.03123 815.9 1.5813	0.03334 840.0 1.6108	0.03538 863.7 1.6386	0.04027 922.4 1.7023	0.04497 981.3 1.7598	316.58
120	v h s	.001 395 320.6 0.7741	.001 496 349.1 0.8233	0.01673 670.2 1.3613	0.01863 694.2 1.3998	0.02161 730.9 1.4561	0.02410 761.0 1.4995	0.02632 787.9 1.5363	0.02738 800.7 1.5531	0.02840 813.3 1.5691	0.03037 837.7 1.5991	0.03226 861.7 1.6273	0.03680 920.9 1.6915	0.04114 980.2 1.7494	323.15
130	v h s	.001 387 320.1 0.7731	.001 489 348.5 0.8217	0.01454 658.0 1.3354	0.01654 685.5 1.3796	0.01951 725.3 1.4407	0.02191 756.8 1.4861	0.02403 784.6 1.5241	0.02503 797.8 1.5413	0.02599 810.5 1.5576	0.02785 835.4 1.5882	0.02963 859.7 1.6167	0.03387 919.5 1.6815	0.03791 979.1 1.7398	329.31
140	v h s	.001 383 319.9 0.7722	.001 482 348.0 0.8203	0.01253 643.6 1.3068	0.01469 675.9 1.3587	0.01769 719.5 1.4256	0.02002 752.6 1.4733	0.02206 781.3 1.5125	0.02302 794.7 1.5301	0.02393 807.8 1.5468	0.02569 833.0 1.5779	0.02737 857.6 1.6067	0.03136 918.0 1.6721	0.03514 978.0 1.7308	335.10
150	v h s	.001 379 319.7 0.7712	.001 476 347.5 0.8189	.001 637 380.9 0.8743	0.01303 665.2 1.3366	0.01609 713.4 1.4106	0.01838 748.2 1.4608	0.02036 777.8 1.5013	0.02127 791.6 1.5194	0.02215 805.0 1.5365	0.02382 830.7 1.5681	0.02541 855.6 1.5973	0.02918 916.5 1.6634	0.03274 976.9 1.7224	340.57
160	v h s	.001 375 319.5 0.7703	.001 469 347.0 0.8175	.001 622 379.7 0.8717	0.01150 653.0 1.3129	0.01469 707.0 1.3957	0.01695 743.7 1.4487	0.01886 774.4 1.4906	0.01974 788.5 1.5092	0.02058 802.1 1.5266	0.02218 828.3 1.5588	0.02370 853.6 1.5884	0.02727 915.0 1.6551	0.03063 975.8 1.7145	345.75
180	v h s	.001 368 319.1 0.7685	.001 458 346.2 0.8149	.001 596 377.6 0.8670	.008 643 621.5 1.2557	0.01229 693.0 1.3656	0.01453 734.2 1.4252	0.01635 767.2 1.4701	0.01718 782.1 1.4897	0.01797 769.3 1.5079	0.01945 823.5 1.5413	0.02084 849.4 1.5717	0.02409 912.1 1.6397	0.02713 973.6 1.6999	355.35
200	v h s	.001 362 318.7 0.7668	.001 447 345.4 0.8125	.001 574 375.9 0.8630	.001 844 417.5 0.9298	0.01030 677.1 1.3341	0.01258 724.2 1.4023	0.01434 759.7 1.4507	0.01513 775.5 1.4714	0.01587 790.4 1.4904	0.01726 818.6 1.5251	0.01856 845.3 1.5564	0.02155 909.1 1.6257	0.02433 971.4 1.6866	364.07
220	v h s	.001 356 318.4 0.7651	.001 437 344.7 0.8102	.001 555 374.4 0.8593	.001 773 412.2 0.9200	.008 594 658.6 1.3000	0.01096 713.6 1.3796	0.01269 751.9 1.4320	0.01345 768.6 1.4539	0.01415 784.3 1.4739	0.01547 813.6 1.5099	0.01669 841.0 1.5421	0.01948 906.1 1.6127	0.02204 969.2 1.6745	372.05
250	v h s	.001 347 318.0 0.7627	.001 424 343.8 0.8070	.001 531 372.5 0.8544	.001 707 407.0 0.9099	.006 367 623.9 1.2407	.008 981 696.1 1.3453	0.01069 739.7 1.4050	0.01142 758.0 1.4288	0.01209 774.8 1.4504	0.01332 805.9 1.4886	0.01444 834.6 1.5223	0.01698 901.6 1.5950	0.01930 965.9 1.6579	-
300	v h s	.001 333 317.4 0.7589	.001 403 342.5 0.8020	.001 497 369.9 0.8474	.001 635 401.3 0.8978	.003 045 526.1 1.0875	.006 475 662.2 1.2853	.008 225 717.8 1.3613	.008 923 739.1 1.3892	.009 555 758.3 1.4137	0.01069 792.7 1.4560	0.01170 823.7 1.4923	0.01394 894.1 1.5688	0.01594 960.4 1.6337	-
350	v h s	.001 321 317.0 0.7554	.001 386 341.5 0.7975	.001 470 367.9 0.8413	.001 586 397.5 0.8888	.002 155 479.0 1.0131	.004 622 621.8 1.2195	.006 446 693.8 1.3180	.007 133 719.0 1.3511	.007 742 740.9 1.3791	.008 810 779.0 1.4259	.009 746 812.5 1.4652	0.01177 886.5 1.5456	0.01355 955.0 1.6125	-
400	v h s	.001 309 316.6 0.7521	.001 370 340.7 0.7934	.001 447 366.3 0.8359	.001 548 394.6 0.8814	.001 931 463.6 0.9867	.003 340 578.9 1.1529	.005 118 668.1 1.2749	.005 795 697.7 1.3138	.006 388 722.7 1.3457	.007 407 765.0 1.3977	.008 285 801.1 1.4401	0.01015 878.9 1.5246	0.01176 949.5 1.5937	-
500	v h s	.001 289 316.2 0.7461	.001 343 339.5 0.7860	.001 409 364.0 0.8266	.001 491 390.6 0.8694	.001 741 449.4 0.9593	.002 317 528.3 1.0731	.003 417 317.0 1.1941	.004 009 654.5 1.2432	.004 543 685.5 1.2828	.005 475 736.3 1.3454	.006 265 778.1 1.3945	.007 893 863.8 1.4875	.009 268 938.6 1.5608	-
600	v h s	.001 272 316.0 0.7406	.001 320 338.7 0.7795	.001 378 362.3 0.8186	.001 449 387.9 0.8597	.001642 441.9 0.9423	.001 986 506.5 1.0355	.002 625 581.0 1.1370	.003 030 617.5 1.1849	.003 452 651.5 1.2283	.004 248 708.2 1.2981	.004 958 755.4 1.3535	.006 411 848.9 1.4552	.007 619 927.9 1.5325	-
800	v h s	.001 242 316.3 0.7309	.001 283 338.1 0.7682	.001 331 360.4 0.8052	.001 387 384.6 0.8441	.001 525 433.7 0.9192	.001 723 487.4 0.9966	.002 024 544.6 1.0746	.002 223 574.8 1.1142	.002 450 605.4 1.1532	.002 949 663.2 1.2244	.003 457 714.6 1.2847	.004 620 821.0 1.4004	.005 595 907.4 1.4850	-
1000	v h s	.001 218 317.2 0.7223	.001 254 338.4 0.7586	.001 295 359.7 0.7940	.001 343 383.1 0.8315	.001 452 429.6 0.9028	.001 596 478.4 0.9731	.001 793 528.4 1.0414	.001 913 554.6 1.0756	.002 049 581.3 1.1098	.002 365 634.6 1.1754	.002 719 684.9 1.2344	.003 610 796.2 1.3554	.004 429 888.9 1.4460	-

색 인

(1)

(a)

(b)

(c)

(d)

(e)

(f)

(g)

(h)

(i)

(j)

(k)

(l)

(m)

(n)

(o)

(p)

(q)

(r)

(s)

(t)

(u)

(v)

(w)

(ㄱ)

(ㅈ)

(ㅊ)

(ㅋ)

(ㅌ)

(ㅍ)

(ㅎ)

개정증보판 오픈열역학

2012 年 03 月 18 日 印刷
2012 年 03 月 20 日 發行

저 자 노 건 상 교수
(現)동명대학교 교수

판권생략

ISBN 978-89-87839-94-3

發行人 김 정 승
發行處 태훈출판사
주 소 경기도 부천시 원미구 중3동 덕유 213-804
전 화 032)346-6134
팩 스 032)324-6135
E-mail mjs0514@chol.com
등록번호 1081-1-56

※ 파본은 교환해 드립니다.

정가 20,000원